高等院校公共基础课规划教材

大学计算机基础
（Windows 7+Office 2010）

江宝钏　主　编
叶苗群　副主编

電子工業出版社
Publishing House of Electronics Industry
北京 · BEIJING

内 容 简 介

本书是根据教育部高等学校大学计算机课程教学指导委员会2015年11月正式公布的《大学计算机基础课程教学基本要求》的任务和要求，并结合目前计算机应用技术发展的状况编写的。

全书分为7章，主要内容包括：计算机与信息基础、操作系统与Windows 7应用、网络基础与Internet应用、数据库管理系统与Access 2010、网站设计、算法与程序设计基础、信息检索。教材内容丰富完整、层次分明、概念清晰，在重点介绍基础知识、基本原理的同时，兼顾了内容的前瞻性和实用性。对操作性较强的内容在配套的实践教程中有详细的叙述。

本书可作为高等院校“大学计算机基础”课程的教材。

图书在版编目（CIP）数据

大学计算机基础：Windows 7+Office 2010 / 江宝钏主编. —北京：电子工业出版社，2018.8

ISBN 978-7-121-34858-7

Ⅰ. ①大… Ⅱ. ①江… Ⅲ. ①Windows操作系统—高等学校—教材②办公自动化—应用软件—高等学校—教材 Ⅳ. ①TP316.7②TP317.1

中国版本图书馆CIP数据核字（2018）第182020号

策划编辑：贺志洪
责任编辑：贺志洪　　特约编辑：吴文英　杨　丽
印　　刷：三河市华成印务有限公司
装　　订：三河市华成印务有限公司
出版发行：电子工业出版社
　　　　　北京市海淀区万寿路173信箱　邮编 100036
开　　本：787×1092　1/16　印张：18.5　字数：473.6千字
版　　次：2018年8月第1版
印　　次：2020年8月第3次印刷
定　　价：45.00元

凡所购买电子工业出版社图书有缺损问题，请向购买书店调换。若书店售缺，请与本社发行部联系，联系及邮购电话：（010）88254888，88258888。

质量投诉请发邮件至hzh@phei.com.cn，盗版侵权举报请发邮件至dbqq@phei.com.cn。

本书咨询联系方式：（010）88254609或hzh@phei.com.cn。

PREFACE

前　言

当今社会发展形态已经发生巨大变化，以计算机技术、微电子技术和通信技术为特征的信息技术已经成为主导社会发展的一个最重要角色，成为提高国家竞争力和促进经济增长的关键，对全球经济转变、产业调整起着重要的作用。大学生作为当前经济发展的重要人才储备，社会对大学生计算机应用的水平要求也不断提高。

2015 年 11 月教育部高等学校大学计算机课程教学指导委员会正式公布了《大学计算机基础课程教学基本要求》，总结了大量计算机教学改革与课程实施方案，提出了新的历史时期大学计算机基础教学的基本任务和基本要求。

基于以上要求，大学计算机基础教学是培养大学生计算机应用能力、计算思维能力的重要课程载体，要培养学生对计算机的认知能力、利用计算机解决问题的能力、基于网络的协同能力和信息社会终身学习的能力。

本书根据《大学计算机基础课程教学基本要求》的课程设置情况和教学要求，以 Windows 7+Office 2010 为主要平台，增加了适合理工科专业的“算法与程序设计基础”和“信息检索”两章内容，并加强了计算机工作原理、操作系统的基本工作原理、计算机网络的应用、数据库管理系统原理等内容，Office 2010 的操作内容全部放到实践教程中，减少了各章节的操作性内容。考虑到这门课一般是为大学一年级学生所开设的，他们的计算机应用水平参差不齐，教师在教学过程中，可根据文、理工学生的特点以及专业特点，对各章节内容作适当的调整，有选择性地教学。建议前 3 章作为公共模块，其他章节作为可选模块。

全书共分 7 章，分为计算机与信息基础、操作系统与 Windows 7 使用、网络基础与 Internet 应用、数据库管理系统与 Access 2010、网站设计、算法与程序设计基础、信息检索。

本书配有实践教程，每一章节都有配套的实验内容、知识点和习题，常用工具软件的介绍放在实践教程中。

本书由江宝钏担任主编。第 1 章、第 2 章、第 6 章由江宝钏编写，第 4 章、第 5 章由叶苗群编写，第 3 章和第 7 章由方刚编写，其他任课教师对全书的修改提出了许多宝贵的意见和建议，本书还得到了宁波大学信息科学与工程学院的领导和电子工业出版社相关人员的大力帮助和支持，在此表示衷心感谢。

本书虽经过多次认真讨论、反复修改而定稿，但书中的疏漏在所难免，恳请读者指正，以便进一步完善。作者的联系地址：浙江省宁波市宁波大学信息科学与工程学院，邮编：315211。E-mail：jiangbaochuan@nbu.edu.cn。

作　者

2018 年 6 月

前言

CONTENTS

目　录

第1章　计算机与信息基础

计算机的发明创造是人类文明史上一个具有划时代意义的重大事件之一，它的出现大大推动了科学技术的发展，计算机的应用已渗透到人类日常生活的方方面面。应用计算机获取、表示、存储、传输、处理、控制和处理信息、协同工作、解决实际问题等方面的能力已成为一个人职业能力高低的重要标志之一。

本章简述了计算机的发展历程、特点及应用；阐述了计算机工作原理和软硬件系统、信息处理的过程及信息技术的发展与应用等。

1.1　计算机发展概述

计算机作为处理信息的工具，它能自动、高效、准确地对信息进行存储、传递和加工处理。计算机从当初笨重而又简单的“计算”工具，逐步演变为适合于当今多个领域的必不可少的信息处理设备。其已经历了四代计算机硬件和软件的更新与发展，目前，人们正努力地开发第五代计算机。在计算机发展的历程中，其中英国科学家图灵（Alan Mathison Turing）和美籍匈牙利科学家冯·诺依曼（John Von Neumann）作出了重要的贡献。

1.1.1　图灵机与计算机的诞生

计算机是一台能按照事先存储的程序和数据，自动高速地对数据进行输入、处理、输出和存储的机器。

1936年，英国科学家图灵发表了一篇开创性的论文，论文中图灵提出了著名的“图灵机”设想。它是一种理论模型，由一个控制器、一条可无限伸延的带子和一个读写头组成，在一串控制指令的控制下读写头沿着纸带左右移动并读或写，一步一步地改变纸带上的1和0，经过有限步后图灵机停止移动，最后纸带上的内容就是预先设计的计算结果。图灵机就是一个最简单的计算机模型，它的构造思想和运行原理提示了存储程序的原始思想，为现代计算机的逻辑工作方式奠定了基础。正是因为有了图灵的理论基础，人们才有可能在20世纪发明了人类有史以来最伟大的发明——计算机。

1966年，美国计算机协会（ACM）决定设立计算机界的第一个奖项——“图灵奖”，以纪念这位计算机科学理论的奠基人，专门奖励在计算机科学研究中作出创造性贡献、推动计算机技术发展的杰出科学家。

在图灵机提出后的10年，1946年2月，世界上第一台电子数字计算机在美国宾夕法尼亚大学诞生，取名为ENIAC（Electronic Numerical Integrator And Computer），如图1-1所示。它是一台电子数字积分计算机，用于美国陆军部的弹道研究室。这台计算机一共用了17000多个电子管，重量超过30吨，占地面积167平方米，在1秒钟内可以进行5000次加法运算和500次乘法运算。用现在人的眼光来看，这是一台耗资巨大、功能不完善而且笨重的庞然大物。尽管如此，ENIAC的研制成功为以后计算机科学的发展提供了契机，而每克服它的一个缺点，都对计算机的发展带来很大影响，其中影响最大的是“程序存储”方式的采用，它在现代计算机发展史上具有里程碑的意义。

图1-1 第一台电子数字计算机

1.1.2 冯·诺依曼体系结构

图1-2 冯·诺依曼

对计算机产生重大影响的人物是著名匈牙利裔美籍数学家冯·诺依曼，如图1-2所示。正是他将程序存储方式的设想确立为理论体系，即如图1-3所示的冯·诺依曼体系结构，也称冯·诺依曼计算机模型，它被认为是现代计算机的基础。冯·诺依曼模型主要可归纳为以下三点：

- 计算机有5个组成部分，分别是输入、存储、处理（运算）、控制和输出。
- 计算机程序和程序运行所需要的数据以二进制形式存放在计算机的存储器中。
- 计算机根据程序的指令序列进行计算或操作，即存在程序存储（Stored-Program）的概念。

他的思想是：计算机中设置存储器，将符号化的计算步骤存放在存储器中，然后依次取出存储的内容进行译码，并按照译码结果进行计算，从而实现计算机工作的自动化。图1-3（a）为早期的以运算器为中心的结构，其中输入/输出数据还有程序都要通过运算器进行，运算也要通过运算器，因此该结构在输入/输出时不能进行计算操作，计算时也不能进行输入/输出操作。目前的计算机结构采用了图 1-3（b）所示的以存储器为中心的结构，输入/输出数据和程序不通过运算器，运算器只负责运算，存储器可支持运算器和输入/输出的并行工作，即存储器在进行输入/输出的同时，也为运算器提供存取服务。

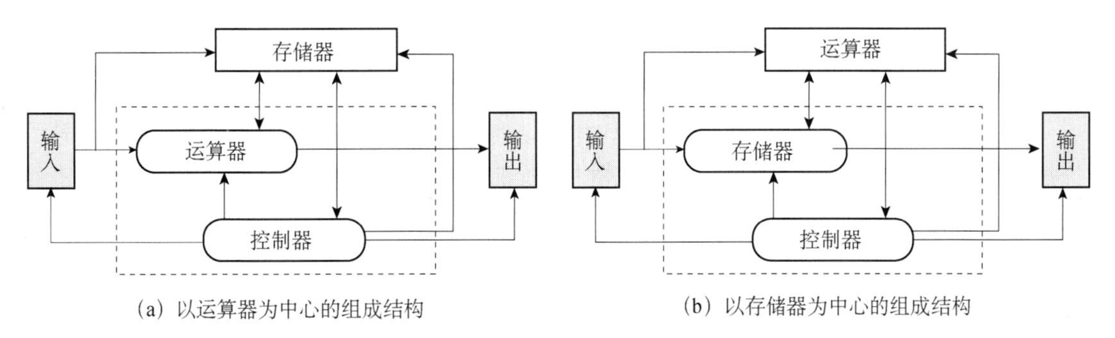

图 1-3　冯·诺依曼体系结构

1.1.3　程序存储的概念

在冯·诺依曼体系中，程序在执行之前要预先存放到计算机存储器中，要求程序和数据采用二进制数据格式。

另外，冯·诺依曼体系要求程序必须是由有限数量的指令组成的。计算机指令是指进行基本操作的机器代码，例如，进行一个数据的传送就是一个基本操作。按照这个模型的定义，控制器从存储器中读取一条指令，然后执行指令。

程序存储的一个更重要的理由是程序的“重用”，对许多计算，往往只是原始数据的改变，而计算过程本身是相同的。如果每一台计算机的任务都需要重新编制程序，那么计算机的使用是有限的。

冯·诺依曼体系定义了计算机程序由一系列独立的基本操作（指令）组成，不同的程序可以由不同的指令的组合实现。

1.1.4　数据的存储形式

前面提到数据有多种类型，最基本的就是整数、实数以及字符，不管是何种类型，存储在计算机存储器中的数据，包括程序，都必须被转换为能够被计算机接受的方式，即都以二进制方式存储到计算机内部。

世界上第一台按存储程序功能设计的计算机 EDVAC（Electronic Discrete Variable Automatic Computer，电子离散变量自动计算机）是由冯·诺依曼领导设计的，是根据他提出的程序存储、程序控制理论和计算机硬件系统结构制造成功的，并于 1952 年正式投入运行。EDVAC 采用了二进制编码和存储器，其硬件系统由运算器、逻辑控制装置、存储器、输入设备和输出设备 5 部分组成，把指令存入计算机的存储器，省去了在机外编排程序的麻烦，保证了计算机能按事先存入的程序自动地进行运算。60 多年来，虽然计算机系统从性能、运算速度、工作方式和应用领域等方面发生了重大变化，但基本结构和工作原理基本没变。所以把发展到今天的计算机统称为“冯·诺依曼”型计算机。

总之，ENIAC 和 EDVAC 的出现是科学技术发展史上的一个伟大创造，标志着计算机时代的到来，使人类社会从此进入了电子计算机时代。

1.1.5 计算机的发展阶段

计算机的发展与电子技术的发展密切相关，每当电子技术有突破性的发展，就会导致计算机的一次重大变革。因此，人们通常按照计算机中的主要功能部件所采用的电子器件的变革作为标志，将计算机的发展分成 4 个发展阶段，习惯上称为四代，现在人们正展开对第五代计算机的研究。

每一阶段的发展都是在软硬件技术上一次新的突破，在性能上都是一次质的飞跃。

1. 第一代：电子管计算机时代（1946 年～20 世纪 50 年代末期）

第一代计算机的主要特征就是采用电子管作为基本器件，又称电子管计算机，软件方面确定了程序设计的概念，出现了高级语言的雏形。其特点是体积大、耗能高、速度慢、容量小、价格昂贵。当时主要用于军事和科学计算，但为计算机技术的发展奠定了基础。其研究成果扩展到民用，形成了计算机产业，由此揭开了一个新的时代——计算机时代。

2. 第二代：晶体管计算机时代（1950 年中期～1960 年末期）

第二代计算机的主要特征就是采用晶体管为基本器件。计算机设计出现了系列化的思想，其特点是体积缩小，能耗降低，使用寿命延长，运算速度提高，可靠性提高，价格不断下降。第二代计算机的应用范围也进一步扩大，从军事与尖端技术领域延伸到气象、工程设计、数据处理以及其他科学研究领域。

3. 第三代：中、小规模集成电路计算机时代（1960 年中期～1970 年初期）

第三代计算机的主要特征就是采用中、小规模集成电路作为基本器件。软、硬件都向通用化、系列化、标准化的方向发展，开始采用半导体存储器取代磁芯存储器，计算机的体积更小，寿命更长，能耗、价格进一步下降，而存储容量、运算速度和可靠性进一步提高，应用范围进一步扩大。

4. 第四代：大规模和超大规模集成电路计算机时代（1970 年初期以后）

第四代采用超大规模集成电路（Very Large Scale Integration，VLSI）和极大规模集成电路（Ultra Large Scale Integration，ULSI）、中央处理器高度集成化是这一代计算机的主要特征。

目前，PC 的主存可扩展到 4GB 以上，一张普通 DVD 光盘的容量可达 2.7GB，DVD 光驱的使用已经很普及，这些都意味着计算机性能的飞速提高。

5. 第五代计算机

第五代计算机的研究目标是试图突破冯·诺依曼式的计算机体系结构，是把信息采集、存储、处理、通信同人工智能结合在一起的智能计算机系统。主要能面向知识处理，具有形式化推理、联想、学习和解释的能力，能够帮助人们进行判断、决策、开拓未知领域和获得新的知识。人-机之间可以直接通过自然语言或图形图像交换信息形式推理、联想、学习和解释能力。

1.1.6　计算机软件的发展

计算机诞生之初并没有软件的概念，但后来人们认识到如果没有程序，计算机硬件什么也做不了。软件是随着计算机科学的发展和硬件技术的发展而发展的，今天的计算机的普及应用，很大程度上归因于软件的快速发展。

第一代软件出现于 20 世纪 50 年代，主要采用二进制代码语言，是内置在机器内部的指令。程序员需要非常熟悉机器并对数字特别细心。编写机器代码不但乏味而且非常容易出错，因此汇编语言出现了，它使用英文缩写表示机器代码。

到了 20 世纪 50 年代末的第二代计算机时期，计算机的硬件功能变得强大，需要相应强大的软件，因此有了第二代软件。这个时期类似于英文表达的程序设计语言被开发出来，此语言称为高级语言。当时典型的高级语言有 FORTRAN 语言，主要应用在科学计算领域，现在它的升级版还在使用。

在第三代计算机发展时期，出现了操作系统。最初是因为系统硬件资源大多数情况下处于空闲状态，输入时只有输入设备工作，其他设备等待；处理数据时，输入/输出设备也都处于等待中。而那时硬件是极为昂贵的，为此需要对计算机程序运行的过程进行调度，完成这个调度的大型程序就是“操作系统”。

在第四代计算机时期，软件的产业特征开始显露。结构化的程序设计语言如 Basic、C 语言等的出现，加快了各种系统软件、应用软件的开发速度。作为操作系统标准的 UNIX 系统以及运行在微机上的 DOS 系统都开始朝着标准化的方向发展。到了 20 世纪 80 年代中期，面向对象的程序设计技术开始应用且发展非常迅速，大多数新的语言都基于面向对象的程序设计（OOP）概念。自 20 世纪 90 年代以来，以图形界面为特征的 Windows 取代之前的字符界面的 DOS 系统，成为微机的主流操作系统。

进入 21 世纪，计算机出现了超乎人们预想的奇迹般的发展，微机的发展形成了当今科技发展的无法阻挡的潮流。随着多媒体及网络的迅猛发展，今天的计算机已进入了计算机网络多媒体时代，计算机网络可实现信息和资源的共享，多媒体技术能交互式处理诸如文本、声音、图形、图像、视频等多种媒体信息。网络和多媒体技术的发展，推动了全球范围内的科技、教育、金融、电子商务等方面的发展，人们将生活在无所不在的信息时代。

1.2 计算机的特点、分类与应用

计算机可以存储各种信息，会按人们事先设计的程序自动完成计算、控制等许多工作。计算机不仅是一种计算工具，而且还可以模仿人脑的许多功能，代替人脑的某些思维活动。

计算机与人脑有许多相似之处，如人脑有记忆细胞，计算机有可以存储数据和程序的存储器；人脑有神经中枢，处理信息并控制人的动作，计算机有中央处理器，可以处理信息并发出控制指令；人靠感官、四肢感受与处理信息并传递至神经中枢，计算机靠输入/输出设备接收与输出数据。

1.2.1 计算机的特点

1. 高速的运算能力

现在高性能计算机的运算速度已经发展到每秒几十万亿次甚至几百万亿次，如果一个人在一秒钟内能做一次运算，那么一般的电子计算机一小时的工作量，一个人得做100多年。

2. 足够高的计算精度

电子计算机的计算精度在理论上不受限制，一般的计算机均能达到16位有效数字，通过一定的技术手段，还可以实现更高的精度要求。

3. 超强的记忆能力

由于计算机具有内部记忆信息的能力，在运算过程中就可以不必每次都从外部去取数据，而只需事先将数据输入到内部的存储单元中，运算时即可直接从存储单元中获得数据，从而大大提高了运算速度。

4. 复杂的逻辑判断能力

借助于逻辑运算，可以让计算机作出逻辑判断，分析命题是否成立，自动决定下一步执行的命令，通过所编制程序的判断能力，可应用于自动控制和自动管理、自动决策、推理和演绎、人工智能等领域。

5. 网络与通信能力

由于网络和通信技术的迅猛发展，现在可以把全世界的计算机连成网络，实现软/硬件资源和信息资源的共享。

1.2.2 计算机的分类

计算机年代划分表示了计算机纵向的发展，而计算机分类则用来说明计算机横向的发展。按综合性能指标来划分，一般把计算机划分为巨型机、大型机、小型机、工作站和个人计算机 5 类，具体可分为以下几种。

1. 巨型机

巨型机（Super Computer）也称为超级计算机，在所有计算机类型中其占地最大、价格最贵、功能最强，其浮点运算速度最快，目前的运算速度达到数千亿次甚至上万亿次。只有少数几个国家的少数几个公司（如美国的 IBM 公司）能够生产巨型机，目前多用于战略武器（如核武器和反导弹武器）的设计、航空技术、石油勘探、中长期大范围天气预报以及社会模拟等领域。

2. 大型机

大型机（Mainframe）也称大型计算机，这包括国内常说的大、中型机，特点是大型、通用，内存可达几十 GB 以上，每秒能运算 30 亿次，具有很强的处理和管理能力。大型机主要用于大银行、大公司、规模较大的高校和科研院所。

3. 小型机

小型机（Mini Computer）的结构简单、可靠性高、成本较低，不需要经过长期培训即可维护和使用，这对广大中小用户来说具有更大的吸引力。

4. 个人计算机

通常说的微机指的就是 PC，是目前最为普及的机型，以其设计先进、软件丰富、功能齐全、价格便宜等优势而拥有广大的用户，因而大大推动了计算机的普及应用。微机技术在近 10 年内发展极为迅速，几个月就有新产品出现，一到两年产品更新换代一次。

5. 便携式微机

便携式微机是为事务旅行或从家庭到办公室之间携带而设计的。它可用电池直接供电，便携、灵活方便，未来将会逐步取代台式个人计算机。

6. 嵌入式计算机

如果把处理器和存储器以及接口电路直接嵌入设备当中，这种计算机就是嵌入式计算机。嵌入式计算机系统是对功能、可靠性、成本、体积、功耗等有严格要求的专用计算机系统。嵌入式系统中使用的“计算机”往往都是基于单个或者少数几个芯片，而芯片上将处理器、存储器以及外设接口电路集成在一起，许多输入/输出设备都是由嵌入式处理器控制的。

1.2.3 计算机的应用领域

计算机的应用几乎涵盖了所有的领域和学科。按照应用领域可以把计算机的用途归纳为科学与工程计算、数据处理、实时控制、人工智能、计算机辅助、教育医学等方面。

1. 计算机在科学与工程中的应用

计算机最开始就是为解决科学研究和工程计算中遇到的大量数值计算而研制的计算工具。在数值计算领域中，尤其是一些非常庞大而复杂的科学计算，靠其他计算工具根本无法解决，如航天技术、高能物理、气象预报、工程设计、地震预测等。

2. 计算机在商业中的应用

商业是计算机应用最为活跃的应用领域之一，零售业是计算机在商业中的传统应用，而电子数据交换和电子商务的发展从根本上改变了企业的供销模式和人们的消费模式。

电子数据交换（Electronic Data Interchange，EDI）是一种利用计算机进行商务处理的新方法。EDI 是将贸易、运输、保险、银行和海关等行业的信息，用一种国际公认的标准格式，通过计算机通信网络，使各有关部门、公司与企业之间进行数据交换与处理，并完成以贸易为中心的全部业务过程。

电子商务（Electronic Commerce，EC）通常是指在全球各地广泛的商业贸易活动中，企业或组织及个人用户在以通信网络为基础的计算机系统支持下，基于浏览器/服务器应用方式，买卖双方不谋面地进行各种商贸活动，实现消费者的网上购物、商户之间的网上交易，实现在线电子支付以及各种商务、交易、金融活动和相关的综合服务活动的一种新型的商业运营模式。

3. 计算机在银行与证券业中的应用

金融电子化不但极大地改变了金融业的面貌，扩大了其服务品种，并且继续在改变着人们的经济和社会生活方式。以处理纸张、票据为主的金融业正在转向以处理、加工信息为主，金融界向企业和个人提供的服务也不再仅仅是资金的借贷、结算，而且能提供信息服务。

4. 计算机在教育、医学和制造业中的应用

计算机在教育领域应用的表现有校园网、远程教育、计算机辅助教育和计算机教学管理等。

校园网是在学校内部建立的计算机网络，建立一个主干网，下联多个有线和无线子网，使全校的教学、科研和管理都能在网上运行。

现代远程教育是指通过音频、视频（直播或录像）以及包括实时和非实时在内地把课程传送到校园外的教育。

计算机辅助教学（CAI）是在计算机辅助下进行的各种教学活动，以对话方式与学生讨论教学内容、安排教学进程、进行教学训练的方法与技术。

计算机在医学领域中也是非常重要的工具，可用于患者病情的诊断与治疗，如医学专家系统、远程诊断系统，控制各种数字化的医疗设备，进行患者的监护和护理、医学的研究和教育。

制造业是计算机的传统应用领域，在制造业工厂中使用计算机可减少工人数量、缩短生产周期、降低企业成本、提高企业效率、主要应用有计算机辅助设计（CAD）、计算机辅助制造（CAM）以及计算机集成制造系统（CIMS）。

1.2.4　计算机发展新技术

计算机在朝着巨型化、微型化、多媒体化、网络化和智能化方向发展的同时，人们试图突破目前所有计算机都遵循的“冯·诺依曼”原理的限制，向着“非冯·诺依曼”结构模式发展。从目前的最新研究来看，未来以光子、量子和分子计算机为代表的新技术，将推动新一轮超级计算技术的革命。新的计算机技术包括高性能计算、云计算与大数据、人工智能等。光磁存储技术、中文信息处理与智能人机交互、数字媒体与内容管理、音频和视频编码技术等也在迅速地发展。

1.3　数制、数的表示与编码

不同的应用需要不同的数据类型。在科学计算和工程设计领域中，使用计算机的主要任务就是为了处理数字，如进行各种运算、变换等。即使是单纯的计算，数据的表示形式除了使用传统的数之外，还可以用图形、文本等其他非数字形式进行表示。

计算机可以播放音乐和电影，这里主要的数据类型就是视频和音频信号。计算机还可以对这些数据进行处理，实现对图像和声音进行压缩、放大、缩小、旋转等各种处理。数字是最常见的数据类型，但数字所表述的对象的属性则又有许多种。如表示日期的数字，表示时间的数字，表示特定对象标识的数字如身份证号码，表示各种货币的数字，表示国家、地区编码的数字。例如，银行主要处理的是数字，但它也用文本来记录存户的基本信息。

在计算机中采用了统一的数据表示方法，各种数据类型以一种计算机可以接受的形式和方法输入到计算机中，经过计算机处理后再以需要的形式输出。

在计算机中，各种不同类型的数据全部是以“数字”形式表示的，它们有两类形式，一类就是可以直接进行数学运算的“数制”，另一类就是用来表示不同对象属性的“编码”。因此，数制和码制是计算机最基础的部分。

总之，信息是人们表示一定意义的符号的集合，它可以是数字、文字、图形、图像、动画和声音等，数据是信息的一种具体表现形式。

1.3.1　数制

1. 数制的定义

数制，即进位计数制，是人们利用符号来计数的方法。在日常生活中经常要用到数制，通常以十进制进行计数，除此之外，还有许多非十进制的计数方法，如二进制、八进制、十六进制等，不论是哪一种数制，其计数和运算都有共同的规律和特点。

① 逢 N 进 1。N 是指数制中所需要的数字字符的总个数，称为基数。

例如，十进制数用 0、1、2、3、4、5、6、7、8、9 这 10 个不同的符号来表示数值，10 就是数字字符的总个数，也是十进制的基数，表示逢十进一。

② 位权表示。位权是指一个数字在某个固定位置上所代表的值，处在不同位置上的数

字符号所代表的值不同，每个数字的位置决定了它的值或位权。如 999，每个 9 因为位置和权值的不同，有不同的值含义。

位权与基数的关系是：各进位制中位权的值是基数的若干次幂。因此，用任何一种数制表示的数都可以写成按位权展开的多项式之和。如十进制数“524.08”可以表示为

$$524.08=5\times10^2+2\times10^1+4\times10^0+0\times10^{-1}+8\times10^{-2}$$

排列方式是以小数点为界，整数自右向左分别是 0 次方，1 次方，2 次方，…；小数自左向右分别是负 1 次方、负 2 次方、负 3 次方、…

2. 常用的数制

常用的数制有多种，在计算机中采用二进制数。为了表示方便，还经常使用八进制数或十六进制数。

① 十进制（Decimal System）：基数为 10，数码为 0，1，2，…，9，进位原则是“逢十进一”。

② 二进制（Binary System）：基数为 2，数码为 0，1，进位原则是“逢二进一”。

③ 八进制（Octal System）：基数为 8，数码为 0，1，2，…，7，进位原则是“逢八进一”。

④ 十六进制（Hexadecimal System）：基数为 16，数码为 0，1，2，…，9，A，B，…，F，进位原则是“逢十六进一”。

书写时，为防止发生混淆，在各进制数后加（10）、（2）、（8）、（16）或字母 D、B、O、H 进行区分。如：11011011（2）、375.23（8）、13AF.FF（16）；或者：375.23O、1289.95D、13AF.FFH。

3. 二进制数的基本运算

任何进制数都可运用于各种运算，二进制的运算规则类似于十进制，不同的是它只有两个数码。

二进制加法规则如下：

0+0=0，0+1=1，1+0=1，1+1=10（这里 10 中的 1 是进位）

二进制乘法规则如下：

$0\times0=0$，$0\times1=0$，$1\times0=0$，$1\times1=1$

例如，计算 1010×101，根据计算规则：

```
   1010
×   101
-------
   1010
  0000
 1010
-------
 110010
```

计算结果为 110010，相当于十进制数 $10\times5=50$。

从以上的计算中看出，二进制运算相对简单，运算法则也与十进制相同，但对表示较大的数，二进制数需要更大的位数。人们对十进制数有着量的理解，而对二进制数则不能接受它的量，因此需要将二进制数转换为十进制数去理解，而人们日常用的十进制数则要转换为计算机能够处理的二进制数。

1.3.2　数制间的转换

把数由一种数制转换成另一种数制称为数制间的转换。由于计算机采用二进制，但用计算机解决实际问题时，对数值的输入、输出通常使用十进制，这就有一个十进制向二进制转换或由二进制向十进制转换的过程。也就是说，在使用计算机进行数据处理时首先必须把输入的十进制数转换成计算机所能接受的二进制数；计算机在运行结束后，再把二进制数转换为人们所习惯的十进制数输出，这两个转换过程完全由计算机系统自动完成。

1. 十进制整数转换为非十进制整数

将十进制数转换成非十进制数分为整数部分和小数部分进行，整数部分和小数部分转换方法不同，需要分别转换。

十进制整数转换为非十进制整数时采用除基数取余数法，即用十进制整数除基数，当商是 0 时，将余数由下而上排列，即最先取得的余数作为转换后的最低位，最后得到的余数作为最高位。

【例 1-1】将十进制整数 75 转换成八进制数 113，如图 1-4（a）所示。

【例 1-2】将十进制整数 75 转换成二进制数 1001011，如图 1-4（b）所示。

2. 十进制小数转换为非十进制小数

十进制小数转换为非十进制小数的方法与十进制整数转换为非十进制整数的方法是完全不同的，小数的转换采用乘基数进位法，即用十进制小数乘基数，当乘积值为 0 或达到所要求的精度时，将整数部分由上而下排列。

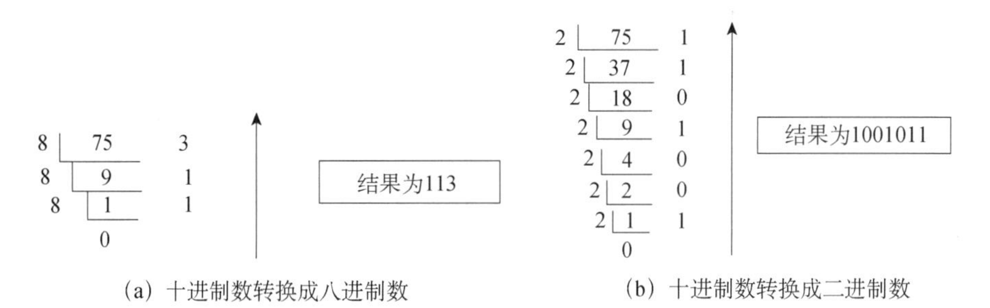

（a）十进制数转换成八进制数　（b）十进制数转换成二进制数

图 1-4　十进制数 75 转成八进制数和二进制数

【例 1-3】将十进制小数 0.625 转换成二进制小数 0.101，如图 1-5 所示。

0.625
× 2
1.250　整数为1　结果为101
× 2
0.50　整数为0
× 2
1.0　整数为1　小数值为0

图 1-5　十进制小数转换成二进制小数

3. 非十进制数转换为十进制数

非十进制数转换为十进制数是用位权展开法，即把各非十进制数按权展开求和。

转换公式：$(F)_x = a_{n-1} \times x^{n-1} + a_{n-2} \times x^{n-2} + \cdots + a_1 \times x^1 + a_0 \times x^0 + a_{-1} \times x^{-1} + \cdots$

【例 1-4】将二进制数 11001.1 转换成十进制数。

$11001.1\text{B}=1\times2^4+1\times2^3+0\times2^2+0\times2^1+1\times2^0+1\times2^{-1}=16+8+0+0+1+0.5=25.5\text{D}$

（4）二进制数与八进制、十六进制数之间的互相转换方法

以小数点为基准点，分别向左或向右，每三位或每四位二进制数形成一位八进制和十六进制数，反之可把一位八进制或十六进制拆分成三位或四位二进制数，如图 1-6 所示。

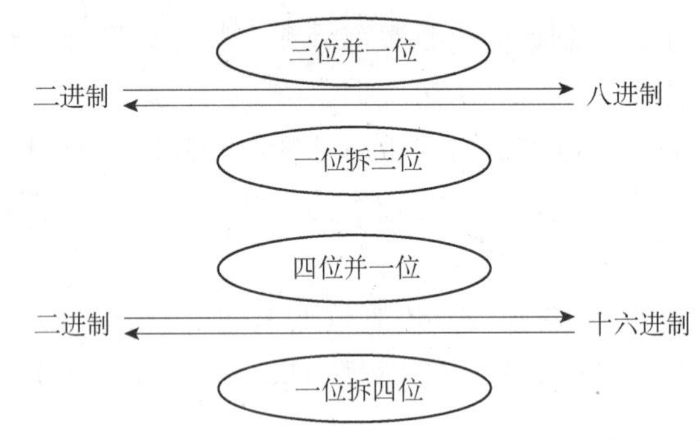

图 1-6 二进制数与八进制数、十六进制数之间的转换方法

【例 1-5】将二进制数 100110111011.01101 转换成八进制数。

结果：100 110 111 011 . 011 010 B=4673.32O

【例 1-6】将二进制数 11010011111 转换成十六进制数。

结果：0110 1001 1111B=69F H

【例 1-7】将十六进制数 E07F.7B1H 转换为二进制数。

结果：E07F.7B1H=1110 0000 0111 1111.0111 1011 0001B

表 1-1 所示为常用数制对照表。

表 1-1 常用数制对照表

十进制	十六进制	二进制	十进制	十六进制	二进制
0	0	0000	8	8	1000
1	1	0001	9	9	1001
2	2	0010	10	A	1010
3	3	0011	11	B	1011
4	4	0100	12	C	1100
5	5	0101	13	D	1101
6	6	0110	14	E	1110
7	7	0111	15	F	1111

1.3.3 数据的表示

在计算机内所能处理的数据可分为数值数据和非数值数据，数值型数据指数学中的数

值，具有量的含义，且有正负之分、整数和小数之分；而非数值型数据是指输入到计算机中的所有信息，没有量的含义，如数字符号 0～9、大写字母 A～Z 或小写字母 a～z、汉字、图形、声音及其一切可印刷的符号＋、−、!、#、%、》等。在计算机内，数据的存储、计算和处理都采用由 0 和 1 组成的二进制代码表示，这主要是由二进制数在技术操作上的可行性、可靠性、简易性及其逻辑性所决定的。

① 可行性。表示两个状态，在物理技术上的实现最为容易，如电灯的亮和灭、晶体管门电路的导通和截止等。

② 可靠性。因二进制数只要两个状态，数字转移和处理抗干扰能力强，不易出错，这样计算机工作的可靠性就高。

③ 简易性。二进制数运算法则简单。例如，二进制的加法、乘法法则的运算法则少，使计算机运算器结构大大简化，控制也可随之简化。

④ 逻辑性。因二进制数只有 0 和 1 两个数码，与逻辑数中的“假”和“真”两个值相对应，从而为计算机实现逻辑运算和逻辑判断提供了方便。

如何用二进制的形式表示各种数据？这涉及数制、数制的转换及编码方式，这是计算机运算的基础。

二进制数也有正负之分。在计算机运算规则中约定，在数的前面增加 1 位符号位，0 表示正数，1 表示负数。例如，＋1100 写成 01100，−1100 写成 11100。

任何一个非二进制整数输入到计算机中都必须转换成二进制格式存放在计算机的存储器中，每个数据占用一个或多个字节。这种连同数字与符号组合在一起的二进制数称为机器数，由机器数所表示的绝对值称为真值。

【例 1-8】十进制数 77 的机器数。

因为十进制数 77 的二进制数为 1001101，如果用一个字节表示机器数，则 77 在计算机中的表示如图 1-7 所示。

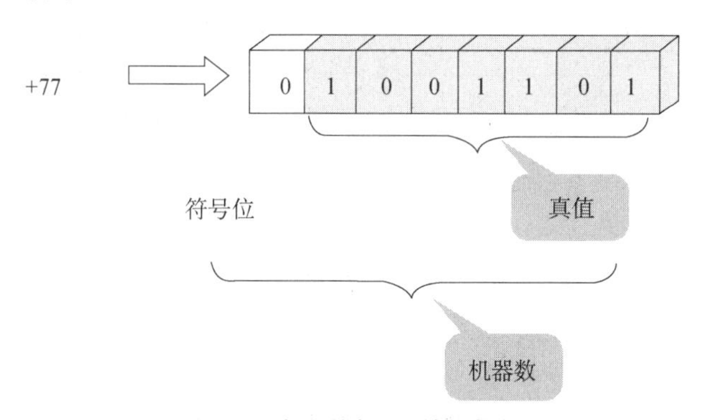

图 1-7　十进制数 77 的机器数

1. 定点数表示

在数学中，数有很多类型，如整数、实数、小数等，同样，计算机也需要定义类似的数据类型。计算机中具体使用两种格式的数，根据小数点的位置是否固定，分为定点数和浮点数两种类型。定点数用固定二进制数长度如 16 位或 32 位表示，并将小数点固定在某一位置。

① 定点整数。定点整数是指小数点隐含并固定在整个数值的最右，符号位右边所有的位数表示的是一个整数。定点整数“-3”的表示如图 1-8 所示。

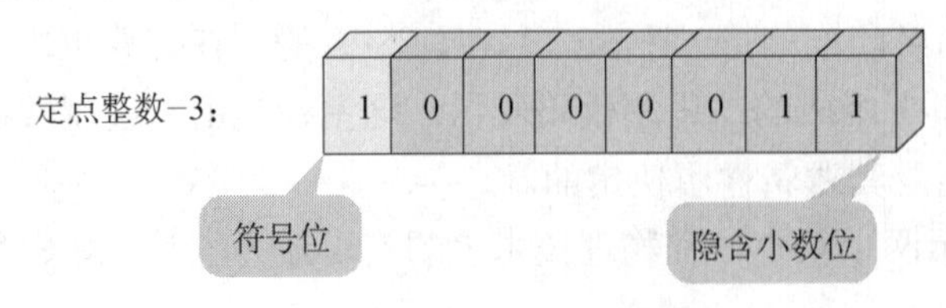

图 1-8 定点整数“-3”的表示

② 定点小数。定点小数是指小数点隐含并固定在最高数据位的左边，最大数为 0。定点小数“+0.5”的表示如图 1-9 所示。

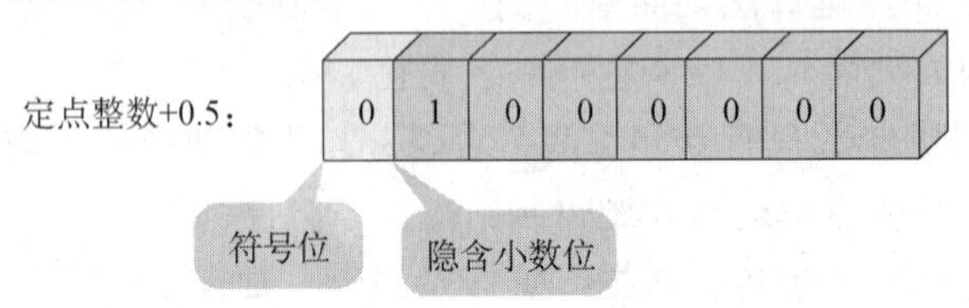

图 1-9 定点小数“+0.5”的表示

2. 浮点数表示

浮点数是指小数点位置不固定的数，它既有整数部分又有小数部分，先进行规格化，即平时所说的科学记数法，如 0.0027=0.27E−2。在计算机中通常把浮点数分成阶码和尾数两部分来表示，−2 为阶码，0.27 为尾数。例如，某计算机用 4 个字节表示浮点数，阶码部分为 8 位定点整数，尾数部分为 24 位定点小数，如图 1-10 所示。

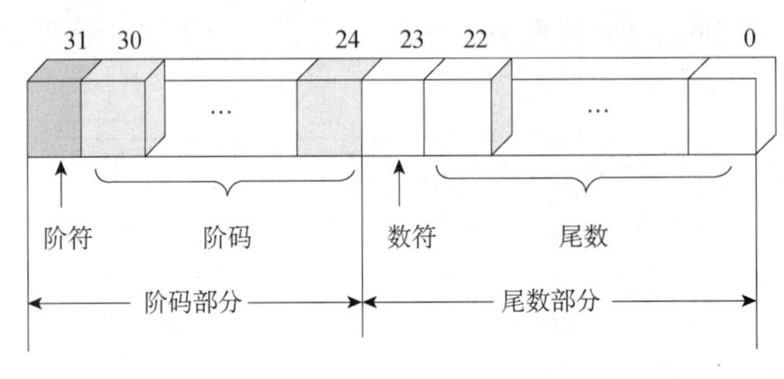

如：0.27E−2→$+0.27*10^{-2}$

图 1-10 浮点数表示

1.3.4 数据编码

由于计算机是以二进制的形式存储和处理数据的，数据必须按人们制定的规则进行二进制编码才能输入到计算机，这种规定的形式就是数据编码。

编码的目的是便于标记特定的对象。为了便于记忆和查找，在设计编码时需要按照一定的规则，这种规则就称为“码制”。

把计算机使用的 0 和 1 组成二进制位序列及其组合规则，也就是数据的表示方法，即是编码。但计算机并不知道所存储的二进制位序列是什么信息，这需要由计算机程序去理解它们，这如同身份证号码需要按照身份证编码规则去理解这个号码所表示的含义一样。

数据的类型除了数字和文字外，还包括声音、图形图像、视频和表格等类型，计算机不能直接处理这些对象，需要对这些对象进行编码，实质上就是把信息转化成 0 和 1 的二进制串的过程。

对于不同机器、不同类型的数据，其编码方式是不同的，编码的方法也有很多。编码其实就是将每个字符按顺序确定顺序编号，编码值仅作为识别与使用这些字符之用。如身份证，就是使用了 18 位数的“身份证号码”来表示唯一的一个人；还有学校为了管理学生，按十进制编码方法给每个学生分配了一个唯一的编号即学号来表示这个学生。

二进制位的长度取决于被编码对象的数量。例如，英文字母、数字加上一些控制符，总共不超过 128 个符号，用 7 位二进制位表示就足够了，而汉字有数万个，就需要更多的二进制位来表示。

1. 文本

文本（Text）是计算机中最常见的一种数据形式，它通常用一种编码表示。文本中的符号包括字母、数字和标点符号，每一个符号都以一个唯一的二进制位序列表示。

由于符号的形式不同，要使用不同的编码。最基础的文本编码是 ASCII 码（American Standard Code for Information Interchange，美国标准信息交换码），它是基于英文的。我国计算机需要处理汉字，所以需要汉字的编码，而 Unicode 编码则能表示世界上各种语言文字和符号。

2. 西文字符编码

西文字符编码最常用的是 ASCII 码，已被国际标准化组织定为国际标准，是目前最普遍使用的字符编码。ASCII 码有 7 位码（如表 1-2 所示）和 8 位码两种形式，排列次序为 B7B6B5B4B3B2B1，B7 为最高位，B0 为最低位。

表 1-2　7 位 ASCII 码

B7 B6 B5 / B4 B3 B2 B1	000	001	010	011	100	101	110	111
0000	NUL	DLE	SP	0	@	P	、	p
0001	SOH	DC1	!	1	A	Q	a	q
0010	STX	DC2	"	2	B	R	b	r
0011	ETX	DC3	#	3	C	S	c	s
0100	EOT	DC4	$	4	D	T	d	t
0101	ENQ	NAK	%	5	E	U	e	u
0110	ACK	SYN		6	F	V	f	v
0111	BEL	ETB	'	7	G	W	g	w
1000	BS	CAN	（	8	H	X	h	x
1001	HT	EM	）	9	I	Y	i	y
1010	LF	SUB	*	：	J	Z	j	z
1011	VT	ESC	＋	；	K	[	k	{
1100	FF	FS	,	<	L	\	l	|
1101	CR	GS	-	=	M	]	m	}
1110	SO	RS	.	>	N	↑	n	～
1111	SI	US	/	?	O	←	o	DEL

因为 1 位二进制数可以表示两种状态，0 或 1（$2^1=2$）；2 位二进制数可以表示 4 种状态，00、01、10、11（$2^2=4$）；依此类推，7 位二进制数可以表示 128 种状态（$2^7=128$），每种状态都唯一地对应一个 7 位的二进制码，即对应一个字符，这些码可以排列成一个十进制序号 0～127。所以，7 位 ASCII 码是用 7 位二进制数进行编码的，可以表示 128 个字符。

第 0～32 号及 127 号（共 34 个）为控制字符，主要包括换行、回车等功能字符；

第 33～126 号（共 94 个）为字符，其中第 48～57 号为 0～9 这 10 个数字符号，65～90 号为 26 个英文大写字母，97～122 号为 26 个小写字母，其余为一些标点符号、运算符号等。小写字母的 ASCII 值与对应的大写字母的 ASCII 值差 32。

例如，大写字母 G 的 ASCII 码值为 1000111，即十进制数 71，小写字母 g 的 ASCII 码值为 1100111，即十进制数 103，它们的差值是 103−71=32。

8 位 ASCII 码称为扩充 ASCII 码，是 8 位二进制字符编码，其最高位有些为 0，有些为 1，随着系统不同，最高位设置也不同。它的范围为 00000000B～11111111B，因此可以表示 256 种不同的字符。其中，00000000B～01111111B 为基本部分，范围为 0～127；10000000B～11111111B 为扩充部分，范围为 128～255，也有 128 种。尽管美国国家标准信息协会对扩充部分的 ASCII 码已给出定义，但在实际应用中多数国家都将 ASCII 码扩充部分规定为自己国家语言的字符代码，如我们国家把扩充 ASCII 码作为汉字的机内码。

计算机存储信息的基本单位是字节，计算机中实际是用一个字节来表示一个字符，最高位设为 0。

3. Unicode 编码

Unicode 也称统一码、万国码或单一码，是一种在计算机上使用的字符编码，是国际组织制定的可以容纳世界上所有文字和符号的字符编码方案。它为每种语言中的每个字符设定了统一并且唯一的二进制编码，以满足跨语言、跨平台进行文本转换、处理的要求。1990 年开始研发，1994 年正式公布。

4. 汉字编码

对汉字进行编码是为了使计算机能够识别和处理汉字。西文是拼音文字，128 种字符的字符集就能满足西文处理的要求，编码也容易，但汉字数量大，常用的也有几千之多，用 1 个字节来编码是不够的。目前，众多的汉字编码方案有 2 字节、3 字节和 4 字节的，最常用的是汉字国标码。

（1）国标码

计算机处理汉字所用的编码标准是我国于 1980 年颁布的国家标准 GB2312—80，即《中华人民共和国国家标准信息交换汉字编码》，简称国标码，一个国标码占 2 个字节。国标码的主要用途是作为汉字信息交换码使用。

国标码与 ASCII 码属同一制式，可以认为它是扩展的 ASCII 码。在 7 位 ASCII 码中可以表示 128 个信息，其中字符代码有 94 个。国标码是以 94 个字符代码为基础的，其中任何两个代码就可组成一个汉字交换码，即由 2 个字节表示一个汉字字符。第一个字节称为

“区”，第二个字节称为“位”。这样，该字符集共有 94 个区，每个区有 94 个位，最多可以组成 94×94=8836 个字。

在国标码表中，共收录了一、二级汉字和图形符号 7445 个。其中图形符号 682 个，分布在 1～15 区。一级汉字（常用汉字）3755 个，按汉语拼音字母顺序排列，分布在 16～55 区；二级汉字（不常用汉字）3008 个，按偏旁部首排列，分布在 56～87 区；88 区以后为空白区，以待扩展。

国标码本身也是一种汉字输入码，由区号和位号共 4 位十进制数组成，通常称为区位码输入法。在区位码中，两位区号在高位，两位位号在低位。区位码可以唯一确定一个汉字或字符，反之任何一个汉字或字符都对应唯一的区位码。例如，汉字“中”的区位码是“5448”，在 54 区的第 48 位，只要在区位码输入法状态下输入数字 5448，即输入了汉字“中”。

区位码最大的特点就是没有重码，虽然不是一种常用的输入方式，但对于其他输入方法难以找到的汉字，通过区位码却很容易得到，但需要一张区位码表与之对应。

为了满足信息化快速发展的需要，2000 年，我国在国标码的基础上推出了 GB18030—2000 汉字编码方案，收录了 27484 个汉字，还有其他少数民族文字和港澳台的一些文字，基本上解决了计算机汉字和少数民族文字的使用标准问题。

（2）汉字机内码

汉字机内码是指计算机内部存储、处理加工汉字时所用的代码。输入码通过键盘被接受后就由汉字操作系统的“输入码转换模块”转换为机内码，每个汉字的机内码用 2 个字节的二进制数表示。为了与 ASCII 相区别，通常将其最高位置为 1，大约可表示 16 000 多个汉字。虽然存在各种汉字输入码，进入系统后，都被统一转换成机内码进行存储、处理。

汉字机内码一般采用变形的国标码。所谓变形的国标码是国标码的另一种表示形式，即将每个字节的最高位置设置为 1，这种形式避免了国标码与 ASCII 码的二义性，通过最高位来区别是 ASCII 码字符还是汉字字符，如表 1-3 所示。

表 1-3 汉字的机内码表示

b7	b6	b5	b4	b3	b2	b1	b0	b7	b6	b5	b4	b3	b2	b1	b0
1	×	×	×	×	×	×	×	1	×	×	×	×	×	×	×

（3）汉字输入码

汉字输入码，即外码，是指用各种汉字输入法直接从键盘上输入汉字的各种编码，如区位码、全拼、五笔字型、智能 ABC 等。无论是哪一种输入法，都是输入者向计算机输入汉字的手段，而在计算机内部都是以汉字机内码表示的。

（4）汉字字模点阵码

汉字字模点阵码是指文字信息的输出编码，用来将机内码还原为汉字进行输出。用机内码对汉字进行加工处理和传输是很方便的，并且可以节省内存，但人们无法看懂，必须输出汉字字型才行。构造汉字字型有两种方法：点阵法和矢量法。目前普遍使用的汉字字型码是用点阵方式表示的，称为“字模点阵码”，即把汉字图形置于网状方格内，每格在存储器中用一个位来表示。16×16点阵是在纵向16格、横向16格的网状方格内描绘一个汉字，有笔画的格对应1，无笔画的格对应0，如图1-11所示为“次”字的16×16字模点阵码。这种用点阵形式存储的汉字字型信息的集合称为汉字字模库，简称汉字库。

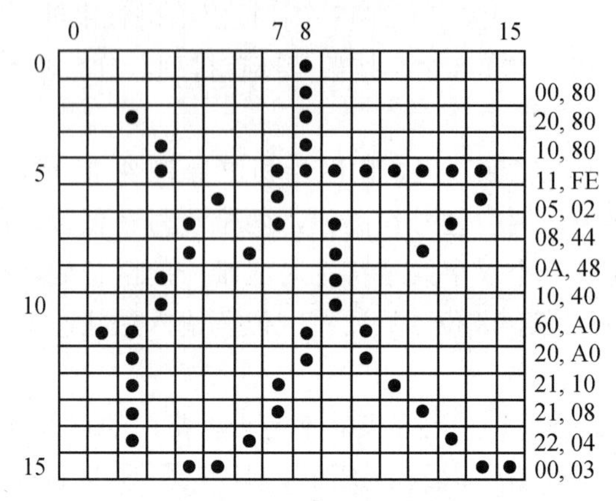

图1-11 “次”字字型点阵

因为在PC中由8个二进制位构成一个字节，所以一个汉字用16×16点阵表示，需要16×16/（8位）=2×16=32个字节；若用24×24点阵表示，则需要3×24=72个字节。点阵规模越大，字型越美观，但所需存储容量也越大，而且字体不同，点阵不同，字库也不同。矢量方式存储的是描述汉字字型的轮廓特征，当要输出汉字时，通过计算机的计算，由汉字字型描述生成所需字体大小和形状的汉字点阵。矢量化字型描述与最终文字显示的大小、分辨率无关，因此能产生高质量的汉字输出。

5. 汉字处理原理图

汉字在计算机中的处理过程如图1-12所示。

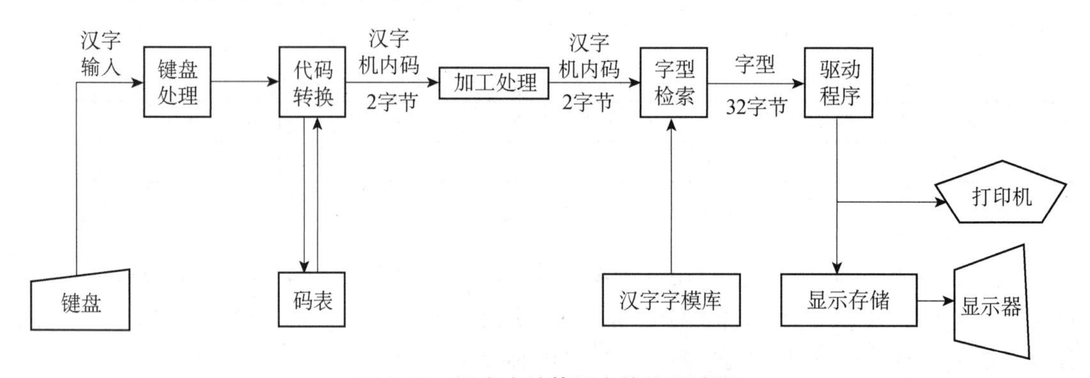

图1-12 汉字在计算机中的处理过程

通过键盘输入的汉字编码，首先经过代码转换程序转换成汉字机内码，转换时要用输入码到码表中检索机内码，得到两个字节的机内码，在机器内存储、处理。输出时，机器内由字型检索程序在汉字字模库中查出表示这个汉字的某种点阵的字型点阵码到显示器输出或打印机打印输出。

1.3.5　多媒体数据的编码

从计算机上看到的文本、图形、图像、影像，听到的各种声音，在计算机内部它们都是被转换成二进制位进行处理，并以不同的文件格式存储的。

声音、图像等多媒体信息都是具有一定幅度、亮度等连续变化的模拟量，计算机要处理这些信息，必须先对这些信息进行数字化处理，即通过采样、量化和编码，转换成计算机能够处理的数字信息。

1. 音频编码

音频（Audio）包括声音和音乐。音频可在很多方面改进多媒体的表达能力，在与视频配合后能使视频、影像和动画更具有真实的效果。音频的处理主要包括声音的采集、数字化、编码、压缩、解压缩和播放。

音频是模拟信号，计算机要对音频信息处理，就必须将模拟信号转换成数字信号。模拟音频信号与数字音频信号的区别在于：模拟音频信号在时间上和幅度上都是连续变化的，而数字音频信号是一个数据序列，在时间上是离散的。音频模拟信号的数字化过程也分为采样、量化和编码三个步骤。模拟音频的表示、采样如图 1-13 所示。

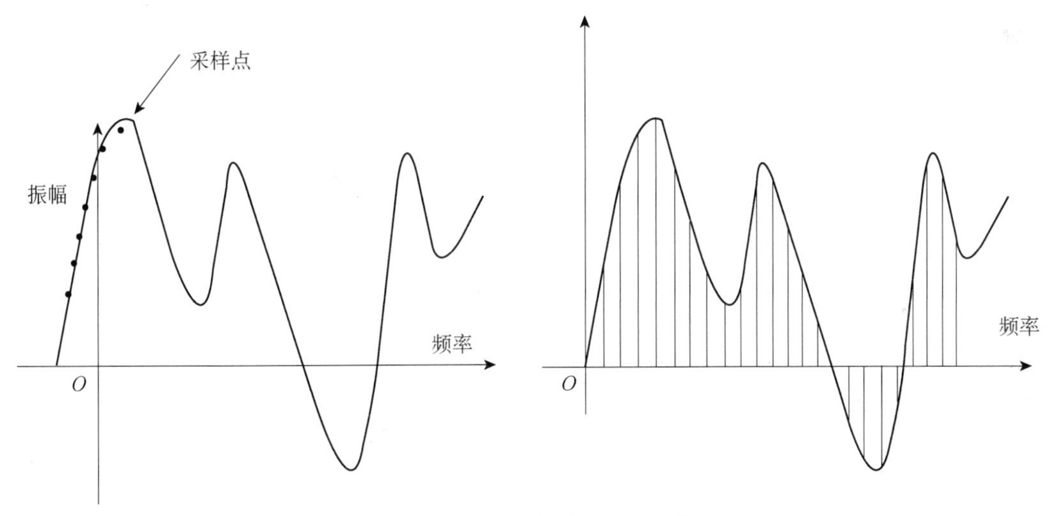

图 1-13　模拟音频的表示、采样

（1）采样

采样（Sampling）就是每隔一个时间间隔在模拟声音波形上取一个幅度值，把时间上的连续信号转变成时间上的离散信号，如图 1-13 所示。

决定采样质量的最主要因素是采样频率，采样频率越高，即采样周期越短，数字化音频的质量就越高，但数据量也会越大。根据著名的奈奎斯特采样定理，在模拟信号采集时，当采样频率高于输入的音频信号中最高频率的两倍时，可基本保证原音频信号的质量。

（2）量化

量化是将每个采样点得到的幅度值用二进制位表示。二进制位数越大，采样的精度越高，一般有 8 位和 16 位两种。其中，8 位量化位数的精度有 256 个等级，即对每个采样点的幅度精度为最大振幅的 1/256；16 位量化位数的精度是 65536 个等级，即为最大振幅的 1/65536。所以，量化位数越多，对音频信号的采样精度就越高，当然信息量也越大。

（3）编码

将采集到的物理量转换为在计算机中表示的代码的过程称为编码（Coding）。抽样、量化后的音频信号还不是数字信号，需要把它们转换成数字编码。音频信号的编码方式有很多，常用的有波形编码、参数编码和混合编码。

采样和量化的处理过程都是由集成在声卡上的模拟/数字转换器（A/D）完成的。

音频信号的量化、数字化如图 1-14 所示。

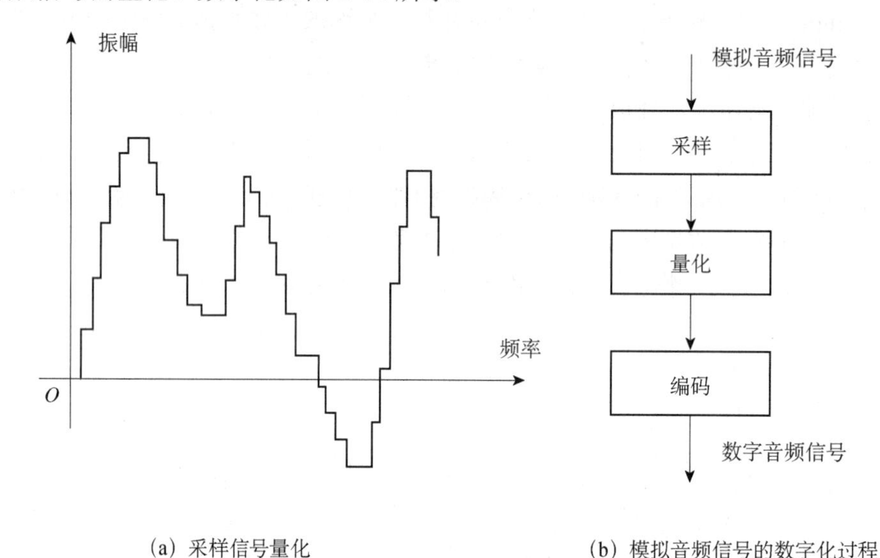

（a）采样信号量化　　（b）模拟音频信号的数字化过程

图 1-14　音频信号的量化、数字化

（4）压缩

在介绍压缩概念前，让我们先来了解一下存储容量的计算，其公式为

$$存储容量=采样频率\times量化位数/8\times声道数\times时间$$

声道数是指一次采样所记录产生的声音波形个数。每次生成两个声波，称为双声道（立体声）。随着声道数的增加，存储容量也成倍增加。例如，用 44.1kHz 的采样频率进行采样，量化位数取 16 位，录制 10 秒的立体声节目，则它的存储量为 44100×16/8×2×10（B）=1.682（MB）。所以，其所占的存储容量还是相当大的。为了在有限的存储空间中能够存放更多的音频数据，一般需要采用数据压缩技术，例如，MP3 就是目前比较流行的数字音频编码和压缩标准。

2. 图形和图像编码

图形（Graphics）是指通过绘图软件绘制的由直线、圆、任意曲线等组成的画面，图形一般按各个成分的参数形式存储，可以对各个成分进行移动、缩放、旋转和扭曲等变换，可以在绘图仪上将各个成分输出。

图像（Image）是通过扫描仪、数码相机、摄像机等输入设备采集的真实场景的画面，数字化后以位图格式存储。位图就是按图像点阵形式存储各像素的颜色编码或灰度级，位图适于表现含有大量细节的画面，并可直接、快速地显示或印出。位图存储量大，一般需要压缩存储。

图形是计算机绘图软件生成的矢量图形，矢量文件存储的是描述生成图形的指令，当需要显示或者打印图形或图像数据时，这些画图的指令被重新执行，并根据给定的大小画出图形或图像，所以不必对图形中每一点进行数字化处理。与位图相比，矢量图更加平滑。

图像的数字化是将一幅真实的图像转换成为计算机能够接受的数字形式，包括对图像的采样、量化及编码等。

（1）图像采样

图像采样是将连续的图像转换成离散点的过程。用若干个像素（Pixel）点来描述一幅图像，称为图像的分辨率，分辨率越高，图像越清晰，其存储量也越大。

（2）图像的量化

图像的量化是指在图像离散化后，将表示图像色彩浓淡的连续变化值离散化为整数值的过程。图像的色彩用若干位二进制数表示，称为图像的颜色深度。一般用 8 位、16 位和 24 位来表示图像的颜色，如 24 位可以表示 2^{24}=16777216 种颜色，称为真彩色。常常根据颜色深度来划分图像的色彩模式

黑白图（Black&White），图像的颜色深度为 1，用一个二进制位 1 和 0 表示黑和白两种色彩。

灰度图（Gray Scale），图像的颜色深度为 8，以 256 个灰度等级的形式表示图像的层次效果。

真彩色图（RGB true Color），图像的颜色深度为 24 位，可表示 1677 多万种颜色，像素的色彩数由 3 个字节组成，分别代表 R（红）、G（绿）和 B（蓝）三色值，涵盖了人眼所能识别的所有颜色。

（3）图像的编码

一幅未经压缩的图像，它的存储容量按如下公式计算：

存储容量=像素总数（行的像素点数×列的像素点数）×图像深度÷8

如，要表示一幅分辨率为 1024×768 像素的“24 位真彩色”的图像时，需要的存储量为 1024×768×24÷8B=2.25MB。

所以，数字化后的图像数据量很大，必须采用编码技术来压缩图像的数据量。

3. 视频编码

在连续的图像变化每秒超过 24 帧（frame）画面以上时，根据视觉暂留原理，人眼无法辨别每幅单独的静态画面，看上去是平滑连续的视觉效果，这样的连续画面叫视频（Video）。视频图像是来自录像带、摄像机、影碟机等信号源的影像，是对自然景物的捕捉。要使计算机能够处理和显示视频信息，必须把模拟视频信号转换成数字视频信号。视频数字化就是将模拟视频信号经模/数转换和彩色空间变换为计算机可处理的数字信号，与音频信号数字化类似，它在一定的时间内对单帧视频信号进行采样、量化、编码和编码压缩过程，可通过视频采集卡和相应的软件实现。

数字化后，如果对视频信号不加压缩，它的数据量是相当大的。例如，在计算机连续显示分辨率为 1024×768 的 24 位真彩色的电视图像，按每秒 30 帧计算，显示 1 分钟，则

数据量为 1024×768×24÷8×30（帧/秒）×60（秒）B≈4GB，6 张 650MB 的存储容量还不能存放它。所以，图像的压缩问题已经成为多媒体技术中的一个关键问题。在实际处理过程中，经常通过压缩、降低帧速、缩小画面尺寸等手段来减少数据量。例如，ISO 于 1992 年制定了运动图像数据压缩编码的标准，简称 MPEG（Moving Picture Experts Group，运动图像专家组）标准。它是视频图像压缩的一个重要标准，也适合于音频信息，包括 3 个部分，即 MPEG 视频、MPEG 音频、MPEG 系统。MPEG 视频是 MPEG 系列标准的核心，其编码技术的发展十分迅速，从 MPEG-1、MPEG-2 到 MPEG-4，不仅图像质量得到了很大的提高，而且在编码的可伸缩性方面，也有了很大的灵活性。

1.4 计算机硬件系统

一个完整的计算机系统由硬件系统和软件系统两大部分组成。硬件是软件工作的物质基础，没有硬件，软件无法工作；软件是控制和操作计算机工作的核心，是硬件功能的扩充，没有软件整个计算机无法工作。硬件和软件相互依赖，相互促进，是一个统一的整体。

1.4.1 计算机系统组成与工作原理

1. 计算机系统组成

计算机的系统结构组成如图 1-15 所示。

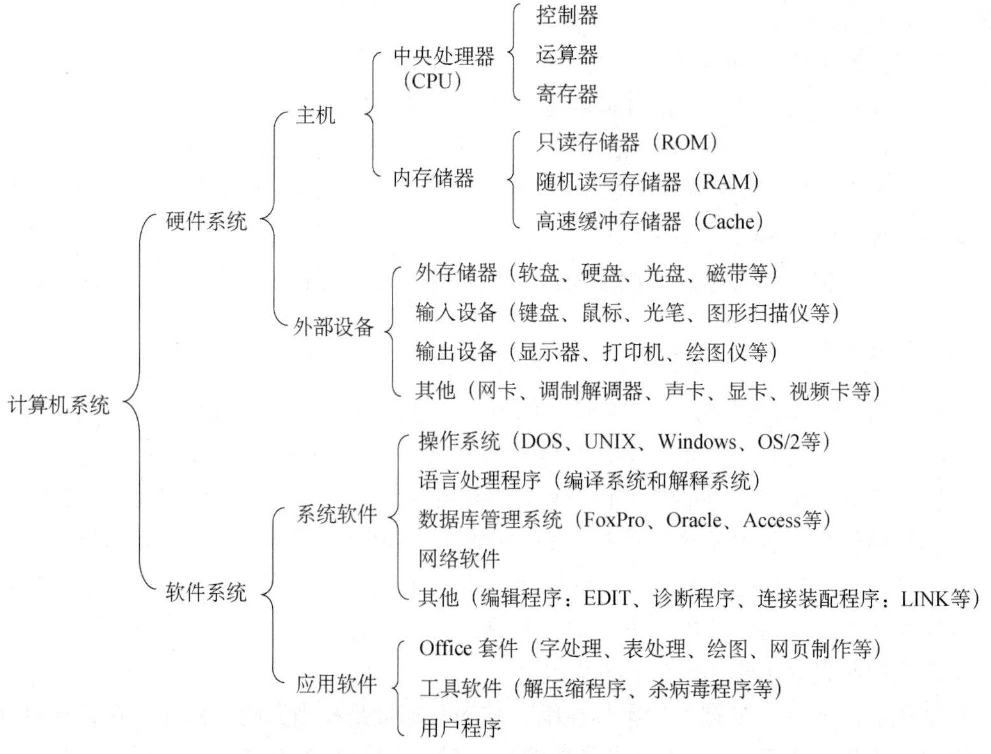

图 1-15 计算机的系统结构组成

硬件（Hardware）系统是组成一台计算机的各种物理装置，是计算机系统的物质基础。软件（Software）系统是指计算机系统运行所需要的各种程序、数据及相关文档资料。硬件是软件建立和依托的基础。要把计算机系统当作一个整体来看，它既含硬件，也含软件，两者不可分割，硬件和软件相互结合才能充分发挥电子计算机系统的功能。

2. 工作原理

自计算机诞生以来，计算机的硬件结构、软件系统和性能指标都发生了极大的变化，但它的工作原理仍然遵循“冯 • 诺依曼”原理，即“存储程序和存储控制”工作原理。为了解决某个问题，需预先编制好一系列指令组成的程序，将程序输入到计算机并存放到存储器中，称为存储程序；而控制器根据存储的程序控制计算机完成任务，称为程序控制。

3. 工作过程

计算机的工作过程包括输入、存储、处理、输出 4 个步骤，如图 1-16 所示。图中实线为程序和数据，虚线为控制命令。首先把编制好的程序和程序计算中需要的原始数据信息，在控制命令的作用下通过输入设备送入计算机的存储器中存储起来；然后当计算开始处理的时候，在取指令的作用下把程序指令逐条送入控制器，控制器向存储器和运算器发出取数据命令和运算命令，运算器进行计算；控制器发出指令，计算结果存到存储器，最后在输出命令的作用下通过输出设备输出结果。

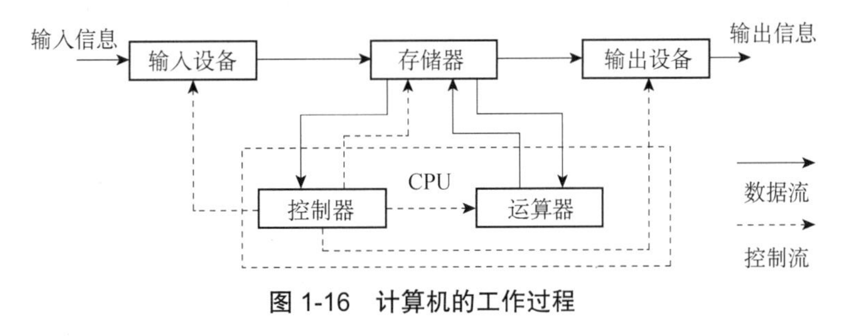

图 1-16　计算机的工作过程

计算机的工作过程实际上是快速执行指令的过程。从图 1-16 可以看出，计算机在工作时，数据流和控制流在执行指令的过程中流动。数据流是指源程序、原始数据、结果数据等；而控制流则是由控制器对指令进行分析后发出控制命令，指挥各部件有序、协调地工作。

1.4.2　计算机的指令系统

程序是由一系列指令组成的有序集合，计算机执行程序就是执行一系列指令。指令是指能被计算机认识并执行的二进制代码，它规定了计算机要完成的某一种操作。其中计算机硬件能直接识别并执行的操作命令称为机器指令，简称为指令。一条指令由操作码和操作数组成，操作码规定了该指令要做何种操作，如做加法操作；操作数则规定了操作对象的内容和所在的地址。

一台计算机所有指令的集合，称为该计算机的指令系统。不同类型的计算机，它的指令系统也是不同的。指令系统是影响计算机性能的重要因素，它的结构与功能直接影响到硬件结构和系统软件。

1. 指令格式

指令用二进制代码表示的结构形式称为指令格式，是由操作码和操作数（或操作数地址）组成的一串二进制代码，操作码规定了这条指令应该做何种操作，即操作的性质，地址码或操作数则指出了参与操作数在内存中的地址或操作数的本身。

指令格式如下：

操作码	地址码/操作数

指令格式和机器结构密切相关。指令的操作码由控制器接受和解释后，发出各种控制命令，指挥运算器做各种运算操作。地址码指出操作数在存储器中的位置，而存储器提供运算所需要的操作数和运算结果。

2. 指令的执行过程

指令的执行过程如下。

① 取指令：按照程序计数器的地址，从内存储器中取出指令送到指令寄存器中。

② 分析指令：对取出的指令进行分析，由指令译码器对操作码进行译码，转换成相应的控制信号；由地址码确定操作数地址。

③ 执行指令：完成该指令所要求的操作，产生运算结果并存储起来，再执行下一条指令。完成一条指令的时间称为 1 个指令周期，指令周期越短，指令执行越快，计算机的运行速度也越快。CPU 主频反映了指令执行周期的长短。

1.4.3 计算机的主要性能指标与硬件配置

目前，普通计算机的基本结构是由主机、显示器和键盘组成的。主机安装在主机箱内，主机箱内有系统主板、硬盘驱动器、CD-ROM 驱动器、显示卡等，通过连接电缆可以很方便地连接显示器、键盘、鼠标和打印机等外设。

目前，一台普通计算机的主要配置为机箱和电源、主板、CPU 和内存、硬盘驱动器、CD-ROM/DVD 驱动器、键盘和鼠标、声卡和网卡等。

1. 计算机的主要性能指标

计算机的性能涉及体系结构、软硬件配置、指令系统等多种因素，主要性能指标有字长、速度、内存容量等。

（1）字长

CPU 能直接处理参与运算的寄存器所含有的二进制数据的位数叫字长，它代表了机器的精度。在一般情况下，字长越长，容纳的位数越多，内存可配置的容量就越大，计算精度也越高，处理能力就越强。所以，字长是计算机的一项重要的技术指标。目前，计算机的字长大多数是 64 位。

（2）速度

① 主频。也称主时钟频率，是时钟周期的倒数，等于 CPU 在 1 秒钟内能够完成的工作周期数。现在主频用千兆赫兹（GHz）为单位，主频越高表示 CPU 的运算速度越快。目前市场上的主频大多在 2.0～4.0GHz 之间，但主频不能直接表示每秒运算次数。

② 运算速度。衡量计算机性能的一项主要指标，它取决于指令的执行时间。运算速度的计算方法有多种，目前常用单位时间内执行多少条指令来表示。直接描述运行次数的指标为 MIPS，即每秒百万条指令。某一 CPU 的速度可达 400MIPS，即表示每秒能执行 4 亿条指令。

（3）内存容量

内存容量是指计算机的内存中存储信息（字节数）的总量，其大小反映了内存存储数据的能力，容量越大，其处理数据的范围就越广，功能就越强。内存容量可以根据用户的需要来配置，目前 Intel 系列的内存配置至少为 4GB 以上。

（4）高速缓存器（Cache）

计算机在运行过程中，主存储器存取速度一直比 CPU 运行速度慢得多，使得 CPU 的高速处理能力不能充分发挥，整个计算机系统的工作效率受到影响。有很多方法可用来缓和中央处理器和主存储器之间速度不匹配的矛盾，如采用多个通用寄存器、多存储体交叉存取等，在存储层次上采用高速缓冲存储器也是常用的方法之一。

高速缓冲存储器的容量一般只有主存储器的几百分之一，但它的存取速度能与中央处理器相匹配。根据程序局部性原理，正在使用的主存储器某一单元邻近的那些单元将被用到的可能性很大。因而，当中央处理器存取主存储器某一单元时，计算机硬件就自动地将包括该单元在内的那一组单元内容调入高速缓冲存储器，中央处理器即将存取的主存储器单元很可能就在刚刚调入到高速缓冲存储器的那一组单元内。于是，中央处理器就可以直接对高速缓冲存储器进行存取。

在 CPU 内的那一部分存储器称为 L1 缓存。后来在 CPU 外部和主存之间也使用了 L2 缓存。最新的 CPU 技术将 L1、L2 缓存都设计在 CPU 芯片内，再外置 L3 缓存。

普通计算机的性能除了参考上述几项主要指标外，还应考虑其他指标。如外存等外设配备能力与配置情况，如硬盘的数量、容量和类型；显示模式与显示器的类型；机器的兼容性、系统的可靠性、可维护性及性能价格比；当然还应考虑上网及多媒体等诸方面的性能。

2. 计算机硬件配置与功能表

表 1-4 清楚地表示普通计算机主要硬件配置与它们的相应功能。

表 1-4 普通计算机主要硬件配置与它们的相应功能

<table>
<tr><th>主要硬件配置 \ 组成与功能</th><th>主要组成</th><th colspan="2">组成/主要功能（性能）</th></tr>
<tr><td rowspan="2">CPU</td><td>运算器</td><td>由算术逻辑部件 ALU 和寄存器组成，完成算术和逻辑运算</td><td rowspan="2">主要性能指标：主频，外频，L1、L2、L3 Cache，制造工艺和多媒体指令集</td></tr>
<tr><td>控制器</td><td>取指令，分析指令，发出控制命令</td></tr>
<tr><td rowspan="9">主板</td><td>BIOS</td><td colspan="2">基本输入/输出系统，开机时引导操作系统的检测和运行工作，一块装入了启动和自检程序的 EPROM 块</td></tr>
<tr><td>CMOS</td><td colspan="2">存储系统设置或配置信息的存储器，需要一个电池来维持</td></tr>
<tr><td>内存插槽</td><td colspan="2">接插内存条，常用的是 DDR3 插槽</td></tr>
<tr><td>PCI 插槽</td><td colspan="2">局部总线接口，是显卡、声卡和网卡的连接接口</td></tr>
<tr><td>PCI-E 插槽</td><td colspan="2">是新一代的总线接口。规格从 1 条通道连接到 32 条通道连接，有非常强的伸缩性，以满足不同系统设备对数据传输带宽的需求</td></tr>
<tr><td>SATA 串行接口</td><td colspan="2">用于连接硬盘，传输速度较快，散热较快，是目前流行的接口标准，标准有 SATA1～SATA3</td></tr>
<tr><td>IDE 接口</td><td colspan="2">用于连接硬盘和光驱等设备，早期的产品多用这类接口，已淘汰</td></tr>
<tr><td>SCSI 接口</td><td colspan="2">也可用于连接硬盘、光驱和扫描仪等设备，接口的传输速度更快、可靠性更高</td></tr>
<tr><td>外设接口</td><td colspan="2">是计算机与外设的接口，分为 LPT 并口，COM 串口，USB 接口，PS/2 键盘和鼠标接口，IEEE1394 接口主要用来接入数码摄像机（一般笔记本配置），目前 USB 已取代了 LPT 并口</td></tr>
<tr><td rowspan="7">存储器</td><td rowspan="3">内存</td><td>随机存储器 RAM</td><td rowspan="3">存放正在执行的程序和数据，直接与 CPU 交换信息</td></tr>
<tr><td>只读存储器 ROM</td></tr>
<tr><td>高速缓冲存储器 Cache</td></tr>
<tr><td rowspan="4">外存</td><td>硬盘</td><td rowspan="4">保存暂时不执行的程序和数据，不直接与 CPU 交换信息</td></tr>
<tr><td>移动硬盘</td></tr>
<tr><td>U 盘</td></tr>
<tr><td>光盘</td></tr>
<tr><td>输入设备</td><td>常用有键盘、鼠标等</td><td colspan="2">把要输入的信息转换成二进制代码，存放到内存</td></tr>
<tr><td>输出设备</td><td>主要有显示器和打印机</td><td colspan="2">将计算机处理结果转换成方便认识的信息</td></tr>
<tr><td rowspan="3">各种卡</td><td>显示卡</td><td colspan="2">控制显示器的显示方式，主要有 ISA、VESA、PCI、AGP 等 4 种</td></tr>
<tr><td>声卡</td><td colspan="2">记录、处理和播放声音的硬件</td></tr>
<tr><td>网卡,无线网卡</td><td colspan="2">是连接计算机与网络、实现数据通信的硬件设备</td></tr>
</table>

3. 中央处理机 CPU

CPU（Central Processing Unit）是运用超大规模集成电路技术将运算器和控制器集成在一个系统中，称微处理器，是计算机系统最核心的部分。从机器开始启动 CPU 就负责系统中的数据运算及逻辑判断等核心工作，并将运算的结果分送内存或其他各部件来控制整体的运作。可以说 CPU 的功能和性能决定了计算机处理数据的速度和能力，是人们判别计算机档次的标志。

目前计算机中的处理器系统可以是单一的 CPU 芯片，也可以是多个 CPU 芯片组成的阵列，它是插到主板位置上的一个集成电路芯片。

在 CPU 内部，有三个组成部分：算术逻辑部件 ALU、寄存器组和控制器，如图 1-17 所示。CPU 产生的外部输出分别通过数据总线、控制总线和地址总线与计算机的存储器、输入/输出设备交换信息，它的主要功能包括如下几项：

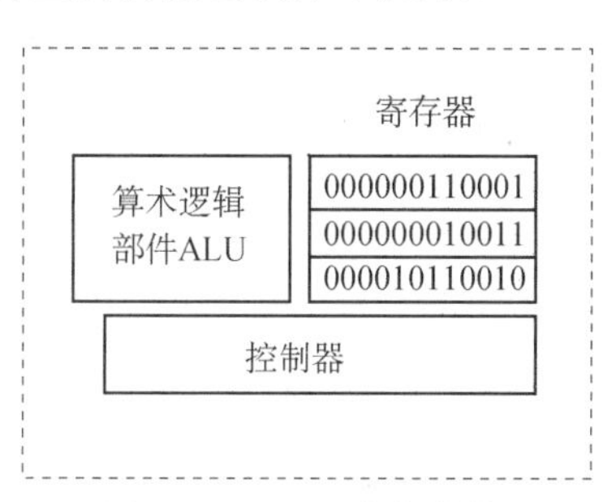

图 1-17　CPU 内部结构

① 完成数据的算术运算和逻辑运算。

② 控制和协调取指令、分析指令和执行指令的操作。

③ 实现异常处理和中断处理的操作。

下面简要介绍运算器、控制器、CPU 性能及多核心技术。

（1）运算器

运算器是计算机数据处理的核心部件，由 ALU（Arithmetic Logical Unit）、寄存器及内部总线组成，主要功能是进行算术运算和逻辑运算。大多数情况下，计算机程序指令的功能是由 ALU 完成的。

不同的处理器的 ALU 运算能力是不同的。一般算术运算有加、减、乘、除和加 1 减 1 计算等；逻辑运算有与、或、非及异或等。来自存储器的所有数据几乎都要经过 ALU，即使不进行计算的数据传送操作（指令），如形成一个程序的转移地址的指令，也需要通过 ALU 把地址数据送到所指定的内部寄存器或存储器。为了技术上实现的便利，往往把运算器分为两部分：定点运算器和浮点运算器。运算器由大量的门电路组合构成。

（2）控制器

控制器是控制计算机有序工作的核心部件，由 3 个基本部件组成，即指令控制逻辑部件、微操作控制逻辑部件和时序控制逻辑部件。主要功能是从指定的地址中取出指令，分析指令，然后向各个部件发出一系列的操作控制命令，以完成程序预定的任务。

控制器对指令寄存器中的指令进行逻辑译码，产生并发出各种控制信号完成一系列的内外部操作。如它产生选择信号选择存储器或输入/输出，并产生数据方向信号（是进入 CPU 还是出 CPU），使存储器或输入/输出系统完成要求的操作。

控制器根据指令发出控制信号控制 ALU 进行算术或逻辑运算，发出信号从内存中读取一个数，或将 ALU 的运算结果存放到存储器中去。

现代的处理器具有更加复杂的技术特征，性能不断增强。如采用流水线技术，它能够使 CPU 在处理一条指令的同时到存储器中取出下一条将要执行的指令，这样就使得两条指令之间执行的时间间隔变小，CPU 的执行速度得到提高。还有使用大量的内部高速缓冲存储器（Cache），降低和存储器的数据交换频率，以及使用多内核技术（在一个芯片内集成多达 4 个 CPU）等。

（3）CPU 性能

CPU 性能的高低直接决定了 PC 的档次。CPU 主要性能指标包括主频、外频、L1 和 L2 Cache（一级、二级高速缓存）容量。

① 主频。也称内频，即 CPU 的时钟频率，其单位是 GHz。对同一类型的 CPU 来说，主频的高低直接决定了该 CPU 运算速度的快慢。主频说明了 CPU 的工作速度，主频越高，CPU 的运算速度越快。现在的 CPU 主频有 2.0GHz、2.4GHz、3.4GHz 等。如 Intel Core i7 8700，酷睿 i 系列，主频 3.2GHz，三级缓存，六核处理器。

② 外频。外频是 CPU 与外围电路连接通道的时钟频率，是 CPU 的基准频率，其单位为 MHz。外频一般有 100MHz 和 133MHz 两种，前端总线可以通过 DDR（双倍数据传输率）或 QDR（四倍数据传输率）技术提高通道的数据传输速度。

③ L1、L2、L3 Cache 容量（缓存容量）。Cache 是一种速度比内存更快的存储设备，用于 CPU 运算过程中的数据暂存，用来减少 CPU 因等待低速设备（如内存）所导致的延迟，进而改善系统的性能。当 CPU 需要数据时，便可以先到 Cache 中去查找，如果找到了便可以直接使用；如没找到，则到低速设备中去取数据。

Cache 作为 CPU 内部命令集与数据的快取区，集成在 CPU 核心中；随着制造工艺的改进，最新款的 CPU、L2 和 L3Cache 均集成在其中。

④ 制造工艺。在半导体集成电路的生产技术中通常用纳米来表示制造工艺的先进性，一般情况下生产工艺越精细，集成电路中的元器件之间的间隔就越小，这样不但能集成更多的元器件，而且可以降低电路的工作电压，减少电路的功率消耗，就可以得到运算速度更快、耗能更小的 CPU。目前先进的制造工艺已经达到了 22nm。

（4）多核心技术

所谓多核心技术就是在一块 CPU 基板上集成多个处理器核心，并通过并行处理将各处理器核心连接起来。

目前应用最广的 Intel 处理器芯片有很多型号，被划分为台式机、笔记本和服务器系列。例如，Intel 公司（http://www.Intel.com）的英特尔酷睿-i7-3960X 处理器至尊版，具有 3.33GHz 主频速度，并可超速到 3.6GHz，支持英特尔睿频加速技术，最大限度提升复杂应用的处理速度，动态加速性能，以匹配工作负载；6 个内核和 12 个处理线程，支持英特尔超线程技术，支持高度线程化的应用，并行处理更多任务，多任务处理易如反掌。15MB 英特尔智能高速缓存，提供更高的性能以及更有效的缓存子系统；支持 3 通道 DDR3 1600MHz 和 64GB 内存，带来高达 51.2 GB/s 的内存带宽；该内存控制器具有低延迟、高带宽的优点，能轻松应对数据密集型应用，具有先进的 32nm 制造工艺。

4. 主板

当打开普通计算机的机箱就可以看到主板（Main Board），它是计算机中最大、最重要的一块集成电路板，在它上面排列着用于安装 CPU 芯片、内存条、总线的接口、配件的插槽等。主板也叫系统板，是整个微机的核心，是计算机中单个最大的电子部件，也是最大的印制电路板。它是连接各种设备的载体，不仅为 CPU、内存和各种功能卡提供安装插座

（槽），还为各种磁、光存储设备、打印和扫描等 I/O 设备，以及数码相机、摄像头、网卡等多媒体和通信设备提供接口。通过主板可以将 CPU 和各种外部设备有机地结合起来从而形成一套完整的系统。微机的整体运行速度和稳定性在相当程度上取决于主板的性能。图 1-18 所示为主板的结构。

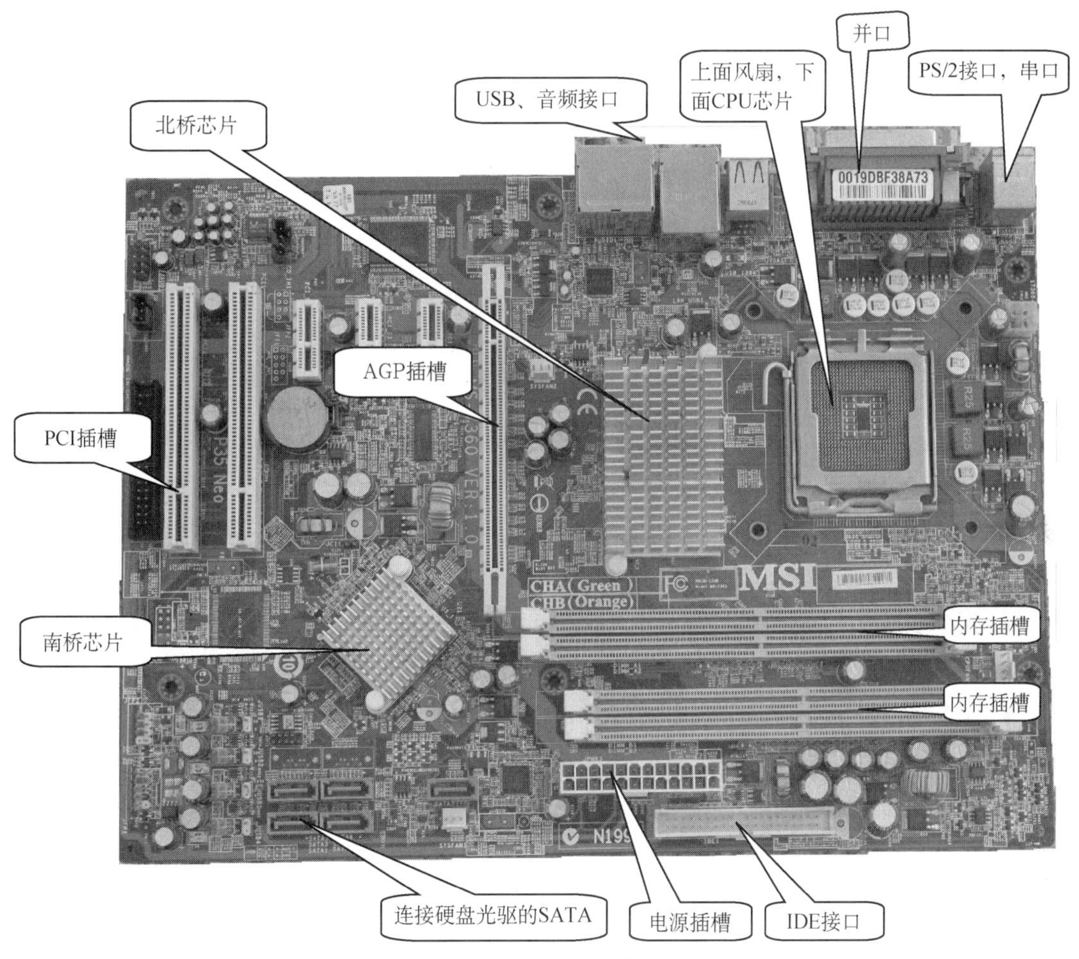

图 1-18　主板的结构

（1）主控芯片组

微机系统的工作是按照时序进行的，时序信号的发生、传送，直接控制着各个逻辑设备或部件工作，使数据能够按照要求完成各种计算、传送、寄存、存储、转换的时序机构被集成于有限的几片 IC 芯片，合称芯片组，分为南桥芯片和北桥芯片。

（2）CPU 插槽

CPU 插槽是供 CPU 插拔的地方，它与 CPU 的类型相吻合。目前主流是 ZIF（Zero Insertion Force，即零插拔）插槽，可随时插拔 CPU。

（3）内存插槽

用来接插内存条，现在主要采用 168 线。插槽的线数与内存条的引脚数一一对应，线数越多插槽越长。目前主板上用来固定内存条的新型槽的主要是 DIMM 槽。

（4）AGP 插槽

目前的显示卡一般都使用高速图形端口接口，AGP 插槽就是用来安插 AGP 显示卡的。

（5）各种外部接口

各种外部接口，即计算机与外部设备接口。外部总线通常以接口形式表现，是外部设备与计算机连接的端口，常见的接口如图 1-19 所示。

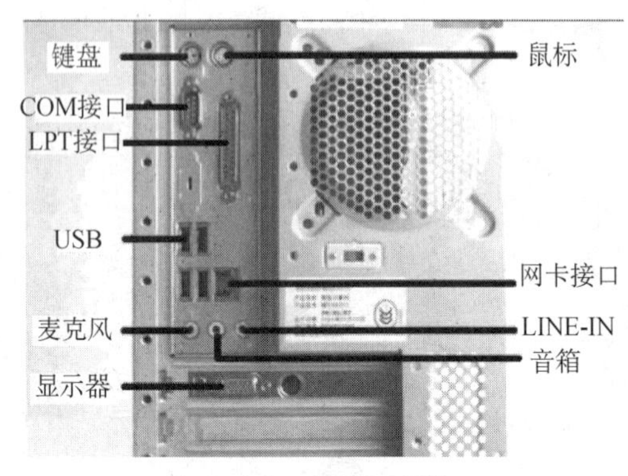

图 1-19 一些常见的接口

- LPT 接口也称为并行端口，可接打印机等，现在已逐渐被 USB 接口所替代。
- COM 接口又称串行端口，可接游戏摇杆等。
- USB 接口又称通用串行端口，是新一代的外设接口，可在不关机的情况下添加外设，是目前主要的接口形式。一般计算机配 3～5 个 USB 个接口。
- PS/2 接口是键盘和鼠标专用接口，一般有两个。

选购主板时，首先选择芯片组，再确定 CPU、内存、AGP 插槽、扩展槽和外部接口的类型；最后选择品牌，确定是否集成显卡、声卡、网卡，当然主板的制作工艺也要考虑。

1.4.4 微机的存储系统

微机的存储系统主要由高速的主存储器（内存）和低速的辅助存储器（外存）组成。主存储器用于存放正在执行的程序和数据，直接与 CPU 交换信息；辅存储器的主要作用则是长期存放计算机工作所需要的系统文件、各种程序、文档和数据。当 CPU 需要执行某部分程序和数据时，将其由外存调入内存以供 CPU 访问，所以辅存储器可以扩大存储系统容量。内存速度快、容量小、价格贵；外存速度慢、容量大、价格低廉，因此它们之间具有极好的互补性，大量使用低成本的辅助储器可以降低计算机的价格。

主存储器以内存条形式直接插在主板上，和 CPU 直接进行数据交换。辅助存储器位于主板外部，通过电缆与机器连接。在协调控制机构的作用下，主存和辅存交换数据。高速缓存（Cache）是 CPU 和随机存储器之间的加速存取的桥梁。虚拟内存是硬盘的一块区域，用于扩展内存。如图 1-20 所示的是各存储器如何与 CPU 交换信息的。

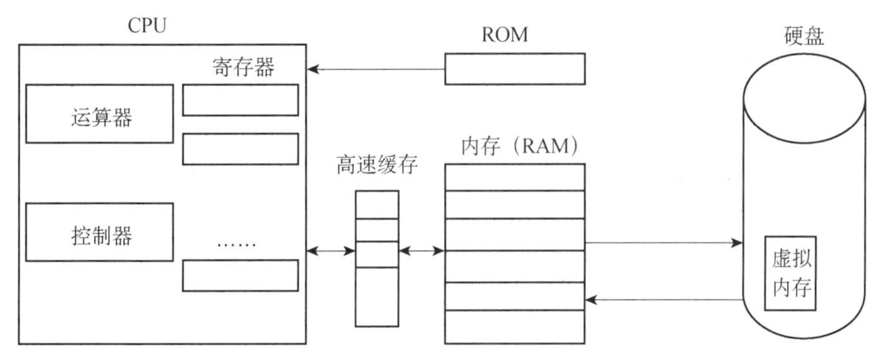

图 1-20 存储器与 CPU 交换信息

存储器的管理由硬件和操作系统软件协同完成，对用户是“透明”的。也就是说，用户并没有感觉到它们之间的层次，在用户看来它们是一个整体。存储器的类型很多，如图 1-21 所示。

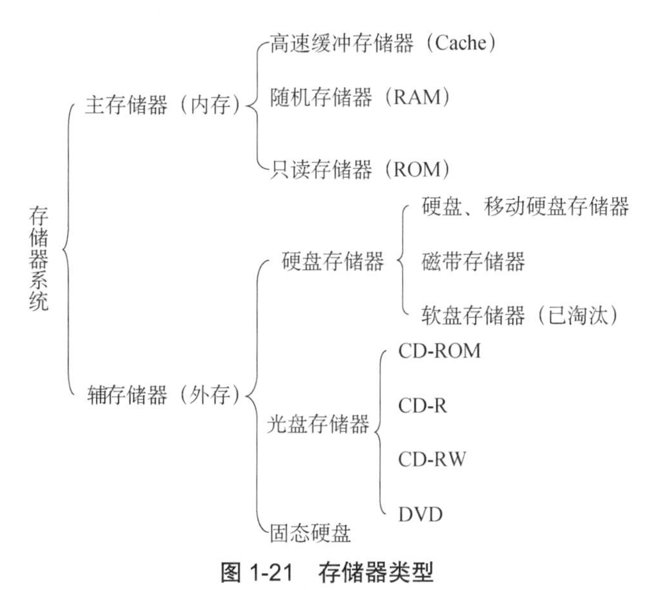

图 1-21 存储器类型

1. 内存

内存按其功能特征可分为：随机存取存储器、只读存储器、高速缓冲存储器。

（1）随机存取存储器

随机存储器（Random Access Memory，RAM）允许随机地按任意指定地址向内存单元存入或从该单元取出信息，其对任意地址的存取时间都是相同的。RAM 通常采用半导体材料制作，由于信息是通过电信号写入存储器的，所以断电时 RAM 中的信息就会消失。计算机工作时使用的程序和数据等都存储在 RAM 中，如果对程序或数据进行了修改，应该将它存储到外存储器中，否则关机后信息将丢失。通常所说的内存大小就是指 RAM 的大小，一般以 GB 为单位。

RAM 根据其保持数据的方式可以分为动态 DRAM 和静态 SRAM 两种类型。DRAM 中的存储单元类似于一个电容，要保持数据必须定时给电容充电，这个过程称为“刷新”。SRAM 的存储单元就是一个具有自身维持信号不变的电路。相对 SRAM，DRAM 的存取速度较慢但价格要便宜些。

目前，在微机上广泛采用动态随机存储器 DRAM 作为主存。DDR3（Double Data Rate 二倍速率同步动态随机存储器）是目前普遍使用的内存形式，它以内存条状的形式插在主板的内存插槽上。常用的内存条的引脚有 168 芯、184 芯和 240 芯，一条内存条的容量有 2GB 到 12GB 不等。如图 1-22 所示为 DDR3 4GB 台式机内存条。

图 1-22 DDR3 4GB 台式机内存条

（2）只读存储器

只读存储器（Read Only Memory，ROM）是只能读出而不能随意写入信息的存储器。ROM 中的内容是由厂家制造时用特殊方法写入的，或者要利用特殊的写入器才能写入。计算机断电后，ROM 中的信息不会丢失，当计算机重新被加电后，其中的信息保持原来的不变，仍可被读出，与 RAM 一同管理，可按地址访问。根据对芯片的写入数据的编程方式不同，ROM 有以下几种类型。

PROM，可编程只读存储器（Programming ROM）。这是一次性地写入存储器芯片，用户或制造商通过专门编程设备把数据存储到芯片里面。

EPROM，可擦除的可编程只读存储器（Erasable PROM）。如果数据需要被改写，要用一种紫外光设备将原数据擦除后再重新写数据。

EEPROM，称之为电可擦除可编程只读存储器，它是通过施加特殊的电信号擦除原来的数据。它的另外一个特点是可以对部分单元进行重新写入。

闪存（Flash Memory），是 EEPROM 的一个特殊类型。它使用擦除数据块而不是对单个单元进行擦除，擦除速度快，适合于需要存放大数据量的应用，如移动存储器。它也被广泛用于数码产品中，如数码相机的图像存储器。

ROM 在计算机中一个重要的应用是用来存放启动计算机所需要的引导程序、启动后的检测程序、系统最基本的输入/输出程序 BIOS、时钟控制程序及计算机的系统配置和磁盘参数等重要信息。

（3）高速缓冲存储器（Cache）

Cache 是介于 CPU 和内存之间的一种高速存取信息的芯片，是 CPU 和 RAM 之间的桥梁。计算机把正在执行的指令地址附近的一部分指令和数据，从主存 RAM 调入高速缓冲存储器 Cache，供 CPU 在一段时间内使用，用于解决 CPU 存取速度快而 RAM 存取速度慢的速度冲突问题。目前，只有高端 CPU 才有三级缓存。

2. 外存

外存储器即外存，也称辅助存储器，用来长期存放计算机工作所需要的系统文件、应用程序、用户程序、文档和数据等，当 CPU 需要执行某部分程序和数据时，将其由外存调入内存以供 CPU 访问。与内存相比，外存具有容量大、速度慢的特点，是“非易失性”的存储器。为了增加内存容量，方便读写操作，有时将硬盘的一部分当作内存使用，这就是虚拟内存。微机常见的外存有硬盘存储器、光盘存储器、移动存储器。软盘存储器由于它的容量小、不易长期保存早已被淘汰。

（1）硬磁盘存储器

硬磁盘存储器由硬磁盘和硬盘驱动器构成。硬磁盘是由质地较硬的拨片为基材，表面涂上磁膜构成。硬磁盘和硬盘驱动器作为一个整体密封在一个金属腔体中，简称硬盘。硬盘在使用过程中要注意防震。硬盘的主要技术参数为：接口类型、硬盘转速、存储容量及存取时间和数据传输速率等。如图 1-23 所示的是 SATA 串行接口的硬盘，硬盘内部结构和 SATA 数据接口线。

图 1-23　串行硬盘、硬盘内部结构和 SATA 接口线

① 硬盘接口。硬盘接口是硬盘与主机系统间的连接部件，作用是在硬盘缓存和主机内存之间传输数据。不同的硬盘接口决定了硬盘与计算机之间不同的连接速度，在整个系统中，硬盘接口的优劣直接影响着程序运行快慢和系统性能好坏。硬盘与主板相连的接口有几种：IDE（Integrated Driver Electronics，集成驱动电路接口）、SATA 串行接口、SCSI（Small Computer System Interface，小型机系统接口）和 SAS 接口。IDE 使用扁平电缆和主机的 IDE 数据接口插座连接，电缆是连接硬盘和主机的“总线”，包括了一组数据线、地址线和控制线。不过现在 SATA 已经取代了 IDE 硬盘的地位，成为 PC 市场的主流。大多数台式机采用的是 SATA 的接口标准。目前有 Serial ATA2.0，Serial ATA3.0 等，属于串口，是最新的磁盘接口标准。SATA 速度快（150～600MB/s），而且线是细长型的，有利于散热，插口一目了然，支持热拔。

SCSI 硬盘接口标准更高、读写速度更快、数据缓存更大、电动机转速更高、寻道时间更短。为了使硬盘能够适应大数据量、超长工作时间的工作环境，服务器一般采用高速、稳定、安全的 SCSI 硬盘，它能提供 320MB/s 的接口传输速度。

SAS（Serial Attached SCSI）即串行连接 SCSI，是新一代的 SCSI 技术，和现在流行的 Serial ATA（SATA）硬盘相同，都是采用串行技术以获得更高的传输速度，并通过缩短连结线改善内部空间等。SAS 是并行 SCSI 接口之后开发出的全新接口。此接口的设计是为了改善存储系统的效能、可用性和扩充性，并且提供与 SATA 硬盘的兼容性。SAS 硬盘专为高性能、高可靠性应用而设计，工作于更高的转速，配备旋转震动补偿以保证数据准确度，具有高可靠性。SAS 硬盘将被使用于数据量大、数据可用性极为关键的应用中。

② 容量。一个硬盘一般由多个盘片组成，盘片的每一面都有一个读、写磁头。硬盘使用前也要被格式化，划分成若干磁道（称为柱面），每个磁道再划分为若干扇区，所以硬盘容量=512×磁头数×柱面数×每磁道扇区数。常见的有 320GB 到 6TB 等多种。

③ 转速。硬盘转速是指内部电动机旋转的速度，其单位是 RPM。市面上主流的 SATA 硬盘转速为 7200RPM，一般转速越高，硬盘的读写速度越高，但其发热量也会越高。

④ 缓存。内存的速度要比硬盘快几百倍，为了缓解内存和硬盘之间访问速度的差异，在硬盘上也采用高速缓存技术。目前市面上硬盘缓存容量通常为 16～128MB。

⑤ 平均寻道时间。平均寻道时间是指硬盘磁头移动到数据所在磁道时所用的时间，单位为 ms，当前普遍为 8～10ms。

⑥ 硬盘的格式化。格式化（Format）是在物理驱动器（硬盘）的所有数据区上清零的操作过程。格式化是一种纯物理操作，同时对硬盘介质做一致性检测，并且标记出不可读和坏的扇区。由于大部分硬盘在出厂时已经格式化过，所以只有在硬盘介质产生错误时才需要进行格式化。

硬盘的格式化分 3 个步骤进行：硬盘的低级格式化、分区和高级格式化。

- 硬盘的低级格式化：即硬盘的初始化，主要是对新硬盘划分磁道和扇区，并在每个扇区的地址域上记录地址信息。初始化工作一般由厂家在出厂前完成。
- 硬盘的分区：初始化的硬盘仍然不能直接使用，应该把硬盘划分成若干个相对独立的逻辑存储区，每一个逻辑存储区称为一个硬盘分区，只有分区后的硬盘才能被系统识别使用，硬盘如何分区操作可参见配套的实践教程。
- 硬盘的高级格式化：建立操作系统，使硬盘兼有系统启动盘的作用，针对指定的硬盘分区进行初始化，清除硬盘上的数据，生成引导区信息，建立文件分配表（FAT）。

硬盘的主要厂商有：IBM、希捷、WD 等。

（2）固态硬盘

固态硬盘（Solid State Drive）是指用固态电子存储芯片阵列而制成的硬盘，由控制单元和存储单元（FLASH 芯片、DRAM 芯片）组成。固态硬盘在接口的规范和定义、功能及使用方法上与普通硬盘的完全相同，在产品外形和尺寸上也完全与普通硬盘一致。固态硬盘与普通硬盘比较，有以下优点：

- 启动快，没有电动机加速旋转的过程，不用磁头，快速随机读取，读延迟极小。两台具有同样配置的计算机，装有固态硬盘的计算机从开机到出现桌面的时间几乎是另一台的一半。
- 由于寻址时间与数据存储位置无关，磁盘碎片不会影响读取时间；无噪声，不用担心碰撞、冲击、振动；工作温度范围更大。

目前，市场上很多的计算机都配有 SSD 固态硬盘，大大提高开机速度。

（3）光盘存储器

光盘存储器是利用光学方式进行读写信息的存储设备，主要由光盘、光盘驱动器和光盘控制器组成，利用硬盘数据线可将光盘驱动器与主板的 SATA 接口相连。

① 光盘。光盘是信息存储介质，按性能可分 3 个基本类型：只读型、可写一次型和可重写型。

- 只读型光盘：又称 CD-ROM（Compact Disk Read Only Memory），直径大小约 4.72 英寸（注：1 英寸=2.54 厘米，4.72 英寸约为 11.99 厘米），存储容量为 650MB，特点是信息由厂家写入，通过 CD-ROM 驱动器只能读出不能修改，主要用作视频盘、数字化唱盘和多媒体出版物，目前各种软件亦以此种光盘为介质来提供服务。
- 可写一次型光盘：又称 CD-R（Compact Disk Recordable）。这种空白光盘，可利用光盘刻录机将大量的多媒体信息写入 CD-R 可记录式的光盘上。CD-R 光盘可以对数据“一次写入”（写后不可改，多次读取），通过 CD-ROM 驱动器多次读出，常用于资料保存、自制多媒体和光盘复制。
- 可重写型光盘：又称 CD-RW（Compact Disc-Rewritable）。它能多次写入，多次读出。但目前价格较贵、速度较慢且尚不能兼容只读型与可写一次型光盘，故暂时还不普及。
- 数字化视频光盘：又称 DVD（Digital Video Disc）。它的外观与普通的 CD 无多大区别，但它采用了数据存储新标准，信息容量很大，可以达到 8.5GB、9.4GB、17GB 甚至 20GB 以上，与大容量的硬盘不相上下，因此可以存储高清晰度的图像、影像和高保真的音频资料。此外 DVD 比 CD 具有更高的纠错能力。目前很多计算机都装有 DVD-ROM 驱动器。

② 光盘驱动器。目前光盘驱动器主要有 CD-ROM、DVD-ROM 和 CD-RW。目前由于 U 盘和移动硬盘的容量大和使用方便，很多微机不再预装光驱。其性能指标主要是指传输速度。世界上第一种光驱的传输速度为 150KB/s，后来就以此为基数，从最初的单速、倍速到现在的 50 倍速、52 倍速（52×150=7.5MB/s）。

③ COMBO 光驱：是一种集 CD 刻录、CD-ROM 和 DVD-ROM 为一体的多功能光存储设备。

④ 刻录光驱：包括 CD-R、CD-RW 和 DVD 刻录机等。

（3）移动存储器

随着信息社会的到来，大量的信息交换已成为日常工作的一部分。近几年来，更小巧、轻便、便宜的移动存储产品已被普遍使用。移动存储设备主要有移动硬盘和 U 盘。

① 移动硬盘。移动硬盘顾名思义是以硬盘为存储介质的，强调便携性的存储产品。目前市场上绝大多数的移动硬盘都是以标准硬盘为基础的，因为采用硬盘为存储介质，所以移动硬盘在数据的读/写模式上与普通硬盘是相同的。移动硬盘采用 USB3.0、IEEE1394、eSATA（External Serial ATA，外部串行 SATA）和无线接口等，可以以较快的速度与系统进行数据传输。它具有如下特点。

- 容量大：移动硬盘可以提供相当大的存储容量，是一种性价比较高的移动存储产品。目前有 120GB 到 8TB 不等的容量。
- 使用方便可靠：现在的 PC 基本都配备了 USB 功能，主板通常可以提供 2～8 个 USB

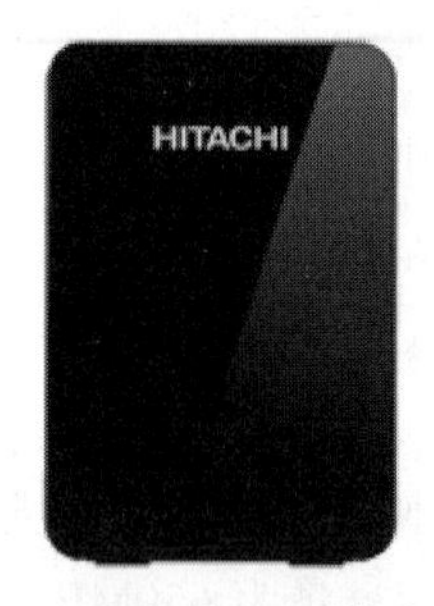

图 1-24 3.5 英寸 3TB 的移动硬盘

接口，USB 接口已成为个人计算机中的必备接口。USB 设备在大多数版本的 Windows 操作系统中，不需要安装驱动程序，具有真正的“即插即用”特性，使用起来灵活方便。由于采用了一种比铝、磁更为坚固耐用的盘片材质硅氧盘片，因而它比普通的硬盘更可靠。图 1-24 是一款 3.5 英寸 3TB 的移动硬盘，最近市场上还推出了 10TB 的移动硬盘。

② Flash 存储设备。Flash 存储设备（Flash Memory）采用了非易失性的快闪存储芯片为介质。快闪存储器简称闪存，是一种非易失性存储器，不仅具有 RAM 存储器可擦、可写、可编程的优点，而且所写入的数据在断电后不会消失，所以广泛地用于数码摄像机、数码照相机、MP3 播放器等产品中。

在微机上使用并采用 USB 接口的，通常称闪存盘或优盘，容量有 2GB 到 256GB 不等。USB 闪存盘只有一只拇指大小，携带方便，不怕震动，温度范围宽，运转安静、没有噪声，兼容性好，速度快，容量大，最多可同时连接 25 个同类型存储器，支持即插即用和热插拔。

3. 数据的存储

（1）数据的存储单位

无论内存还是外存，其本质都是存储数据，计算机都采用统一的存储模式。

计算机存储模式规定，数据的存储、计算和处理都采用二进制方式，即 0、1；数据的存储单位有位、字节和字等，存储单元是以字节为基本单位的。

① 位（Bit）：最小的信息单位，是用 0 或 1 来表示的一个二进制数位。

② 字节（Byte）：数据存储中最常用的基本单位。PC 中由 8 个二进制位构成一个字节，一个字节可存放一个半角英文字符的编码（ASCII 码），两个字节可存放一个汉字编码。特别要注意半角的英文字母、数字或其他符号，与在全角状态下输入的英文字母、数字或其他符号的区别，后者是以 2 个字节存放的，按汉字的方式处理。

存储容量用 KB、MB、GB、TB 等单位来表示。它们的关系如下：

1KB=1024B，1MB=1024KB，1GB=1024MB，1TB=1024GB

注意：在普通物理和数学上，1K＝1000；而计算机中，1K＝1024＝2^{10}。

③ 字（Word）：位的组合，是数据交换、加工、存储的基本单元。一个字由一个字节或若干字节构成（通常取字节的整数倍），它可以代表数据代码、字符代码、操作码和地址码或它们的组合。

（2）存储地址

中文、英文字符和数字等字符是存储在计算机的存储器中，而存储器是由一个个存储单元组成的，一个存储单元可存放一个字节的内容，一个字节是作为一个不可分割的单位来处理的。每个字节也就是每个存储单元，都是由一个唯一地址或者说编号来标识的。习惯上存储单元的地址或者编号是用十六进制来表示的，这样，计算机系统就可以按存储地址来存取存储单元中的内容。

例如，一幢教学大楼的每个教室都有一个教室号（即地址），要到教室上课，必须知道教室的地址。假设整幢大楼有 1000 个教室，编号可从 000～10^3−1，占 3 个十进制位，也即 3 位十进制数最多能编号 1000（0～999）个教室。同样的道理，CPU 能够访问的内存储器的最大可寻找的地址范围也与 CPU 的地址线的根数，也即二进制位数有关。若 CPU 的地址线有 4 根，则可寻址空间为 0～2^4−1 个存储单元；若 CPU 的地址线有 16 根，则可寻址空间为 0～2^{16}−1 个存储单元。存储器示意图如图 1-25 所示。

存储单元的地址	存储单元的内容	
	操作码	地址码
00000000 00000001	000001	00000000 00100000
00000000 00000010	000101	00000000 00100001
00000000 00000011	000011	00000000 00100010
00000000 00000100	001001	00000000 00100011
00000000 00000101	001101	00000000 00100100
00000000 00000110	000111	00000000 00100101
00000000 00000111	010001	00000000 00100110
00000000 00001000	011001	00000000 00100111
00000000 00001010	011101	00000000 00101000
00000000 00001001	000001	00000000 00101001
00000000 00001011	000110	00000000 00101010
....	....	....

图 1-25 存储器示意图

例如，内存空间的地址范围为 0001H～2000H（H：表示十六进制数），那么它所占的存储空间是 2000H=2×16^3=2×2^{12}=8×2^{10}B=8KB。

1.4.5 输入/输出系统

1. 接口

I/O 系统有许多种不同类型的输入/输出设备，它们的功能是千差万别的。许多输入/输出设备的工作原理是基于机械和光学的，其工作速度要比以电子速度运行的 CPU 和存储器慢了许多，为此必须要有一个接口（Interface）使得输入/输出设备能够和 CPU 及存储器协同工作。接口位于 I/O 设备和 CPU、存储器之间，如图 1-26 所示。

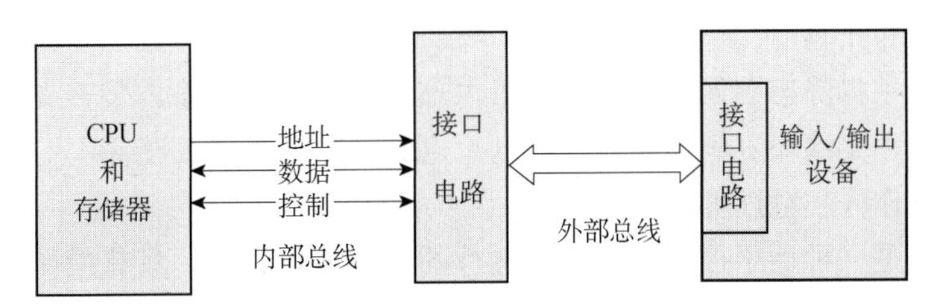

图 1-26 输入/输出接口

接口技术是一个复杂的概念，其复杂性在于不同的设备和不同的数据传输要求。接口电路有两个部分，一部分是连接计算机的CPU和存储器的，通常这一部分是一个公共的数据传输平台，可以支持特定类型的设备，如打印设备、存储设备等。

接口电路通过内部总线与CPU和存储器连接，以较高的速度运行，适应CPU和存储器高速运行的需要；接口电路的另一部分则通过外部总线和外设连接，以较低的速度从外设输入或输出数据。因此，接口是在高速的主机和低速的外设之间的缓冲，实现了主机和外设交换数据速度的匹配。

大多数情况下，把外设的那部分接口电路都嵌入外设中，通过专门的连接电缆和计算机主机相连，这些连接电缆就是系统总线。

2. USB接口

通用串行总线USB（Universal Serial Bus）是连接外部装置的一个串口标准，是在1994年底由Intel、Compaq、IBM、Microsoft等多家著名公司联合提出的。自1996年推出后，USB接口已成功替代串口和并口，并成为当今个人计算机和大量智能设备的必配的接口之一，在计算机上使用极为广泛。USB不但是微机系统的最有效的接口技术，也是数码产品之间直接互连的技术标准。

USB接口支持设备的即插即用和热插拔功能。USB接口可用于连接多达127种外设，以USB接口为主的各种外设几乎取代了传统的外设，如USB打印机、USB键盘、USB鼠标和USB硬盘等。USB版本经历了多年的发展，到现在已经发展为3.0版本。

3. 输入设备

输入设备将数据、程序等信息转换成计算机能接受的二进制代码，输入到内存。常用的输入设备有键盘、鼠标、扫描仪、光笔、触摸屏、数字化仪、游戏操作杆等。

（1）键盘

键盘通过一根五芯电缆连接到主机的键盘插座内，其内部有专门的微处理器和控制电路，当操作者按下任一键时，键盘内部的控制电路就产生一个代表这个键的二进制代码，然后将此代码送入主机内部，操作系统便知道用户按下了哪个键。现在的键盘通常有101键键盘和104键键盘两种，目前较常用的是104键键盘。

（2）鼠标

鼠标也是一种常用的输入设备，它可以方便准确地移动光标进行定位，因其外形酷似老鼠而得名。根据结构的不同，鼠标可分为机械式和光电式两种。

（3）扫描仪和光笔

扫描仪是一种将静态图像输入到计算机内部的图像采集设备。装上文字识别软件，还可以方便地把各种文稿输入到计算机内。光笔也是一种图像输入设备。

（4）游戏操作杆和触摸屏

游戏操作杆是一种用于控制游戏程序运行的一种输入设备，只有操作方向和简单的几个按钮。触摸屏是指点式输入设备。

4. 输出设备

输出设备可将计算机处理的结果转换成人们能够认识的数字、文字、图像等信息。计算机常用的输出设备为显示器、打印机和绘图仪。

（1）显示器和显卡

显示器是计算机系统最常用的输出设备，它的类型很多，根据显像管的不同可分为 3 种类型：阴极射线管（Cathode-Ray-Tube，CRT）、发光二极管（LED）和液晶（Liquid Crystal Display，LCD）显示器。目前，液晶显示器技术由于在笔记本电脑上多年的应用而逐渐成熟，已成为 PC 的标准输出设备。

衡量显示器好坏主要有两个重要指标：一个是分辨率，分辨率越高，能显示的像素点就越多，像素的颜色种类越多，显示的图像就越清晰、越平滑、彩色越逼真；另一个是像素点距，点距越小，显示的图像也越清晰。对于液晶显示器还要考虑防眩光、防反射、观察屏幕的视角、可视角度、亮度、对比度等性能参数。目前，19 寸的宽屏液晶显示器分辨率一般是 1440×900，普通液晶显示器分辨率是 1280×1024。

显卡又名显示适配器，插在主板的插槽上，它的作用是控制计算机的图形输出，负责将 CPU 送来的影像数据处理成显示器识别的格式，再送到显示器形成图像。显示标准有 EGA、VGA、TVGA 等。

（2）打印机

打印机也是计算机系统中常用的输出设备。目前常用的打印机有喷墨打印机和激光打印机两种。

①喷墨打印机：它是通过喷墨管将墨水喷射到普通打印纸上而实现字符或图形的输出。其主要优点有打印精度较高、噪声低、价格便宜；缺点是打印速度慢，而且由于墨水消耗量大，日常维护费用高。

②激光打印机：激光打印机是近年来发展很快的一种输出设备，由于它具有精度高、打印速度快、噪声低等优点，已成为办公自动化的主流产品。激光打印机的一个重要指标就是 DPI（每英寸点数），即分辨率。分辨率越高，打印机的输出质量就越好。

5. 声音系统

声卡和音箱构成了微机的声音系统。

（1）声卡

声卡是多媒体计算机的主要部件之一，它包含记录和播放声音所需的硬件。声卡的种类有很多，功能也不完全相同，但它们有一些共同的基本功能：能录制话音（声音）和音乐，能选择以单声道或双声道录音，并且能控制采样速率。声卡被插在主板的 PCI 插槽中与 CPU 通信。

（2）声卡的外接插口

声卡上有一个或几个 CD 音频输入接口，外部接口有麦克风插口（MIC）、立体声输出插口（Speaker），连接音箱或耳机；线性输入（Line in）可连接 CD 播放机、单放机合成器等；输出插口（Line out）可连接功放、游戏杆和 MIDI 设备等。声卡的品质取决于它的采样和回放能力。影响音质的两个因素是采样精度和采样频率。一般，声卡的数据宽度为 16 位，较高质量的声卡有 20 位、24 位以及 32 位等。

（3）音箱

声音效果的最终体现就是音箱了。在使用时应注意防磁，音箱本身在内部有一个磁性极大的增磁铁，若离显示器的两侧很近会影响电子枪打在显示屏幕上的光点，造成屏幕严重色偏现象，所以最好选择具有防磁功能的音箱。

6. 其他一些设备

（1）网卡

一台要连接网络的计算机，必须有连接网络电缆的接口。这个接口由网络接口卡（Network Interface Card，NIC，简称网卡）完成。网卡也称网络适配器，它是物理上连接计算机与网络的硬件设备，也是局域网最基本的组成部分之一。

网卡插在计算机的主板的 PCI 扩展槽中，通过网线如双绞线或同轴电缆与网络设备连接。网卡主要完成两大功能：一是读取由网络设备传输过来的数据包，转变成计算机可以识别的数据，并将数据传输到所需设备中；另一个功能是将计算机发送的数据，打包后输送至其他网络设备中。

（2）投影仪

投影仪在展示、教学、学术报告等方面，作为计算机的显示输出设备已经非常普遍。

投影机主要有 CRT（阴极射线管）、LCD（液晶显示器）和 DLP（Digital Light Processor：数码光路处理器）三大类型。CRT 和 LCD 投影机采用透射式投射方式，DLP 采用反射式投射方式。CRT 和 LCD 投影机技术成熟，应用时间较长，性能稳定，目前 CRT 投影机已淘汰。而 DLP 投影机应用时间较短，技术有待于进一步完善，但是该投影机采用微镜反射投影技术，亮度和对比度明显提高，体积和重量明显减少。

光通量（Light Out）和分辨率是投影机主要的技术指标，光通量是描述单位时间内光源辐射产生视觉响应强弱的能力，单位是流明。目前市场上的投影仪都具有 2000～2500 流明，1024×768dpi 标准分辨率或 1280×1024 的技术指标。

1.5 计算机软件系统与计算机程序

随着计算机硬件技术的不断发展更新，软件技术也日趋完善和丰富，而软件的发展又促进了硬件技术的快速发展，它们呈现交替上升的趋势。

计算机软件由计算机程序、数据和有关的文档组成。计算机软件系统按用途分为系统软件和应用软件。

1.5.1 系统软件

系统软件是管理、监控和维护计算机包括软硬件资源的软件，用来扩大计算机的功能、提高计算机的工作效率，以方便用户使用各种应用软件。系统软件是计算机正常运转所不可缺少的，一般由计算机生产厂家或专门的软件开发公司研制，任何用户都要用到系统软件，其他程序都要在系统软件的支持下运行。常见的系统软件有：操作系统，语言处理程序，连接程序，系统实用程序，测试、诊断、监控程序等。

在计算机中，最重要、最基本的软件就是操作系统（Operating System，OS），关于操作系统的定义和功能等内容将在第 2 章中叙述。

1.5.2 应用软件

应用软件是指为用户解决某个实际问题而编制的程序和有关资料，可分为应用软件包和用户程序。应用软件包是指软件公司为解决带有通用性的问题而精心研制的供用户选择的程序，如大型科学计算软件包。用户程序是指，为特定用户解决特定问题而开发的软件，它面向特定的用户，如银行、邮电等行业，具有专用性。

通用的应用软件，如文字处理软件、表处理软件等，为各行各业的用户所使用。文字处理软件的功能包括文字的录入、编辑、保存、排版、制表和打印等，Microsoft Word 是目前流行的文字处理软件。表处理软件则根据数据表自动制作图表，对数据进行管理和分析、制作分类汇总报表等，Microsoft Excel 是目前在微机上流行的表处理软件。

专用的应用软件有财务管理系统、计算机辅助设计（CAD）软件、图形图像处理软件、视音频处理软件、应用数据库管理系统等。还有一类专业应用软件是专给软件开发人员使用的，称为软件开发工具，也称支持软件。例如，计算机辅助软件工程 CASE 工具、Visual C＋＋和 Visual Basic 等。CASE 工具中一般包括系统分析工具、系统设计工具、编码工具、测试工具和维护工具等；Visual C＋＋和 Visual Basic 则都是面向对象的软件开发工具，它充分利用了图形用户界面（GUI）和软件部件的使用，使人工编程量大大降低。

1.5.3 计算机程序

计算机程序是人与计算机交流的工具。为了告诉计算机应该做什么和如何做，必须把解决问题的方法和步骤即算法以计算机可以运行的指令表示出来，即要编制计算机程序，这种用于编写计算机程序所使用的语言称为计算机语言。按照计算机语言发展的过程，分为机器语言、汇编语言和高级语言三大类。

1. 计算机语言的分类

（1）机器语言

机器语言是指被计算机直接理解和执行的，由 0 和 1 按一定规则排列组成的一个指令集，它是计算机唯一能识别和执行的语言，机器语言程序就是机器指令代码序列。指令是程序设计的最小语言单位。如前文所述，指令能被计算机的硬件理解并执行，一条指令就是计算机机器语言的一个语句，是由操作码和操作地址/操作数组成的一串二进制代码。机器语言的主要优点是执行效率高、速度快；主要缺点是直观性差、可读性差、通用性差。

现在已经没有人用机器语言进行直接编程了，这是第一代语言。

（2）汇编语言

为了克服机器语言的种种缺点，人们用助记符来代替机器语言中的操作码，用一定的符号来表示操作数或地址。如用 ADD 表示加、MOVE 表示数据传送、JMP 表示程序跳转等。用助记符来表示指令中的操作码和操作数的指令系统就是汇编语言，它比机器语言前进了一步，助记符比较容易记忆，可读性相对好，但仍是一种面向机器的语言，是第二代语言。

与高级语言相比，用机器语言或汇编语言编写的程序节省内存，执行速度快，并且可以直接利用和实现计算机的全部功能，完成一般高级语言难以做得到的工作。它们常用于编写系统软件、实时控制程序、经常使用的标准子程序、直接控制计算机的外部设备或端口数据输入/输出的程序，但编制程序的效率不高，难度大，通用性差，属低级语言。

（3）高级语言

① 面向过程的语言。几十年来，人们创造出了一种更接近于人类自然语言和数学语言的语言，称为高级语言，是第三代语言，与计算机的指令系统无关。它从根本上摆脱了语言对计算机硬件的依赖，由面向机器改为面向过程，所以也称为面向过程语言。世界上曾有几百种计算机高级语言，曾经常用的和流传较广的有几十种，它们的特点和适应范围也不相同，主要有 Fortran、Basic、Pascal 和 C 语言等。

② 面向对象的语言。面向对象的语言是把客观事物看成是具有属性和行为的对象，通过抽象找出同一类对象的相同属性和行为，形成类。它更能直接地描述客观世界存在的事物及它们的关系。通过类的继承与多态很容易实现代码重用，大大提高程序开发的效率。因此，人们称面向对象的语言为第四代语言，如 Visual C＋＋，Visual Basic，Java 语言等。

③ 智能性语言。这是第五代语言，它具有第四代语言的基本特征，还具有一定的智能和许多新的功能。如 Prolog 语言，广泛应用于抽象问题求解、数据逻辑、自然语言理解、专家系统和人工智能等许多领域。

2. 计算机程序的翻译系统：语言处理程序

用汇编语言和高级语言编写的程序称之为源程序，计算机是不能直接识别和执行的。要使计算机能识别和执行汇编语言和高级语言编写的程序，首先要将汇编语言和高级语言编写的程序通过语言处理程序翻译成计算机能识别和执行的二进制机器指令，也称目标程序，计算机才能执行。实现这个翻译过程的系统就是语言处理程序，不同的语言有不同的翻译程序即不同的语言处理程序。

（1）汇编程序

汇编程序是将用汇编语言编制的源程序翻译成机器语言程序的语言处理工具。

（2）编译程序

计算机将高级语言源程序翻译成机器指令时，有编译方式和解释方式两种。编译方式就是把源程序用相应的编译程序翻译成相应的机器语言的目标程序，然后再通过连接装配程序，连接成可执行程序，再运行可执行程序而得到结果。在编译之后形成的程序称为“目标程序”，连接之后形成的程序称为“可执行程序”，目标程序和可执行程序都是以文件方式存放在磁盘上的，再次运行该程序，只需直接运行可执行程序，不必重新编译和连接。编译工作过程如图 1-27 所示。

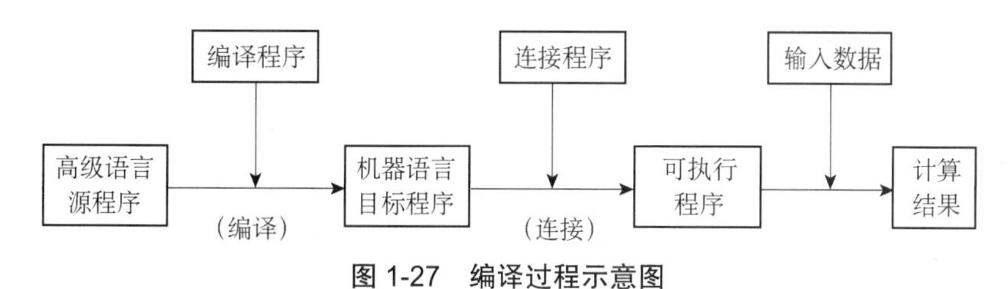

图 1-27　编译过程示意图

（3）解释程序

将源程序（如 VB 源程序）输入计算机后，用解释程序将其逐条解释，逐条执行，执行完后只得到结果，而不保存解释后的机器代码，下次运行该程序时还要重新解释执行，如图 1-28 所示。

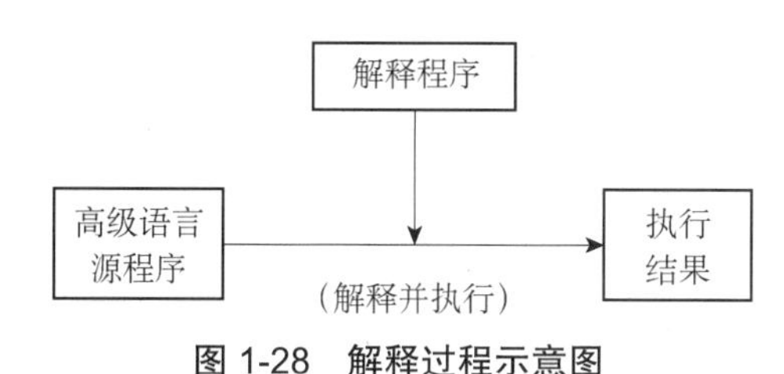

图 1-28　解释过程示意图

1.6　信息与信息技术概述

在农业社会和工业社会中，物质和能源是主要资源，所从事的是大规模的物质生产。而在信息社会中，信息成为比物质和能源更为重要的资源。今天信息已经成为一个时代发展的一个重要特征，信息技术的发展与应用给人类经济和社会生活带来了深刻的影响，成为第一生产要素，同时构成了信息化社会的重要技术基础。计算机作为处理信息的工具，它能自动、高效、准确地对信息进行存储、传送和加工处理，信息技术的发展依赖于计算机的广泛应用。随着信息技术的进一步发展，信息技术的应用正在成为未来社会发展的重要基础和支柱。

1.6.1　信息社会

信息社会的概念是建立在信息技术进步的基础之上，信息社会也称信息化社会，是脱离工业化社会以后，以信息技术为基础，以信息产业为支柱，以信息价值的生产为中心，以信息产品为标志，信息将起主要作用的社会。

信息经济在国民经济中占据主导地位，并构成社会信息化的物质基础。以计算机、微电子和通信技术为主的信息技术革命是社会信息化的动力源泉。由于信息技术在各个领域的广泛应用，对经济和社会发展产生了巨大而深刻的影响，从根本上改变了人们的生活方式、行为方式和价值观念，具体表现如下：

① 社会经济的主体由制造业转向以高新科技为核心的第三产业，即信息产业占据主导地位。

② 劳动力主体不再是机械的操作者，而是信息的生产者和传播者。

③ 交易结算不再主要依靠现金，而主要依靠信用。

④ 贸易不再主要局限于国内，跨国贸易和全球贸易将成为主流。

⑤ 信息和知识信息是重要的资源，也是推动社会发展的重要动力。

⑥ 知识以“加速度”方式积累。

1.6.2 信息的定义和特征

至今，信息（Information）还没有一个公认的定义，下面列出了几种常见的定义：信息是物质、能量、信息及其属性的标示；信息是确定性的增加；信息是事物现象及其属性标志的集合；信息是反应客观世界中各种事物特征和变化的知识，是数据加工的结果，信息是有用的数据；信息以物质介质为载体，传递和反映世界各种事物存在的方式和运动状态的表征；信息是客观事物状态和运动特征的一种普遍形式，客观世界中大量地存在、产生和传递着以这些方式表示出来的各种各样的信息。信息论的创始人香农认为：“信息是能够用来消除不确定性的东西”。

从计算机处理过程来说，信息是数据处理的最终产品，即信息是经过采集、记录、处理，以可检索的形式存储的事实与数据。信息的表现形态可分为数据、文本、声音、图形和图像。概括来说，信息的主要特征如下。

1. 感知性

信息是可以识别的，对信息的识别又可分为直接识别和间接识别。直接识别是指通过人的感官的识别，如听觉、嗅觉、视觉等；间接识别是指通过各种测试手段的识别，如使用温度计来识别温度。不同的信息源有不同的识别方法。

2. 传载性

信息本身只是一些抽象符号，如果不借助于媒介载体，人们对于信息是看不见、摸不着的。一方面，信息的传递必须借助于语言、文字、图像、胶片、磁盘、声波、电波、光波等形式承载媒介才能表现出来，才能被人所接受，并按照既定目标进行处理和存储；另一方面，信息借助媒介的传递又是不受时间和空间限制的，这意味着人们能够突破时间和空间的界限，对不同地域、不同时间的信息加以选择，增加利用信息的可能性。

3. 传递性

信息并不会因为被使用而消失。信息是可以被广泛使用、多重使用的，这也导致其传播的广泛性。当然信息的载体可能在使用中被磨损而逐渐失效，但信息本身并不因此而消失，它可以被大量复制、长期保存、重复使用。语言、表情、动作、报刊、书籍、广播、电视、电话等是人类常用的信息传递方式。

4. 可处理性

人们可对信息进行加工、整理、概括、归纳，从而压缩信息或扩充或改变信息。人脑就是最佳的信息处理器，人脑的思维功能可以进行决策、设计、研究、写作、改进、发明、创造等多种信息处理活动。同样，计算机也具有信息处理功能，信息可以从一种形态转换为另一种形态，如自然信息可转换为语言、文字和图像等形态，也可转换为电磁波信号和计算机代码。信息经过处理后，可以以其他形式再生。

5. 共享性

信息作为一种资源，不同个体或群体在同一时间或不同时间可以共同享用。这是信息与物质的显著区别。信息交流与实物交流有本质的区别。实物交流，一方有所得，必使另一方有所失。而信息交流不会因一方拥有而使另一方失去拥有的可能，也不会因使用次数的累加而损耗信息的内容。信息可共享的特点，使信息资源能够发挥最大的效用。

6. 时效性

信息是对事物存在方式和运动状态的反映，如果不能反映事物的最新变化状态，它的效用就会降低。信息一经生成，其反映的内容越新，它的价值越大；时间延长，价值随之减小，一旦信息的内容被人们了解了，价值就消失了。信息使用价值还取决于使用者的需求及其对信息的理解、认识和利用的能力。

1.6.3　信息技术

信息技术（Information Technology，IT）指在计算机和通信技术支持下用以获取、加工、存储、变换、显示和传输文字、数值、图像以及声音信息，包括提供设备和提供信息服务两大方面的方法与设备的总称，由计算机技术、现代通信技术、微电子技术、智能控制技术和传感技术结合而成。信息技术是利用计算机进行信息处理，利用现代电子通信技术从事信息采集、存储、加工、利用以及相关产品制造、技术开发、信息服务的综合性新学科。

1. 信息技术发展历程

信息技术的发展分为 5 个阶段：第一阶段是语言的使用，语言成为人类进行思想交流和信息传播不可缺少的工具；第二阶段是文字的出现和使用，使人类对信息的保存和传播取得重大突破，超越了时间和地域的局限；第三阶段是印刷术的发明和使用，使书籍、报刊成为重要的信息储存和传播的媒体；第四阶段是电话、广播、电视的使用，使人类进入利用电磁波传播信息的时代；第五阶段是计算机与互联网的使用，即网际网的出现。

2. 信息技术的应用

（1）传感技术

传感技术所完成的是延长人的感觉器官收集信息的功能，是从自然信源获取信息，并对之进行处理和识别的一门多学科交叉的现代科学与工程技术。如果把计算机看成处理和识别信息的“大脑”，把通信系统看成传递信息的“神经系统”的话，那么传感器就是处理信息的“感觉器官”。信息处理包括信号的预处理、后置处理、特征提取与选择等。传感器识别的主要任务是对经过处理的信息进行辨识与分类，利用被识别对象与特征信息间的关联关系模型对输入的特征信息集进行辨识、比较、分类和判断。因此传感器的功能决定了传感系统获取自然信息的信息量和信息质量，是构造高品质传感技术系统的第一个关键因素。

（2）通信技术

通信技术的任务就是要高速度、高质量、准确、及时、安全可靠地传递和交换各种形式的信息。

通信技术和通信产业是20世纪80年代以来发展最快的领域之一，不论是在国际还是在国内都是如此。这是人类进入信息社会的重要标志之一。信息传输技术主要包括光纤通信、数字微波通信、卫星通信、移动通信以及图像通信。

（3）计算机技术

随着计算机技术和通信技术的快速发展，以及社会对于将计算机结成网络以实现资源共享的要求日益增长，计算机技术与通信技术也已紧密地结合起来，构成了信息技术的核心内容，成为社会的强大物质技术基础。离散数学、算法论、语言理论、控制论、信息论、自动机论等，为计算机技术的发展提供了重要的理论基础。计算机技术在几乎所有科学技术和国民经济领域中得到了广泛应用。

（4）控制技术

控制技术也称为自动化控制技术，是指在没有人直接参与的情况下，利用外加的控制设备，使机器、设备或生产过程的某个工作状态或参数自动地按照预定的规律运行。它广泛应用于工业、农业、军事、航天航空、科学研究、交通运输、商业和家庭等诸多领域。采用自动控制技术将人类从复杂、危险、烦琐的劳动环境中解放出来并大大提高控制效率和工作效率，自动控制技术在各个领域里起着越来越重要的作用。

3. 信息技术的发展趋势及应用

从人类信息交流和通信的演化进程可以清楚地体会信息技术的不断发展性。现代信息技术具有强大的社会功能，已经成为21世纪推动社会生产力发展和经济增长的重要因素，在改变社会的产业结构和生产的同时，也对人类的思想观念、思维方式和生活方式产生着重大而深远的影响，如云计算、物联网、三网融合、未来互联网和人工智能等。总之，信息技术的发展使得经济全球化、社会知识化、信息网络化、教育终身化。

（1）云计算

云计算（Cloud Computing），是一种基于互联网的计算方式，通过这种方式，共享的软硬件资源和信息可以按需提供给计算机和其他设备。云计算的核心思想，是将大量用网络连接的计算资源统一管理和调度，构成一个计算资源池向用户提供按需服务。广义的云计算指厂商通过建立网络服务器集群，向各种不同类型客户提供在线软件服务、硬件租借、数据存储、计算分析等不同类型的服务。

云计算被视为科技业的下一次革命，它将带来工作方式和商业模式的根本性改变。云计算是由分布式计算、并行处理、网格计算发展而来的，是一种新兴的商业计算模型。云计算的“云”就是存在于互联网上的服务器集群上的资源，它包括硬件资源（服务器、存储器、CPU 等）和软件资源（如应用软件、集成开发环境等）。本地计算机只需要通过互联网发送一个需求信息，远端就会有成千上万的计算机为客户提供需要的资源并将结果返回到本地计算机，这样，本地计算机几乎不需要做什么，所有的处理都由云计算提供商所提供的计算机群来完成。

（2）物联网

物联网概念是在互联网概念的基础上，将其用户端延伸和扩展到任何物品与物品之间，进行信息交换和通信的一种网络概念。通过射频识别、红外感应器、全球定位系统、激光扫描器等信息传感设备，按约定的协议，把任何物品与互联网相连接，进行信息交换和通信，以实现智能化识别、定位、跟踪、监控和管理的一种网络概念。我们国家已经把它列为“十二五”国家发展规划纲要。随着物联网业务量的增加，对数据存储和计算量的需求将带来对“云计算”能力的要求。

（3）三网融合

三网融合是指电信网、广播电视网、互联网在向宽带通信网、数字电视网、下一代互联网演进过程中，三大网络通过技术改造，其技术功能趋于一致，业务范围趋于相同，网络互联互通、资源共享，能为用户提供语音、数据和广播电视等多种服务。三网融合应用广泛，遍及智能交通、环境保护、政府工作、公共安全、平安家居等多个领域。三网融合后，利用手机可以看电视、上网，利用电视可以打电话、上网，利用计算机也可以打电话、看电视。

三网融合后，信息服务将由单一业务转向文字、话音、数据、图像、视频等多媒体综合业务，有利于极大地减少基础建设投入，并简化网络管理，降低维护成本；使网络从各自独立的专业网络向综合性网络转变，网络性能得以提升，资源利用水平进一步提高。三网融合打破了电信运营商和广电运营商在视频传输领域长期的恶性竞争状态。

（4）人工智能

人工智能（Artificial Intelligence，AI）是研究、开发用于模拟、延伸和扩展人的智能的理论、方法、技术及应用系统的一门新的技术科学。无论是从各种智能穿戴设备，还是各种进入家庭的陪护、安防、学习机器人、智能家居、医疗系统，这些都是人工智能的研究成果和带给人们的生活方式的改变。

人工智能是计算机通过语音识别、图像识别、读取知识库、人机交互、物理传感等方式，获得音视频的感知输入，然后从大数据中进行学习，得到一个有决策和创造能力的大脑。利用大数据、新算法来对当前面临的一些情况作出及时的反应与处理。人工智能技术广泛应用于机器视觉、指纹识别、人脸识别、视网膜识别、虹膜识别、掌纹识别、专家系统、自动规划、智能搜索、定理证明、博弈、自动程序设计、智能控制、机器人学、语言和图像理解、遗传编程等。

人工智能技术是引领未来的创新性技术，在国家经济以及互联网、大数据及超级计算机的发展之下，AI 技术的发展也进入了具有深度学习、跨界融合、人机协同、群智开发、自主操控等特性的新阶段。这些具有新特性的 AI 技术将对人类的生产、生活乃至思维模式产生重大的影响。

1.7 信息安全概述

信息技术的发展正在改善着人们的生活和工作方式，然而人们享受着众多信息及信息系统带来的巨大方便的同时，也时常受到来自各方面的对信息系统安全的威胁。从全球范围看，以 Internet 为代表的现代网络技术，它的发展几乎是在无组织的自由状态下进行的。到目前为止，世界范围内还没有一部完善的法律和管理体系来对其发展加以规范和引导，而 Internet 的自身结构和它方便信息交流的构建初衷，更决定了其必然具有脆弱的一面。因此，信息系统的管理与安全保密成为迫切需要解决的问题。

1.7.1 信息安全概念

信息安全是指信息网络的硬件、软件及其系统中的数据受到保护，不受偶然的或者恶意的原因而遭到破坏、更改、泄露，系统连续可靠正常地运行，信息服务不中断。

信息安全不仅包括信息本身的安全，即在信息传输的过程中是否有人把信息截获，尤其是重要文件的截获，造成泄密；还包括信息系统或网络系统本身的安全，防止一些人出于恶意或好奇进入系统使系统瘫痪；或者在网上传播病毒，也包括更高层次的信息战，信息战很可能会牵扯到国家安全问题。根据国际标准化组织的定义，信息安全性的含义主要是指信息的完整性、可用性、保密性和可靠性。

信息安全是一门涉及计算机科学、网络技术、通信技术、密码技术、信息安全技术、应用数学、数论、信息论等多种学科的综合性学科。网络环境下的信息安全体系是保证信息安全的关键，包括计算机安全操作系统、各种安全协议、安全机制（数字签名、信息认证、数据加密等）以及安全系统，其中任何一个出现安全漏洞便可以威胁全局安全。

1.7.2 黑客概述

世界各地对黑客（Hacker）的定义不尽相同。现在“黑客”一词在信息安全范畴内的普遍含义是特指对计算机系统的非法侵入者。使用黑客工具是黑客侵入计算机系统常用的手段。所谓黑客工具，即是编写出来的用于网络安全方面的工具软件。

有些黑客工具是用来防御的，而有些则是以恶意攻击为目的的攻击性软件，常见的有木马程序、病毒程序、炸弹程序等。另外还有一部分软件是为了破解某些软件或系统的密码而编写的，这些软件大都出于非正当的目的。

防御黑客入侵的方法如下。

（1）实体安全的防范：实体安全的防范主要包括控制机房、网络服务器、线路和主机等的安全隐患。

（2）基础安全防范：用授权认证的方法防止黑客和非法使用者进入网络并访问信息资源，为特许用户提供符合身份的访问权限和有效的控制权限。

（3）内部安全防范机制：主要是用于预防和制止内部信息资源或数据的泄露。

1.7.3　计算机病毒概述

1984 年 5 月美国计算机病毒研究专家 F.Cohen 博士在世界上第一次给出了计算机病毒（Computer Viruses）的定义：计算机病毒是一段程序，它通过修改其他程序把自身复制嵌入而实现对其他程序的感染。

1991 年全球病毒数量不到 500 种，1998 年病毒数量也不足 1 万种。但是自 2000 年以来，病毒的数量猛增，每天都会产生几十种新的或变种的病毒，计算机病毒已经严重地威胁着所有计算机的运行安全和信息安全，防治计算机病毒、建立有效的防范体系的工作刻不容缓。

1. 计算机病毒的定义和特点

关于计算机病毒目前还没有一个公认的定义，因为从不同的角度有不同的认识。我国公安部计算机安全监察司对计算机病毒的定义是：计算机病毒是指编制或者在计算机程序中插入的破坏计算机功能或者毁坏数据，影响计算机使用，并能自我复制的一组计算机指令或者程序代码。

计算机病毒虽然是一种人为编制的计算机程序，但与其他的一般程序相比，它具有以下显著特征。

（1）破坏性：任何病毒只要侵入系统，都会对系统及应用程序产生不同程度的影响，降低计算机工作效率，占用系统资源，甚至会导致系统崩溃。

（2）传染性：病毒一般都具有自我复制能力，并能将自身不断复制到其他文件内，达到自我繁殖的目的。

（3）隐蔽性：病毒将自身附加在可执行程序内或隐藏在磁盘的较隐蔽处，用户一般很难察觉，不通过专门的查杀病毒程序很难发现它们。

（4）潜伏性：病毒在发作之前长期潜伏在计算机内并不断自身繁殖，当满足了它的触发条件并启动破坏模块时，病毒就开始实施破坏行为。

（5）不可预见性：由于病毒的制作技术不断提高，从病毒的检测技术来看，病毒具有不可预见性，对反病毒软件来说，病毒永远是超前的。

2. 计算机病毒的分类

计算机病毒的分类按方式不同有多种分类。按传染方式分类分为：引导型、文件型和混合型病毒。按传播方式分为传统单机病毒和网络病毒。

（1）传统单机病毒

传统病毒可根据病毒的寄生方法分为以下 4 种类型。

① 引导区病毒。20 世纪 90 年代中期，最为流行的计算机病毒是引导区病毒，主要通过磁盘操作系统（DOS）环境传播。引导区病毒会感染软盘内的引导区及硬盘，而且也能够感染用户硬盘内的主引导区。一旦计算机中毒，每一个经感染计算机读取过的软盘都会受到感染，这种病毒在系统启动时就能获得控制权。典型的有“大麻病毒”和“小球病毒”。

② 文件型病毒。文件型病毒，又称寄生病毒，通常感染执行文件（.exe），但是也有些会感染其他可执行文件，每次执行受感染的文件时，计算机病毒便会发作。计算机病毒会将自己复制到其他可执行文件中，并且继续执行原有的程序，以免被用户所察觉。如 CIH 会感染 Windows 95/98 的.exe 文件，并在每月的 26 日发作。此计算机病毒会试图把一些随机资料覆盖系统的硬盘，令硬盘无法读取原有资料。

③ 复合型病毒。复合型病毒具有引导区病毒和文件型病毒的双重特点。它既感染可执行文件又感染磁盘引导记录。

④ 宏病毒。宏病毒与其他计算机病毒类型的区别是攻击数据文件而不是程序文件。宏病毒专门针对特定的应用软件，可感染依附于某些应用软件内的宏指令，它可以很容易地通过电子邮件附件、软盘、文件下载等多种方式进行传播，如 Word 和 Excel。宏病毒采用程序语言撰写，例如 Visual Basic，而这些又是易于掌握的程序语言。宏病毒最先在 1995 年被发现，不久后已成为最普遍的计算机病毒。

（2）网络病毒

① 蠕虫病毒。蠕虫病毒是另一种能自行复制和经由网络扩散的程序。它以计算机为载体，以网络为攻击对象。它跟计算机病毒有些不同，计算机病毒通常会专注感染其他程序，但蠕虫是专注于利用网络去扩散的。随着互联网的普及，蠕虫主要利用网络的通信功能如电子邮件系统去复制，即把自己隐藏于附件中并于短时间内用电子邮件发给多个用户，有些蠕虫更会利用软件上的漏洞去扩散和进行破坏。

② 特洛伊/特洛伊木马。特洛伊/特洛伊木马是一个看似正当的程序，但事实上当它执行时会进行一些恶性及不正当的活动。特洛伊可被用作黑客工具去窃取用户的密码资料或破坏硬盘内的程序或数据。与计算机病毒的区别是特洛伊不会复制自己。它的传播手段通常是诱骗计算机用户把特洛伊木马植入计算机内，如通过电子邮件上的游戏附件等。

③ 电子邮件病毒。电子邮件病毒一般是通过邮件中“附件”夹带的方法进行扩散的，如果用户没有运行或打开附件，病毒是不会激活的。因此不要轻易打开邮件中的“附件”文件，尤其是陌生人的，也应该切忌盲目转发别人的邮件。选用优秀的具有邮件实时监控能力的反病毒软件，能够在那些从因特网上下载的受感染的邮件到达本地之前拦截它们，从而保证本地网络或计算机的无毒状态。

3. 计算机病毒的防治

计算机病毒防治的第一步是做好预防工作，采取“预防为主，防治结合”的方针。预防计算机病毒主要应从管理和技术两个方面进行。

- 首先要注意病毒的传播渠道，如移动硬盘、U 盘及光盘等传播媒介。
- 安装实时监控的杀毒软件，定期升级并更新病毒库。
- 经常运行 Windows Update 系统更新程序，安装最新的补丁程序。
- 安装防火墙软件，设置相应的安全措施，过滤不安全的站点访问。
- 系统中的数据盘和系统盘要定期进行备份。
- 不要随意打开不明来历的电子邮件及附件。
- 浏览网页时，也要谨防一些恶意网页中隐藏的木马病毒。
- 注意一些游戏软件中隐藏的病毒，对游戏程序要严格控制。

一旦计算机出现异常情况，如计算机运行速度变得特别慢、系统文件或某些文档莫名丢失、系统突然重新启动等，首先运行杀毒软件对计算机系统、内存和所有的文件进行查毒，一旦查到病毒，必须彻底清除。

（1）使用杀毒软件

利用杀毒软件来检测和清除病毒是一种简单、方便的方法。市面上常用的杀毒软件有：瑞星杀毒软件、江民杀毒软件、诺顿防毒软件、金山毒霸、360 杀毒等。这些杀毒软件一般都具有实时监控功能，能够监控所有打开的文件、网上下载的文件、收发的电子邮件和网页，一旦检测到计算机病毒，就会立即发出警报。虽然可随时升级杀毒软件，但还是不能清除最新的计算机病毒，这是因为病毒的防治总是滞后病毒的制作。

（2）手工清除病毒

手工清除是指通过一些软件工具（debug.com、pctools.exe、NU.com 等）提供的功能进行病毒的检测或编辑修改 Windows 的注册表。这种方法比较复杂，需要检测者熟悉机器指令和操作系统。

（3）使用专杀工具

现在一些反病毒公司提供了病毒的专杀工具，即对某个特定病毒进行清除。如冲击波（Worm.Blaster）病毒专杀工具 Ravblaster.exe、震荡波（Worm.Sasser）病毒专杀工具 RavSasser.exe、“QQ 病毒”专杀工具 RavQQMsender.exe、MSN 蠕虫病毒专用查杀工具 RavMSN.exe 等。

1.7.4 信息安全技术

试想如果在家中放有贵重物品或一大笔存款时，该采取什么措施呢？首先为贵重物品或存款购买一个保险箱，当然要包括带密码的锁了，同时将钥匙放在只有自己知道的地方，至于密码，当然也是只有自己知道，如果信得过，也可以让亲人知道。在信息保护技术中，也使用了上述简单的知识，下面详细介绍。

1. 访问控制

访问控制是网络安全防范和保护的主要核心策略，它的主要任务是保证网络资源不被非法使用和访问。访问控制规定了主体对客体访问的限制，并在身份识别的基础上，根据身份对提出资源访问的请求加以控制。它是对信息系统资源进行保护的重要措施，也是计算机系统最重要和最基础的安全机制。根据控制手段和具体目的的不同，通常将访问控制技术划分为如下几个方面：入网访问控制、网络权限控制、目录级安全控制、属性安全控制以及网络服务器的安全控制等。访问控制的手段包括用户识别代码、口令、登录控制、资源授权（如用户配置文件、资源配置文件和控制列表）、授权核查、日志和审计等。

2. 登录控制

登录（Login）控制为网络访问提供了第一层访问控制。它控制哪些用户能够登录到服务器并获取网络资源，控制准许用户入网的时间和准许入网的工作站等。登录控制可分为：用户名和用户口令的识别与验证、用户账号的默认限制检查，只要任何一个未通过校验，该用户便不能进入该网络。可以说，对网络用户的用户名和口令进行验证是防止非法访问的第一道防线。口令一般是由数字和字母组成的字符串，一般不少于 6 个字符。用户可以修改自己的口令，但系统管理员可以对设置口令进行限制，如最小口令长度，修改口令的时间间隔，尝试多次口令输入的次数等。

用户的账号只有系统管理员才能建立，系统管理员还可以控制或限制普通用户账号的使用，包括其登录的时间和方式。

3. 权限控制

权限控制是针对网络非法操作所提出的一种安全保护措施。能够访问网络的合法用户被划分为不同的用户组，用户和用户组被赋予一定的权限。访问控制机制明确了用户和用户组可以访问哪些目录、子目录、文件和其他资源，指定用户对这些文件、目录、设备能够执行哪些操作。它有两种实现方式：“受托者指派”和“继承权限屏蔽”。“受托者指派”控制用户和用户组如何使用网络服务器的目录、文件和设备；“继承权限屏蔽”相当于一个过滤器，可以限制子目录从父目录那里继承哪些权限，并且可以根据访问权限将用户分为以下几类：特殊用户（即系统管理员）；一般用户（系统管理员根据他们的实际需要为他们分配操作权限）；审计用户（负责网络的安全控制与资源使用情况的审计）。

目录级安全控制是针对用户设置的访问控制，控制用户对目录、文件、设备的访问。用户在目录一级指定的权限对所有文件和子目录有效，用户还具有可以进一步指定对目录下的子目录和文件的权限。

对目录和文件的访问权限一般有 8 种：系统管理员权限、读权限、写权限、创建权限、删除权限、修改权限、文件查找权限和访问控制权限。8 种访问权限的有效组合可以让用户有效地完成工作，同时又能有效地控制用户对服务器资源的访问，从而加强了网络和服务器的安全性。

4. 防火墙

防火墙（Firewall）是一个或一组在两个网络之间执行访问控制策略的安全防护系统，是一个位于计算机和它所连接的网络之间的软件或硬件。计算机流入/流出的所有网络通信均要经过此防火墙，它在内部网络与外部网络之间设置障碍，以阻止外界对内部资源的非法访问，也可以防止内部对外部的不安全的访问。设置防火墙是保护企业网（Intranet）内部信息的安全措施，如图 1-29 所示。

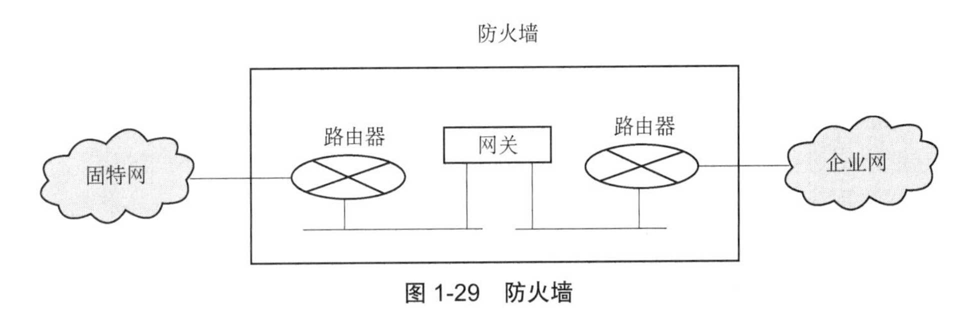

图 1-29　防火墙

防火墙系统有两方面的作用：保障网络用户访问外部网络时的信息安全；防止来自外部网络的攻击。主要体现在如下几个方面。

（1）防火墙是网络安全的屏障

一个防火墙（作为阻塞点、控制点）能极大地提高一个内部网络的安全性，并通过过滤不安全的服务而降低风险。由于只有经过选择的应用协议才能通过防火墙，所以网络环境变得更安全。

（2）防火墙可以强化网络安全策略

通过以防火墙为中心的安全方案配置，能将所有安全软件（如口令、加密、身份认证、审计等）配置在防火墙上。与将网络安全问题分散到各个主机上相比，防火墙的集中安全管理更经济。

（3）对网络存取和访问进行监控审计

如果所有的访问都经过防火墙，那么，防火墙就能记录这些访问并作出日志记录，同时也能提供网络使用情况的统计数据。当发生可疑动作时，防火墙能进行适当的报警，并提供网络是否受到监测和攻击的详细信息。另外，收集一个网络的使用和误用情况也是非常重要的，可以由此知道防火墙是否能够抵挡攻击者的探测和攻击、防火墙的控制是否充足。而网络使用统计对网络需求分析和威胁分析等而言也是非常重要的。

（4）防止内部信息的外泄

通过利用防火墙对内部网络的划分，可实现对网内重点网段的隔离，从而限制局部重点或敏感网络安全问题对全局网络造成的影响。再者，隐私是内部网络非常关心的问题，一个内部网络中不引人注意的细节可能包含了有关安全的线索而引起外部攻击者的兴趣，甚至因此而暴露了内部网络的某些安全漏洞。使用防火墙就可以隐蔽那些透漏内部的细节，如主机的所有用户的注册名、真名，最后登录时间等。因为这些信息非常容易被攻击者所获悉。

但是还存在着一些防火墙不能防范的安全威胁，如防火墙不能防范不经过防火墙的攻击。例如，如果允许从受保护的网络内部向外拨号，一些用户就可能形成与 Internet 的直接连接。另外，防火墙很难防范来自网络内部的攻击以及病毒的威胁。

5. 数据加密

尽管访问控制能够有效地保证非授权用户不能使用受保护的信息文件，但这道防线还是脆弱的。数据加密技术的作用是即使非授权用户拿到了受保护的信息文件，仍然无法读懂文件的内容，数据加密是信息安全的一个有效手段。

加密是对数据（明文）进行替换或者隐藏信息的过程，数据被加密后的文本称密文。非法用户得到的密文其表面上只是一堆杂乱无章的乱码信息，它必须经过解密后才能正常阅读。

解密是加密的反过程，其作用是将加密的密文还原成原始数据。

无论是加密还是解密，都需要使用密钥。但是加密和解密不一定要使用同一把密钥。使用同一把密钥进行加密和解密的方法称常规密钥密码体制；而使用不同的密钥进行加密和解密的方法称公开密钥密码体制。常规密钥密码体制的缺陷是当通过网络将密文传输至另一台计算机时，密钥也必须进行传输，这显然是危险的。公开密钥密码体制则有两把密钥，一把称加密密钥，是公开的，用于进行加密；另一把称解密密钥，不公开，存放在接收方，用于解密。加密后，只能用解密密钥进行解密，而不能用加密密钥进行解密。因此，只要传输密文即可，减少了泄密的可能性。

6. 鉴别技术

信息系统安全除了考虑信息本身的保密性之外，还要考虑信息的完整性和通信过程中用户身份的真实性。这方面的安全技术是通过数字签名、报文鉴别、数字证书等来实现的。

（1）数字签名

书信或文件根据亲笔签名或印章来证明其真实性，但在计算机网络中传送的电文又如何盖章呢？数字签名（Digital Signature）就是通过密码技术对电子文档形成的签名，类似于手写签名，但数字签名并不是手写签名的数字图像化，而是加密后得到的一串数据。数字签名可做到以下 3 点。

- 接收者能够核实发送者对文档的签名。
- 发送者事后不能抵赖对文档的签名。
- 接收者不能伪造对文档的签名。

数字签名的处理过程如图 1-30 所示，它已经应用于网上支付系统、电子银行系统、电子证券系统、电子订票系统、网上购物系统等一系列电子商务应用领域。

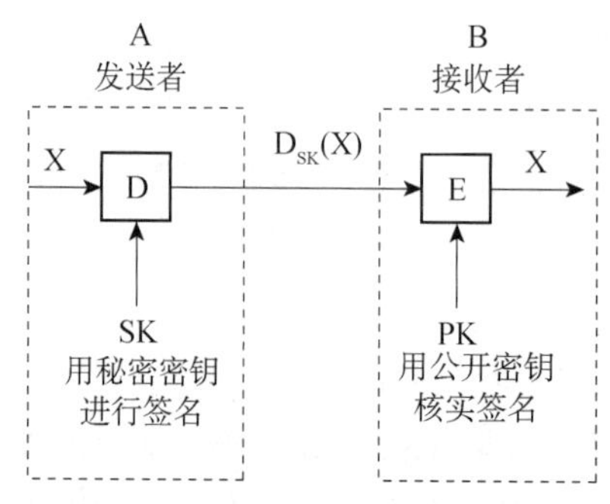

图 1-30 数字签名的处理过程

（2）报文鉴别和数字证书

报文鉴别也是用来对付篡改和伪造的一种有力手段，它使接收方能够验证所收到的报文（发送者、报文内容、发送时间、序列等）的真伪。和数字签名道理相同，报文鉴别是不可伪造的，不可抵赖的。

数字证书是用于在 Internet 上建立人们身份和电子资产的数据文件。它们保证了安全、加密的在线通信，并常常被用于保护在线交易。

数字证书由被称为认证中心（Certificate Authority，CA）的可信赖的第三方来发放。CA 认证证书持有者并要“签署”证书来证明证书不是伪造的或没有以任何方式篡改。以数字证书为核心的加密技术可以对网络上传输的信息进行加密和解密、数字签名和签名验证，确保网上传递信息的机密性、完整性，以及交易实体身份的真实性、签名信息的不可否认性，从而保障网络应用的安全性。

当一个证书由 CA 进行数字签署时，其持有者可以使用它作为证明自己身份的电子护照。它可以向 Web 站点、网络或要求安全访问的个人出示。

内嵌在证书中的身份信息包括持有者的姓名和电子邮件地址、发证 CA 的名称、序列号以及证书的有效或失效期。当一位用户的身份为 CA 所确认后，证书使用持有者的公共密钥来保护这一数据。数字证书主要用于数字签名和信息的保密传输。

1.7.5　信息安全法规、政策与标准

信息安全法律法规体系初步形成，但体系化与有效性等方面仍有待进一步完善。据相关统计，截至 2008 年与信息安全直接相关的法律有 65 部，涉及网络与信息系统安全、信息内容安全、信息安全系统与产品、保密及密码管理、计算机病毒与危害性程序防治、金融等特定领域的信息安全、信息安全犯罪制裁等多个领域。与此同时，与信息安全相关的司法和行政管理体系迅速完善。但整体来看，与美国、欧盟等先进国家与地区比较，我们在相关法律方面还欠体系化、覆盖面与深度。

我国信息技术安全标准化技术委员会(CITS)主持制定了 GB 系列的信息安全标准对信息安全软件、硬件、施工、检测、管理等方面的几十个主要标准。但总体而言，我国的信息安全标准体系目前仍处于发展和建立阶段，基本上是引用与借鉴了国际以及先进国家的相关标准。

目前比较著名的计算机安全标准有美国国防部为计算机安全的不同级别制定的 4 个准则，俗称计算机安全橙皮书（正式名称为可信任计算机标准评估标准）包括计算机安全级别的分类和我国的 2001 年 1 月 1 日起实施的《计算机信息系统安全保护等级划分准则》。

我们国家由公安部提出并组织制定、国家质量技术监督局发布的强制性国家标准——《计算机信息系统安全保护等级划分准则》，将计算机信息系统的安全保护等级划分为用户自主保护级、系统审计保护级、安全标记保护级、结构化保护级、访问验证保护级 5 个级别。用户可以根据自己计算机信息系统的重要程度确定相应的安全保护级别，并针对相应级别进行建设。

与发达国家相比，我国的信息安全产业不单是规模或份额的问题，在深层次的安全意识等方面差距也不少。而从个人信息安全意识层面来看，与美欧等相比较，仅盗版软件使用率相对较高这种现象就可以部分说明我国个人用户的信息安全意识仍然较差，包括信用卡使用过程中暴露出来的签名不严格、加密程度低，以及在互联网使用过程中的密码使用

以及更换等方面都更多地表明，我国个人用户的信息安全意识有待于提高。

信息安全意识较低的必然结果就是导致信息安全实践水平较差。广大中小企业与大量的政府、行业与事业单位用户对于信息安全的淡漠意识直接表现为缺乏有效的信息安全保障措施，虽然，这是一个全球性的问题，但是我国用户在这一方面与发达国家还有一定差距。

习 题 一

一、选择题

1. 计算机工作最重要的特征是（ ）。

A. 高速度　　B. 高精度
C. 记忆力强　　D. 存储程序和程序控制

2. （ ）是决定微处理器性能优劣的重要指标。

A. 主频　　B. 微处理器的型号
C. 内存容量　　D. 硬盘容量

3. 在微机系统中，硬件与软件的关系是（ ）。

A. 在一定条件下可以相互转化的关系　　B. 逻辑功能等价关系
C. 整体与部分的关系　　D. 固定不变的关系

4. 对于 R 进制数，在每一位上的数字可以有（ ）种。

A. R　　B. $R-1$　　C. $R/2$　　D. $R+1$

5. 在计算机内，信息的表示形式是（ ）。

A. ASCII 码　　B. 拼音码　　C. 二进制码　　D. 汉字内码

6. 基本字符的 ASCII 编码在机器中的表示方法准确地描述应是（ ）。

A. 使用 8 位二进制码，最右边一位为 1
B. 使用 8 位二进制码，最左边一位为 0
C. 使用 8 位二进制码，最右边一位为 0
D. 使用 8 位二进制码，最左边一位为 1

7. 在微机中，使用最普遍的字符编码是（ ）。

A. 汉字机内码　　B. CD 码　　C. 王码　　D. ASCII 码

8. 在计算机中，一个字节由（ ）个二进制位组成。

A. 2　　B. 4　　C. 8　　D. 16

9. 微机的常规内存储器的容量是 256MB，这里的 1MB 为（ ）。

A. 1024KB　　B. 1000KB　　C. 1024 二进制位　　D. 1000 二进制位

10. 微机在工作中，由于断电或突然“死机”，重新启动后则计算机（ ）中的信息将全部消失。

A. ROM 和 RAM　　B. ROM　　C. 硬盘　　D. RAM

11. 具有多媒体功能的微机系统目前常用 CD-ROM 作为外存储器，它是一种（ ）。

A. 只读存储器　　B. 只读光盘
C. 只读硬盘　　D. 只读大容量软盘

12. 同时按下 Ctrl+Alt+Del 组合键的作用是（　　）。

A. 停止微机工作　　B. 使用任务管理器关闭不响应的应用程序

C. 立即热启动微机　　D. 冷启动微机

13. 使用计算机时，开关机顺序会影响主机寿命，正确的方法是（　　）。

A. 开机：打印机，主机，显示器；关机：主机，打印机，显示器

B. 开机：打印机，显示器，主机；关机：显示器，打印机，主机

C. 开机：打印机，显示器，主机；关机：主机，显示器，打印机

D. 开机：主机，打印机，显示器；关机：主机，打印机，显示器

14. 当今的信息技术，主要是指（　　）。

A. 计算机技术　　B. 网络技术

C. 计算机和网络通信技术　　D. 多媒体技术

15. 一个完整的计算机系统是由（　　）组成的。

A. 主机及外部设备　　B. 主机、键盘、显示器和打印机

C. 系统软件和应用软件　　D. 硬件系统和软件系统

16. 高速缓存器（Cache）是为了解决（　　）。

A. 内存与外存之间的速度不匹配问题

B. CPU 与外存之间的速度不匹配问题

C. CPU 与内存之间的速度不匹配问题

D. 主机与外设之间的速度不匹配问题

17. 在下列叙述中，正确的叙述是（　　）。

A. 硬盘中的信息可以被 CPU 直接处理

B. U 盘中的信息可以被 CPU 直接处理

C. 只有内存中的信息可以被 CPU 直接处理

D. 以上说法都正确

18. 按对应的 ASCII 码值来比较，（　　）是错误的。

A. “a” 比 “B” 大　　B. “0” 比 “9” 小

C. “f” 比 “F” 小　　D. “H” 比 “K” 小

19. 硬盘工作时应该特别注意避免（　　）。

A. 噪声　　B. 潮湿　　C. 震动　　D. 日光

20. MIPS 常用来描述计算机的运算速度，其含义是（　　）。

A. 每秒钟处理百万个字符　　B. 每分钟处理百万个字符

C. 每秒钟处理百万条指令　　D. 每分钟处理百万条指令

21. 协调计算机工作的设备是（　　）。

A. 输入设备　　B. 输出设备　　C. 存储器　　D. 控制器

22. 用户可以更改下面哪种设备里面的数据（　　）。

A. BIOS　　B. CD-ROM　　C. ROM　　D. CMOS

23. 在微型计算机中，常见到的 EGA、VGA 等是指（　　）。

A. 微型型号　　B. 显示适配卡类型
C. CPU 类型　　D. 键盘类型

24. 已知小写字母 d 的 ASCII 码的值为十进制 100，则小写字母 m 的 ASCII 码的值为十进制（　）。

A. 109　　B. 110　　C. 121　　D. 108

25. 微型计算机使用半导体存储器作为内存是指 RAM，之所以称为内存，是因为（　）。

A. 它和 CPU 都是安装在主板上的
B. 计算机程序在当中运行，速度快，能够提高机器性能
C. 它和 CPU 直接交换数据
D. 以上都是

26. USB 是一种新的接口技术，它是（　）。

A. 并行接口总线　　B. 串行接口总线
C. 视频接口总线　　D. 控制接口总线

27. 计算机内部之间的各种算术运算和逻辑运算的功能，主要是通过（　）来实现的。

A. CPU　　B. 主板　　C. 内存　　D. 显卡

28. 下面关于内存和外存的叙述中，错误的是（　）

A. 内存和外存是统一编址的，字节是存储器的基本编址单位
B. CPU 当前正在执行的指令与数据必须存放在内存中，否则就不能进行处理
C. 内存速度快而容量相对较小，外存则速度较慢而容量相对很大
D. Cache 也是内存的一部分

29. 以下对计算机病毒的描述，（　）是不正确的。

A. 计算机病毒是人为编制的一段恶意程序
B. 计算机病毒不会破坏计算机硬件系统
C. 计算机病毒的传播途径主要是数据存储介质的交换以及网络的链路
D. 计算机病毒具有潜伏性

30. 在磁盘上发现计算机病毒后，最彻底的解决办法是（　）。

A. 删除已感染病毒的磁盘文件　　B. 用杀毒软件处理
C. 删除所有磁盘文件　　D. 彻底格式化磁盘

31. 杀毒软件能够（　）。

A. 消除已感染的所有病毒　　B. 发现并阻止任何病毒的入侵
C. 杜绝对计算机的侵害
D. 发现病毒入侵的某些迹象并及时清除或提醒操作者

32. 关于计算机指令，正确的说法是（　）。

A. 通常由操作码和操作数组成　　B. 指令就是计算机语言
C. 指令时全部命令的集合　　D. 指令是所有命令的集合

33. 在下列有关存储器的几种说法中，（　）是错误的。

A. 辅助存储器的容量一般比主存储器的容量大

B. 辅助存储器的存取速度一般比主存储器的存取速度慢

C. 辅助存储器与主存储器一样可与 CPU 直接交换数据

D. 辅助存储器与主存储器一样可用来存放程序和数据

34. 下列各组软件中，完全属于应用软件的一组是（　）。

A. UNIX，WPS，MS-DOS

B. 火车订票系统，学生选课系统，Win10

C. AutoCAD，Photoshop，PowerPoint 2010

D. Oracle，Fortran 编译系统，系统诊断程序

35. 以下软件中，（　）不是操作系统软件。

A. Windows 7　　B. UNIX　　C. Linux　　D. Microsoft Office 2010

二、填空题

1. 信息的主要特征是______、______、______和______。

2. 在计算机中，bit 中文含义是______；字节是个常用的单位，它的英文名字是______；一个字节包括的二进制位数是______；32 位二进制数是______个字节。

3. 外部存储器的数据不能被______直接处理。

4. 在 RAM、ROM、CD-ROM 等存储器中，易失性存储器是______。

5. 内存有随机存储器和只读存储器，其英文简称分别为______和______。

6. USB 的中文全称是______。

7. 当前微机中最常用的两种输入设备是______和______。

8. 一条指令通常由______和______组成。

9. 高速缓冲存储器的作用是______。

10. CPU 中的运算器的功能是______。

11. 在计算机中，正在执行的程序的指令主要存放在______。

12. 内存空间的地址段为 2001H～7000H，则其存储空间为______KB。

13. 计算机的性能指标主要有______、______、______等。

14. 目前使用的打印机大多数是通过______接口与计算机连接的。

15. 有一个 32KB 的存储器，则地址编号可从 0000H 到______H。

16. 硬盘的格式化分为______、______、______3 个步骤。

17. 大写字母的 ASCII 值与小写字母的 ASCII 值的差是______。

18. 在 64×64 点阵的汉字字库中，存储一个汉字的字模需要______字节。

19. 微机的运算器、控制器和内存储器 3 部分的总称是______。

20. CPU 通过______与外部设备交换信息。

21. 十进制数 88 转换为二进制数和十六进制数分别是______和______。

22. 国标码（GB2312—80）规定，每个汉字用______字节表示。

23. Flash Memory 具备断电数据也能保存、低功耗、密度高、体积小、可靠性高、可擦除、可重写、可重复编程等优点，它继承了______速度快的优点，又克服了它的______。

24. 常用的音频文件格式有______。

25. 在计算机中连续显示分辨率为 1024×1024 的 24 位真彩色的电视图像，按每秒 25 帧计算，显示 1 分钟，则数据量为______。

26. 模拟音频信号需要通过______和______两个过程才能转化为数字音频信号。

三、简答题

1. 计算机的发展经历了几个时期？每个时期的特点是什么？
2. 计算机有哪些特点？
3. 计算机的主要工作原理是什么？
4. 计算机的用途可分为几个方面？
5. 计算机的硬件组成有哪些？
6. 计算机系统主板主要包含了哪些部件？计算机中常见的接口有哪些？
7. 外存上的数据能否被 CPU 直接处理？Cache 的作用是什么？
8. 简要讨论决定计算机速度的因素。
9. 把下列二进制数转换为十进制数。

（1）11000　（2）101110011　（3）1110001000
（4）10110001　（5）110011000011　（6）111000111

10. 把下列十进制数转换为二进制数。

（1）123　（2）1421　（3）501
（4）639　（5）1024　（6）56

11. 把下列二进制数转换为八进制数和十进制数。

（1）10110111　（2）110001　（3）10110001
（4）1111111111　（5）10110100　（6）1100111.1101

12. ASCII 码由几位二进制数组成？它表示什么信息？
13. 比较 ROM 与 RAM 的用途及特点。
14. 汉字信息如何在计算机内表示？
15. 半角的数字 2 与全角的数字 2 在计算机内部处理时有何不同？
16. 叙述缓冲存储器 Cache 和虚拟内存的地位与作用。
17. 一台微机主要有哪些部件组成？它们的主要功能是什么？
18. 硬盘的主要技术指标及其常用接口类型是什么？
19. BIOS 是指什么？有什么作用？
20. 存储器的种类有哪些，它们各有什么特点？
21. 请列举工作、生活、学习所遇到的信息安全问题？
22. 黑客通常会采用哪些攻击方法？
23. 谈谈你对盗版软件的看法。
24. 你对自己的联网计算机会采取哪些安全措施？这些措施有效吗？

第 2 章　操作系统与 Windows 7 应用

操作系统（Operating System，OS）是计算机最基本的系统软件，是硬件和用户之间的接口，也是软件系统的核心，计算机中的大部分部分操作都必须在操作系统下完成。本章重点讨论作为软件核心的操作系统，介绍操作系统的结构与组成、CPU 进程管理、I/O 设备管理、文件管理和存储器管理，同时介绍微机系统中最常用的操作系统 Windows 7 的使用。

2.1　操作系统基本概念

2.1.1　操作系统定义

为了使计算机系统中所有软件、硬件资源协调一致，有条不紊地工作，就必须要有操作系统来统一管理和调度。操作系统是对计算机硬件系统的第一次扩充，是在硬件基础上的第一层软件，是其他软件和硬件之间的接口，它直接运行在裸机之上。操作系统是一个复杂庞大的程序，它控制所有在计算机上运行的程序并管理整个计算机的资源，合理组织工作流程以使系统资源得到高效的利用，并为用户使用计算机创造良好的工作环境，进而最大限度地发挥计算机系统各部分的作用，因此操作系统的性能很大程度上决定了计算机系统的性能。

任何一个需要在计算机上运行的软件，都需要操作系统的支持，是计算机系统的核心，所以把操作系统称为平台（Platform）。对用户来说，操作系统是一个用户环境，一个操作平台，用户与计算机交互操作的界面。现在的微机可以同时安装几个操作系统，启动时，选择其中的一个作为“活动”的操作系统，这样的配置称为“多引导”。

另外，操作系统对系统设计者而言，操作系统是一个功能强大的系统资源管理器，控制和管理计算机软、硬件资源和程序执行的集成软件系统，正是因为有了操作系统，用户才有可能在不了解计算机内部硬件结构及工作原理的情况下，仍能自如地使用计算机，如图 2-1 所示。

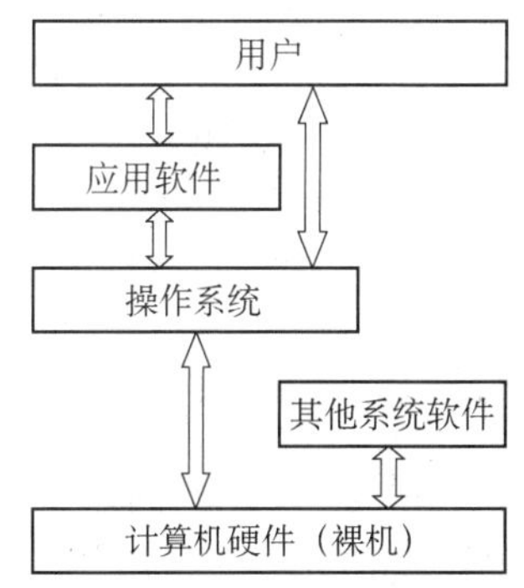

图 2-1　用户与操作系统关系

总之，操作系统的任务有：一是管理计算机的全部软件、硬件资源，提高计算机的利用率；二是担任用户与计算机之间的接口，让用户通过操作系统提供的命令或菜单方便地使用计算机。

2.1.2 操作系统的类型

随着计算机软件、硬件技术的迅速发展，操作系统也经历了快速的发展，不同的硬件结构，尤其是在不同的应用环境下，有不同类型的操作系统。通常把操作系统按系统功能分为如下几类。

（1）单用户单任务操作系统

单用户单任务操作系统的基本特征是：在一个计算机系统内，一次只支持一个用户程序的运行，系统的全部资源都提供给该用户使用，用户对整个系统有绝对的控制权。它是针对一台机器、一个用户设计的操作系统。

例如，编辑文档 1 是一个任务，打印文档 2 是另外一个任务，它们不能同时进行，只能是编辑文档 1 的任务结束后，再打印文档 2。

90 年代流行的 DOS 系统就是这种典型的单用户单任务操作系统，这种系统对硬件的配置要求不高，很适合当时的硬件环境。

随着计算机硬件的快速发展，性能更高更方便使用的单用户多任务和多用户多任务操作系统，如 Windows 操作系统，成为目前主流的操作系统。

（2）单用户多任务操作系统

用户在同一时间可以运行多个应用程序（每个应用程序被称为一个任务），则这样的操作系统被称为多任务操作系统。

Windows XP 是单用户多任务操作系统。它仍然支持一个用户使用计算机，但允许同时执行多个任务，是前几年常用的 PC 操作系统。

（3）多用户多任务操作系统

同一台机器可以为多个用户建立各自的账户，也允许拥有这些账户的用户同时登录这台计算机，每个账号可以同时运行多个程序。

多个用户能够同时访问和使用同一台计算机，其中的一个用户具有管理所有这些用户账户和整个计算机的资源的权限，在 Windows 上，这个具有管理其他用户和计算机资源的用户一般叫 administrator。

现在常用的 Windows 7 和 Windows 10 操作系统就是多用户多任务的操作系统。

（4）分时操作系统（Time Sharing System）

分时操作系统是基于主从式多终端的计算机体系结构，一台功能很强的主计算机，可以连接多个终端（几十台、上百台终端），提供多个用户同时上机操作，是多用户多任务操作系统。

它是将主计算机 CPU 的运行时间分割成一个个长短相等（或者基本相等）的微小时间片，然后把这些时间片依次轮流分配给各个终端用户的程序执行，每个用户程序仅仅在它获得的 CPU 时间片内执行。当时间片完结，用户又处于等待状态，CPU 又在为另一个用户服务。用户程序就是这样断断续续，直到最终完成执行。虽然在微观上（微小时间片的数量级）用户程序的执行是断续的，作业运行是不连续的，但是在宏观上，用户的任何请求服务总能够及时得到响应，比较典型的分时操作系统有 UNIX。

（5）实时系统（Real Time System）

实时系统主要应用于需要对外部事件进行及时响应并处理的领域。它的一个基本特征是事件驱动设计，即当接受了某些外部信息后，在一定的时间范围内完成，其目标是及时响应外部设备的请求，并在规定时间内完成有关处理，并能控制所有实时设备和实时任务协调运行。如导弹发射系统属于实时控制系统，机票查询订购系统属于实时信息处理系统。

（6）网络操作系统

它是建立在单机操作系统之上的一个开放式的软件系统，它面对的是各种不同的计算机系统的互连操作，面对不同的单机操作系统之间的资源共享、用户操作协调和与单机操作系统的交互，负责多个网络用户（甚至是全球远程的网络用户）之间网络管理、网络通信、资源的分配与管理和网络的安全等工作。常用的网络操作系统有 NetWare 和 Windows NT。

2.1.3　操作系统的结构和组成

操作系统的组成有两种分类：一种是基于软件的层次结构，把操作系统分为内核（Kernel）和用户接口（Shell）；另一种是按照操作系统的功能性结构，操作系统由存储管理、进程管理、设备管理和文件管理组成。

操作系统中定义了它的内核层和它与用户之间的接口如图 2-2 所示，这种结构主要是根据系统设计划分的。

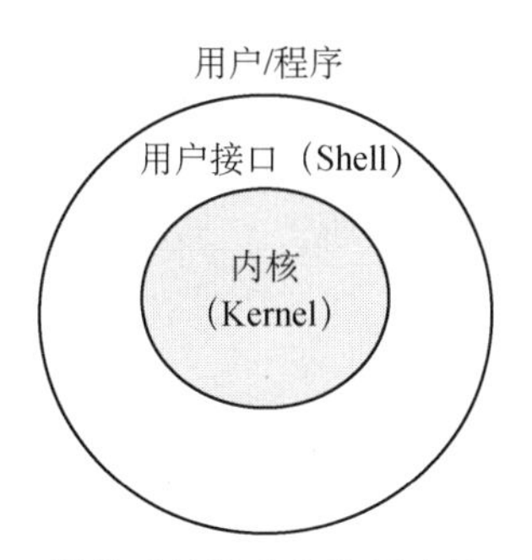

图 2-2　操作系统的内核和用户接口 Shell

1. 操作系统的内核（Kernel）

在图 2-2 中，Kernel 是操作系统的核心。它主要有三个组成部分，其中一个是执行计算机各种资源所需要的基本功能模块代码，通过各种功能模块，可以直接操作计算机的各种资源。文件管理就是属于这类功能模块的。

Kernel 的另一个组成部分是设备驱动（Device Driver），这也是程序。这些程序直接和设备进行通信以完成设备操作。例如，键盘的输入就是通过操作系统的键盘驱动程序进行的，键盘驱动程序把键盘的机械性接触转换为系统可以识别的 ASCII 代码并存放到内存的指定位置，供用户或其他程序使用。每一个设备驱动必须和特定的设备类型有关，需要专门编写。因此当一个新设备被安装到计算机上就需要安装这个设备的驱动程序。例如，一个新的打印机，如果不是操作系统已有驱动程序所支持，那么就需要安装由打印机厂家提供的驱动程序。

Kernel 核心程序的第三个组成部分就是内存管理。在一个多任务的环境，操作系统的内存管理要确定把现有程序调入内存运行，然后根据需要将另外一个程序调入内存替代前一个程序，或者将内存分为几个部分分别供几个程序使用。在不同的时间片，CPU 在不同的内存地址范围执行不同的程序。

Kernel 核心程序还包括调度和控制程序，前者决定哪一个程序被执行，后者控制着为这些程序分配时间片。

2. 操作系统的接口（Shell）

在 Kernel 和用户之间的接口部分就是 Shell 程序。这里的用户是指图 2-2 中，除操作系统之外的其他程序和操作计算机的人。

Shell 最早是 UNIX 操作系统提出的概念，它是用户和 Kernel 之间的一个交互接口。早期的 Shell 为一个命令集，Shell 通过基本命令完成基本的控制操作。Shell 运行命令时，使用参数改变命令执行的方式和结果，它对用户或者程序发出的命令进行解释并将结果传送给 Kernel。

MS-DOS 系统将 Shell 称为命令解释器，在 Windows 系统中 Shell 是通过“窗口管理器”完成这个任务的。被操作的对象如文件和程序，以图标的方式形象化地显示在屏幕上，用户通过鼠标单击图标的方式向“窗口管理器”发出命令，启动程序的执行。图形用户界面（GUI）改变了用户使用计算机的方式，而对界面的管理，则成了操作系统主要的运行开销，一方面界面要美观流畅，另一方面要为用户定制界面提供各种方案。

2.1.4 操作系统的组成

从资源管理的角度来看，操作系统是一组资源管理模块的集合，每个模块完成一种特定的功能，因此，从资源管理的观点出发，操作系统的功能可归纳为处理器管理、存储器管理、设备管理、文件管理功能，如图 2-3 所示。

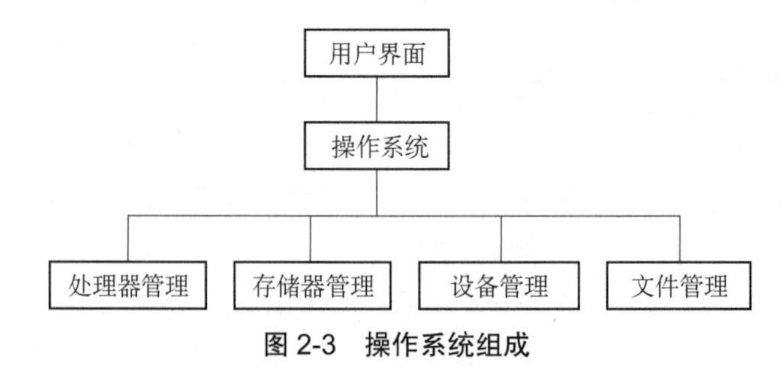

图 2-3 操作系统组成

（1）处理器管理（CPU Management）

由于处理器管理复杂，可分为静态管理和动态管理，一般将中央处理器管理又分为作业管理和进程管理两个部分。

① 作业管理（Job Management）。作业管理包括任务管理、界面管理、人机交互、图形界面、语音控制和虚拟现实等。作业管理的任务是为用户提供一个使用系统的良好环境，使用户能有效地组织自己的工作流程。用户要求计算机处理的某项工作称为一个作业，一个作业包括程序、数据及解题的控制步骤。用户一方面使用作业管理提供"作业控制语言"来写自己控制作业执行的操作说明书；另一方面使用作业管理提供的"命令语言"与计算机资源进行交互活动，请求系统服务。

② 进程管理（Process Management）。进程管理又称处理机管理，实质上是对处理机执行"时间"的管理，即如何将 CPU 真正合理地分配给每个任务，主要是对 CPU 进行动态管理。由于 CPU 的工作速度要比其他硬件快得多，而且任何程序只有占有了 CPU 才能运行，因此，CPU 是计算机系统中最重要、最宝贵、竞争最激烈的硬件资源。为了提高 CPU 的利用率，通常采用多道程序设计技术。当多道程序并发运行时，通过进程管理，协调（Coordinate）多道程序之间的 CPU 分配调度、冲突处理及资源回收等关系。

（2）存储器管理（Memory Management）

存储器管理是对存储"空间"的管理，主要指对内存的管理，只有被装入内存的程序才有可能去竞争中央处理机，因此，有效地利用内存可保证多道程序设计技术的实现，也就保证了中央处理机的使用效率。

存储管理就是要根据用户程序的要求为用户分配主存储区域。当多个程序共享有限的内存资源时，操作系统就按某种分配原则，为每个程序分配内存空间，使各用户的程序和数据彼此隔离，互不干扰及破坏，当某个用户程序工作结束时，要及时收回它所占的主存区域，以便再装入其他程序。另外，操作系统采用覆盖、交换和虚拟等存储管理技术实现内存空间的扩充。

存储器管理的主要功能有地址变换、内存的分配与回收、存储保护和虚拟内存（Virtual Memory）四个方面。

地址变换是指当程序调入内存时，操作系统将逻辑地址变换成物理地址，便于 CPU 的访问。

为了做到合理有效地利用内存，需要按一定的策略和算法，如调入策略、放置策略、置换策略、最佳算法、随机算法等对内存进行分配与回收工作。

如果操作系统和应用程序需要的内存数量超过了计算机中安装的物理内存数量，操作系统就会暂时将不需要访问的数据通过一种叫做"分页"的操作写入到硬盘上一个特殊的文件中，从而给需要立刻使用内存的程序和数据释放内存，这个位于硬盘上的特殊文件就是分页文件，即虚拟内存文件，或叫做交换文件，Windows 中的分页文件名为 pagefile.sys，虚拟内存的默认值大于计算机上的 RAM 的 1.5 倍，可以根据实际情况加以调整。以 Windows 7 为例，右击桌面上的"计算机"，在弹出的快捷菜单中选择"属性"命令，在打开的窗口中选择"高级系统设置"项，再在打开的"系统属性"对话框"高级"选项卡中单击"设置"按钮，再选择"高级"选项卡可看到某台计算机系统中虚拟内存情况，如图 2-4 所示，它把硬盘的一部分空间模拟成内存，可以设置成自动管理，也可以重新设置具体的值。虚拟内存的最大容量与 CPU 的寻址能力有关。

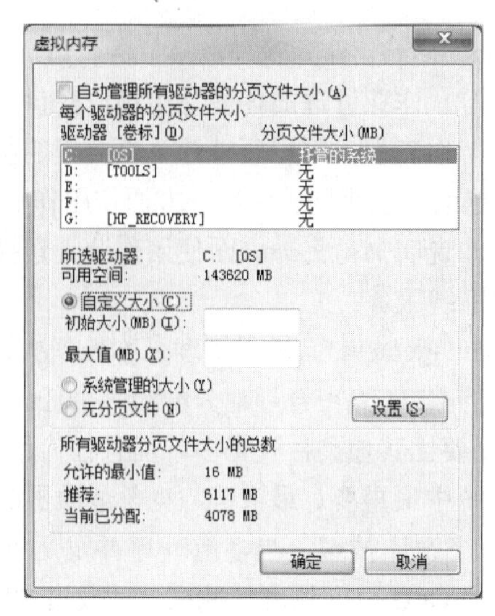

图 2-4　Windows 7 虚拟内存设置情况

虽然虚拟内存支持并发运行，但外存和内存的速度相差太大，使用过多的虚拟内存空间，运行效率就会下降，真正能够提高运行效率的是扩展内存系统。

（3）设备管理（Device Management）

接入计算机的设备属于操作系统的管理范围。为各种各样的设备都建立一套相应的管理策略是复杂的，也是难以实现的。如何对各种设备进行区分、制定不同类设备的不同的访问策略，并实现有效管理，是操作系统设备管理的主要任务。

设备管理实质是对除了中央处理机和内存以外的其他硬件资源的管理，其中包括对输入、输出设备的分配、启动、完成和回收，起到分配设备和控制 I / O 操作的作用。

操作系统对设备的管理主要体现在两个方面：一方面它提供了用户和外设的接口，用户只需通过键盘命令或程序向操作系统提出申请，就能使操作系统中设备管理程序实现外部设备的分配、启动、回收和故障处理；另一方面，为了提高设备的效率和利用率，操作系统还采取了缓冲技术和虚拟设备技术，尽可能使外设与处理器并行工作，以解决快速 CPU 与慢速外设的矛盾，管理缓冲区和实现虚拟设备技术。

（4）文件管理（File Management）

文件管理即对计算机系统中软件资源的管理，目的是为用户创造一个方便安全的信息使用环境。将逻辑上有完整意义的信息资源（程序和数据）以文件的形式存放在外存储器上，并赋予一个名字。文件系统是由文件、管理文件的软件和相应的数据结构组成的。文件管理有效地支持文件的存储、检索和修改等操作，解决文件的共享、保密和保护问题，并提供方便的用户界面，使用户能实现按名存取，使得用户不必考虑文件如何保存及存放的位置，但同时也要求用户按照操作系统规定的步骤使用文件。

2.2　处理器（CPU）管理

早期的采用单道程序设计的计算机系统，一旦某个程序开始运行，它只允许这个程序在系统中执行，占用整个系统的所有资源，如图 2-5 所示是单道程序系统中三个程序的运行情况。

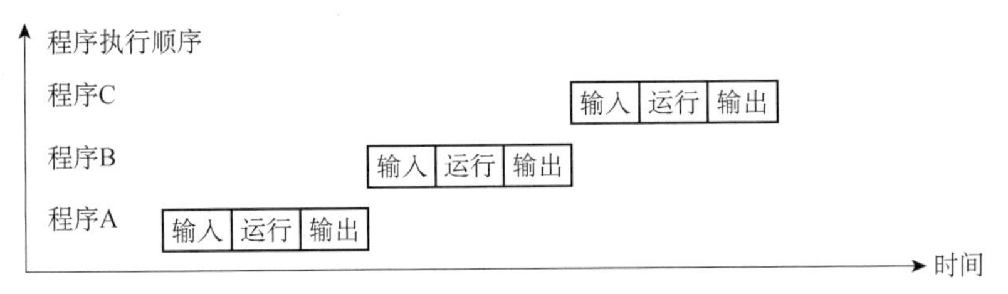

图 2-5　单道程序中三个程序的运行情况

当程序 A 加载到内存时，程序 A 在输入与输出时 CPU 是空闲的，但其他程序仍然不能使用 CPU，处在等待状态；而当程序 A 在执行时，输入/输出设备又在空闲状态，其他程序同样也不能使用这些资源，所以一旦程序 A 在执行，就控制了系统的资源，系统的资源利用率很低。

为了提高系统资源的利用率，操作系统采用了多道程序设计的方案，允许同时有多道程序被加载到内存中交替执行。图 2-6 所示的是多道程序系统中三个程序交替执行的情况。

当程序 A 使用 CPU 时，程序 B 进入内存并做输入工作；程序 A 输出时，程序 B 使用 CPU，而程序 C 也进入内存进行输入工作，此时程序 A、B、C 同时在内存中，交替使用 CPU，这样系统的利用率会大大提高。

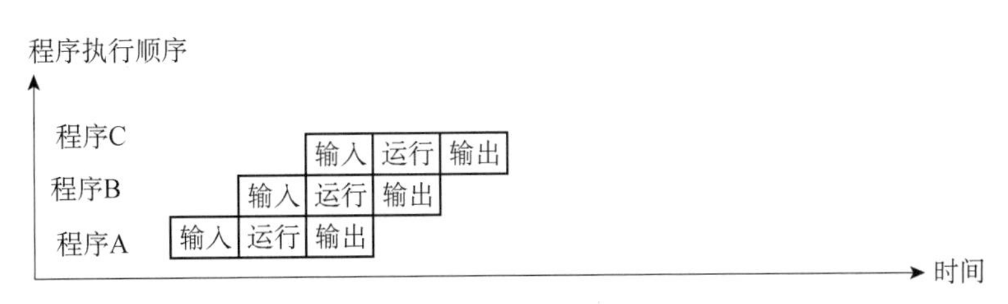

图 2-6　多道程序系统中三个程序交替执行的情况

处理器的主要功能是合理地分配 CPU 工作时间，自动地分配给所要执行的各个程序，提高 CPU 的利用率。为了控制和协调各程序段执行过程中的软硬件资源的执行，使用进程作为描述程序执行过程和资源共享的基本单位。

2.2.1　进程

进程（Process）在操作系统中是一个非常抽象、非常重要的概念，只要在计算机上运行一个程序，相应的一个进程就诞生了，而且它伴随着整个操作过程，直到程序终止。也即当一个用户程序在操作系统之上运行时，它就是这个操作系统的一个进程。进程是操作系统结构的基础，是一个正在执行的程序，也是计算机中正在运行的程序实例。进程可以分配给处理器并由处理器执行的一个实体、一个当前状态和一组相关的系统资源所描述的活动单元。

进程分为系统进程和用户进程。完成操作系统的各种功能的进程就是系统进程，它们是处于运行状态下的操作系统本身，用户进程就是所有由用户启动的进程，简单地说就是操作系统当前运行的执行程序。系统当前运行的执行程序包括：系统管理计算机和完成各种操作所必需的程序；用户开启、执行的额外程序，包括用户不知道，而自动运行的非法程序。

一个程序被加载到内存，这时系统创建一个进程，程序运行结束后，该进程消亡。当一个程序同时被执行多次时，虽然是同一个程序，系统也会创建多个进程。以 Windows 7 为例，运行三个记事本程序和一个画图程序，在 Windows 任务管理器中（同时按 Ctrl＋Alt＋Del 组合键）中可以看到运行了 4 个应用程序，对应 4 个不同的进程，如图 2-7 所示。

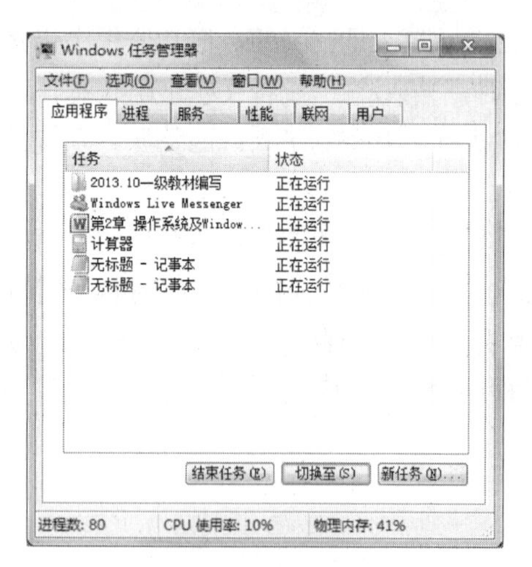

(a) 应用程序

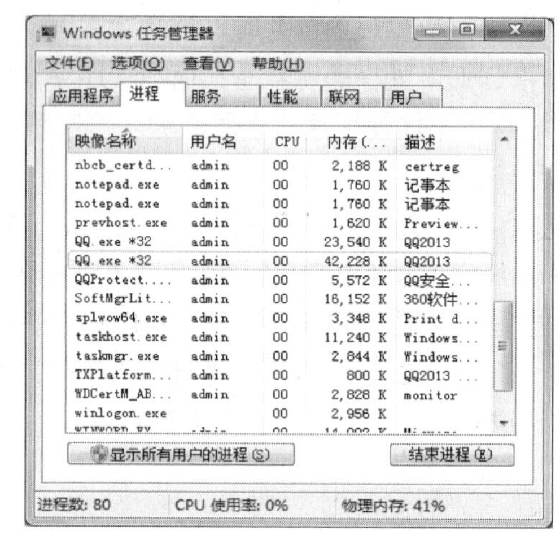

(b) 进程

图 2-7 Windows 7 的进程

程序与进程是不可分的。程序是为了完成某项任务编排的语句序列，它告诉计算机如何执行，因此程序是需要运行的，程序运行过程中需要占有计算机的各种资源才能运行，对于单道程序系统，程序在整个运行过程中独占计算机全部资源，整个程序运行的过程就非常简单了，操作系统管理起来也非常容易，但为了提高资源利用率和系统处理能力，现代计算机系统都是多道程序系统，即多道程序并发执行。程序的并发执行带来了一些新的问题，如资源的共享与竞争，它会改变程序的执行速度，如果程序执行速度不当，就会导致程序的执行结果失去封闭性和可再现性，因此应该采取措施来制约、控制各并发程序段的执行速度。由于程序是静态的，是存储在存储介质上的，它无法反映出程序执行过程中的动态特性，而且程序在执行过程中是不断申请资源的，程序作为共享资源的基本单位是不合适的。程序这个静态概念已不能如实反映程序并发执行过程的特征，为了深刻描述和实现系统中各个活动的独立性、并发性、动态性、相互制约性，表示操作系统的动态实质，必须要引入进程的概念。

2.2.2 进程的特征、状态与调度

1. 进程的特征

- 动态性：进程的实质是程序的一次执行过程，进程是动态产生、动态消亡的。
- 并发性：任何进程都可以同其他进程一起并发执行。
- 独立性：进程是一个能独立运行的基本单位，同时也是操作系统分配资源和调度的

独立单位。

● 异步性：由于进程间的相互制约，使进程具有执行的间断性，即进程按各自独立的、不可预知的速度向前推进。

● 结构特征：进程由程序、数据和进程控制块 3 部分组成。

2. 进程的状态

进程是一个具有独立功能的程序关于某个数据集合在处理器上的一次执行过程。它可以申请和拥有系统资源，是一个动态的概念，也是一个活动的实体，它不只是程序的代码，还包括当前的活动。进程是有生命的，从诞生到死亡要经历若干个阶段。一般说来进程有 3 种状态：就绪、执行、等待。

3. 进程的调度

图 2-8 所示的是程序、作业、进程三者之间的转换过程。外存中的程序被操作系统选择后就成为作业，并被“保持”着等待载入内存执行。当这个程序被操作系统调入内存就进入“就绪”状态，所谓就绪状态就是具备除了 CPU 之外的所有资源，一旦占有了 CPU，就变成了执行状态，即作业被 CPU 执行因而成为了进程。执行中如果需要等待外围设备输入数据，则进程就变为等待状态，操作系统又会使用一些调度策略（保证 CPU 分配的公平性）从就绪状态队列中调度一个进程占有 CPU。

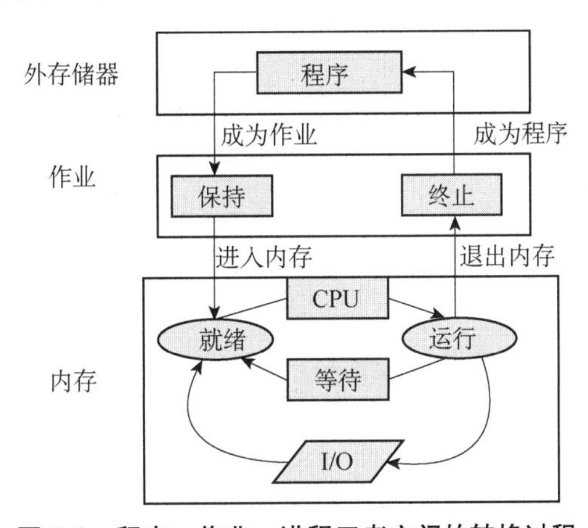

图 2-8　程序、作业、进程三者之间的转换过程

进入“运行”后进程的状态会随时发生变化。若在分配的时间片内未能完成任务，将会再次进入“就绪”等待下一个时间片；若进程需要输入/输出操作，进程管理器和设备管理器之间会进行协调，进入 I/O 状态完成输入/输出后，再次进入“就绪”等待；任务完成，进程中止并退出内存。

实际上，现在的操作系统还使用虚拟内存，进程管理器的管理状态要更复杂些。一个程序被执行的过程经历了从程序到作业、作业到进程，由进程再恢复为程序，在进程阶段可能要经历多个 CPU 运行的时间片。

2.3 设备管理

在计算机系统中，除了 CPU 和主存外，所有其他硬件设备包括输入/输出设备，存储设备都是外部设备。操作系统对外部设备的管理和控制称为设备管理。

2.3.1 设备管理的目标与功能

1. 设备管理的目标

① 向用户提供外部设备的方便、统一的接口，按照用户的要求和设备的类型，控制设备工作，完成用户的输入/输出请求。

② 充分利用中断技术、通道技术和缓冲技术，提高 CPU 与设备、设备与设备之间的并行工作能力，以充分利用设备资源，提高外部设备的使用效率。

③ 保证在多道程序环境下，当多个进程竞争使用设备时，按照一定的策略分配和管理设备，以使系统能有条不紊地工作。

2. 设备管理的功能

① 设备分配和回收。在多个进程竞争夺取同一类或同一台设备时，设备管理程序按照设备类型及分配调度策略为进程分配设备及相关资源，当进程使用结束后将设备使用权回收以供其他设备使用。

② 管理输入/输出缓冲区。为达到缓解 CPU 和 I/O 设备速度不匹配的矛盾，达到提高 CPU 和 I/O 设备利用率，提高系统吞吐量的目的，许多操作系统通过设置缓冲区的办法来实现。

③ 设备驱动，实现物理 I/O 操作。其基本任务是实现 CPU 和设备控制器之间的通信。

④ 外部设备的中断处理。分为查询方式和中断响应控制方式，查询方式下 CPU 的利用率较低。

⑤ 虚拟设备及其实现。通过虚拟技术将一台独占设备虚拟成多台逻辑设备，供多个用户进程同时使用，通常把这种经过虚拟的设备称为虚拟设备。要求用户程序对 I/O 设备的请求采用逻辑设备名，而在程序实际执行时使用物理设备。

2.3.2 设备的驱动程序与集中管理

每台计算机配置了很多不同的外部设备，它们的性能和操作方式，驱动程序都不一样，需要对多种外部设备集中管理。

1. 设备驱动程序

设备驱动程序是一种可以使计算机和设备通信的特殊程序，提供了硬件到操作系统的一个接口以及协调二者之间的关系，操作系统只有通过这个接口，才能控制硬件设备的工作，假如某一设备的驱动程序未能正确安装，就不能正常工作。

驱动程序在系统中所占的地位十分重要，一般当操作系统安装完毕后，首要的是安装各种硬件设备的驱动程序。驱动程序是硬件的一部分，当安装新硬件时，驱动程序是一项不可或缺的重要元件。凡是安装一个原本不属于这台计算机中的硬件设备时，系统就会要求安装驱动程序，将新的硬件与计算机系统连接起来。大多数情况下，并不需要安装所有硬件设备的驱动程序，如硬盘、显示器、光驱、键盘、鼠标等就不需要安装驱动程序，而显卡、声卡、扫描仪、摄像头、Modem 等就需要安装驱动程序。另外，不同版本的操作系统对硬件设备的支持也是不同的，一般情况下版本越高所支持的硬件设备也越多。

注意：驱动程序是操作系统能驱使设备进行工作的必要条件，但是很多时候在安装好了操作系统之后好像并没有对所有的设备都安装驱动程序，而该设备却能够开始工作，这是因为该设备已经包含在 “硬件兼容列表” 中，其驱动程序已经包含在操作系统之中了，在安装好操作系统的时候就已经自动安装好其驱动程序了，而并不是没有驱动程序就能工作。

2. 即插即用

即插即用（Plug-and-Play，PnP）指在安装新的硬件以后，不用为此硬件再安装驱动程序了，因为系统里面附带了它的驱动程序，Windows 7 中就附带了一些常用硬件的驱动程序。

即插即用的作用是自动配置计算机中的板卡和其他设备，它的任务是把物理设备和软件（设备驱动程序）相配合，并操作设备，在每个设备和它的驱动程序之间建立通信信道，具体如下：

● 对已安装的硬件自动和动态识别；包括系统初始安装时对即插即用硬件的自动识别，以及运行时对即插即用硬件改变的识别。

● 硬件资源分配。即插即用设备的驱动程序自己不能实现资源的分配，只有在操作系统识别出该设备之后才分配对应的资源。即插即用管理器能够接收到即插即用设备发出的资源请求，然后根据请求分配相应的硬件资源，当系统中加入的设备请求资源已经被其他设备占用时，即插即用管理器可以对已分配的资源进行重新分配。

● 加载相应的驱动程序。当系统中加入新设备时，即插即用管理器能够判断出相应的设备驱动程序并实现驱动程序的自动加载。

3. 设备的集中管理

计算机外部设备在速度、工作方式、操作类型等方面变化很大，现代操作为方便用户一般都设计一个简单、可靠、方便维护的设备管理系统，集中管理这些外部设备。

“设备管理器”是操作系统提供的对计算机的硬件进行管理的一个图形化的工具，通过设备管理器可以完成很多工作，例如更改计算机配件的配置、获取相关硬件的驱动程序的信息以及对之进行更新、禁用、停用或启用相关设备等。以 Windows 7 为例，右击“计算机”，在弹出的快捷菜单中选择“属性”命令或在“控制面板”中选择“硬件和声音”图标，接着选择“设备管理器”选项，出现如图 2-9 所示的“设备管理器”对话框，此台计算机所有的硬件信息都在这里集中表示出来，可以对所有的硬件进行管理。右击某个硬件的标识符，出现快捷菜单，可以更新驱动程序、停用和卸载此硬件，也可以重新扫描检测硬件的变化，单击“属性”可以了解此硬件驱动程序的情况。

图 2-9 “设备管理器”对话框

2.3.3 BIOS 与 CMOS 功能

计算机被关闭时，内存 RAM 中信息被清除，CPU 也停止了运行。程序是存放在磁盘上，需要时被加载到内存，结束后数据又存放到外存，这个过程由操作系统完成。要使系统运行，首先必须运行操作系统，那么操作系统如何加载到内存呢？是由基本输入/输出系统 BIOS 来完成。系统的各种设备参数，如 CPU 的型号、频率、硬盘空间、内存大小等，操作系统如何获取这些资源信息以便能够正确地进行管理呢？这是 CMOS 所要起的作用。

1. BIOS 作用

BIOS（基本输入/输出系统）是一组程序，直接使用计算机硬件，并为操作系统提供使用硬件的接口。BIOS 程序被放置在计算机主板上的一个 ROM 芯片中，保存着最基本 I/O 程序代码、系统设置程序、开机通电自检程序和系统启动自举程序等。把 BIOS“固化”到 ROM 中，它们可以被执行，即使断电信息也不会丢失。这个 ROM 是作为计算机内存的一部分，系统通电或重新启动计算机时，强制 CPU 从这个 ROM 开始执行，这个过程也被称为系统复位，当打开计算机，首先在屏幕上看到的信息就是 BIOS 运行的信息。

所谓的“自举”功能是机器启动时，通过 BIOS 执行参数设置、自检系统状态之后，它发出装载命令，把 CPU 的控制权交给磁盘上的系统引导记录，CPU 根据引导记录把存放在磁盘上的操作系统程序装载进驻内存 RAM。这也能够解释为什么磁盘引导区发生故障系统将无法启动。这个过程如图 2-10 所示。在机器运行期间，操作系统有一个常驻内存部分，一直负责管理整个系统的运行，负责和应用程序进行通信，频繁地在不同程序之间进行切换和变换存储器空间地址。它根据需要把操作系统的其他部分调入内存执行，执行完再释放内存。在整个内存中，操作系统占用空间比例比较小。

在操作系统运行期间，BIOS 负责在操作系统和硬件之间传送命令和信息。应用程序通过操作系统使用计算机，操作系统使用 BIOS 控制机器的硬件。也就是说，操作系统要使用硬件时，是通过调用 BIOS 中的程序完成的。这种层次的设计使得操作系统和应用程序可以运行在不同的硬件系统中，同时由于操作系统并不直接和硬件发生关联，使得操作系统能够实现与硬件细节的隔离，使得系统操作更加透明和流畅。

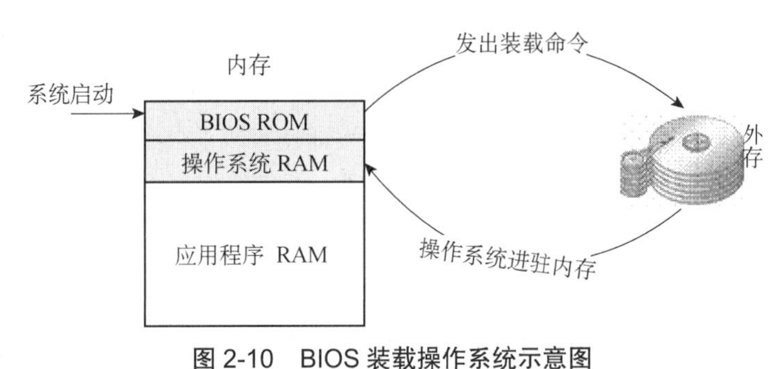

图 2-10　BIOS 装载操作系统示意图

2. CMOS 功能

CMOS（互补型金属氧化物半导体）和 BIOS 是两个不同的部件。CMOS 是另外一种类型的器件，它实际上是 RAM，只是使用了功耗非常低的芯片。

由于时间日期等数据是变化的，不能因为机器关机就中断，所以需要一种能够在断电状态也能运行并保存数据的芯片。因为 CMOS 技术能够制造功耗极低的芯片，无须使用系统的电源，只使用机器主板上的纽扣型锂电池，就可以维持长达 5 年之久的运行和数据保存。

随着微机系统的配置越来越丰富，CMOS 存放的数据也越来越多，除了时钟数据，还包括各种设备的参数，包括 CPU、存储器、硬盘、软件、CD-ROM 以及多媒体、网络设备等。

机器每次被启动，BIOS 从 CMOS 中读取配置信息进行系统的初始化工作，大多数机器开机后，可根据屏幕提示进入参数设置屏幕（一般是使用 Del 键，不同的系统可能使用不同的进入按键），用户可以设置各种参数，退出时提示是否要保存。如果新设置了参数则系统将重新引导。CMOS 中的数据也可以被程序修改，最典型的就是修改时间和日期数据。

2.4　文件系统

软件资源包括各种系统程序、实用程序、应用程序和大量的文档材料。每一种资源本身都是具有一定逻辑意义的、相关信息的集合，文件管理主要解决在外存上的存取文件。文件系统包括两个方面：一方面包括负责管理文件的一组系统软件，另一方面包括被管理的对象——文件。文件系统的主要目标是提高存储器的利用率，按用户的要求对文件进行操作，管理辅助存储器，实现文件从名字空间到辅存地址空间的转换；决定文件信息的存放位置、存放形式和存取权限，实现文件和目录的操作，提供文件共享能力和安全设施，提供友好的用户接口。

2.4.1　文件的存储结构

计算机以“文件”组织数据，并把数据存储在存储器中。

1. 磁道、扇区和簇

在外存储器（如硬盘）中，文件被存放之前需要经过一定的格式化（Format）操作。格式化处理就是把硬盘中的磁盘划分为能够按弧形扇区存放数据的物理区块。磁道和扇区可以单独处理也可以分组处理，一般把几个相邻的磁道和扇区组成一簇（Cluster）。不同规格的磁盘，组成簇的扇区数目也不同。

如果一个扇区或一个簇被一个文件存放了数据，即使存放了很小的数据，这个扇区或簇也被标记为已使用。所以说，存储器的物理区块划分越小，存储器的使用率越高，但是管理这种划分需要的开销也越大。不同的文件系统有不同的存储结构，目前常用的有 FAT 系统和 NTFS 系统。

2. FAT 系统

文件名
扩展名
属性
创建时间
创建日期
起始簇号
文件大小

图 2-11　FAT 目录表

操作系统通过对硬盘分区建立文件分配表 FAT（File Allocation Table），记录磁盘上的每一个簇是否存放数据。当用户打开一个文件时，操作系统从如图 2-11 所示的 FAT 目录表中找到文件的起始簇，根据簇号定位该文件在 FAT 表中的位置，找到文件所使用的簇，将这些簇中存储的数据写入存储器，有 FAT16 和 FAT32 两种格式。随着大容量硬盘的出现，用户一般都选用 FAT32，可以支持大到 2TB（2048GB)的硬盘分区，但 FAT32 不支持 4GB 以上的单个文件。

FAT 目录表中记录了文件的名称、属性、创建日期时间等。属性是指文件是只读、隐藏还是存档，起始簇号以及大小等，并且记录了文件在磁盘上所存放的物理位置，一旦损坏，则导致文件不能被存取，所以需要对数据进行及时的备份，FAT 除了记录簇的正常使用情况外，还要记录哪些簇不能用来存储数据。FAT32 系统目前被大多数操作系统所支持。

3. NTFS 系统

NTFS（New Technology File System），是微软 Windows NT 内核的系列操作系统支持的、一个特别为网络和磁盘配额、文件加密等管理安全特性设计的磁盘格式。NTFS 支持原有的 FAT 文件，随着以 NT 为内核的 Windows 的普及，很多用户开始用 NTFS 格式。NTFS 也是以簇为单位来存储数据文件，但 NTFS 中簇的大小并不依赖于磁盘或分区的大小。簇尺寸的缩小不但降低了磁盘空间的浪费，还减少了产生磁盘碎片的可能。NTFS 支持文件加密管理功能，可为用户提供更高层次的安全保证。支持大的分区和磁盘空间容量，能支持超过 4GB 以上的大容量文件。

FAT 系统和 NTFS 系统可以互相转换。

2.4.2　文件和文件系统

文件是信息的一种组织形式，是存储在辅助存储器上的具有标识符的一组信息集合。文件是记录的集合，文件是一个实体，被用户或应用程序按名字访问，为了安全，每一文件都有访问控制约束。

文件和文件系统与机器的运行环境有关，不同的操作系统，文件系统也是不同的。文件系统所包含的有关文件的构造、命名、存取、保护以及实现方法都是操作系统所控制。一般来说，文件系统应具备以下的功能：

● 对计算机的外存储器进行统一管理，合理组织和存放文件，主要是为文件分配和收回空间。

● 建立用户能够控制的文件的逻辑结构，如文件夹结构，按名存取。

● 支持对文件进行检索和访问控制，如文件的共享和保护。

所以说，一个文件系统就是管理计算机中所存储的程序和数据，为用户建立、删除、读写、修改、复制、移动文件以及按名存取等操作。

1. 文件的命名

文件名通常由主文件名和扩展名组成，中间以“.”连接，如 myfile.doc，扩展名（也称后缀）常用来表示文件的数据类型和性质。

不同的操作系统，文件命名的规则是不同的。Windows 操作系统的文件命名规则如表 2-1 所示。

表 2-1　Windows 操作系统的文件命名规则

<table>
<tr><th>文件名长度</th><th>扩展名长度</th><th>允许空格</th><th>允许数字</th><th>不允许的字符</th><th>不允许的文件名</th></tr>
<tr><td>1～255 个字符</td><td>0～3 个字符</td><td>是</td><td>是</td><td>/、[]、;、=、“”
\、:、,、|、<、></td><td>Aux,Com1,Com2,Com3,Com4,Lpt1,Lpt2,Lpt3,Lpt4,Prn,Nul,Con</td></tr>
</table>

表 2-1 中还有不允许使用的文件名，这是因为 Windows 系统将设备管理和文件管理作为一个整体，保留了部分名称作为特定的设备名称，如 COM 表示通信串口，LPT 表示并行口，如连接打印机。

表 2-2 所示的是几种常见的扩展名所代表的文件类型。

表 2-2　常见的扩展名所代表的文件类型

扩展名	文件类型	扩展名	文件类型
.exe	可执行文件，即应用程序文件	.doc(x)	Word 文档文件（高版本）
.com	命令文件	.xls(x)	Excel 工作簿文件（高版本）
.bat	批处理文件	.ppt(x)	PowerPoint 演示文稿文件（高版本）
.sys	系统文件	.db	数据库文件
.bak	备份文件	.c	C 语言源文件
.dll	动态连接库文件	.java	Java 语言源程序文件
.vxd		.htm	网页文件
.txt	文本文件	.rar	压缩文件

Windows 注册表中有一个能被其识别的文件类型清单，Windows 给各种文件赋予不同的图标，帮助用户识别文件类型，双击文件图标，Windows 将根据文件的类型决定做何种操作，如果双击的是程序文件，就立即执行它。

2. 文件的通配符*和?

当查找文件时，可以使用它来代替一个或多个真正字符；当不知道真正字符或者不想键入完整名字时，常常使用通配符代替一个或多个真正字符。

*：可以使用*代替 0 个或多个字符。如果正在查找以 AEW 开头的一个文件，但不记得文件名其余部分，可以输入 AEW*，查找以 AEW 开头的所有文件类型的文件，如 AEWT.txt、AEWU.EXE、AEWI.dll 等。要缩小范围可以输入 AEW*.txt，查找以 AEW 开头的所有文件类型并.txt 为扩展名的文件，如 AEWIP.txt、AEWDF.txt。

？：可以使用问号代替一个字符。如果输入 love？，查找以 love 开头的一个字符结尾文件类型的文件，如 lovey、lovei 等。要缩小范围可以输入 love？.doc，查找以 love 开头的一个字符结尾文件类型并以.doc 为扩展名的文件，如 lovey.doc、loveh.doc。

3. 常用的文件类型

文件有多种分类方法，一般根据文件的性质和用途区分。

① 按文件的用途可以分为系统文件、库文件和用户文件等。

② 按文件的信息流向可以分为输入文件、输出文件和输入输出文件等。

③ 按文件的组织形式可以分为普通文件、目录文件和特殊文件等。特殊文件是 UNIX 系统采用的技术，是把所有的输入/输出设备都视为文件（特殊文件）。特殊文件的使用形式是与普通文件相似的。

④ 按文件的安全属性可分为只读文件、读写文件、可执行文件和不保护文件等。

下面再进一步介绍目前常用的文件类型。

（1）数据文件

这里的数据文件指的是文档、电子表格、演示文稿、数据库文件等。

数据文件本身不能被直接运行或操作，它们需要借助于相应的应用程序来运行或打开，如在打开 Word 文档的同时，也打开了 Word 应用程序。操作系统建立数据关联机制，使得在打开某类数据文件时，相应的应用程序就会自动启动。例如，在数据文件上右击，在弹出的快捷菜单上就会显示“打开方式”，可能有多个应用程序相对应，根据需要选择其中的某个应用程序打开。只有数据文件才能建立关联。

（2）图形图像文件

表 2-3 列出了几种常用的图形图像文件类型。

表 2-3 常用的图形图像文件类型

文件扩展名	功能描述
.BMP 格式	位图 Bitmap 格式，一般由 Windows 的画图软件所创建，是兼容性较好的图形图像格式，压缩很小，占用较大的存储空间，应用广泛
.GIF 格式	是经压缩处理的图像文件格式，占用较少的存储空间，图像不超过 256 色，适合网络环境的传输和使用
.JPG 格式	由联合图形专家组制定的数据压缩标准产生的文件格式。可用较小的存储空间得到较高的图像质量，它是主流图像格式之一，数码照片多采用这种格式
.PCX 格式	Zsoft 公司图像处理软件使用的格式，占用较少的存储空间，具有压缩及全彩色的能力，现在仍然是较流行的格式之一
.PSD 格式	这是 Adobe 公司的图像处理软件 Photoshop 专用的文件格式
.TIF 格式	是 Apple 公司的 Macintosh 系统中广泛使用的图形格式，图形格式复杂，存储信息量大
.SWF	Macromedia 公司的 Flash 文件格式。矢量动画，放大或缩小，图像仍然清晰。文件小，便于在网上传播，已成为网络多媒体的主流格式。采用流技术，可以边下载边播动画

（3）动画和视频文件

动画文件是指由相互关联的若干帧静止图像组成的图像序列，这些静止图像连续播放便形成一组动画。视频文件主要指那些包含了实时的音频、视频信息的文件，视频文件需要的存储空间较大，一般要经过压缩处理，因此文件扩展名通常使用压缩规范命名。表 2-4 列出了常用的动画文件和视频文件。

表 2-4 常用的动画文件和视频文件

文件类型		扩展名	描述
动画文件	GIF 文件	.gif	参见表 2-3
	SWF 文件	.swf	参见表 2-3
	Flic 文件	.fli .flc	Autodesk 公司 2D/3D 动画制作软件中采用的彩色动画文件格式，其中，.FLI 是最初的基于 320×200 分辨率的动画文件格式，而.FLC 则是.FLI 的进一步扩展，采用了更高效的数据压缩技术。无损的数据压缩，计算前后两幅相邻图像的差异或改变部分，并对这部分数据进行 RLE 压缩
视频文件	AVI	.avi	AVI（Audio Video Interleaved，音频视频交错），由 Microsoft 公司推出，可以将视频和音频交织在一起进行同步播放。其优点是图像质量好，可以跨多个平台使用，其缺点是体积过于庞大，压缩标准不统一
	Quick Time	.mov	Apple 公司开发的一种视频格式，默认的播放器是苹果的 QuickTimePlayer。具有较高的压缩比率、较完美的视频清晰度和跨平台等特点，能支持 MacOS，同样也能支持 Windows 系列
	MPEG	.mpeg .mpg	MPEG（Moving Picture Expert Group，运动图像专家组格式）、VCD、SVCD、DVD 就是这种格式。MPEG 文件格式是运动图像压缩算法的国际标准，它采用了有损压缩方法减少运动图像中的冗余信息
	WMV	.wmv	WMV（Windows Media Video），是微软推出的一种采用独立编码方式并且可以直接在网上实时观看视频节目的文件压缩格式
	Real Video	.ra .rm	Real Networks 公司的流式音频/视频文件格式。用户可以使用 Real Player 或 RealOne Player 进行在线播放，并且可以根据不同的网络传输速率制定出不同的压缩比率，从而实现在低速率的网络上进行影像数据实时传送和播放，即实况转播

4. 文件目录结构

计算机文件系统管理整个计算机中的文件是按照“目录”进行处理的，目录的组织形式便是目录结构，目录结构有单级目录结构、两级目录结构和树形目录结构。Windows 采用树形目录结构。从系统角度来看，文件系统是对文件存储器的存储空间进行组织、分配和回收，负责文件的存储、检索、共享和保护。从用户角度来看，文件系统主要是实现“按名存取”，用户只要知道所需文件的名字，就可存取文件，而无须知道这些文件究竟存放在什么地方。

早期的文件系统使用“目录”（Directory）这个概念，在 Windows 7 系统中，使用“文件夹”（Folder）和“库”的概念。图 2-12 所示的窗口就是 Windows 7 资源管理器。在这个窗口中，地址栏所显示的就是文件夹，中间为文件夹结构图，最右边为该文件夹下面文件的预览内容。

文件夹是“树形”结构：像一棵倒置的树，根在上，枝叶在下，树叶就是文件夹。树形结构不但在文件系统中是重要的组织形式，在数据表示上也是一种重要的数据类型。

图 2-12 Windows 7 资源管理器

大多数操作系统支持的目录（或文件夹）没有数量上的限制，它可以多级建立直到存储器空间不能再创建为止。但实际使用时，目录层次过多会影响文件检索速度和文件系统管理的效率，也影响了存储器空间的有效使用。

在树形目录结构中，常常将第一级目录作为系统目录，称为根目录（树的根节点）。文件放在目录树中的非叶节点，叶节点也可能指出目录文件，即空目录。在多级目录结构中，从根出发到任何一个叶节点有且只有一条路径，该路径的全部节点名构成一个全部路径名，称绝对路径名。为查找一个非目录文件就使用它的全路径名，多级目录结构更加完善了文件结构的查找范围，更好地解决了文件的重名问题，增强了文件的共享和保护措施。

5. 文件的使用

（1）工作目录

工作目录称当前目录。在多级目录结构的文件系统中，文件的全路径名可能较长，也会涉及多次磁盘访问，为了提高效率，操作系统提供设置工作目录的机制，每个用户都有自己的工作目录，任一目录节点都可以被设置为工作目录。一旦某个目录节点被设置成工作目录，相应的目录文件有关内容就会被调入主存，这样，对以工作目录为根的子树内任一文件的查找时间会缩短，从工作目录出发的文件路径名称为文件的相对路径名。文件系统允许用户随时改变自己的工作目录。

（2）文件的使用

一般文件系统提供一组专门用于文件、目录的管理，如目录管理、文件控制和文件存取等命令，其中目录管理命令有建立目录、显示工作目录、改变目录、删除目录（一般只可删除空目录）；文件控制命令有建立文件、删除文件、打开文件、关闭文件、改文件名、改变文件属性，文件存取命令有读写文件、显示文件内容、复制文件等，具体的操作在后面的 Windows 7 的资源管理器中叙述。

（3）文件的属性

文件除了文件名外，还有文件大小，文件是否可读写等信息，这些信息称为文件属性，文件的属性有“只读”“隐藏”“存档”。

设置为只读属性的文件只能读，不能修改或删除，起到保护文件作用。

设置为隐藏属性的文件一般情况下不显示。

（4）文件共享和安全文件的共享

文件共享是指不同的用户使用同一文件。文件的安全是指文件的保密和保护，即限制未授权用户使用或破坏文件。文件的共享可以采用文件的绝对路径名（或相对路径名）共享同一文件。一般的文件系统，要求用户先打开文件，再对文件进行读写，不再使用时关闭文件。若两个用户可以同时打开文件，对文件进行存取，这称为动态文件共享。文件的安全管理措施常常在系统级、用户级、目录级和文件级上实施。① 系统级：用户需注册登记并配有口令，每次使用系统时，都需要进行登录（Login），然后输入用户口令（Password），方能进入系统；② 用户级：系统对用户分类并限定各类用户对目录和文件的访问权限；③ 目录级：系统对目录的操作权限作限定，如读（R）、写（W）、查找（X）等；④ 文件级：系统设置文件属性来控制用户对文件的访问，如只读（RO）、执行（X）、读写（RW）、共享（Sha）、隐式（H）等。对目录和文件的访问权限可以由建立者设置。除了限定访问权限，还可以通过加密等方式进行保护。

2.5 常用操作系统

小型机、中型机及更高档次的计算机为充分发挥计算机的效率，多采用复杂的多用户多任务的分时操作系统，而微机上的操作系统则相对简单得多，近年来微机硬件性能不断提高，微机上的操作系统逐步呈现多样化，功能也越来越强。

2.5.1 概述

（1）DOS 操作系统

DOS（Disk Operating System）是微软公司设计的较早的单用户、单任务字符界面、基于磁盘管理的微机操作系统，所有的操作必须通过输入命令来完成。在这种字符界面下，只能通过键盘输入字符来指挥计算机工作，一个命令执行完成后，输入下一条命令，计算机才能继续工作，曾经被广泛地应用在 PC 上，但是因为管理资源能力、存储能力有限等原因，在 20 世纪 90 年代中后期被 Windows 所替代。

DOS 系统本身是一个单用户单任务系统，但它在 Windows 中成为一个任务（命令提示符窗口）被保留下来。Windows 7 界面中单击“开始”按钮，在搜索栏中输入“cmd”，会出现 DOS 窗口，如图 2-13（a）所示，在这窗口中可以输入 DOS 命令，如输入 dir 命令，即显示当前路径下的目录，如图 2-13（b）所示。

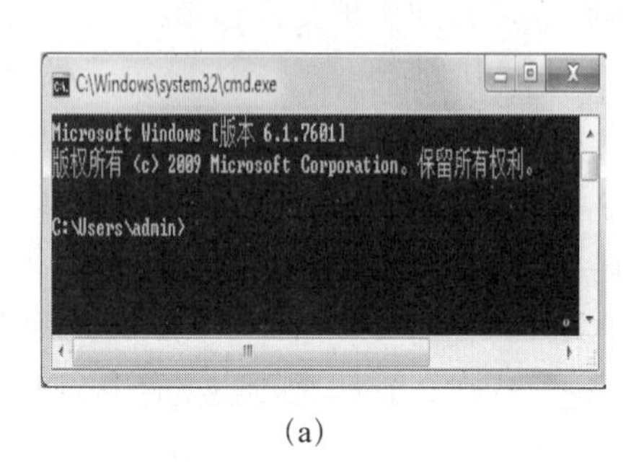

(a)

(b)

图 2-13　DOS 运行窗口

（2）UNIX 操作系统

UNIX 操作系统是一个较早发展的多用户、多任务、多处理的分时操作系统，并且具有网络管理和网络应用的功能。

这个操作系统具有很好的移植性、可靠性和安全性，能运行于不同类型的计算机上。它不仅是一个运行可靠且稳定的系统，而且它的操作系统技术一直为其他操作系统所采纳。例如，内核和 Shell 结构，I/O 缓冲技术内存和外存的分配策略，网络功能等，其中 Internet 的核心 TCP/IP 协议最早是 UNIX 系统上开发的一个功能程序。

（3）Windows 操作系统

Windows 系统是由微软公司开发出来的一种图形用户界面的操作系统，它采用图形界面的方式替代了 DOS 系统中复杂的命令行形式，使用户能轻松地操作计算机，大大提高了人机交互能力。

1995 年，Microsoft 公司推出了 Windows 95，它完全脱离了 DOS 平台，这是一个真正的多任务、完全图形界面的操作系统。Windows 95 一经推出，全世界就掀起了 Windows 浪潮，奠定了其在个人机操作系统领域的垄断地位。随后，Microsoft 公司又陆续推出了 Windows 98、Windows 2000、Windows XP、Windows Server 2003、Windows Vista，Windows 7，Windows 10。

（4）Linux 操作系统

Linux 是一套免费使用和自由传播的类 UNIX 操作系统，是一个基于 UNIX 的多用户、多任务、支持多线程和多 CPU 的操作系统。它能运行主要的 UNIX 工具软件、应用程序和网络协议，它支持 32 位和 64 位硬件。Linux 继承了 UNIX 以网络为核心的设计思想，是一个性能稳定的多用户网络操作系统，主要用于基于 Intel x86 系列 CPU 的计算机上，是由全世界各地的成千上万的程序员设计和实现的，其目的是建立不受任何商品化软件的版权制约、全世界都能自由使用的 UNIX 兼容产品。Linux 的出现，打破了微软在 PC 操作系统上的长期垄断地位，使用户根据不同的需要在选用操作系统时有了更多的选择。

（5）Mac OS 系统

Mac OS 系统是苹果机专用系统，由苹果公司自行开发，是基于 UNIX 内核的图形化操作系统，多平台兼容模式，增强了系统的稳定性、性能和响应能力。一般情况下在普通 PC 上无法安装操作系统。Mac OS X 现改名为 OS X ，Mac OS X 的最新版本 OS X 10.8 Mountain Lion，具有很强的向上兼容性、双启动功能和虚拟机平台。

尽管 Mac OS 系统具有稳定的，高性能的特性，但是用户群却远不如 Windows 系统，广泛使用的是平板式电脑 iPad、智能手机 iPhone 这些数码产品。

（6）移动设备操作系统

最主要的移动设备是智能手机。智能手机就是嵌入了处理器并运行操作系统的掌上电脑，还附加了无线通信功能。它的操作系统是一种运算能力及功能比传统功能手机系统更强的手机系统。使用最多的操作系统有：Android、iOS、Symbian、Windows Phone 等，它们之间的应用软件互不兼容。因为可以像个人计算机一样安装第三方软件，所以智能手机有丰富的功能。智能手机能够显示与个人计算机所显示出来一致的正常网页，具有独立的操作系统以及良好的用户界面，拥有很强的应用扩展性，能方便随意地安装和删除应用程序。

Symbian OS，这是 Nokia 和 Sony 等手机生产商联合开发的智能手机操作系统，曾在智能手机中占据很大的市场。

iOS，这是 Apple 公司为其生产的移动电话 iPhone 开发的智能手机操作系统，原名为 iPhone OS，它主要是给 iPhone 和 iPod touch 以及 iPad 使用。

Android，是 2005 年由 Google 收购注资，并组建开放手机联盟开发的操作系统，是一种以 Linux 为基础的开放源代码的操作系统，主要使用于便携设备，如平板电脑、移动设备、智能手机等。

2.5.2　Linux 操作系统简介

Linux 最初是由芬兰学生 Linus Torvalds 在 1990 年出于个人兴趣开发的，用于 Intel 386 个人计算机的类 UNIX 操作系统，1994 年正式发布了 Linux 内核 V1.0。Linux 在 GNU（GNU's Not UNIX 的递归缩写）的通用公共许可证 GPL（General Public License）保护下开发，成为自由软件，用户可以自由获取其源代码，并能自由地使用它们，包括修改或复制等，它是网络时代的产物。

Linux 以它的高效性和灵活性著称。Linux 模块化的设计结构，使得它既能在价格昂贵的工作站上运行，也能够在廉价的 PC 上实现全部的 UNIX 特性，是一个多任务、多用户的操作系统。Linux 操作系统软件包不仅包括完整的 Linux 操作系统，而且还包括文本编辑器、高级语言编译器等应用软件。它还包括带有多个窗口管理器的 X-Windows 图形用户界面，允许使用窗口、图标和菜单对系统进行操作。

Linux 具有 UNIX 的优点，稳定、可靠、安全，有强大的网络功能，在相关软件的支持下，可实现 WWW、FTP、DNS、DHCP、E-mail 等服务，还可作为路由器使用，利用 ipchains/iptables 可构建 NAT 及功能全面的防火墙。

Linux 有很多发行版本，较流行的有：RedHat Linux、Debian Linux、RedFlag Linux 等。

如今越来越多的商业公司采用 Linux 作为操作系统。例如，科学工作者使用 Linux 来进行分布式计算；ISP（Internet Service Provider）使用 Linux 配置 Internet 服务器、电话拨号服务器来提供网络服务；欧洲核子中心采用 Linux 进行物理数据处理；许多高难度的计算机动画的设计工作也可以在 Linux 平台上顺利完成。

Linux 具有如下的特点：Linux 是一个遵循 POSIX（Portable Operating System Interface，可移植的操作系统接口）标准的免费操作系统，在源代码级上兼容绝大部分 UNIX 标准；是一个支持多用户、多任务、多线程和多 CPU、功能强大而稳定的操作系统。

Linux 由 4 个主要部分组成：内核操作、Shell、文件结构和实用工具。

Linux 主要应用于 Internet/Intranet 服务器。这是目前 Linux 应用最多的一项，包括 Web 服务器、FTP 服务器、Gopher 服务器、POP3/SMTP 邮件服务器、Proxy/Cache 服务器、DNS 服务器等。另外，由于 Linux 拥有出色的联网能力，因此可用于大型分布式计算，如动画制作、科学计算、数据库及文件服务器等。

2.5.3 Linux 操作系统的基本使用

1. Linux 操作系统启动和退出

启动和退出都有两种方式：图形化操作方式和虚拟控制台方式，下面以图形化操作为例介绍 Red Hat Linux 系统的启动和退出。

当系统被引导后，会显示登录屏幕，如图 2-14 所示，在“用户名”文本框中输入主机名即可，从图形化登录界面登录会自动启动图形化桌面。注销图像化桌面会话，选择“主菜单”|“注销”。

图 2-14 图形化登录屏幕

2. Linux 目录树及常用命令

（1）Linux 目录结构

在 Linux 中，文件和目录的管理采用的是树形结构。下面列出了一个典型的 Linux 目录结构，在这些目录中还包含更多的子目录和文件。目录树的主要目录及其功能如表 2-5 所示。

表 2-5　目录树的主要目录及其功能

目　录	功　能	目　录	功　能
/rootdirectory	根目录	/mnt	存放临时的映射文件系统
/bin	存放必要的命令	/proc	存放存储进程和系统信息
/boot	存放主引导记录 MBR	/root	超级用户的根目录
/dev	存放设备驱动文件	/sbin	存放系统管理程序
/etc	存放配置文件	/tmp	存放临时文件的目录
/home	用户文件的主目录	/usr	存放用户应用程序包的主目录
/lib	存放必要的运行库	/var	存放系统产生的文件

（2）文件和目录操作的基本命令

掌握常用的 Linux 命令是非常有必要的，下面简单介绍 3 类命令，如果用户对某一个命令需详细了解的话，可以使用 man 命令。例如，如果想了解 cd 命令的详细信息，那么命令行书写格式如下：

[root @teacher root] # man cd

注意：在 Linux 中命令区分大小写。下面介绍几个文件和目录操作的基本命令。

① pwd 命令。pwd 即“print working directory”（打印工作目录）。当输入 pwd 时，Linux 系统显示的当前位置。

例如：

[root@teacher apache]#pwd/tmp/apache

表明当前正处在/tmp/apache 目录中。

② cd 命令。该命令用于改变工作目录，举例说明如表 2-6 所示。

表 2-6　cd 命令功能

命　令	功　能
cd～	返回到你的登录目录
cd /	返回到整个系统的根目录
cd /root	返回到根用户的主目录；必须是根用户才能访问该目录
cd /home	返回到 home 目录，用户的登录目录通常储存在此处
cd ..	向上移动一级目录
cd /dir1/subdirfoo	无论在哪一个目录中，这个绝对路径都会返回到 subdirfoo 中，即 dir1 的子目录
cd ../../dir3/dir2	这个相对路径会向上移动两级，转换到根目录，然后转到 dir3，再转到 dir2 目录中

③ ls 命令。该命令用于显示当前目录的内容。

ls 命令有许多可用的选项。表 2-7 是一个与 ls 一起使用的一些常用选项列表。

表 2-7　与 ls 一起使用的一些常用选项列表

命　令	功　能
ls –a（all）	列举目录中的全部文件，包括隐藏文件（.filename）
ls –l（long）	列举目录内容的细节，包括权限（模式）、所有者、组群、大小、创建日期、文件是否到系统其他地方的链接，以及链接的指向
ls –r（reverse）	从后向前地列举目录中的内容
ls –s（size）	按文件大小排序

④ clear 命令。该命令用于清除终端窗口。

⑤ cp 命令。该命令可以将文件或目录复制到其他目录中，就如同 DOS 下的 copy 命令一样，功能非常强大。在使用 cp 命令时，只需要指定源文件名与目标文件名或目标目录即可。格式为：

cp ＜源＞＜目标＞

其他常用命令还有移动文件命令 mv，建立目录命令 mkdir，删除文件命令 rm 等。

2.6 Windows 7 的应用

2009 年 10 月推出的全新 Windows 7 操作系统，它包含 6 个版本，分别是 Windows 7 Starter（初级版）、Windows 7 Home Basic（家庭普通版）、Windows 7 Home Premium（家庭高级版）、Windows 7 Professional（专业版）、Windows 7 Enterprise（企业版）和 Windows 7 Ultimate（旗舰版）。全新的 Windows 7 在任务处理、功能性和界面方面的设计，操作的人性化方面都进行了重大的改进，新增了很多新的特性和功能。

2015 年 7 月，微软发布 Windows 10 正式版。Windows 10 共有家庭版、专业版、企业版、教育版、移动版、移动企业版和物联网核心版 7 个版本，分别面向不同用户和设备。

2.6.1 桌面

“桌面”就是在安装好中文版 Windows 后，用户启动计算机登录到系统后看到的整个屏幕界面，它是用户和计算机进行交流的窗口，桌面上有“开始”按钮、任务栏和用户经常用到的应用程序和文件夹图标。用户可以根据自己的需要在桌面上添加各种快捷图标，在使用时双击图标就能够快速启动相应的程序或文件，通过桌面，用户可以有效地管理自己的计算机。以 Windows 7 为例，桌面上有以下常用的图标。

- “计算机”图标：用户通过该图标可以实现对计算机硬盘驱动器、文件夹和文件的管理，在其中用户可以访问连接到计算机的硬盘驱动器、控制面板、照相机、扫描仪和其他硬件以及有关信息。
- “网络”图标：该项中提供了网络上其他计算机上的文件夹和文件访问以及有关信息，在双击展开的窗口中用户可以进行查看工作组中的计算机、查看网络位置及添加网络位置等工作，通过它可以访问网络上其他计算机，共享其他计算机的资源。
- “回收站”图标：在回收站中暂时存放着用户已经删除的文件或文件夹等一些信息，当用户还没有清空回收站时，可以从中还原删除的文件或文件夹。

要显示或隐藏桌面上的图标，单击“开始”按钮，搜索中输入 ICO，选择“显示或隐藏桌面上的通用图标”，然后根据需要选择桌面上的图标，还有更多的功能可以操作，如“更改设备安装设置”“自定义任务栏”等，如图 2-15 所示。

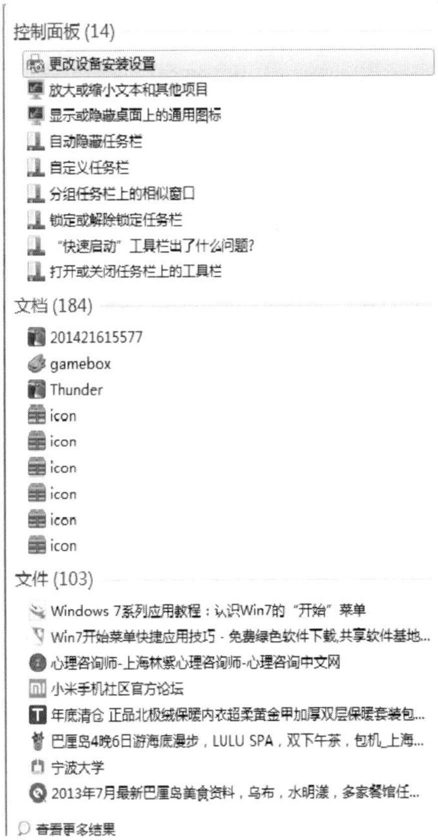

图 2-15　运行 ICO 界面

- 显示桌面：在 Windows 7 中，微软将“显示桌面”的按钮放置在桌面屏幕右下角，时间的右侧，一改以往 Windows XP 系统的操作习惯，单击即可快速显示桌面，更加方便用户操作。

2.6.2　Windows 7 的搜索功能

Windows 7 的搜索功能非常强大并且实用。

1.“开始”搜索框

通过“开始”搜索框，能够快速进行即时搜索。“开始”菜单搜索可以直接输入控制面板、Windows 文件夹、Program File 文件夹、Path 环境变量指向的文件夹，运行历史里面的搜索文件，速度很快，而且还能作为运行输入框用，比如输入 ping 192.168.1.1，直接测试网络 IP 地址是否接通。

搜索结果中会根据项目种类进行分类显示所在计算机上的位置，并组织成多个类别。例如，搜索 QQ 时，可看到按程序、文档、文件等进行分类的搜索结果，每类最佳搜索结果将显示在该类标题下。单击其中任一个结果即可打开该程序或文件，单击类标题则可在 Windows 资源管理器中查看该类的完整搜索结果列表。

2.“资源管理器”搜索框

当搜索结果充满“开始”菜单空间时，可以点击“查看更多结果”，即可在“资源管理器”中看到更多的搜索结果，以及共搜索到的对象数量。

在桌面环境中，按下键盘上的“win＋E”快捷键或右击“开始”按钮，选择“打开Windows资源管理器”，就会打开资源管理器了，在资源管理器右上角也有一个搜索框，这是用来进行全局搜索的，如图2-16所示，在这里用户可以快速地搜索Windows中的各种文档、图片、程序等，甚至连Windows帮助和网络信息都能够搜索到。除了搜索速度十分快之外，资源管理器搜索框还为用户提供了大量的搜索筛选器，使用户能够更加方便细致地完成各种文件的搜索。单击这个全局搜索的搜索框，就能够看到出现一个下拉的列表，在列表里面列出了用户之前的搜索记录和搜索筛选器。当搜索结果数量过多时，还可以通过缩小搜索范围，来进行精确搜索。当用户移动到搜索结果最下方时，可以看到可以再次搜索的提示，如在库、家庭组、计算机、自定义、Internet中搜索。如图2-16所示。

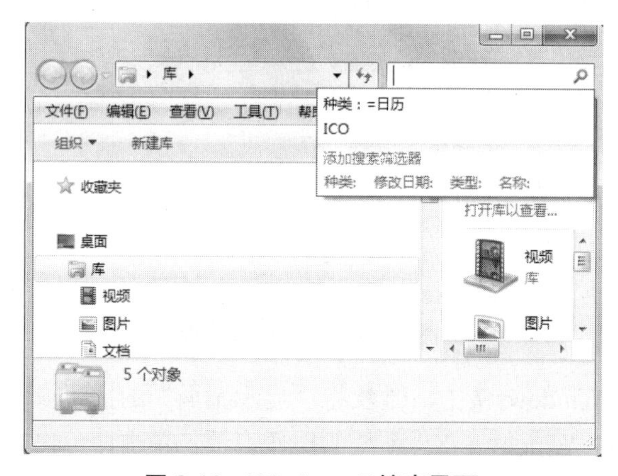

图2-16 Windows 7搜索界面

Windows 7的搜索还有超快动态反应，当搜索框中输入第一个字的时刻，搜索就已经开始工作，继续输入或者改变搜索关键字的时候，界面会立刻按新条件进行搜索。再加上灵活方便的搜索筛选器，搜索效率大大提高。

如果，“开始”菜单里的搜索程序和文件搜不到内容，可以在“开始”菜单上右击，打开“任务栏属性”→“开始”菜单选项卡→“自定义”→“搜索其他文件和库”，选择“搜索公用文件夹”，最后单击“确定”按钮。

2.6.3 Windows 7的“开始”菜单与任务栏

1. “开始”菜单

“开始”菜单可以理解为Windows的导航控制器，在这里可以实现Windows的一切功能。在Windows 7“开始”菜单中分四大区域，如图2-17所示。

左上角区域为“开始”菜单常用软件历史菜单，系统根据使用软件的频率自动把最常用的软件展示在那里。

左下角区域为“开始”菜单的所有程序、开始导航控制程序和文件搜索框，通过所有程序导航控制程序进行文件和程序导航操作。

右上角区域为常用系统设置功能区域，Windows 7 经常用到的系统功能,如：控制面板设置等，在最上边有一个 Administrator 的选项，其实是系统用户名和用户图片区。

Administrator 是默认的系统管理员身份用户名，当然也可以自己创建新的用户名身份，名字可以使中文也可采用英文。

右下角为开关机控制区。

在系统桌面的最左下角有一个圆形的 Windows 视窗图标按钮标志，它是 Windows 7“开始”菜单按钮。

“开始”菜单还具有“记忆”功能。只需在“任务栏和「开始」菜单属性”对话框中设置“隐私”项目中勾选“存储并显示最近在‘开始’菜单中打开的程序”和“存储并显示最近在‘开始’菜单和任务栏中打开的项目”两个选项，在默认情况下是默认勾选的，这样在“开始”菜单中会即时显示最近打开的程序或项目，如图 2-18 所示。

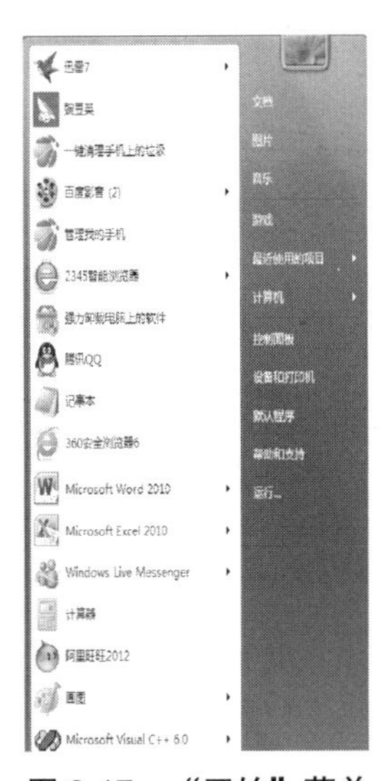

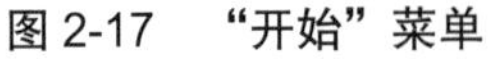

图 2-17　“开始”菜单

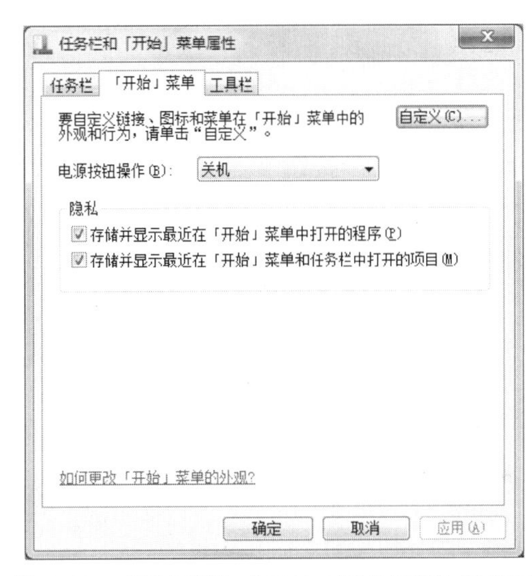

图 2-18　“任务栏和「开始」菜单属性”对话框

在 Windows 7 中，还增强了“最近访问的文件”功能，将该功能与各程序分类整合，并按照各类快捷程序进行分类显示，方便用户查看和使用的“最近访问的文件”，单击“开始”菜单按钮，可以在“最近启动的程序”列表中看到最近运行过的程序。

其中已打开多个文件的程序，会在其右边有个小箭头，在“最近启动的程序”列表中，将鼠标停留在这些程序菜单上片刻，即可在其右侧显示其子菜单——最近打开的文件列表。

在 Windows 7 中虽没有 Windows XP 系统中常用的“最近打开的文档”功能，但也设计了“最近使用的项目”功能，在默认情况下没有启用，只需右击“开始”按钮，或右击“任务栏”，在弹出的快捷菜单中选择“属性”，打开“任务栏和‘开始’菜单属性”对话框，在“开始”菜单属性的自定义选项中，勾选“最近使用的项目”即可。

用户还可以在自定义开始菜单页面设置“要显示的最近打开过的程序的数目”和“要显示在跳转列表中的最近使用的项目数”，默认设置为 10 个，最多时可以设置 30 个，如图 2-19 所示。

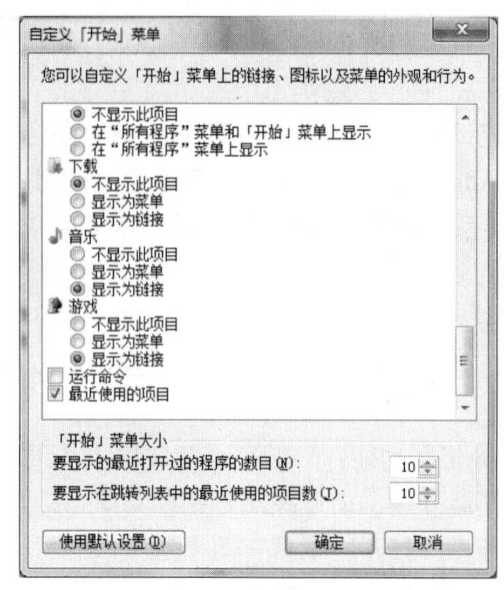

图 2-19 “开始”菜单设置界面

2. 任务栏

任务栏（Taskbar）是桌面最下方的水平长条，它主要由“开始”按钮、程序按钮区、通知区域和“显示桌面”按钮 4 部分组成，要设置任务栏，右击最下方的水平长条的空白处，在弹出的快捷菜单中选择“属性”，弹出“任务栏和「开始」菜单属性”对话框，在其中可以对任务栏属性进行设置，如图 2-20 所示。

图 2-20 任务栏属性设置

- 锁定任务栏：在进行日常计算机操作时，常会一不小心将任务栏拖曳到屏幕的左侧或右侧，有时还会将任务栏的宽度拉伸并十分难以调整到原来的状态，为此，Windows 添加了“锁定任务栏”这个选项，可以将任务栏锁定。
- 自动隐藏任务栏：有时需要的工作面积较大，隐藏屏幕下方的任务栏，这样可以让桌面显得更大一些，此时勾选上“自动隐藏任务栏”即可。以后想要打开任务栏，把鼠标移动到屏幕下边即可看到，否则将不会显示任务栏。

- 使用小图标：图标大小的一个可选项，方便用户自我调整，根据自己需要进行调整。
- 屏幕上的任务栏位置：默认是在底部，可以单击选择左侧、右侧、顶部、底部。如果是在任务栏未锁定状态下的话，可以拖曳任务栏可直接将其拖曳至桌面四侧。
- 任务栏按钮：有三个可选项，即始终合并、隐藏标签；当任务栏别占满时合并；从不合并。

另外，在任务栏中可借助跳转列表进行操作。右击任务栏中某个应用程序图标（如Word）时，即可显示一个历史记录列表，在此列出该程序最近打开的所有文档名称，单击其中任意文档名称即可打开，并且还可以在该列表中右击，在弹出的快捷菜单中选择"从列表中删除"命令清除不需要的记录。

2.6.4 快捷方式

快捷方式指的是快速启动程序或打开文件和文件夹的手段，无论应用程序实际存储在磁盘的什么位置，相应的快捷方式都只是作为该应用程序的一个指针，用户通过快捷方式图标快速打开应用程序的执行文件。用户可以在桌面上创建自己经常使用的程序或文件的图标，这样使用时直接在桌面上双击即可快速启动该项目。快捷方式图标还可以放在"开始"菜单里和任务栏上，这样就可以在开机后立刻看到，以达到方便操作的目的。

创建快捷方式有3种方法。

① 在"资源管理器"或"计算机"窗口中，找到要创建快捷方式的文件或文件夹，右击对象，在弹出的快捷菜单中选择"创建快捷方式"命令，便在当前位置为文件或文件夹创建了一个快捷方式。

② 快捷方式可以创建在文件夹中，也可以创建在桌面上，操作方法为：在"资源管理器"或"计算机"窗口中，右击要创建快捷方式的文件或文件夹，在弹出的快捷菜单中选择"发送到"|"桌面快捷方式"命令。

③ 将鼠标指向桌面的空白区域，右击，在弹出的快捷菜单中选择"新建"|"快捷方式"，弹出"创建快捷方式"对话框。在"命令行"文本框中输入对象的路径和文件名或单击"浏览"按钮查找所需的文件名，单击"下一步"按钮，在打开的"选择程序的标题"对话框中给定新创建的快捷方式的名称，单击"完成"按钮。

注意： *并不是只有可执行文件才能建立快捷方式的，也可以为硬盘或光盘驱动器建立快捷方式，只要在"新建快捷方式"对话框中的"命令行"中输入相应的盘符加冒号就行了。另外，除了各种快捷方式可以放在桌面上以外，也可以直接把文本文件、图像文件或声音文件放在桌面上，还可以在桌面上建立文件夹。其实，桌面本身也是一个文件夹，所以可以和其他文件夹一样使用。*

2.6.5 快捷菜单

在Windows系统中，有一个特别有用的菜单，即快捷菜单，大部分的针对某个对象的操作都可以通过快捷菜单进行，非常方便。

打开快捷菜单只要右击某对象，就会出现快捷菜单，与某对象有关的大部分操作都可以通过这个快捷菜单操作。

2.6.6 窗口与菜单操作

1. 窗口类型

Windows 的窗口可以分成 3 种类型：应用程序窗口、文档窗口和对话框。对话框简化了许多窗口组件，是一种特殊窗口，稍后将单独介绍。

应用程序窗口是在应用程序运行时创建的，而文档窗口则是由应用程序为某个文档创建的，并在其中进行与文档有关的操作，它是应用程序窗口打开的信息窗口。在一个应用程序窗口中通常可以包含多个文档窗口。

应用程序窗口和文档窗口的基本组成元素相同，即都有窗口边框、标题栏、系统菜单图标、系统菜单和系统按钮等组件。

2. 对话框

对话框是 Windows 的一种特殊窗口，是人机交互的基本手段。用户可以在对话框中设置选项，使程序按指定方式执行。对话框与一般窗口有许多共同之处，如系统菜单和标题栏等，但它也有自己的特点，如对话框不能最大化和最小化，对话框只能随应用程序一起置于非活动状态，一个应用程序一旦弹出对话框，用户则不能忽略对话框而在该应用程序中进行其他操作。在 Windows 系统中，对话框的形态有很多种，复杂程度也各不相同。表 2-8 列出了对话框常见的组件。

表 2-8 对话框常见的组件

名称	图例	名称	图例
命令按钮	确定 取消	单选按钮	全部(A) 当前页(E) 页码范围(G):
列表框	字号(S): 五号 三号 小三 四号 小四 五号	组合框	字体颜色(C): 自动 自动 其他颜色...
复选框	打印到文件(L) 手动双面打印(X)	微调器	设置值(A): 15.55 磅
游标	1280 x 800 像素	选项卡	字体 字体(N) 字符间距(R)
文本框	1		

3. 菜单

菜单是将命令用列表的形式组织起来，当用户需要执行某种操作时，只要从中选择对应的菜单项，即可完成相应的操作。

Windows 7 中有 4 类菜单：开始菜单、下拉式菜单（纵向菜单）、系统菜单（控制菜单）和快捷菜单。

出现在菜单中的菜单选项，形态是各种各样的，菜单的不同形态代表不同的含义。

- 右端带省略号（…），表示选中该菜单项时，将弹出一个对话框，要求用户给定一些必要的信息。
- 右端带箭头（▸），表示该菜单项还有下一级菜单，选中该菜单项将自动弹出子菜单。
- 左侧带选中标记的菜单项是以选中和去掉选中标记进行切换的。
- 名字后面的字母和组合键。紧跟菜单名后的括号中的单个字母是当菜单被打开时，可通过在键盘上输入该字母执行菜单项。菜单后面的组合键是在菜单没有打开时执行该菜单项的快捷操作键，在菜单尚未弹出时，按“属性”菜单的组合键为“Ctrl＋E”，就可以执行“属性”菜单项。

2.7 Windows 7 文件管理

2.7.1 “计算机”与“资源管理器”的文件管理

Windows 7 提供了两个管理文件和文件夹的重要工具：“计算机”和“资源管理器”，两者的操作方法和界面非常相似。

Windows 7 的“计算机”管理本地计算机的所有资源和网上邻居提供的共享资源，这些资源包括文件和文件夹、驱动器、打印机、控制面板、计划任务等。

“资源管理器”在窗口左侧的列表区，将计算机资源分为收藏夹、库、家庭网组、计算机和网络五大类，相比 Windows XP 系统来说，Windows 7 在资源管理器界面方面功能设计更为周到，页面功能布局也较多，设有菜单栏、细节窗格、预览窗格、导航窗格等；内容则更丰富，如收藏夹、库、家庭组等；更加方便用户更好更快地组织、管理及应用资源。

打开“资源管理器”有三种方法。

方法 1：“开始” | “所有程序” | “附件” | “Windows 资源管理器”。

方法 2：右击“开始” | “打开 Windows 资源管理器”。

方法 3：win 键＋E。

1. 文件夹选项设置

用户可以指定资源管理是否显示文件的扩展名和那些被设置为隐藏属性的文件，选择菜单“工具” | “文件夹选项”，弹出“文件夹选项”对话框，如图 2-21 所示。选择“查看”选项卡，在“隐藏文件和文件夹”下面选中“显示所有文件和文件夹”，再去掉“隐藏已知文件类型的扩展名”，单击“确定”按钮，即可显示隐藏文件和全部文件的扩展名。

在图 2-21 所示对话框的“常规”选项卡中，还可以设置“在同一窗口中打开每个文件夹”或“在不同窗口中打开不同的文件夹”，如果设置为“在不同窗口中打开不同的文件夹”，则每打开一个文件夹将启动一个新的窗口，默认设置是“在同一窗口中打开每个文件夹”。

图 2-21 “文件夹选项”对话框

2. 回收站

Windows 7 的回收站是一个用来存放被暂时删除文件的文件夹，每个磁盘中都会预留一定的硬盘空间作为回收站用。右击“回收站”图标，选择快捷菜单中的“属性”命令，可以对每个磁盘“回收站”的容量进行设置，还可以通过“显示删除确认对话框”复选框设置删除文件时是否弹出“确认”对话框。

（1）恢复被删除的文件

在桌面上双击“回收站”图标，打开“回收站”窗口，选定要恢复的文件，选择“文件”|“还原”，这些文件就被恢复到原来位置。

（2）清理回收站

① 删除回收站中的文件。在“回收站”窗口中选定要删除的文件，选择“文件”|“删除”，弹出“确认文件删除”对话框，单击“是”按钮，即可将文件彻底从磁盘中删除。也可按 Shift＋Delete 组合键直接删除文件。

② 清空回收站。在“回收站”窗口中，选择“文件”|“清空回收站”，弹出“确认删除多个文件”对话框，单击“是”按钮，即可将“回收站”中的所有文件从磁盘上删除。

3. Windows 7 中“库”的使用

“库”是用于管理文档、音乐、图片和其他文件的位置，可以使用与在文件夹中浏览文件相同的方式浏览文件，也可以查看按属性（如日期、类型和作者）排列的文件。

“库”类似于文件夹。例如，打开库时将看到一个或多个文件，但与文件夹不同的是，库可以收集存储在多个位置中的文件。把文件（夹）收纳到库中并不是将文件真正复制到“库”这个位置，而是在“库”这个功能中“登记”了那些文件（夹）的位置然后由 Windows 管理，因此，收纳到库中的内容除了它们自占用的磁盘空间之外，几乎不会再额外占用磁盘空间，并且删除库及其内容时，也并不会影响到那些真实的文件。例如，如果在硬盘和外部驱动器上的文件夹中有音乐文件，则可以使用音乐库同时访问所有音乐文件。

简单地说，文件库可以将需要的文件和文件夹统统集中到一起，就如同网页收藏夹一样，只要单击库中的链接，就能快速打开添加到库中的文件夹，而不管它们原来深藏在本地计算机或局域网当中的任何位置。另外，它们都会随着原始文件夹的变化而自动更新，并且可以以同名的形式存在于文件库中。

其实库的管理方式更加接近于快捷方式，就是将有相似作用的快捷方式统一到一个文件夹中，这个文件夹就叫库，不过这个文件夹的东西是会自动更新的，用户可以不用关心文件或者文件夹的具体存储位置，把它们都链接到一个库中进行管理。

2.7.2 文件系统的维护

1. 使用备份

利用备份工具可以创建硬盘信息的副本，万一硬盘上的原始数据被意外删除或覆盖，或由于硬盘故障而无法访问，可以使用副本恢复丢失或损坏的数据。选择“开始”|“所有程序”|“附件”|“系统工具”|“备份”命令，打开“备份或还原向导”对话框，接着根据向导提示选择“备份文件和设置”，然后选择需进行备份的内容和项目，最后选择保存备份的位置和设置备份文件的名称，单击“完成”按钮即可。备份文件的默认名为“backup.bkf”，以后在需还原的时候可以双击该文件以实现“还原”操作。

2. 还原文件和文件夹

选择“开始”|“所有程序”|“附件”|“系统工具”|“备份”命令，打开“备份或还原向导”对话框，该对话框也可以通过双击备份文件打开。

用户可以使用“备份”命令备份和还原FAT32或NTFS卷上的数据。但是，如果已经从Windows使用的NTFS卷中备份了数据，建议将数据还原到Windows使用的NTFS卷中，否则可能丢失数据或某些文件和文件夹功能。某些文件系统可能不支持其他文件系统的所有功能。例如，如果从Windows 7使用的NTFS卷中备份了数据，然后将其还原到用于Windows NT 4.0的FAT卷或NTFS卷时，则权限、加密文件系统设置、磁盘配额信息、已装入驱动器信息和远程存储信息都将丢失。

3. 系统还原

“系统还原”是Windows 7中的一个组件。利用它，用户可以在计算机发生故障时恢复到以前的状态，而不会丢失个人数据文件。“系统还原”可以将计算机还原到以前的某个状态，也可以还原计算机而不丢失个人文件；另外，“系统还原”能存储过去一到三周内的还原点，确保所有还原都是可逆的。

防病毒实用工具可能影响到系统是否可被还原到以前的点。如果由于该实用工具未被设置成清除还原点中的文件而导致还原点包含已感染的文件，或者由于无法清除已感染的文件而导致防病毒实用工具从还原点删除了该文件，则系统还原将无法使计算机恢复到这种状态或受感染的状态。如果系统还原无法将计算机还原到以前的状态，并且怀疑一个或多个还原点包含了已感染的文件，或者防病毒实用工具已经删除了受感染的文件，那么通过关闭系统还原然后再将其打开，可以删除系统还原存档中的所有还原点。

要启动“系统还原”操作，可以选择“开始”|“所有程序”|“附件”|“系统工具”|“系统还原”命令，选择一个系统还原的日期可以将其还原到选定日期的系统状况。

4. 磁盘清理、修复和碎片整理

磁盘清理程序可以帮助释放硬盘驱动器空间。磁盘清理程序搜索驱动器，然后列出临时文件、Internet 缓存文件和可以安全删除的不需要的程序文件，可以使用磁盘清理程序删除部分或全部这些文件。可使用错误检查工具来检查文件系统错误和硬盘上的坏扇区。磁盘碎片整理程序将计算机硬盘上的碎片文件和文件夹合并在一起，以便每一项在该卷上分别占据单个和连续的空间，这样，系统就可以更有效地访问文件和文件夹，更有效地保存新的文件和文件夹。通过合并文件和文件夹，磁盘碎片整理程序还将合并卷上的可用空间，以减少新文件出现碎片的可能性，还可以使用 defrag 命令，从命令行对磁盘执行碎片整理。

2.8 Windows 7 应用程序与系统配置管理

2.8.1 运行应用程序

1. 启动应用程序常用的方法

（1）通过“开始”菜单启动

单击“开始”按钮，选择要打开的程序。

（2）自动启动

若要在每次启动 Windows 7 时都启动一个程序，可找到每次启动 Windows 时所要启动程序的快捷方式，将其拖动到“程序”文件夹下的“启动”文件夹中即可。

（3）使用“运行”命令启动程序

选择“开始”|“运行”命令，在弹出的对话框中的“打开”文本框中输入所要打开项目的路径，或单击“浏览”按钮查找此项目。

2. MS-DOS 运行方式

MS-DOS 是 Microsoft 磁盘操作系统（Microsoft Disk Operating System）的首字母组合，它是一种在个人计算机上使用的命令行界面的操作系统。和其他操作系统一样，它将用户的键盘输入翻译为计算机能够执行的操作，监督诸如磁盘输入和输出、视频支持、键盘控制以及与程序执行和文件维护有关的一些内部功能等的操作，是早期比较流行的微机操作系统。

在 Windows 7 中，使用“命令提示符”窗口输入 MS-DOS 命令。操作步骤如下：选择

“开始”|“所有程序”|“附件”|“命令提示符”命令，打开“命令提示符”对话框，在提示符后输入命令，如先输入“cd \downloads”，按回车键，转到 C 盘的“downloads”子文件夹下（假定 mspaint.exe 文件放在 C 盘的“downloads”子文件夹下），然后按回车键，再输入“mspaint”并按回车键，这样就打开了“画图”软件，如图 2-22 所示。要结束 MS-DOS 会话，在命令提示符窗口中光标闪烁的地方输入“exit”即可。

图 2-22 “命令提示符”对话框

2.8.2 应用程序间数据的交换与共享

应用程序间的数据交换与共享可以通过“复制”“粘贴”进行，首先选择要复制的信息，执行“编辑”|“复制”命令，接着单击文档中希望信息出现的位置，执行“编辑”|“粘贴”命令完成复制，信息可以多次粘贴。

应用程序间数据的交换是通过“剪贴板”（clipbrd.exe）进行的，“剪贴板”是内存中的一个临时数据存储空间，用来在应用程序之间交换文本或图像信息。“剪贴板”上总是保留有最近一次用户存入的信息，用户通过菜单或工具按钮使用“剪贴板”时，系统会自动完成相关的工作，然而用户往往感觉不到它的存在。

可以将任何格式的数据保存到“剪贴板”上，以便在不同应用程序之间使用这些数据。

可以保存屏幕或当前窗口画面到“剪贴板”。如果只想复制活动窗口，按 Alt+Print Screen 组合键，若要复制显示在监视器上的整个屏幕，按 Print Screen 键，可将当前窗口或屏幕的画面保存到“剪贴板”中。如果想要保存某个界面，可以用上面的命令先将其保存到“剪贴板”中，然后直接粘贴到画图界面或应用文档中。

“剪贴板”上的信息会一直保存到被清除或有新的信息输入为止，关闭或重新启动计算机后，“剪贴板”上的信息则会被清除。

对象的链接与嵌入（Object Linking and Embedding，OLE）就是将在应用程序中创建的信息嵌入到另一个应用程序中创建的文档（例如，电子数据表或字处理文件），以达到在应用程序之间传输和共享信息的效果。

链接对象是已插入文档但仍存在于源文件中的对象。将信息与新文档链接后，如果原始文档中的信息出现变化，则新文档会自动进行更新；如果要编辑链接信息，则双击该信息，随后将出现原始程序的工具栏和菜单；如果原始文档就在本机上，则对链接信息所做的修改也对原始文档有效。

在文档间链接信息选择要链接到另一个文档的信息或对象，选择“编辑”|“复制”，然后选择文档中要放置该链接对象的位置，再选择“编辑”|“选择性粘贴”|“粘贴链接”|“确定”即可。

2.8.3 控制面板的使用

Windows 是图形界面的操作系统，在用户使用计算机的过程中，直接接触的是操作系统的界面，如菜单、任务栏、图标、窗口等，这些界面的风格可以由用户自己设置，Windows 7 提供了“控制面板”进行设置，可以完成对 Windows 7 系统环境的设置，如鼠标设置、键盘设置、显示设置、网络设置，硬件添加和删除等。

1. 添加/删除程序

如果不再使用某个程序，或者如果希望释放硬盘上的空间，则可以从计算机上卸载该程序。可以使用控制面板中的“程序和功能”卸载程序，或通过添加或删除某些选项来更改程序配置，具体操作过程参见《大学计算机实践教程》（江宝钏　叶苗群主编，电子工业出版社出版）。

安装了 Windows 后，为了保证系统高效率运行，应在系统上安装正确的系统设备。与系统服务一样，系统设备也是提供功能的操作系统模块，但系统设备是将硬件与其驱动程序紧密结合的通信模块或驱动程序。系统设备驱动程序是操作系统中软件组件的底层，它对计算机的操作起着不可替代的作用。尽管对于不同的系统设备，管理工具是不同的，但用户可以通过控制面板中的相应选项来管理所有的系统设备。

2. 安装和删除系统设备

在添加或删除符合即插即用标准的设备时，Windows 将会自动识别并完成配置工作。用户也可以人工安装、配置硬件设备，打开“控制面板”窗口，选择“硬件和声音”选项，在打开的对话框中选择“设备管理器”选项卡，在该选项卡中集成了包括硬件添加/删除向导、设备管理以及硬件配置文件等几乎所有与硬件管理有关的内容，用户可以很方便地在此进行系统设备的安装和删除。

2.8.4 注册表的工作原理及简单应用

Windows 将其配置信息存储在一个称为注册表的数据库中。注册表中包含了计算机中每个用户的配置文件、有关系统硬件的信息、安装的程序及属性设置等，Windows 在操作过程中不断地引用这些信息，可以使用注册表编辑器检查与修改注册表，但是，一般情况下不需要修改注册表，而是由 Windows 程序按照需要修改系统注册表，编辑注册表不当可能会严重损坏系统，所以更改注册表之前，至少应该备份计算机上所有有用的数据，而且慎用。

1. 使用注册表编辑器修改注册表

随着 Windows 一起提供的注册表编辑器是“regedit.exe”。注册表编辑器是用来查看和更改系统注册表设置的高级工具，注册表中包含了有关计算机如何运行的信息。注册表中的数据在系统启动、用户登录、应用程序启动这几个时间点上被读取，通常，安装或改变应用程序、设备驱动程序或更改系统设置，都会影响注册表。Windows 将它的配置信息存储在以树状格式组织的数据库（注册表）中。注册表与资源管理器中目录和文件的组织形式非常相似，其内部的信息也按照层叠式的结构来排列，由根键、项、子项、值项组成。

要打开“注册表编辑器”，可单击“开始”按钮，在最下面的显示“搜索程序和文件”中输入“regedit”，然后单击“确定”按钮，文件夹表示注册表中的项，并显示在注册表编辑器窗口左侧的定位区域中。在右侧的主题区域中，则显示项中的值项。双击值项时，将打开“编辑”对话框。注册表编辑器的定位区域显示文件夹，而每个文件夹即表示本地计算机上的一个预定义的项，具体说明参见表 2-9。

表 2-9　注册表编辑器项的说明

文件夹/预定义项	说　明
HKEY_CURRENT_USER	包含当前登录用户的配置信息的根目录，用户文件夹、屏幕颜色和“控制面板”设置存储在此处，该信息被称为用户配置文件
HKEY_USERS	包含计算机上所有用户的配置文件的根目录，HKEY_CURRENT_USER 是 HKEY_USERS 的子项
HKEY_LOCAL_MACHINE	包含针对该计算机（对于任何用户）的配置信息
HKEY_CLASSES_ROOT	是 HKEY_LOCAL_MACHINE\Software 的子项，此处存储的信息可以确保当使用 Windows 资源管理器打开文件时，将打开正确的程序
HKEY_CURRENT_CONFIG	包含本地计算机在系统启动时所用的硬件配置文件信息

【例 1】设置注册表以“禁止光盘的自动运行功能”。

大家都很清楚每当光盘放到计算机中时，Windows 就会执行自动运行命令，光盘中的应用程序就会被自动运行，而在实际工作中有时不需要这项功能，那么如何屏蔽该功能呢？此时，同样可以修改注册表使此功能失效，具体操作如下。

① 选择“开始”|“运行”，在打开的对话框中输入“regedit”，然后单击“确定”按钮，打开注册表编辑器，并在编辑器中依次展开以下键值：“HKEY_LOCAL_MACHINE\SYSTEM\CurrentControlSet\Services\Cdrom”。

② 选择编辑器右边的列表中的“AUTORUN”键值。

③ 双击“AUTORUN”按钮，编辑器就会弹出一个名为“编辑 DWORD 值”的对话框，在该对话框的文本栏中输入数值“0”，其中“0”代表“禁用光盘的自动运行功能”，“1”代表“启用光盘的自动运行功能”。

④ 设置好后，重新启动计算机就会使上述功能生效。

2. 注册表的备份与恢复

选择注册表编辑器的菜单“文件”|“导出”，在弹出的对话框中输入文件名“regedit”，将“保存类型”选为“注册文件”，再将“导出范围”设置为“全部”，接下来选择文件存储位置，最后单击“保存”按钮，就可将系统的注册表保存到硬盘上。

恢复注册表时，打开“注册表编辑器”窗口，选择菜单“文件”|“导入”，在导入的注册表文件对话框中选择我们先前保存的注册表文件即可。

2.8.5 系统的日常维护

1. 查看系统事件

事件是指用户在使用应用程序时需要通知用户的重要事例。事件还包括系统与安全方面的严重事例。每当用户启动 Windows 时，系统会自动记录事件，包括各种软硬件错误和 Windows 的安全性，用户可通过“事件日志”或“事件查看器”工具来查看事件，并可以使用各种文件格式保存日志，方法如下。

选择“开始”|“控制面板”在打开的对话框中单击“管理工具”，打开“管理工具”对话框，双击打开“事件查看器”窗口，通过该窗口可查看“应用程序日志”“安全日志”“系统日志”。

- 系统日志：包含各种系统组件记录的事件。
- 安全日志：包含有效与无效的登录尝试及与资源使用有关的事件，如删除文件和修改设置等。
- 应用程序日志：包含由应用程序记录的事件和应用程序的开发者决定监视的事件。

当用户首次打开日志文件时，事件查看器窗口会显示日志文件的当前信息，这些信息不能进行自动更新，要查看最新事件记录，可右击日志列表框，在弹出的快捷菜单中选择“刷新”。

2. 根据事件日志信息排除故障

如果用户经常查看事件日志，会有助于预测和识别应用程序或系统的错误根源。

用户利用日志排除故障时，应注意事件的 ID 号，这些数字标志与信息来源文件中的文本说明相匹配，用户可以根据该 ID 号理解系统发生了什么事件。如果用户怀疑硬件组件是系统故障的根源，可筛选系统日志，使其只显示该组件生成的事件。另外，用户也可以将日志以文档的形式保存，以备以后查阅。

3. 恢复系统故障

Windows 的系统诊断、恢复和修复功能比 Windows NT 大大增强，该系统提供了多种工具和方法。

① 使用 Windows 的“任务管理器”结束故障进程。当某个应用程序在运行过程中没有

反应或出现其他故障不能结束运行时，可以使用“任务管理器”结束该应用程序的运行。

② 使用“系统特性”指定 Windows 如何记录和响应严重错误。在桌面上选择“我的电脑”|“属性”，打开“系统属性”对话框。选择其中的“高级”选项卡，设置启动和故障恢复，打开对话框，按图中的选项进行设置。

③ 发生主分区错误之后，可创建和使用启动盘来启动计算机，对数据进行备份，然后采取其他措施对系统进行修复。

④ 使用 Windows 安装程序中的“修复”命令恢复毁坏或丢失的系统文件、引导扇区及配置信息。根据需要修复的内容，用户可能需要使用“紧急修复磁盘”，还可能使用“磁盘修复”实用程序更新系统信息或创建新的紧急修复磁盘。

4. Windows 任务管理

任务管理是 Windows 中系统管理的一个重要概念。任务管理器允许用户监视和控制计算机以及在计算机上运行的程序。启动任务管理器的方法如下。

① 在桌面上，右击“任务栏”的空白处，在弹出的快捷菜单中选择“任务管理器”，可打开任务管理器窗口。

② 按组合键 Ctrl＋Alt＋Del 可启动任务管理器。

在该窗口的工作区域有 3 个选项卡。

- “应用程序”选项卡：用来显示当前计算机上运行的程序状态，在该选项卡中可以结束、切换或启动程序。选中中间列表框中的某个任务，单击“结束任务”按钮，可以结束该应用程序的执行，该操作在某些应用程序出现死锁状态，显示“没响应”时，用来结束该应用程序特别有效。“切换至”按钮用于激活选中的执行程序为当前活动窗口。“新任务”按钮用于启动一个新的应用程序。
- “进程”选项卡：用来显示在计算机上运行的进程的信息，在该选项卡中可结束进程。
- “性能”选项卡：用来显示计算机的 CPU、内存的使用情况以及正在运行的项目。

习　题　二

一、选择题

1. Linux 操作系统是（　）。

A. 单用户单任务系统　　B. 单用户多任务系统

C. 多用户多任务系统　　D. 多用户单任务系统

2. 若将一个应用程序添加到（　）文件夹中，以后启动 Windows，即为自动启动该应用程序。

A. 控制面板　　B. 启动　　C. 文档　　D. “开始”程序

3. 在 Windows 7 中，将文件拖到回收站后，则（　）。

A. 复制该文件到回收站　　B. 删除该文件，且不能恢复

C. 删除该文件，但可以恢复　　D. 回收站自动删除该文件

4. “开始”菜单中的“文档”命令保留了最近使用过的文档，清空文档要通过（　）。

A. 资源管理器　　B. 控制面板

C. 任务栏和开始菜单属性窗　　D. 不能清空

5. 关于 Windows 快捷方式的说法，正确的描述是（　）。

A. 只有文件和文件夹对象可建立多个快捷方式

B. 一个目标对象可有多个快捷方式

C. 一个快捷方式可指向多个目标对象

D. 不允许为快捷方式再建立快捷方式

6. 在 Windows 7 环境中，整个显示屏幕称为（　）。

A. 窗口　　B. 桌面　　C. 图标　　D. 资源管理器

7. 在 Windows 7 的资源管理器中，刚查看了某 U 盘的目录，若在同一 USB 接口中换了一个 U 盘，想查看新的目录，可用（　）命令。

A. 刷新　　B. 更改　　C. 显示　　D. 重显示

8. Windows 7 中，同时按（　）三键一次，可以打开“任务管理器”，以关闭那些不需要的或没有响应的应用程序。

A. Ctrl+Shift+Del　　B. Alt+Shift+Del

C. Alt+Shift+Enter　　D. Ctrl+Alt+Del

9. Windows 7 操作系统是（　）。

A. 单用户单任务系统　　B. 单用户多任务系统

C. 多用户多任务系统　　D. 多用户单任务系统

10. 关于 Windows 7 中的任务栏，描述错误的是（　）。

A. 任务栏的位置、大小均可以改变

B. 任务栏无法隐藏

C. 任务栏中显示的是已打开文档或已运行程序的标题

D. 任务栏的尾端可添加图标

11. 在下拉菜单里的各个操作命令项中，有一类被选中执行时会弹出子菜单，这类命令项的特点是（　）。

A. 命令项的右面标有一个实心三角　　B. 命令项的右面标有省略号（…）

C. 命令项本身以浅灰色显示　　D. 命令项位于一条横线以上

12. Windows 7 的文件夹组织结构是一种（　）。

A. 表格结构　　B. 树形结构　　C. 网状结构　　D. 线性结构

13. 在 Windows 7 系统下，进入“命令提示符”状态后，想返回 Windows，要用（　）命令。

A. Alt+Q　　B. Exit　　C. Ctrl+Q　　D. Space

14. 在 Windows 7 环境中，把鼠标光标指向“标题栏”，然后“拖放”，则可以（　）。

A. 变动该窗口上边缘，从而改变窗口大小　　B. 移动该窗口

C. 放大该窗口　　D. 缩小该窗口

15. 在 Windows 7 环境中，用鼠标双击一个窗口左上角的“控制菜单”按钮，可以（　）。

A. 放大该窗口　　B. 关闭该窗口

C. 缩小该窗口　　D. 移动该窗口

16. 在 Windows 7 环境中，“回收站”是（　）。

A. 内存中的一块区域　　B. 硬盘上的一块区域

C. 软盘上的一块区域　　D. 高速缓存中的一块区域

17. “剪贴板”是（　）。

A. 一个应用程序　　B. 磁盘上的一个文件

C. 内存中的一块区域　　D. 一个专用文档

18. Windows 中的“任务栏”上存放的是（　）。

A. 系统正在运行的所有程序　　B. 系统中保存的所有程序

C. 系统前台运行的程序　　D. 系统后台运行的程序

19. 在 Windows 7 资源管理器中，要恢复误删除的文件，最简单的方法是单击（　）按钮。

A. 剪贴　　B. 复制　　C. 粘贴　　D. 撤销

20. 在“计算机”或“资源管理器”窗口中改变一个文件夹或文件的名称，可以采用的方法是，先选取该文件夹或文件，再用鼠标左键（　）。

A. 单击该文件夹或文件的名称　　B. 单击该文件夹或文件的图标

C. 双击该文件夹或文件的名称　　D. 双击该文件夹或文件的图标

21. 一个文件路径名为：C:\groupa\textl\tz.txt，其中 text 1 是一个（　）。

A. 文件夹　　B. 根文件夹　　C. 文件　　D. 文本文件

22. 用鼠标器来复制所选定的文件，除拖动鼠标外，一般还需同时按（　）键。

A. Ctrl　　B. Alt　　C. Tab　　D. Shift

23. Windows 7 可以使用长文件名保存文件，以下（　）字符不允许出现在长文件名中。

A. Space　　B. 、　　C. *　　D. %

24. 在菜单项中带括号的字母表示可按（　）键再加此字母可以快速选中。

A. Alt　　B. Ctrl　　C. Shift　　D. Esc

25. 可以用来在已安装的汉字输入法中进行切换选择的键盘操作是（　）。

A. Ctrl＋空格键　　B. Ctrl＋Shift　　C. Shift＋空格键　　D. Ctrl＋圆点

26. 在 Windows 7 中，如果要把整幅屏幕内容复制到剪贴板中，可按（　）键。

A. Print Screen　　B. Ctrl＋Print Screen

C. Shift＋Print Screen　　D. Alt＋Print Screen

27. 下列关于 Windows 的叙述，错误的是（　）。

A. 删除应用程序快捷图标时，会连同其所对应的程序文件一同删除

B. 设置文件夹属性时，可以将属性应用于其包含的所有文件和子文件夹

C. 删除目录时，可将此目录下的所有文件及子目录一同删除

D. 双击某类扩展名的文件，操作系统可启动相关的应用程序

28. 以下（ ）属于音频文件格式。

A. AVI 格式　　B. WAV 格式　　C. JPG 格式　　D. PDF 格式

29. 下列关于快捷方式的叙述，错误的是（ ）。

A. 快捷方式指的是快速启动程序或打开文件和文件夹的手段。

B. 右击要创建快捷方式的文件或文件夹，选择“发送到”|“桌面快捷方式”命令，可创建快捷方式。

C. 删除快捷方式，可删除其原对象。

D. 一般来说，快捷方式比原对象占用更小的空间。

30. 计算机中，文件是存储在（ ）。

A. 磁盘上的一组相关信息的集合

B. 存储介质上一组相关信息的集合

C. 打印机上的一组相关数据

D. 内存中的信息集合

31. Windows 7 中，文件的类型可以根据（ ）来识别。

A. 文件的大小　　B. 文件的用途

C. 文件的扩展名　　D. 文件的存放位置

32. 操作系统的主要功能包括（ ）。

A. 文件管理、设备管理、系统管理、存储管理

B. 处理器管理、设备管理、程序管理、存储管理

C. 文件管理、处理器管理、设备管理、存储管理

D. 运算器管理、存储管理、存储管理、处理器管理

33. 一般来说，进程有 3 种状态，不包括下面哪一种（ ）。

A.就绪　　B. 调度　　C. 执行　　D. 等待

34. 进程和程序的一个本质区别是（ ）。

A. 前者分时使用 CPU，后者独占 CPU

B. 前者存储在内存，后者存储在外存

C. 前者在一个文件中，后者在多个文件中

D. 前者为动态的，后者为静态的

35. 文件目录的主要作用是（ ）。

A. 按名存取　　B. 提高速度

C. 节省空间　　D. 提高外存利用率

36. 在计算机系统中，操作系统是（ ）。

A. 一般应用软件　　B. 核心系统软件

C. 用户应用软件　　D. 系统支撑软件。

37. （ ）不是引入进程的直接目的。

A. 多道程序同时在主存中运行

B. 主存中各程序之间存在着相互依赖、相互制约的关系

C. 程序的状态不断地发生变化

D. 程序需要从头至尾的执行

38. 下列有关进程和程序的主要区别，叙述错误的是（　）。

A. 进程是程序的执行过程，程序是代码的集合

B. 进程是动态的，程序是静态的

C. 进程可为多个程序服务，而程序不能为多个进程服务

D. 一个进程是一个独立的运行单位，一个程序段不能作为一个独立的运行单位

39. 计算机对数据的组织，必须按照一定的规则，基本规则就是（　）。

A. 把所有的数字转换为二进制数　　B. 把所有的数据按长度组织

C. 所有的数据按文件组织　　D. 所有的数据按存储器类型组织

40. 程序、进程和作业之间的关系非常密切，可以认为（　）是正确的。

A. 所有作业都是进程

B. 只要被提交给处理器等待运行的程序就成为了进程

C. 被运行的程序结束后再次成为程序的过程是进程

D. 只有程序成为作业并被运行时才成为进程

二、填空题

1. 在Windows的“画图”程序中，要选取前景色，选中颜色后用鼠标____键单击；选取背景色，选中颜色后用鼠标____键单击。

2. 要使文件或文件夹隐藏起来，首先在______或______选定文件或文件夹，然后在其菜单的“工具”中选择“文件夹”选项，再选择______的______。

3. 要定制“开始”菜单和“任务栏”，可以通过右击______，在弹出的快捷菜单中选择“属性”，或者选择“开始”菜单中的______，然后选择“任务栏和开始菜单”。

4. 要了解计算机的硬件配置情况或更新硬件驱动程序，可以通过选择控制面板中的“系统”，然后选择______。

5. 在桌面上建立某一个对象的快捷方式，可以右击桌面，然后选择快捷菜单中的______。

6. 操作系统的主要功能是______、______、______、______、______。

7. 进程的基本状态有______、______、______。

8. 在一般操作系统中，设备管理的主要功能包括______。

9. 软件系统又分______软件和______软件，操作系统是属于____________软件。

10. 程序并发是现代操作系统的最基本特征之一，为了更好地描述这一特征而引入了____________这一概念。

11. 当关闭电源时，“剪贴板”的内容____________。

12. 当关闭电源时，“回收站”的内容____________。

三、判断题

1. 在采用树形目录结构的文件系统中，各用户的文件名必须互不相同。（ ）
2. 要删除 Windows 应用程序，只需找到应用程序所安装的文件夹并将其删除。（ ）
3. 打印文件时，任务栏上“通知区”中会出现一个打印机图标。（ ）
4. 把某程序的图标拖到“启动”文件夹中，启动 Windows 时，该程序将自动运行。（ ）
5. 将回收站清空或在“回收站”窗口中删除文件，被删除的文件仍然能恢复。（ ）
6. Windows 对所有的文件和文件夹都可以实现更名操作。（ ）
7. 组成计算机指令的两部分是运算码和地址码。（ ）

四、简答题

1. 为什么说操作系统既是计算机硬件与其他软件的接口，又是用户和计算机的接口？
2. 绝对路径和相对路径有什么区别？
3. 在 Windows 7 中，运行应用程序有哪几种途径？
4. 快捷方式与文件本身有什么区别？如何建立某个程序的快捷方式？
5. 简述“计算机”窗口的组成。窗口有哪几种类型？“计算机”窗口属于哪一种？
6. 如何选定多个连续或不连续的文件（文件夹）？
7. 回收站的功能是什么？什么样的文件删除后不能恢复？
8. 如何查找“计算机”中文件名以 auto 开头的文件？
9. 简述文件夹与库的相同与不同之处。
10. 什么是即插即用设备？请简述即插即用的特点。
11. 如果某些应用程序不再响应，该如何处理？
12. 结束一个应用程序，有几种方法？
13. 简述“进程”与“程序”的区别。
14. 什么是进程、作业和程序？它们之间的状态是如何转换的？
15. 什么是设备驱动程序？如何更新设备驱动程序？
16. 目前计算机都有哪些常见的操作系统，它们各有什么特点？
17. BIOS 和 CMOS 是一回事吗？它们有什么特点？
18. 控制面板有哪些主要功能设置？

第 3 章　网络基础与 Internet 应用

计算机技术的发展让我们进入了以网络为中心的快速发展时代。计算机网络的应用改变着人们的生活、学习和工作方式。未来通信和网络的目标是实现 5W 通信，即任何人（Whoever）在任何时间（Whenever）、任何地点（Wherever）和任何人（Whoever）通过网络通信，传递任何东西（Whatever）。

本章主要介绍计算机网络的发展历史，计算机网络的类型、组成和网络的体系结构，简要介绍 Internet 的应用和服务、计算机连入 Internet 的方法、IP 地址和域名的知识，电子邮件的相关知识。

3.1　计算机网络概述

计算机网络是一群具有独立功能的计算机通过通信设备及传输媒体互连起来，在通信软件的支持下，实现计算机间资源共享、信息交换或协同工作的系统。网络中通常还包括一些外部设备，如存储设备、打印机等资源，主要用于共享。计算机网络涉及通信与计算机两个领域。一方面，通信网络为计算机之间的数据传送和交换提供了必要手段；另一方面，数字计算技术的发展渗透到通信技术中，又提高了通信网络的各种性能。

3.1.1　计算机网络的发展

从 20 世纪 50 年代初开始，计算机网络经历了从低级到高级，从简单到复杂的发展过程。概括来说，计算机网络的发展可分为 5 个阶段。

1. 计算机—终端

20 世纪 50 年代初，由于美国军方的需要，美国半自动地面防空系统进行了计算机技术与通信技术相结合的尝试。在这项研究的基础上，人们将地理位置分散的多个终端通信线路连接到一台中心计算机上，如图 3-1 所示。用户可以在自己的办公室内的终端输入程序，再通过通信线路将其传送到中心计算机，中心计算机将分时访问和使用其资源进行信息处理，处理结果再通过通信线路回送到用户终端显示或打印。人们把这种以单主机为中心的联机系统称为面向终端的远程联机系统，它是计算机通信网络的一种。

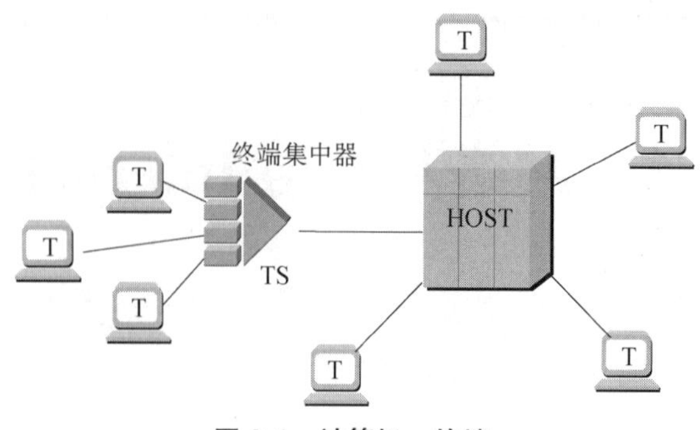

图 3-1 计算机—终端

2. 以通信子网为中心的计算机网络

将分布在不同地点的计算机通过通信线路互连构成了计算机网络，联网用户可以通过计算机使用本地计算机的软件、硬件与数据资源，也可以使用网络中的其他计算机软件、硬件与数据资源，以达到资源共享的目的，如图 3-2 所示。

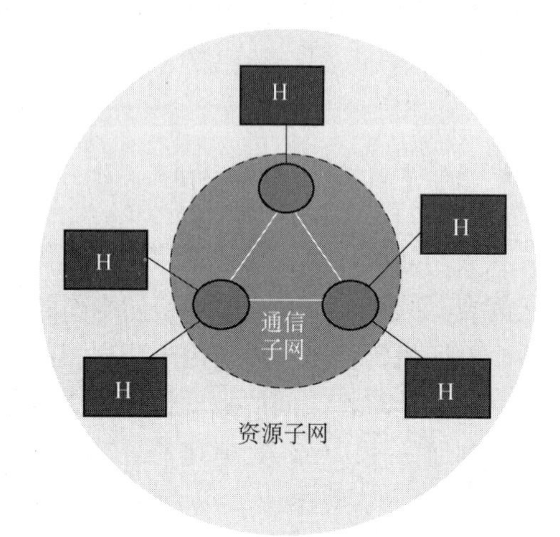

图 3-2 以通信子网为中心的计算机网络

计算机网络不再局限于单计算机网络，许多单计算机网络相互连接形成了有多个单主机系统相连接的计算机网络，这样连接起来的计算机网络体系有两个特点：

① 多个终端联机系统互连，形成了多主机互连网络。

② 网络结构体系由主机到终端变为主机到主机。

后来这样的计算机网络体系向两种形式演变，第一种就是把主机的通信任务从主机中分离出来，由专门的通信控制处理机来完成，它组成了一个单独的网络体系，称之为通信子网，而在通信子网基础上连接起来的计算机主机和终端则形成了资源子网，导致两层结构体系的出现。

这一阶段研究的典型代表是美国国防部高级研究计划局的 ARPAnet（通常称为 ARPA 网）。1969 年 ARPA 网只有 4 个节点。1973 年发展到 40 个节点，1983 年已经达到 100 多个节点，ARPA 网通过有线、无线与卫星通信线路，使网络覆盖了从美国本土到欧洲的广阔地域。可以说，ARPA 网是计算机网络技术发展的一个重要的里程碑。

在ARPA网的基础之上，20世纪七八十年代计算机网络发展十分迅速，出现了大量的计算机网络，一些大的计算机公司纷纷展开了计算机网络研究与产品开发工作，提出了各种网络体系结构与网络协议。

3. 网络体系结构标准化和局域网的发展

随着计算机网络技术的飞速发展以及计算机网络的逐渐普及，人们开始着手研究网络体系结构的标准化。在这样的背景下，国际标准化组织ISO专门研究网络体系结构与网络协议国际标准化问题。经过多年卓有成效的工作，ISO正式制定并颁布了"开放系统互连参考模型"OSI-RM（Open System Interconnection-Referance Model），成为研究和制定新一代计算机网络标准的基础。20世纪80年代，ISO与CCITT（国际电话电报咨询委员会）等组织为参考模型的各个层次制定了一系列的协议标准，组成了一个庞大的OSI基本协议集。

局域网是继远程网之后又一个网络研究与应用的热点，远程网技术与微机的广泛应用推动了局部网络技术研究的发展。在局域网领域中，采用Ethernet、TokenBus、TokenRing原理的局域网产品形成了三足鼎立之势，采用光纤传输介质的FDDI产品也在高速与主干环网应用方面起着重要的作用。在此基础上形成的网络结构化布线技术，使得Ethernet网在办公自动化环境中得到了更为广泛的应用。

4. 网络互连及信息高速公路阶段

这一阶段，各种网络进行互连，形成更大规模的互连网络。Internet为典型代表，其特点是互连、高速、智能与更为广泛的应用。20世纪90年代，美国提出信息高速公路计划——国家信息基础设施（NII）。

根据美国官方有关NII的一系列文件表明，NII旨在提供一个硬件、软件和技术的集成环境，使人们能够通过计算机和大量的信息资源服务方便而经济地彼此交往。NII是一个"由通信网络、计算机、电视、电话和卫星无缝地连接起来的网络。"这一无缝网络将彻底地改变美国人的"生活、学习、工作和与国内外进行通信的方式"，"满足美国公民对信息的需要"。

5. 下一代互联网（Internet 2）

下一代互联网是一个建立在IP技术基础上的新型公共网络，能够容纳各种形式的信息，在统一的管理平台下，实现音频、视频、数据信号的传输和管理，提供各种宽带应用和传统电信业务，是一个真正实现宽带窄带一体化、有线无线一体化、有源无源一体化、传输接入一体化的综合业务网络。

与现在使用的互联网相比，下一代互联网将有以下不同。

- 更大。下一代互联网将逐渐放弃IPv4，启用IPv6地址协议，IP地址从2^{32}增加到2^{128}，现有的IPv4地址将迅速耗尽，世界互联网发展将受到严重限制。
- 更快。在下一代互联网，高速强调的是端到端的绝对速度，至少为100Mbps。
- 更安全。目前的计算机网络因为种种原因，在体系设计上有一些不够完善的地方，下一代互联网将在建设之初就从体系设计上充分考虑安全问题，使网络安全的可控性、可管理性大大增强。

基于以上特点，未来的互联网将更方便、更及时，真正的数字化生活即将来临，人们随时随地可以用任何一种方式高速上网，任何东西都可能会成为网络化生活的一部分。

在互联网快速发展的同时，人们又提出了物联网的概念。

物联网（Internet of Things，IOT），也称为 Web of Things，被视为互联网的应用扩展，应用创新是物联网发展的核心。物联网是指通过各种信息传感设备，如传感器、射频识别（RFID）技术、全球定位系统、红外感应器、激光扫描器、气体感应器等各种装置与技术，实时对需要监控、连接、互动的物体或过程，采集其声、光、热、电、力学、化学、生物、位置等各种需要的信息，与互联网结合形成的一个巨大网络。其目的是实现物与物、物与人，所有的物品与网络的连接，方便识别、管理和控制。

物联网用途广泛，遍及智能交通、环境保护、政府工作、公共安全、平安家居、智能消防、工业监测、环境监测、健康护理、农业栽培、水系监测、食品溯源、敌情侦查和情报搜集等多个领域。

3.1.2 计算机网络的定义及功能

1. 计算机网络的定义

计算机网络是指一些互相连接的、自治的计算机的集合。这里的“相互连接”意味着连接的两台或两台以上的计算机能够互相交换信息，达到资源共享的目的。而“自治”是指每台计算机的工作是独立的，任何一台计算机都不能干预其他计算机的工作，任意两台计算机之间没有主从关系。

从定义可以看出，计算机网络涉及 3 个方面的问题。

① 两台或两台以上的计算机相互连接起来才能构成网络，达到资源共享的目的。这就为网络提出了一个服务的问题，即肯定有一方请求服务和另一方提供服务。

② 两台或两台以上的计算机连接，互相通信交换信息，需要有一条通道。这条通道的连接是物理的，即必须有传输媒体。

③ 计算机之间交换信息需要有某些约定和规则，即通信协议。每一厂商生产的网络产品都有自己的许多协议，从网络互连的角度出发，这些协议需要遵循相应的国际标准。

2. 计算机网络的功能

计算机网络的功能主要体现在以下 4 个方面。

（1）数据通信

数据通信是计算机网络的基本功能之一，用以实现计算机与终端或计算机与计算机之间传送各种信息，将地理位置分散的生产单位或业务部门通过计算机网络连接起来进行集中的控制和管理。

（2）共享资源

用户可以共享网络中各种硬件和软件资源，使网络中各地区的资源互通有无、分工协作，从而提高系统资源的利用率。利用计算机网络可以共享主机设备，共享外部设备，共享软件、数据等信息资源。

（3）实现分布式的信息处理

在计算机网络中，可在获得数据和需进行数据处理的地方分别设置计算机。对于较大的综合性问题可以通过一定的算法，把数据处理的任务交给不同的计算机，以达到均衡使用网络资源、实现分布处理的目的。此外，可以利用网络技术，将多台微型计算机连成具有高性能的计算机网络系统，处理和解决复杂的问题。

（4）提高计算机系统的可靠性和可用性

网络中的计算机可以互为备份，一旦其中一台计算机出现故障，其任务则可以由网络中其他计算机取代。当网络中某些计算机负荷过重时，网络可将新任务分配给负荷较轻的计算机完成，从而提高每一台计算机的利用率。

3.1.3 计算机网络的分类

计算机网络的种类繁多，根据不同的分类原则，可以划分出不同的网络类型。按地理范围可分为局域网、城域网、广域网；按网络的拓扑结构可分为总线结构、星形结构、环形结构、树形结构和网状结构等。

1. 按地理范围分类

（1）局域网

所谓局域网（Local Area Network，LAN），是指在局部地区范围内将计算机、外设和通信设备互连在一起的网络系统，常见于一幢大楼、一个工厂或一个企业内。它所覆盖的地区范围较小，但却是最常见、应用最广的一种网络。局域网在计算机数量配置上没有太多的限制，少的可以只有两台，多的可达上千台。网络所涉及的距离一般来说可以是几米至十几千米。

局域网的主要特点是：连接范围窄、用户数少、配置容易、连接速率高、误码率较低。

IEEE 的 802 标准委员会定义了多种主要的局域网：以太网（Ethernet）、令牌环网（TokenRing）、光纤分布式接口网络（FDDI）以及无线局域网（WLAN）。后来 IEEE 在此基础上制定了 IEEE802.3 标准，其传输速率从 10Mbps 到 10Gbps 不等。目前用得最多的是局域网，因为它距离短、速度快，无论在企业中还是在家庭中都比较容易实现。

（2）城域网

城域网（Metropolitan Area Network，MAN），一般来说是将一个城市范围内的计算机互连，这种网络的连接距离可以在 10～100 公里。MAN 与 LAN 相比，扩展的距离更长、连接的计算机数量更多，在地理范围上可以说是 LAN 的延伸。在一个大型城市或都市地区，一个 MAN 通常连接着多个 LAN。

（3）广域网

广域网（Wide Area Network，WAN）也称为远程网，其所覆盖的范围比城域网更广，它一般是在不同城市和不同国家的 LAN 或者 MAN 之间互连，地理范围可从几百千米到几千千米。因为距离较远，信息衰减比较严重，目前多采用光纤线路，通过 IMP（接口信息处理）协议和线路连接起来，构成网状结构，解决路径问题。不同的局域网、城域网和广域网可以根据需要互相连接，形成规模更大的网际网，如 Internet。

2. 按网络拓扑结构分类

网络的拓扑结构是指抛开网络物理连接来讨论网络系统的连接形式，网络中各站点相互连接的方法和形式称为网络拓扑。拓扑图表现出了网络服务器、工作站的网络配置和相互间的连接，它的结构主要有总线结构、星形结构、环形结构、树形结构和网状结构等。

（1）总线结构

总线结构将所有的入网计算机均接入到一条通信传输线上，为防止信号反射，一般在总线两端连有匹配线路阻抗的终结器，如图 3-3 所示。

总线结构同一时刻只能有两个网络节点可以相互通信，且网络延伸距离有限、网络容纳节点数有限。在总线上只要有一个节点连接出现问题，会影响整个网络的正常运行。

（2）星形结构

星形结构是以一个节点为中心的处理系统，各种类型的入网设备均与该中心处理机有物理链路直接相连，节点间不能直接通信，如要通信，则需要通过该中心处理机转发，如图 3-4 所示。

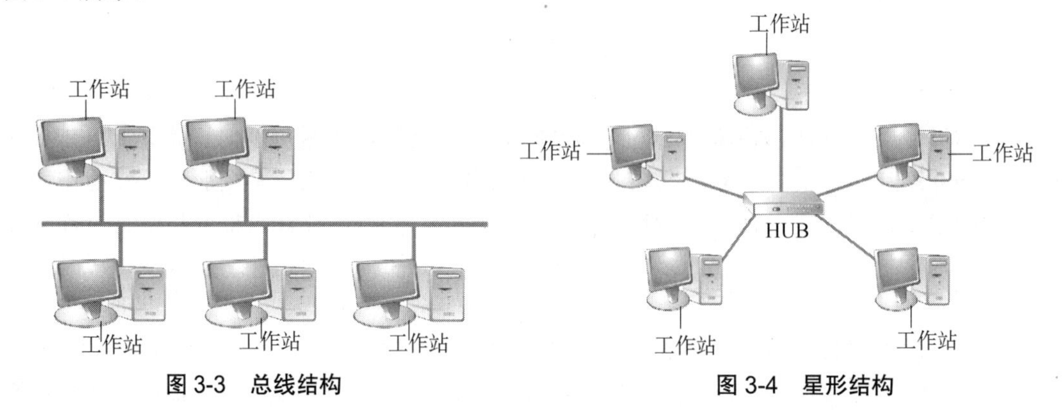

图 3-3　总线结构　　图 3-4　星形结构

星形结构控制介质访问的方法简单，所以访问协议也十分简单。同时，单个站点的故障只影响一个站点，不会影响全网，因此容易检测和隔离故障，重新配置网络也十分方便。

（3）环形结构

环形结构将连网的计算机由通信线路连接成一个闭合的环。在环形结构的网络中，信息按固定方向流动，通常通过令牌控制由谁发送信息，如图 3-5 所示。

环形结构传输控制机制较为简单，实时性强。但是环形结构可靠性较差，网络扩充也使操作步骤比较复杂。

（4）树形结构

树形结构是星形结构的一种变形，它将单独链路中直接连接的节点通过多级处理主机进行分级连接，如图 3-6 所示。

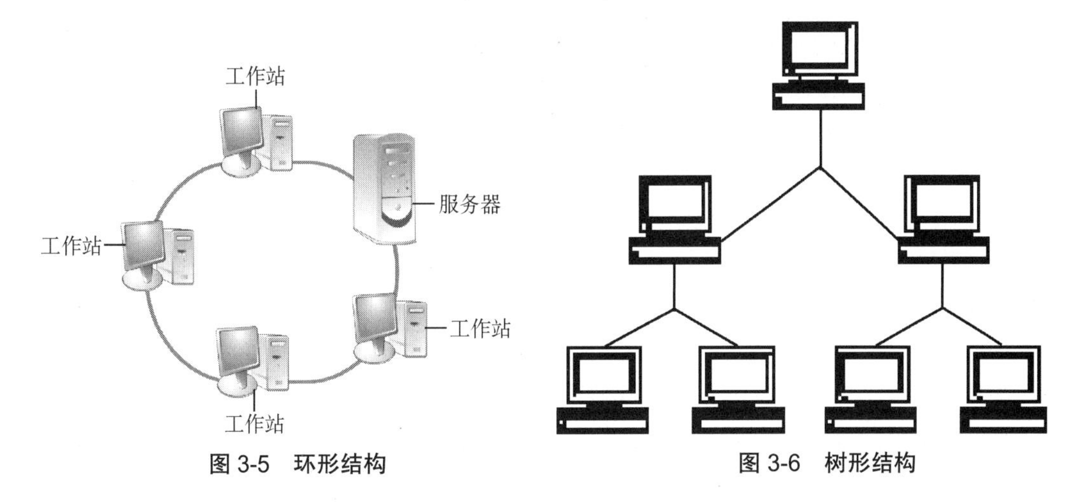

图 3-5　环形结构　　　　图 3-6　树形结构

树形结构与星形结构相比降低了通信线路的成本。

树形结构增加了网络复杂性，网络中除最低层节点及其连线外，任一节点或连线的故障均会影响其所在支路网络的正常工作。

（5）网状结构

在网状结构中，网络的每台设备之间均有点到点的链路连接，如图 3-7 所示。

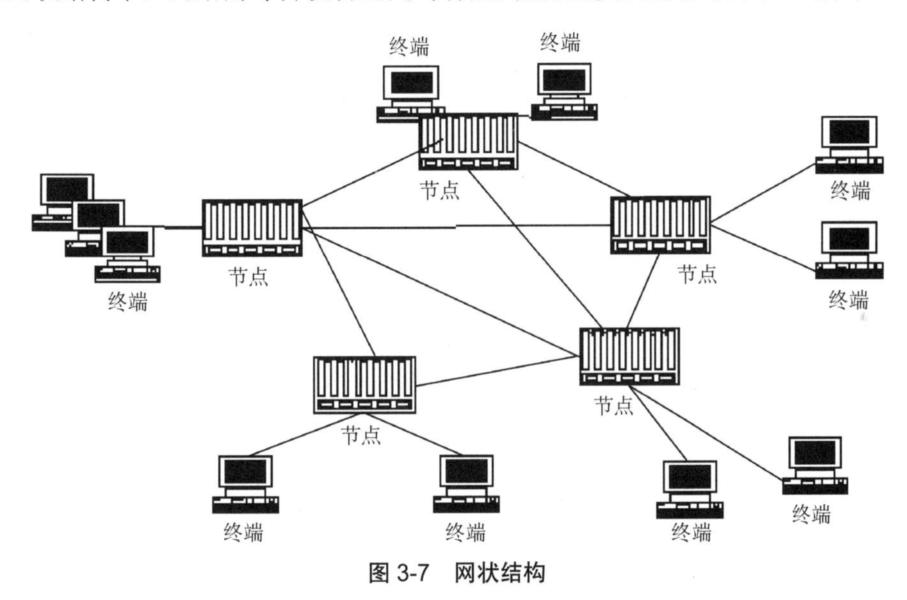

图 3-7　网状结构

网状结构中的节点之间路径多，可以减少碰撞和阻塞，且局部的故障不会影响整个网络的正常工作，因此可靠性高，网络扩充和主机入网比较灵活。在广域网中一般用网状结构。网状结构网络相对复杂，不易建网，网络控制机制比较复杂。

3. 无线网

无线网，是相对于目前普遍使用的有线网络而言的一种全新的网络组建方式。无线网在一定程度上摆脱了有线网络必须依赖的网线。人们可以在办公室或家里的任何一个角落上网，而不像以前受制于网络接口的布线位置。

通常用于无线网络的设备包括便携式计算机、台式计算机、手持计算机、个人数字助理（PDA）、移动电话。无线技术用于多种实际用途，例如，手机用户可以使用移动电话查看电子邮件、上 QQ 聊天等。使用便携式计算机的旅客可以通过安装在机场、火车站和其他公共场所的基站连接到 Internet。在家中，用户可以连接桌面设备来同步数据和发送文件。

目前主流应用的无线网分为 GPRS 手机无线网和无线局域网两种方式。GPRS 手机无线网络是目前真正意义上的一种无线网络，它是一种借助移动电话网络接入 Internet 的无线上网方式，因此只要所在城市开通了 GPRS 上网业务，在任何一个角落都可以通过笔记本电脑来上网。

无线局域网又分无线个人网、无线区域网和无线城域网。

（1）无线个人网（WPAN），是在小范围内相互连接数个装置所形成的无线网络，通常是个人可及的范围内。例如，蓝牙连接耳机及膝上电脑，ZigBee 也提供了无线个人网的应用平台。ZigBee 技术是一种近距离、低复杂度、低功耗、低速率、低成本的双向无线通信技术，主要用于距离短、功耗低且传输速率不高的各种电子设备之间进行数据传输以及典型的有周期性数据、间歇性数据和低反应时间数据传输的应用。

（2）无线区域网，如家庭无线 LAN 和企业的无线 LAN，在家庭无线局域网中最常用的设置方法是，一台兼具防火墙、路由器、交换机和无线接入点功能的无线宽带路由器，可以保护家庭网络远离外界的入侵。允许共享一个 ISP（Internet 服务提供商）的单一 IP 地址，可为 4 台计算机提供有线以太网服务，但是也可以和另一个以太网交换机进行扩展，使得多个无线计算机作为一个无线接入点共享上网。通常无线宽带路由器基本模块提供 2.4GHz/5.0Ghz 操作的 Wi-Fi（Wireless Fidelity）技术，Wi-Fi 是由一个名为“无线以太网相容联盟”（Wireless Ethernet Compatibility Alliance）的组织所发布的业界术语，是一种短程无线传输技术，能够在数百米范围内支持互联网接入的无线电信号。

（3）无线城域网，是连接数个无线局域网的无线网络型式。无线城域网（Wireless MAN，WMAN）是以无线方式构成的城域网，提供面向互联网的高速连接。无线城域网的推出是为了满足日益增长的宽带无线接入市场需求。无线城域网一般是通过 Wi-Fi 布网来实现的，可以使用无线网卡来搜索无线信号来实现上网，在热点地区速度最高可以达到 54Mbps 以上。

3.1.4 计算机网络协议和体系结构

1. 协议的组成要素

网络协议是网络上所有设备（网络服务器、计算机及交换机、路由器、防火墙等）之间通信规则的集合，它规定了通信时信息必须采用的格式和这些格式的意义，不同的计算机之间必须使用相同的网络协议才能进行通信。

协议是指通信双方必须遵循的控制信息交换的规则集合，其作用是控制并指导通信双方的对话过程，发现对话过程中的差错并确定处理策略。一般来说，协议由语法、语义、定时规则3个要素组成。

语法用于确定通信时采用的数据格式、编码、信号电平及应答方式等；语义用于确定通信双方之间"讲什么"，即由通信过程的说明构成，对发布请求、执行动作及返回应答予以解释，并确定用于协调和差错处理的控制信息；定时规则用于确定事件的顺序以及速度匹配。

大多数网络都采用分层的体系结构，每一层都建立在它的下层之上，向它的上一层提供一定的服务，而把如何实现这一服务的细节对上一层加以屏蔽。一台设备上的第 *n* 层与另一台设备上的第 *n* 层进行通信的规则就是第 *n* 层协议。在网络的各层中存在着许多协议，接收方和发送方同层的协议必须一致，否则一方将无法识别另一方发出的信息。网络协议使网络上各种设备能够相互交换信息。

常用的协议有：TCP/IP 协议、NetBEUI 协议、IPX/SPX 协议。

2. 常用协议介绍

（1）TCP/IP

传输控制协议和网际互连协议（Transmission Control Protocol/Internet Protocol，TCP/IP）是 Internet 采用的协议标准，也是目前在全世界范围内采用的最广泛的工业标准。通常所说的 TCP/IP 是指 Internet 协议簇，它包括很多种协议，如电子邮件、远程登录、文件传输等。TCP 和 IP 是保证数据完整传输的两个最基本的重要协议，因此，通常用 TCP/IP 来代表整个 Internet 协议系列。

（2）NetBEUI 协议

网络基本输入/输出系统扩展用户接口（Net BIOS Extended User Interface，NetBEUI）是为面向几台到百余台计算机的工作组而设计的，支持小型局域网络的协议。它的优点是效率高、速度快、内存开销少并易于实现，被广泛用于由 Windows 组成的网络中。

（3）IPX/SPX 网络通信协议

网际包交换/顺序包交换（IPX/SPX）网络通信协议，是由 Novell 公司开发的一组通信协议集，该网络通信协议具有非常强大的路由功能，是为多网段大型网络而设计的。当用户端接入 NetWare 服务器时，需使用 IPX/SPX 及其兼容协议，但在非 Novell 网络的环境中，一般不直接使用 IPX/SPX 网络通信协议。

3. OSI 参考模型

OSI 是国际化标准组织（ISO）在网络通信方面所定义的开放系统互连模型。有了这个开放的模型，各网络设备厂商就可以遵照共同的标准来开发网络产品，彼此实现兼容。

整个 OSI 参考模型共分 7 层，从下往上分别是：物理层、数据链路层、网络层、传输层、会话层、表示层和应用层，如图 3-8 所示。当接收数据时，数据是自下而上传输的；当发送数据时，数据是自上而下传输的。

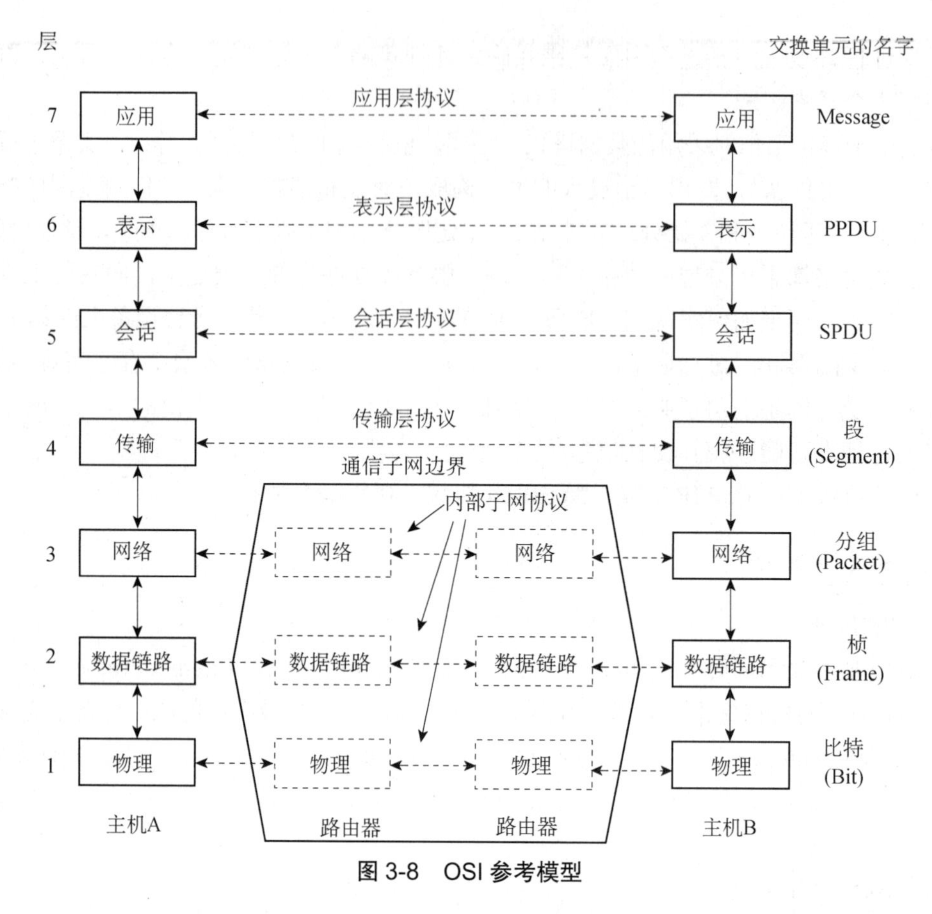

图 3-8　OSI 参考模型

OSI 只是一个参考模型，它只做了一些原则性的说明，而不是一个具体的网络协议。尽管一些具体的网络产品或协议都能在 OSI 模型中找到对应关系，但并不完全相同。

（1）物理层

这是整个 OSI 参考模型的最低层，其任务是提供网络的物理连接，利用物理传输介质为数据链路层提供位流传输。该层的主要任务是在通信线路上传输数据比特的电信号。物理层协议主要规定了计算机或终端和通信设备之间的接口标准，包含接口的机械、电气、功能和规程 4 个方面的特性。

（2）数据链路层

数据链路层的功能是实现无差错的传输服务。

物理层提供了传输能力，但信号不可避免地会出现畸变和受到干扰，造成传输错误。数据链路层的主要功能有建立和拆除数据链路；将信息按一定格式组装成帧，以便无差错地进行传送。此外，还具有处理应答、差错控制、顺序和流量控制等功能。

（3）网络层

网络层属于 OSI 的中间层次，从它的名字可以看出，它解决的是网络与网络之间的问题，即网际的通信问题。网络层的主要功能是提供路由，即选择到达目标主机的最佳路径，并沿该路径传送数据包。此外，网络层还能够消除网络拥挤，具有流量控制和拥挤控制的能力。网络层传送的基本单位是分组（或包），IP 就是网络层的协议。

（4）传输层

传输层解决的是数据在网络之间的传输质量问题，用于提高网络层的服务质量，如消除通信过程中产生的错误，提供可靠的端到端的数据传输。传输层传送的基本单位是报文。

（5）会话层

用户或进程间的一次连接称为一次会话，如一个用户通过网络登录到一台主机，或一个正在用于传输文件的连接等都是会话。会话层利用传输层来提供会话服务，负责提供建立、维护和拆除两个进程间的会话连接，当连接建立后，管理何时哪方进行操作，对双方的会话活动进行管理。

（6）表示层

表示层负责管理数据的编码方法，并对数据进行加密和解密、压缩和恢复。并不是每台计算机都使用相同的数据编码方案，表示层提供不兼容数据编码格式之间的转换。

（7）应用层

这是 OSI 参考模型的最高层，它负责网络中应用程序与网络操作系统之间的联系，并为用户提供各种服务，如电子邮件和文件传输等。

4. Internet 的分层结构

Internet 采用基于开放系统的网络参考模型 TCP/IP 模型，TCP/IP 模型与 OSI 参考模型不同，它有 4 层：应用层、传输层、网络互连层和网络接口层。TCP/IP 模型与 OSI 模型的对应关系如图 3-9 所示。

OSI 参考模型	TCP/IP 模型	常用协议对照
应用层	应用层	Telnet、FTP、HTTP、SMTP
表示层		
会话层		
传输层	传输层	TCP、UDP
网络层	网络互连层	IP、ICMP、RIP、OSPF、BGP
数据链路层	网络接口层	SLIP、CSLIP、PPP、ARP、RARP
物理层		

图 3-9　TCP/IP 模型与 OSI 模型的对应关系

（1）网络接口层

该层在 TCP/IP 参考模型中没有具体定义，其作用是传输经网络互连层处理过的信息，并提供主机与实际网络的接口，而具体的接口关系则由实际网络的类型所决定。这些网络可以是广域网、局域网或点对点连接，这样也正体现了 TCP/IP 的灵活性与网络的物理特性无关。

（2）网络互连层

该层定义了 IP 协议的分组格式和传送过程，作用是把 IP 分组从源端送到目的端，协议采用非连接传输方式，不保证 IP 报文按顺序到达，主要负责解决路由选择、跨网络传送等问题。

（3）传输层

该层定义了 TCP 协议，TCP 建立在 IP 之上（这正是 TCP/IP 的由来）。协议提供了 IP 数据包的传输确认、丢失数据包的重新请求、将收到的数据包按照它们的发送次序重新装配的机制。

该层还定义了另一个传输协议，即用户数据包协议（UDP），它是一种非连接、高效服务的协议。

（4）应用层

应用层是 TCP/IP 系统的终端用户接口，是专门为用户提供应用服务的，如利用文件传输协议（FTP）请求传输一个文件到目标计算机。在传输文件的过程中，用户和远程计算机交换的一部分是能被看到的。常见的应用层协议有：HTTP、FTP、Telnet、SMTP、Gopher 等。

3.2 计算机网络的组成

计算机网络系统由硬件、软件和协议 3 部分内容组成。硬件包括网络中的计算机设备、连接设备（包括网络中的接口设备和网络中的互连设备）和传输介质 3 大部分；软件包括网络操作系统和应用软件；协议包括各种网络体系结构、网络中的各种协议等。

3.2.1 计算机网络硬件组成

计算机网络硬件的组成按在网络中的功能不同可以分为以下 4 类，每类中又含有不同的设备。

1. 网络中的计算机设备

（1）服务器

服务器是分散在计算机网络中的不同地点并担负一定的数据处理任务和提供资源的计算机，它是网络运行、管理和提供服务的中枢，直接影响着网络的整体性能。

（2）工作站

在网络系统中，被连接在网络中的只向服务器提出请求或共享网络资源，不为其他计算机提供服务的计算机称为工作站。工作站要参与网络活动，必须先与网络服务器连接，并且进行登录，按照被授予的一定权限访问服务器。工作站之间可以进行通信，可以共享网络的资源，并且当它退出网络时仍保持原有计算机的功能，作为独立的个人计算机为用户服务。

2. 网络中的接口设备

图 3-10 网卡

（1）网络接口卡

网络接口卡（Network Interface Card，NIC）俗称网卡，如图 3-10 所示，是安装在计算机上的适配器，提供对网络的连接点。网卡作为计算机与传输介质进行数据交互的中间部件，通常插入到计算机总线插槽内或某个外部接口的扩展卡上，进行编码转换和收发信息。网络接口卡是在和开放式系统互连协议相应的物理层进行操作的，并向相应的电缆提供一个连接点，如同轴电缆、双绞线电缆和光缆。机械规范用于定义电缆的物理连接方，电气规范用于定义在电缆上传输位流的方式和提供数据穿越网络的定时控制信号。

（2）调制解调器

调制解调器能把计算机的数字信号转换成可在普通电话线上传送的脉冲信号，而这些脉冲信号又可被线路另一端的另一个调制解调器所接收，并转换成计算机可懂的语言。这一简单过程完成了两台计算机间的通信。把数字信号转化成可以在电话线上传输的模拟信号的一端称为调制器，把模拟信号转换成可以由计算机识别的数字信号的一端称为解调器。

随着Internet的迅速发展，现在国内很多地区都已经开通了宽带，宽带调制解调器分为内置ADSL Modem和外置ADSL Modem，如图3-11所示。

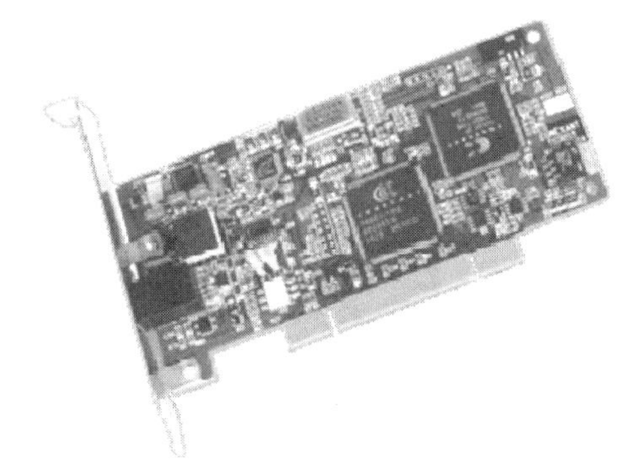

图3-11 宽带调制解调器

3. 网络中的传输介质

（1）双绞线

双绞线分为非屏蔽双绞线和屏蔽双绞线，如图3-12所示。

(a) 屏蔽双绞线

(b) 非屏蔽双绞线

图3-12 双绞线

双绞线制作标准有T568A和T568B两种，并对线序排列有明确规定。

（2）同轴电缆

同轴电缆分为基带和宽带两种，基带同轴电缆又分为粗同轴电缆和细同轴电缆两种。对于基带同轴电缆，一条电缆只用于一个信道，阻抗为50Ω，用于数字传输；对于宽带同轴电缆，一条电缆可同时传输不同频率的几路模拟信号，阻抗为 75 Ω，用于模拟传输。

（3）光缆

光缆依靠光波承载信息，其传送速度快、通信容量大、传输损耗小、抗干扰性能好、保密性好，适合长距离传输，如图 3-13 所示。光缆又分为单模光纤和多模光纤。

（4）微波及卫星通信

微波及卫星通信使用微波作为传输介质，使用转发器进行信号的接收和转发，如图 3-14 所示。

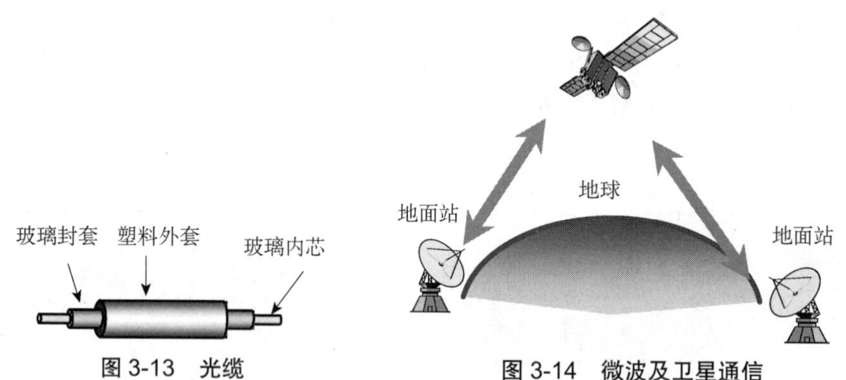

图 3-13　光缆　　图 3-14　微波及卫星通信

针对双绞线、同轴电缆和光纤的传输容量、信号衰减、抗干扰能力、安装难度、价格方面列表做一个比较，如表 3-1 所示。

表 3-1　各种传输介质比较

	双绞线		同轴电缆		光纤
	非屏蔽双绞线	屏蔽双绞线	粗同轴电缆	细同轴电缆	
传输容量	三类线适合传输语音信号和速率不超过 10Mbps 的数字信号，五类线适合传输速率为 100Mbps 的数字信号	有较高的传输速率，传输数据时速率不超过 155Mbps	适合传输速率 10Mbps 的数字信号，但具有比双绞线更高的传输带宽	适合传输速率 10Mbps 的数字信号，但具有比双绞线更高的传输带宽	支持极高的传输带宽，以目前技术可以在光纤上以 100Mbps 以上的速率进行数据传输
信号衰减	严重，传输数据时限定 100m 范围内	严重，传输数据时限定在 100m 范围内	严重，传输数据时限定在 100m 范围内	严重，传输数据时限定在 100 米范围内	极低，传输距离可达 20km 以上
抗干扰能力	易受电磁干扰和被窃听	优于非屏蔽双绞线，但易受电磁干扰和被窃听	抗电磁干扰好	抗电磁干扰好	不受外界的电磁干扰，适应比较恶劣的环境
安装难度	容易安装和管理，需使用 RJ-45 连接器件。	较非屏蔽双绞线困难，需要使用特殊的连接器件及相关的屏蔽安装技术	不容易安装和管理，需使用 AUI 连接器件及收发器件，线缆两端需要使用终结器并要有良好接地。	容易安装和管理，需使用 BNC 连接器件，线两端需要使用终结器件并要有良好接地	比较复杂和精细，需使用光纤连接器件和光电转换器件
价格	相对便宜	较非屏蔽双绞线贵，但相对于其他线要便宜	相对便宜	相对便宜	昂贵，安装费用远高于材料费用

4. 网络中的互连设备

（1）中继器

中继器（Repeater）是在局域网环境下用来延长网络距离的最简单、最廉价的互连设备，工作在 OSI 的物理层，其作用是对传输介质中传输的信号接收后经过放大和整形再发送到其传输介质中，经过中继器连接的两段电缆上的工作站就像是在一条加长的电缆上工作一样，中继器只能连接相同数据传输速率的 LAN。

（2）集线器

集线器（Hub）可以说是一种特殊的中继器，如图 3-15 所示。集线器能够提供多端口服务，每个端口连接一条传输介质，也称为多端口中继器。集线器将多个节点汇接到一起，起到中枢或多路交汇点的作用，是为优化网络布线结构、简化网络管理而设计的。

（3）交换机

交换机也是目前使用较广泛的网络设备之一，同样用来组建星形拓扑网络。从外观上看，交换机与集线器几乎一样，其端口与连接方式和集线器也是一样的，如图 3-16 所示。但是，由于交换机采用了交换技术，其性能大大优于集线器。

图 3-15 集线器

图 3-16 交换机的例子——工作组交换机

在交换式以太网中，交换机供给每个用户专用的信息通道，除非两个源端口企图将信息同时发往同一目的端口，否则各个源端口与各自的目的端口之间可同时进行通信而不发生冲突，并且由于采用交换技术，使其可以并行通信而不像集线器那样平均分配带宽。如一台 100M 交换机的每端口都是 100M，互连的每台计算机均以 100Mbps 的速率通信，这使交换机能够提供更佳的通信性能。

按交换机所支持的速率和技术类型，交换机可分为以太网交换机、千兆位以太网交换机、ATM 交换机、FDDI 交换机等。

按交换机的应用场合，交换机可分为工作组级交换机、部门级交换机和企业级交换机 3 种类型。

（4）路由器

路由器（Router）是在网络层中提供多个独立的子网间连接服务的一种存储/转发设备，工作在 OSI 的网络层，它可以连接数据链路层和物理层协议完全不同的网络。路由器提供的服务比网桥更为完善。路由器可根据传输费用、转接时延、网络拥塞或信源和终点间的距离来选择最佳路径。在实际应用时，路由器通常作为局域网与广域网连接的设备。路由器在使用前必须进行相应的配置，才能正常工作，如图 3-17 所示。

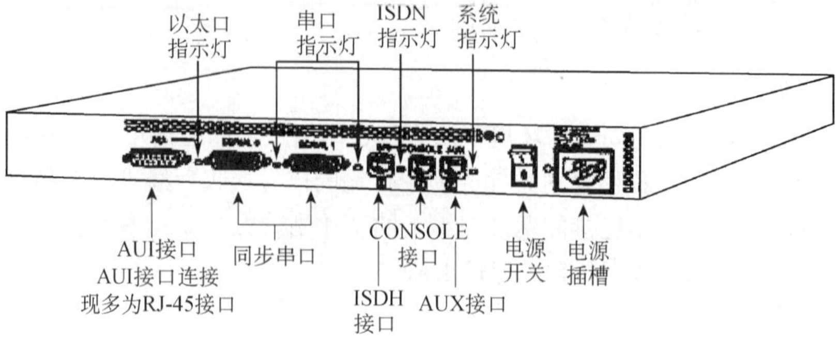

以太口指示灯 串口指示灯 ISDN指示灯 系统指示灯
AUI接口 AUI接口连接现多为RJ-45接口 同步串口 CONSOLE接口 ISDH接口 AUX接口 电源开关 电源插槽

图 3-17 路由器

（5）网关

网关（Gateway）在互连网络中起到高层协议转换的作用。如在 Internet 上用简单邮件传输协议（SMTP）进行传输电子邮件时，如果将其与微软的 Exchange 进行互通，需要电子邮件网关；Oracle 数据库的数据与 Sybase 数据库的数据进行交换时需要数据库网关。

3.2.2 局域网组网

局域网属于计算机网络中的一种，在计算机网络发展过程中，局域网技术占据非常重要的地位。目前局域网带宽已经达到千兆，局域网主干带宽已经达到万兆。

1. 局域网的种类

一个局域网是属于什么类型要看其采用什么样的分类方法。由于存在着多种分类方法，因此一个局域网可能属于多种类型。对局域网进行分类经常采用以下方法：按媒体访问控制方式、按网络工作方式、按拓扑结构分类、按传输介质分类等。

（1）按媒体访问控制方式分类

目前，在局域网中常用的媒体访问控制方式有：以太（Ethernet）方法、令牌环方法（Token Ring）、FDDI 方法、异步传输模式（ATM）方法等，因此可以把局域网分为以太网（Ethernet）、令牌环网（Token Ring）、FDDI 网、ATM 网等。

- 以太网采用了总线竞争法的基本原理，结构简单，是局域网中使用最多的一种网络。
- 令牌环网采用了令牌传递法的基本原理，它是由一段段的点到点链路连接起来的环形网。
- 光纤分布式数据接口（FDDI）是一种光纤高速的、双环结构的网络。
- 异步传输模式（ATM），是一种为了多种业务设计的通用的面向连接的传输模式。ATM 局域网具有高速数据传输率，支持多种类型数据如声音、传真、实时视频、CD 质量音频和图像的通信。

（2）按网络工作方式分类

局域网按网络工作方式可分为共享介质局域网和交换式局域网。

- 共享介质局域网，是网络中的所有节点共享一条传输介质，每个节点都可以平均分配到相同的带宽。如以太网传输介质的带宽为 10Mbps，如果网络中有 n 个节点，则每个节点可以平均分配到 10Mbps/*n* 的带宽。共享式以太网、令牌总线网、令牌环网等都属于共享介质局域网。

- 交换式局域网，其核心是交换机。交换机有多个端口，数据可以在多个节点并发传输，每个站点独享网络传输介质带宽。如果网络中有 *n* 个节点，网络传输介质的带宽为 10Mbps，整个局域网总的可用带宽是 $n\times$10Mbps。交换式以太网属于交换式局域网。

（3）按拓扑结构分类

局域网经常采用总线型、环形、星形和混和型拓扑结构，因此可以把局域网分为总线型局域网、环形局域网、星形局域网和混和型局域网等类型。这种分类方法反映的是网络采用的拓扑结构，是最常用的分类方法。

（4）按传输介质分类

局域网上常用的传输介质有同轴电缆、双绞线、光缆等，因此可以将局域网分为同轴电缆局域网、双绞线局域网和光纤局域网。若采用无线电波、微波，则可以称为无线局域网。

（5）按局域网的工作模式分类

局域网按工作模式可分为对等式网络、客户机/服务器式网络和混合式网络等。

以上各类局域网中，以太网技术和无线局域网技术是最常用的组网技术，也是工作和生活中接触最多的网络。

2. 以太网

以太网是当今现有局域网采用的最通用的通信协议标准，组建于 20 世纪 70 代早期。在传统以太网中，所有计算机被连接在一条同轴电缆上，采用具有冲突检测的载波侦听多路访问（CSMA/CD）方法，再采用竞争机制和总线拓扑结构。基本上，以太网由共享传输媒体，如双绞线电缆或同轴电缆和交换机构成。在星形或总线型配置结构中，交换机/网桥通过电缆使得计算机、打印机和工作站彼此之间相互连接。

3. 交换机组网

传统的以太网中，在任意一个时刻网络中只能有一个站点发送数据，其他站点只可以接收信息，若想发送数据，只能退避等待。因此，共享式以太网的固定带宽被网络上所有站点共享，随机占用，网络中的站点越多，每个站点平均可以使用的带宽就越窄，网络的响应速度就越慢。交换式局域网的出现解决了这个问题。

交换式局域网所有站点都连接到一个局域网交换机上。局域网交换机具有交换功能，它们的特点是：所有端口平时都不连通，当工作站需要通信时，局域网交换机能同时连通许多端口，使每一对端口都能像独占通信媒体那样无冲突的传输数据，通信完成后断开连接。由于消除了公共的通信媒体，每个站点独自使用一条链路，不存在冲突问题，可以提高用户的平均数据传输速率，即容量得以扩大。交换式局域网的优点有：①采用星形拓扑结构，容易扩展，而且每个用户的带宽并不因为互连的设备增多而降低；②由于消除了公共的通信媒体，每个站点独自使用一条链路，不存在冲突问题，可以提高用户的平均数据传输速度。交换式局域网无论是从物理上还是逻辑上都是星形拓扑结构，多台交换机可以串接，连成多级星形拓扑结构。

4. 家庭组网

随着计算机价格的大幅降低，许多家庭已经拥有了不止一台的计算机，因此家庭局域网的组建已十分普遍。资源共享使得可以在一台计算机上访问另外一台计算机的文档。

以下是两种较为常用的家庭组网方法。

（1）简单的家庭网络

两台计算机：如果一个家庭只有两台计算机，则通常采用电缆直连方法。即网线直接插在计算机两端，局域网共享与连接便可实现。因为无须购买新的设备，因此它是双机互连的最经济、最方便的一种方法。但数据传输速率较慢，仅适合于双机交换数据或是简单的连机游戏。

（2）利用路由器或交换机组建家庭局域网

当共享的计算机超过 3 台，建议采取如下局域网搭建方案：

① 路由器方案。这种方案是指仅通过宽带路由器来实现，因为目前的宽带路由器所提供的交换机端口基本上都有 4 口，所以最多只能连接 4 台计算机。

在这种方案中，无须单独一台计算机长期开启，当各用户需要上网时，只需打开路由器即可上网，非常方便。

网络连接好后，可以在浏览器中直接输入路由器的默认 IP 地址（通常为 192.168.1.1）和用户账号、密码（通常都是 admin，可查看相应路由器的使用手册得知），然后在 Web 界面中配置路由器各协议，添加用户，可采用路由器的 DHCP 服务自动分配 IP 地址；如果是 PPPOE 虚拟拨号用户，则还可配置路由器的 PPPOE 协议，使它能自动或手动拨号，代替计算机用户直接拨号。各种用户访问权限的配置也可以在路由器中通过 Web 配置界面进行详细配置，由此实现“代理型”的共享功能。

② 交换机＋路由器方案。如果用户数超过 4 个，因为宽带路由器只有 4 个交换式 LAN 端口，所以先要求对部分用户用交换机集中连接起来，然后再用直通双绞线与路由器 LAN 端口连接。该方案适合多家庭或者小型企业共享使用。

同样，在这种方案中，当局域网中各用户需要上网时，只需打开路由器，接上交换机，即可轻松上网，非常方便。

③ 无线家庭组网。要实现无线上网，首先必须要有 AP（Access Point，接入点）或带无线功能的宽带路由器。借助于 AP，既可以实现无线与有线的连接，也可以实现无线网络的 Internet 共享。

由于无线网络无须使用集线设备，只要在每台台式机或笔记本电脑中插上无线网卡，即可实现计算机之间的连接，构建成最简单的无线网络。其中一台计算机可以兼作文件服务器、打印服务器和代理服务器，并通过 Modem 或 ADSL 接入 Internet。这样，只需使用 Windows 等操作系统，就可以在服务器的覆盖范围内，不使用任何电缆，在计算机之间共享资源和 Internet 连接了。

3.2.3 网络软件系统

组成计算机网络的软件系统一般包括网络操作系统、网络应用软件和网络协议等。网络操作系统是管理网络软件、硬件资源的核心，其性能直接影响网络系统的功能。

1. 网络操作系统的特点

网络操作系统（Network Operating System，NOS）能管理整个网络的资源，不但具有通用操作系统的功能，还具有网络的支持功能。相对单机操作系统而言，网络操作系统具有如下特点。

（1）复杂性

网络操作系统负责整个网络资源的管理工作，以实现整个系统资源的共享，实现高效、可靠的计算机间的网络通信能力。

（2）并行性

所谓并行性是指两个或多个事件在同一时刻发生或在同一时间间隔内发生的特性。网络操作系统在每个节点机上的程序都可以并行执行，一个用户的作业既可以分配到自己登录的节点机上，也可以分配到远程节点机上。

（3）安全性

网络操作系统的安全性表现在：可对不同用户规定不同的权限；对进入网络的用户能提供身份验证机制；网络本身保证了数据传输的安全性。

（4）提供多种网络服务功能

这些网络服务功能如远程作业录入并进行处理的服务功能、文件传输服务功能、电子邮件服务功能、远程打印服务功能等。

2. 常用网络操作系统

目前，网络操作系统主要有 Windows、Linux 和 UNIX。

Windows 系列网络操作系统主要包括 Windows NT、Windows 2000 Server、Windows 2003 Server、Windows 2008 Server 等。它采用客户机/服务器模式并提供图形操作界面，是目前最受欢迎的网络操作系统。

Linux 是一套免费使用和自由传播的类 UNIX 操作系统。它能运行主要的 UNIX 工具软件、应用程序和网络协议。Linux 可安装在各种计算机硬件设备中，比如手机、平板电脑、路由器、视频游戏控制台、台式计算机、大型机和超级计算机。

UNIX 操作系统是用于各种类型主机系统的主流操作系统，系统具有丰富的应用软件支持和良好的网络管理功能。UNIX 系统的服务器可以和安装 Windows 系统的工作站通过 TCP/IP 协议连成网络。

3. 应用软件

因特网的普及，为网络应用提供了非常好的应用平台。所谓应用软件是指针对某一应用目的而开发的应用程序，它提供用户所需要的应用功能。目前在因特网上的应用软件非常多，主要有：E-mail、文件传输系统（FTP）、万维网系统（WWW）和域名服务系统（DNS）、QQ 聊天工具、网络支付、网络点播软件等。

3.2.4 常用网络测试工具

许多网络操作系统都提供了基本的网络工具（测试命令），用于测试网络状态。下面介绍几个基于 TCP/IP 协议的常用工具，以便更好地维护和使用网络。这些命令是在 Windows 7 的命令提示符窗口中执行的，单击“开始”按钮，在搜索的空白栏中输入“cmd”，按回车键，即可打开命令提示符窗口。

1. ipconfig 命令

ipconfig 可用来查看 IP 协议的具体配置信息，显示网卡的物理地址、主机的 IP 地址、子网掩码以及默认网关等，还可以用来查看主机的相关信息，如主机名、DNS 服务器、节点类型等。

（1）使用格式：c:\>ipconfig

在没有命令参数的情况下 ipconfig 只显示 IP 地址、子网掩码和每个网卡的默认网关值。

（2）使用格式：ipconfig/all

详细显示计算机的网络配置信息，如用 ipconfig/all 查看计算机 IP 配置的信息，如图 3-18 所示。

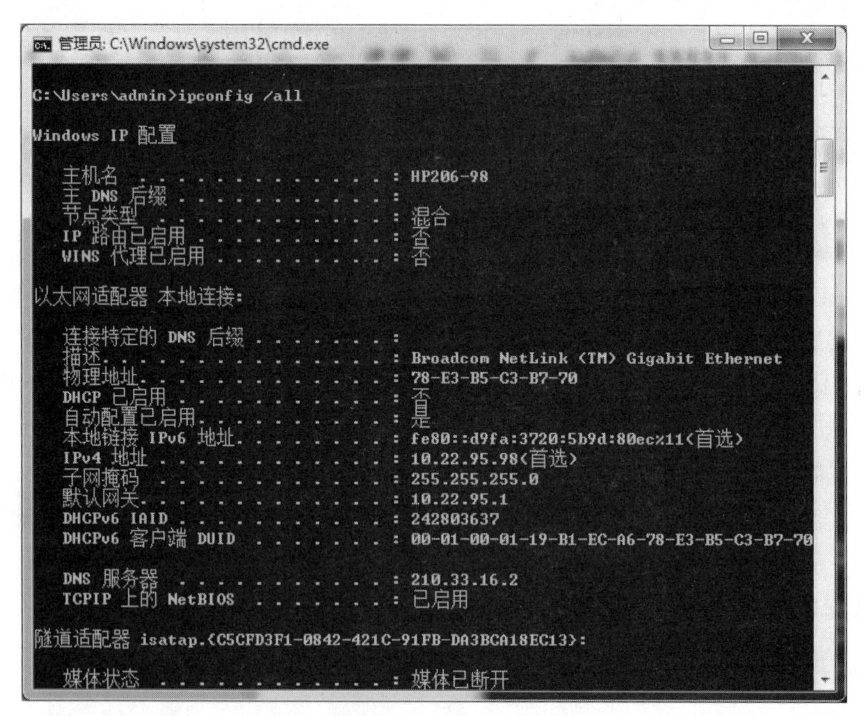

图 3-18 IP 配置

（3）使用格式：c:\>ipconfig /renew

在自动分配 IP 地址的情况下，可以使用上述格式更新 DHCP 配置参数。该选项只可在运行 DHCP 客户端服务的计算机系统中可用。

2. ping 命令

ping 是用来测试网络连接状况以及信息包发送和接收状况的非常有效的工具，是网络测试中最常用的命令。ping 向目标主机（地址）发送一个回送请求数据包，要求目标主机收到请求后给予答复，从而得出计算网络的响应时间和判断本机是否与目标主机（地址）连通。

命令格式：ping IP 地址或主机名 [-t] [-a] [-n count] [-l size]

如：ping 192.168.0.2。ping 192.168.0.2 的两种结果：网络测试不通（见图 3-19）；网络连接通畅（见图 3-20）。

如果返回“request time out”信息，则意味着目的站点在 1s 内没有响应。如果返回 4 个“request time out”信息，说明该站点拒绝 ping 请求。

```
管理员: C:\Windows\system32\cmd.exe
C:\Users\admin>ping 10.22.98.200

正在 Ping 10.22.98.200 具有 32 字节的数据:
请求超时。
请求超时。
请求超时。
请求超时。

10.22.98.200 的 Ping 统计信息:
    数据包: 已发送 = 4, 已接收 = 0, 丢失 = 4 (100% 丢失),

C:\Users\admin>_
```

图 3-19　网络测试不通

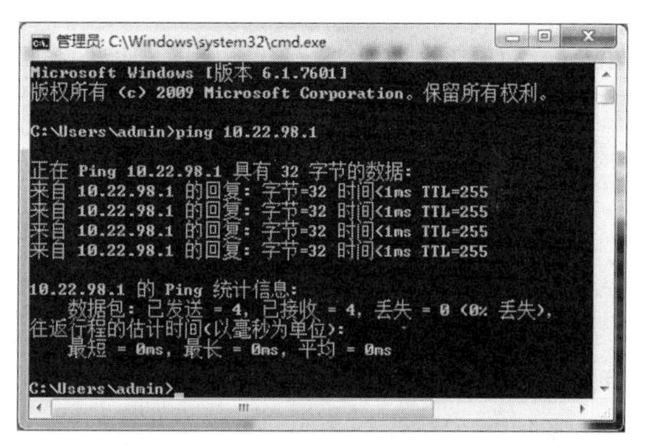

图 3-20　网络连接通畅

如果在局域网内执行 ping 不成功，则故障可能出现在以下几个方面：网线是否连通、网卡配置是否正确、IP 地址是否可用等；如果执行 ping 成功而网络无法使用，那么问题可能出现在网络系统的软件配置方面。

3.3　Internet 应用

Internet 是全球范围的国际互联网，它是通过分层结构实现的，包括物理网络、协议、应用软件和信息四大部分。由于它的开放性及后来的逐步商业化，世界各国的网络纷纷与它相连，使它逐步成为一个国际互联网。美国的信息高速公路计划提出来后，Internet 就成为美国信息高速公路的主干网。

3.3.1　Internet 概述

Internet 起源于美国国防部高级计划研究局的 ARPANET，Internet 最初的宗旨是用来支持教育和科研活动。在 Internet 引入商业机制后，准许以商业为目的的网络连入 Internet，从而使 Internet 得到迅速发展，很快便达到了今天的规模。

从网络技术的观点来看，Internet 是一个以 TCP/IP（传输控制协议/网际协议）通信协议连接各个国家、各个部门、各个机构计算机网络的数据通信网。从信息资源的观点来看，Internet 是一个集各个领域、各个学科的各种信息资源为一体，并供上网用户共享的数据资源网。

3.3.2 Internet 地址和域名

Internet 是一个庞大的网络，在这样大的网络上进行信息交换的基本要求是网上的计算机、路由器等都要有一个唯一可标志的地址，就像日常生活中朋友间通信必须写明通信地址一样。这样，网上的路由器才能将数据报由一台计算机路由到另一台计算机，准确地将信息由源方发送到目的方。

1. IP 地址

在 Internet 上为每台计算机指定的地址称为 IP 地址，它是 Internet 上通用的地址格式。Internet 通过 IP 地址使得网上计算机能够彼此交换信息。它采用固定的 32 位二进制地址格式编码，按照先网络号，后主机号的顺序进行寻址。IP 地址是基于协议的地址，能贯穿整个网络，而不管每个具体的网络是采用何种网络技术和拓扑结构。

IP 地址是唯一的。IP 地址就像人们的身份证号码，必须具有唯一性，网上每台计算机的 IP 地址在全网中都是唯一的。

所有的 IP 地址都要由国际组织 NIC（Net Information Center）统一分配。目前全球共有 3 个这样的网络信息中心，它们分别是：

- Inter NIC——负责美国及其他地区；
- ENIC——负责欧洲地区；
- APNIC——负责亚太地区。

在中国，IP 地址的分配是由中国互联网络信息中心（CINIC）负责的。

（1）IP 地址的分类

Internet 管理委员会按网络规模的大小将 IP 地址划分为 A、B、C、D、E 5 类。每个 IP 地址都由网络号和主机号组成，如图 3-21 所示。

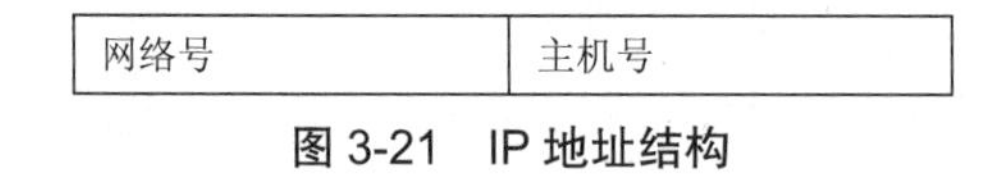

图 3-21 IP 地址结构

A 类地址的最高位为 0，网络号占 7 位，主机号占 24 位，所以 A 类地址范围为 0.0.0.0～127.255.255.255；B 类地址的最高两位为 10，14 位标志网络地址，16 位标志主机地址，所以 B 类地址范围为 128.0.0.0～191.255.255.255；C 类地址的高三位为 110，21 位用来标志网络地址，8 位标志主机地址，所以 C 类地址范围为 192.0.0.0～223.255.255.255。在 5 类地址中，A、B、C 类为 3 种主要类型，D 类地址用于组播，允许发送到一组计算机，E 类地址暂时保留，用于实验和以备将来使用，如图 3-22 所示。

A类	0	7位网络号		24位主机号		地址范围：0.0.0.0～127.255.255.255
B类	1	0	14位网络号	16位主机号		地址范围：128.0.0.0～191.255.255.255
C类	1	1	0	21位网络号	8位主机号	地址范围：192.0.0.0～223.255.255.255
D类	1	1	1	0	多播地址	地址范围：224.0.0.0～239.255.255.255
E类	1	1	1	1	预留地址	地址范围：240.0.0.0～247.255.255.255

图3-22　IP地址划分

（2）子网掩码

子网掩码的作用是识别子网和判别主机属于哪一个网络，同样用一个32位的二进制数表示，采用和IP地址一样的点十进制数记法。当主机之间通信时，通过子网掩码与IP地址的逻辑与运算，可分离出网络地址，达到正确传输数据分组的目的。设置子网掩码的规则是：凡IP地址中表示网络地址部分的那些位，在子网掩码的对应位上设置为1，表示主机地址部分的那些位设置为0。

例如，一个C类IP地址210.33.16.6，网络地址共3个字节，故其子网掩码是255.255.255.0。而一个B类IP地址的子网掩码是255.255.0.0，一个A类IP地址的子网掩码是255.0.0.0。可以将网络分成几个部分，这些部分网络称为子网。划分子网的常见方法是用主机号的高位来标志子网号，其余位表示主机号，如图3-23所示。

网络号	子网号	主机号

图3-23　子网和主机号

（3）新一代IP地址

IPv6是新一代IP协议。由于互联网是全球公共的网络，因此大部分的网络资源，如IP地址、域名等，都是全球共享的，并由一个统一的互连网络权力机构来实现管理和分配。作为互联网发源地的美国，拥有全世界70%的IP地址，而其他国家，尤其是亚洲各国获得的IP地址就非常有限。

IP地址已经成为限制中国通信、网络发展的一大瓶颈。但由于互联网采用IPv4协议，所以目前还无法解决这个问题。IPv4的地址为32位，提供给全世界的IP地址大约为42亿个，而这些IP地址已在2010年左右消耗殆尽。

作为下一代网络核心技术的IPv6，其地址长度为128位，据初步计算，其可提供的IP地址足以解决全球IP地址稀缺的问题。即使人类进入了移动信息社会，每一个手机作为一个移动主机节点可设置一个IP地址，同时各种家用电器、汽车和控制设备等也有IP地址，IPv6互联网络作为一个信息传输平台也能为它们提供足够的IP地址，另外，IPv6在服务质量、管理灵活性和安全性等方面有良好的性能。

2. 域名系统

域名系统是为了向用户提供一种直观明了的主机标识符所设计的一种字符型的主机命名机制。相对于用数字表示的IP地址，域名地址更容易记忆，同时也可以看出拥有该地址的组织的名称或性质。域名服务器（DNS）是在Internet上负责将主机地址转为IP地址的服务系统，这个服务系统会自动将域名解析为IP地址。在Internet中，每个域都有各自的域名服务器，由它们负责注册该域内的所有主机，即建立本域中的主机名与IP地址的对照表。当访问一个站点的时候，输入欲访问主机的域名后，由本地机向 DNS 服务器发出查询指令，DNS 服务器首先在其管辖的区域内查找名字，名字找到后把对应的 IP 地址返回给 DNS 客户，对于本域内未知的域名则回复没有找到相应域名项信息，而对于不属于本域的域名则转发给上级域名服务器。

按照 Internet 的域名管理系统规定，在 DNS 中，域名采用分层结构。整个域名空间成为一个倒立的分层树形结构，每个节点上都有一个名字。这样一来，一台主机的名字就是该树形结构从树叶到树根路径上各个节点名字的一个序列，如图 3-24 所示。很显然，只要一层不重名，主机名就不会重名。为方便书写及记忆，每个主机域名序列的节点间用“.”分隔，典型的结构如下。

计算机主机名. 机构名. 网络名. 顶级域名

例如，主机“center”的域名是：center. nbu. edu. cn，其中 center 表示这台主机的名称，nbu 表示宁波大学，edu 表示教育系统，cn 表示中国。

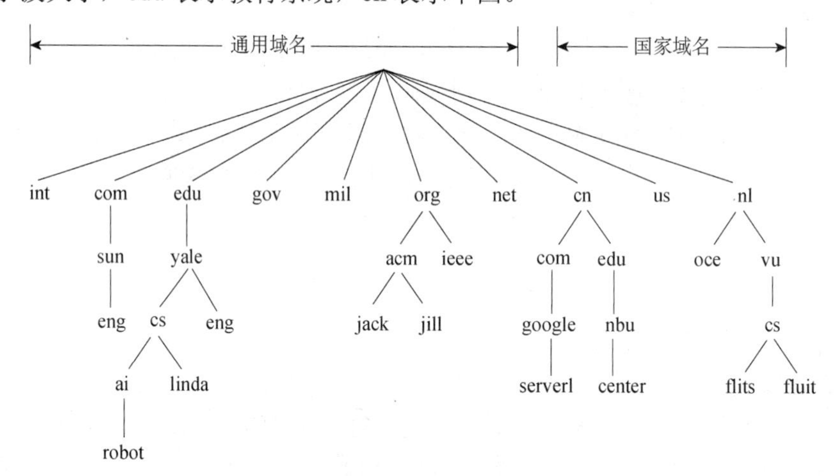

图 3-24 域名空间结构

在 Internet 上，一般每一个子域都设有域名服务器，服务器中包含该子域的全体域名和地址信息。Internet 的每台主机上都有地址转换请求程序，负责域名与 IP 地址的转换。域名和 IP 地址之间的转换工作称为域名解析。自从有了 DNS 系统，凡域名空间中有定义的域名都可以有效地转换成 IP 地址，反之，IP 地址也可以等价地转换成域名。

实际上，引入域名系统 DNS 的目的就是方便人们的使用，但在 Internet 中，主机间用来进行交换的数据分组中是用 IP 地址来标明源主机和目的主机的。因此，每当用户输入一个域名后，主机都将利用 DNS 系统的域名解析程序将域名翻译成对应的 IP 地址后再填入要发送的数据分组中，最后才发送出去。

为保证域名系统的通用性，Internet 规定了一些正式的通用标准，从顶层至最下层，分别称之为顶级域名，二级域名、三级域名……顶级域名目前采用两种划分方式：以所从事的行业领域和国别作为顶级域名。表 3-2 列出了一些常用顶级域名。

3.3.3 Internet 的接入

21 世纪是多媒体互联网的时代，是否能高速地接入 Internet 成为人们是否能方便地使用互联网的前提。接入互联网技术从当初发展到现在经历了 Modem 拨号接入方式、ISDN

拨号方式（Integrated Services Digital Network，综合业务数字网）、DDN（Digital Data Network）专线接入方式、ADSL 接入方式（Asymmetric Digital Subscriber Line，非对称数字用户环路）、Cable Modem（线缆调制解调器）、局域网（LAN）接入方式、无线网接入方式等。

表 3-2　常用顶级域名

域名	含义	域名	含义	域名	含义
Au	澳大利亚	Gb	英国	Nl	荷兰
Br	巴西	Hk	中国香港	Nz	新西兰
Ca	加拿大	In	印度	Pt	葡萄牙
Cn	中国	Jp	日本	Se	瑞典
De	德国	Kr	韩国	Sg	新加坡
es	西班牙	Lu	卢森堡	Tw	中国台湾
Fr	法国	My	马来西亚	Us	美国
Com	商业类	Edu	教育类	Gov	政府部门
Int	国际机构	Mil	军事类	Net	网络机构
Org	非盈利组织	Arts	文化娱乐	Arc	康乐活动

这里介绍常用的几种互联网接入方式。

1. 局域网连接

先建立一定规模的局域网，如图 3-25 所示，再通过向 ISP 申请一条专线上网，用这种方式上网速度很快。作为局域网的用户的微机需配置一块网卡和一根连接本地局域网的电缆。硬件连接好以后，打开“本地连接属性”对话框，如图 3-26（a）所示，双击“Internet 协议版本 4（TCP/IPv4）”，在打开的对话框中进行 IP 地址设置如图 3-26（b）所示。

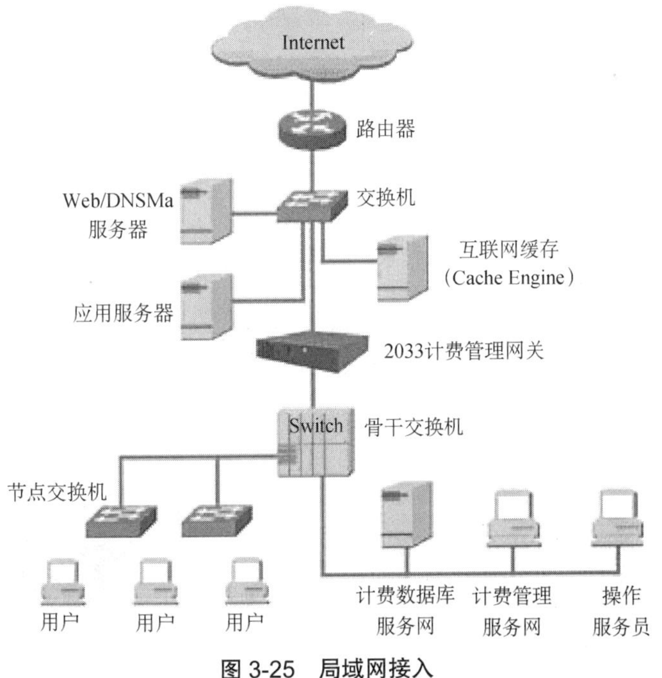

图 3-25　局域网接入

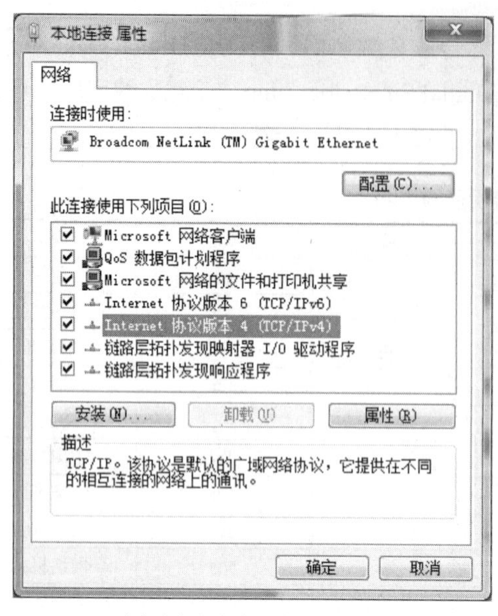

(a)“本地连接属性”对话框

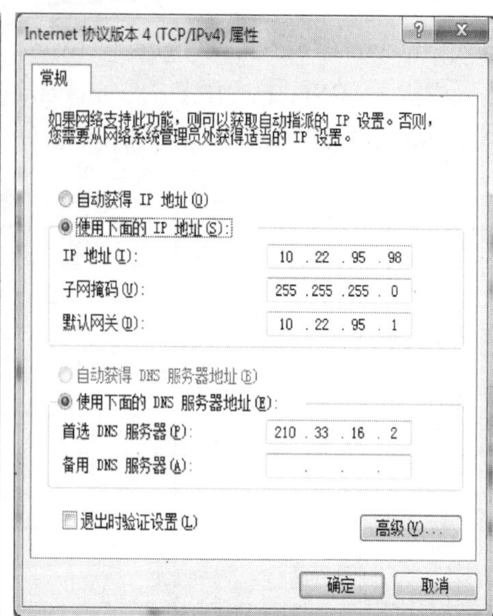

(b) IP地址设置

图 3-26 局域网连接

设置完成后，单击“确定”按钮回到“本地连接属性”对话框，再单击“确定”按钮即可。即可有些操作系统需要重新启动计算机后设置才能生效。至此，网络配置完成。

2. ADSL 接入

ADSL 技术可以满足用户对接入速率要求高的这一需求。使用 ADSL 需要一个 ADSL 调制解调器、10M/100M 以太网网卡、交换机或宽带路由器、两端连好 RJ-11 头的电话线（连接电话机和 ADSL 调制解调器）、RJ-45 头的五类双绞线(连接计算机和 ADSL Modem)。ADSL 连接方式如图 3-27 所示。

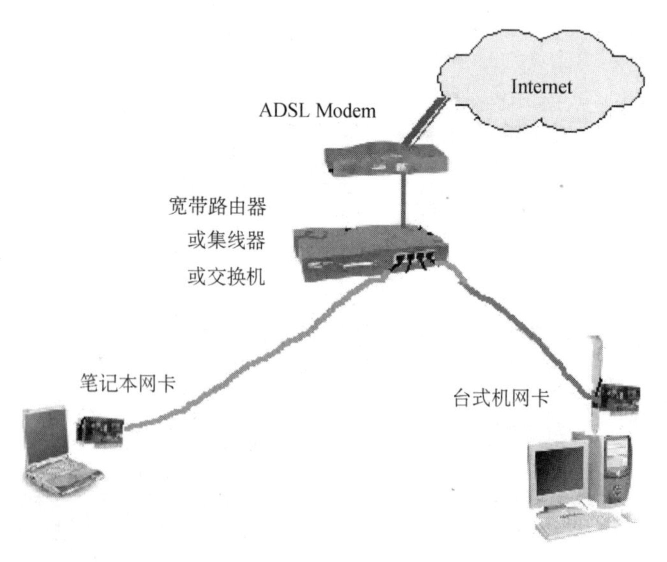

图 3-27 ADSL 连接方式

3. 无线网接入

就无线局域网本身而言，其组建过程是非常简单的。当一块无线网卡与无线 AP（Access Point，节点）建立连接并实现数据传输时，一个无线局域网便完成了组建过程。然而考虑到实际应用方面，数据共享并不是无线局域网的唯一用途，大部分用户（包括企业和家庭）所希望的是一个能够接入 Internet 并实现网络资源共享的无线局域网，如图 3-28 所示。

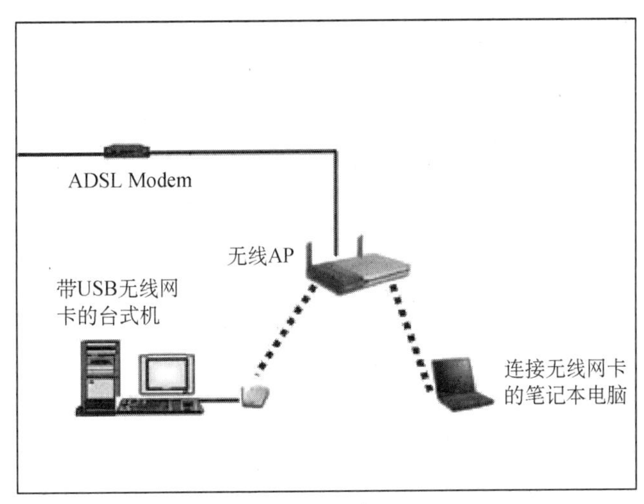

图 3-28 无线网接入

4. 小区宽带接入

小区宽带是目前城市中较普遍的一种宽带接入方式，网络服务商采用光纤接入到楼，再通过网线接入用户家里的路由器。

3.4 WWW 服务与应用

人们使用 Internet 的目的，就是利用 Internet 为人们提供服务，如万维网 WWW（World Wide Web）、电子邮件、远程登录、文件传输协议等。

3.4.1 WWW 基本概念

WWW 是环球信息网的缩写，中文名字为“万维网”，简称为 Web。万维网将世界各地的信息资源以特有的含有“链接”的超文本形式组织成一个巨大的信息网络，它分为 Web 客户端和 Web 服务器程序。WWW 可以使用 Web 客户端（常用浏览器）访问浏览 Web 服务器上的页面，这个页面称为 Web 页面。用户只需单击页面上相关链接，就可从一个网站进入另一个网站，浏览或获取所需的文本、声音、视频及图像的内容。这些内容通过超文本传输协议（HyperText Transfer Protocol）传送给用户，而后者通过点击链接来获得这些内容。

1. 浏览器

浏览器（Browser）是用来解释 Web 页面并完成相应转换和显示的程序，安装在客户端。

Web 页面是用超文本标记语言（HyperText Markup Language，HTML）编写的文档，Web 页中包括文字、图像、各种多媒体信息，也包括用超文本或超媒体表示的链接。

浏览器可以实现对 HTML 文件的浏览。常用的全图形界面的 WWW 浏览器，有 Netscape 公司开发的 Navigator 系列和 Microsoft 公司开发的 IE 系列。

IE 实际上是一组套件，它是由几个软件包组合而成的，主要包括：用于 WWW 浏览的 IE 浏览器；用于管理电子邮件的 Outlook Express；用于网上聊天的 Chat；用于召开网上会议的 NetMeeting；用于网上音频和视频播放的 Media Player。目前常用的浏览器有：IE、TT、火狐、Opera、360 安全浏览器、谷歌浏览器等。

WWW 是 Internet 提供的最常见的服务，每天用网页浏览器浏览各种信息，就是使用 WWW 提供的服务功能。

2. URL

URL（Uniform Resource Location，统一资源定位器），是用来表示超媒体之间的链接。URL 指出用什么方法、去什么地方、访问哪个文件。URL 由双斜线分成两部分，前一部分指出访问方式，后一部分指明文件或服务所在服务器的地址及其具体存放位置。它的格式为“协议://主机地址[:端口号]/路径/文件名”，例如 http://www.njtu.edu.cn/，访问时如果该服务采用默认端口号，则可以省略，如 HTTP 默认 80 端口、FTP 默认 21 端口。

3. 客户/服务方式

WWW 由三部分组成：浏览器（Browser）、Web 服务器（Web Server）和超文本传输协议（HTTP Protocol）。它是以 C/S（客户/服务）方式工作的，客户机向服务器发送一个请求，并从服务器上得到一个响应，服务器负责管理信息并对来自客户机的请求作出回答。客户机与服务器都使用 HTTP 协议传送信息，而信息的基本单位就是网页。当选择一个超链接时，WWW 服务器就会把超链接所附的地址读出来，然后向相应的服务器发送一个请求，要求相应的文件，最后服务器对此作出响应，将超文本文件传送给用户。

3.4.2 FTP 服务

FTP 通过客户端和服务器端的 FTP 应用程序，在 Internet 上实现远程文件传送，是 Internet 上实现资源共享的基本手段之一。只要两台计算机遵守相同的 FTP 协议，就可以不受操作系统的限制，进行文件传输。

1. FTP 的作用和工作原理

FTP 的主要作用，就是让用户连接上一个远程计算机（这些计算机上运行着 FTP 服务器程序）查看远程计算机有哪些文件，然后把文件从远程计算机下载到本地计算机，或把本地计算机的文件送到远程计算机去。以下载文件为例，当启动 FTP 从远程计算机复制文件时，事实上启动了两个程序：一个是本地机上的 FTP 客户程序，它向 FTP 服务器提出复制文件的请求；另一个是在远程计算机上的 FTP 服务器程序，它响应用户的请求把指定的文件传送到用户的计算机中。FTP 采用“客户机/服务器”方式，用户端要在自己的本地计算机上安装 FTP 客户程序。

要使用 FTP 进行文件传送，首先必须在 FTP 服务器上使用正确的账号和密码登录，以获得相应的权限，常见的权限有：列表、读取、写入、修改、删除等，这些权限由服务器的管理者在为用户建立账号时设置，一个用户可以设置一项或多项权限，如拥有读取、列表权限的用户就可以下载文件和显示文件目录，拥有写入权限的用户可以上传文件。

2. 登录 FTP 和匿名账号

用户登录 FTP 时使用的账号和密码，必须由服务器的系统管理员为用户建立，同时为该用户设置使用权限，这样用户使用该账号和密码登录到服务器后，就可以在管理员所分配的权限范围内操作。使用 FTP 应用软件进行注册时，通常要指定登录的 FTP 服务器地址、账号名、密码 3 个主要信息。

由于 Internet 上的用户成千上万，服务器管理者不可能为每一个用户都开设一个账号，对于可以提供给任何用户的服务，FTP 服务器通常开设一个匿名账号，任何用户都可以通过匿名账号登录，匿名账号的账号名统一规定为“anonymous”，密码可以是电子邮件地址，也可能不设密码。

匿名 FTP 是 Internet 上应用广泛的服务之一，在 Internet 上有成千上万的匿名 FTP 站点提供各种免费软件。

3. FTP 客户端

图形界面的 FTP 软件种类繁多，常用的有 CuteFTP、WS-FTP 等，此外，还有一些不是专用的 FTP 软件也可以用来完成 FTP 操作，如 Web 浏览器、网络蚂蚁、BT、迅雷等软件。

例如：迅雷是个下载软件，本身不支持上传资源，只提供下载和自主上传。迅雷对下载过的相关资源，都有记录。

4. 在 IE 浏览器中使用 FTP

使用浏览器不但能访问 WWW 主页，也可以访问 FTP 服务器，进行文件传输。但使用浏览器传输文件时，其传输速度和对文件的管理功能要比专用的 FTP 客户软件差。

启动 Internet Explorer，在地址栏中输入包含 FTP 协议在内的服务器地址和账号，如 ftp://username@202.192.173.3 或 ftp://usename@ftp.cernet.edu.cn（此处“ftp://”不能省略，它代表 FTP 协议），弹出登录对话框，要求用户确认用户名并输入密码。使用这种方法访问 FTP 服务器时，应注意下面两点：

- 直接输入 FTP 服务器地址，如 ftp://ftp.net.tsinghua.edu.cn，可以匿名登录。
- 如果不能匿名登录，则需要输入用户名。

连接到服务器后，在浏览器的窗口工作区将显示 FTP 服务器指定账号下的文件和目录，其文件管理方法与资源管理器类似。

3.4.3 电子邮件

1. 电子邮件概述

电子邮件的发送和接收是由 Internet 服务提供者（Internet Service Provider，ISP）的邮件服务器担任的。ISP 的邮件服务器 24 小时不停地运行，用户才可能随时发送和接收邮件，而不必考虑收件人的计算机是否启动，ISP 的电子邮件服务器起着网上“邮局”的作用。

电子邮件在发送和接收过程中，要遵循一些基本协议和标准，这些协议和标准保证了电子邮件在各种不同系统之间进行传输。常见的协议有：电子邮件传送（寄出）协议 SMTP、电子邮件接收协议 POP3 和 IMAP4 等。

目前 ISP 的邮件服务器大都安装了 SMTP 和 POP3 这两项协议，大多数电子邮件客户端软件也都支持 SMTP 协议和 POP3 协议。用户在首次使用这些软件发送和接收电子邮件之前，需要对邮件收发软件进行设置。

要使用 Internet 提供的电子邮件服务，用户首先要申请自己的电子邮箱，以便接收和发送电子邮件。每个用户的电子信箱都有一个唯一的标志，这个标志通常被称为 E-mail 地址。

当用户向 ISP 登记注册时，ISP 就会在电子邮件服务器上开辟一个有一定容量的电子信箱，同时配备一个 E-mail 地址。Internet 上 E-mail 地址的统一格式是：用户名@域名。其中，“用户名”是用户申请的账号，“域名”是 ISP 的电子邮件服务器域名，这两部分中间用“@”隔开，如 wang@163.com。

2. 常用电子邮件客户端 Outlook Express 和 Outlook

Outlook Express 和 Outlook 是微软公司研发的一个电子邮件服务程序，是很多办公人员的首选邮件客户端软件。

Outlook Express 和 Outlook 不是电子邮箱的提供者，它是微软的一个收、发、写、管理电子邮件的自带软件，即收、发、写、管理电子邮件的工具，使用它收发电子邮件十分方便。

通常在某个网站注册了自己的电子邮箱后，要收发电子邮件，必须登入该网站，进入电邮网页，输入账户名和密码，然后进行电子邮件的收、发、写操作。

使用 Outlook Express 后，这些顺序便一步跳过。只要打开 Outlook Express 界面，Outlook Express 程序便自动与注册的网站电子邮箱服务器联机工作，收下电子邮件。发信时，可以使用 Outlook Express 创建新邮件，通过网站服务器联机发送（所有电子邮件可以脱机阅览）。另外，Outlook Express 在接收电子邮件时，会自动把发信人的电邮地址存入“通讯簿”，供以后调用。

这里，关键是在使用 Outlook Express 前，先要进行设置，即 Outlook Express 账户设置，如没有设置，自然不能使用。设置的内容是注册的网站电子邮箱服务器及账户名和密码等信息。

Outlook 是 Microsoft 的主打邮件传输和协作客户端产品。它是一种集成到 Microsoft Office 和 ExchangeServer 中的独立应用程序。Outlook 还提供与 Internet Explorer 的交互和集成。电子邮件、日历和联系人管理等功能的完全集成使得 Outlook 成为许多商业用户眼中完美的客户端。

Outlook 可帮助查找和组织信息，以便可以无缝地使用 Office 应用程序。

利用强大的收件箱规则可以筛选和组织电子邮件。使用 Outlook，可以集成和管理多个电子邮件账户中的电子邮件、个人日历和组日历、联系人以及任务。

Outlook 适用于 Internet（SMTP、POP3 和 IMAP4）、Exchange Server 或任何其他基于标准的、支持消息处理应用程序接口（MAPI）的通信系统（包括语音邮件）。使用 Outlook 之前也必须要进行 Outlook 账户设置。设置的内容是注册的网站电子邮箱服务器及账户名和密码等信息，如图 3-29，图 3-30 所示。

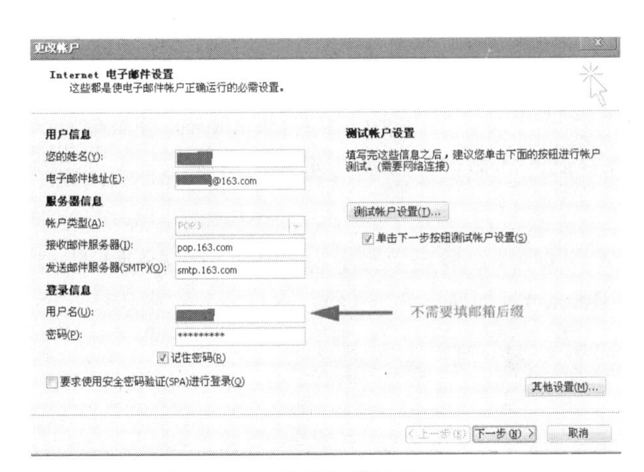

图 3-29　邮件服务器地址

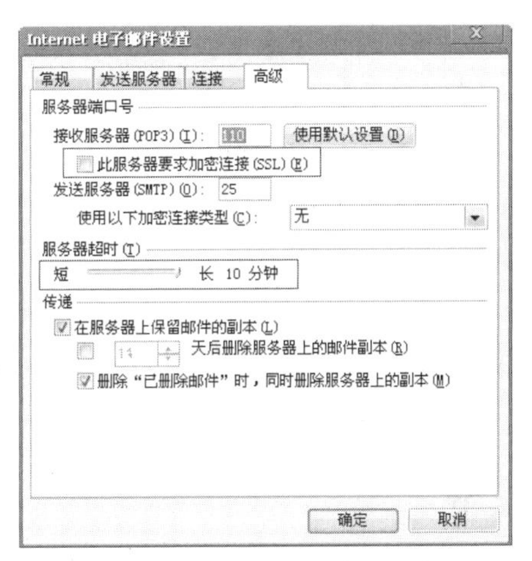

图 3-30　输入邮件账户名和密码

3. 基于 WWW 的电子邮件系统

基于 WWW 的电子邮件系统采用 WWW 浏览器提供电子邮件账户访问的技术，它使用起来与浏览网站一样容易。用 WWW 浏览器作为电子邮件客户程序，能够通过任何连接到因特网的计算机访问电子邮件账户，而不需要配置客户端软件。

Hotmail 是最成功的免费电子邮件业务提供者，全球拥有上千万个用户。国内提供免费 WWW 电子邮件服务的知名网站有 www.sohu.com、www.sina.com.cn、www.163.com 等。

申请免费 WWW 方式电子邮箱的方法在各个提供免费邮箱的网站中都有详细说明，用户只需要登录到相应的网站，如 www.163.com，通过超级链接查看说明或按要求填写个人资料，就可以获得一个免费的电子邮箱。

3.5 Windows 网络设置

网络给应用带来了方便，同时也带来了危险，因此，管理与安全是个非常严重的问题。网络管理是规划、监督、设计和控制网络资源的使用和网络的各种活动。网络管理的基本目标是将所有的管理子系统集成在一起，向管理员提供单一的控制方式。

网络管理的5大功能是：配置管理、故障管理、性能管理、安全管理及计费管理。Windows操作系统在这方面提供了丰富的功能，这里简单介绍 Windows 7 的登录管理、用户与组的管理。

3.5.1 登录管理

（1）“欢迎使用”屏幕

“欢迎使用”屏幕是用于登录到 Windows 的屏幕。它会显示计算机中的所有账户。可以单击用户名而不必键入它，并且可以使用快速用户切换功能轻松切换到其他账户。

（2）启用或禁用安全登录（Ctrl＋Alt＋Delete）

使计算机尽可能安全很重要。实现此目的的一种方法就是启用安全登录，即需要按 Ctrl＋Alt＋Delete 组合键才能登录。使用安全登录可以确保出现可信的 Windows 登录屏幕为计算机提供附加的安全层。当启用安全登录后，其他程序（如病毒或间谍软件）无法截获输入的用户名和密码。

打开“用户账户”对话框，选择“高级”选项卡，选中“要求用户按 Ctrl＋Alt＋Delete”复选框，即可启用安全登录（Ctrl＋Alt＋Delete），如图 3-31 所示。

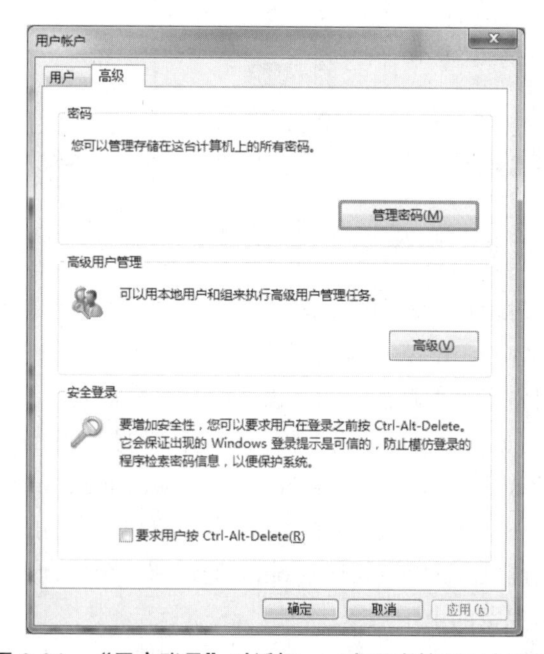

图 3-31 “用户账号”对话框——启用或禁用安全登录

（3）Windows 注销

Windows 账户注销后，正在使用的所有程序都会被关闭，但计算机不会关机。

注销后，其他用户可以登录而无须重新启动计算机。此外，无须担心因其他用户关闭计算机而丢失您的信息。

使用 Windows 完成操作后，不必注销。可以选择锁定计算机或允许其他人通过使用快速用户切换功能登录计算机。如果锁定计算机，则只有您或管理员才能将其解除锁定。

3.5.2 用户与组的管理

1. 用户账户

用户账户是通知 Windows，用户可以访问哪些文件和文件夹，可以对计算机和个人首选项（如桌面背景或屏幕保护程序）进行哪些更改的信息集合。通过用户账户，可以在拥有自己的文件和设置的情况下与多个人共享计算机。每个人都可以使用用户名和密码访问其用户账户。

Windows 有三种类型的账户，每种类型为用户提供不同的计算机控制级别：

- 标准账户，适用于日常计算。
- 管理员账户，可以对计算机进行最高级别的控制，但应该只在必要时才使用。
- 来宾账户，主要针对需要临时使用计算机的用户。

2. 创建用户账户

每个人都可以拥有一个具有唯一设置和首选项（如桌面背景或屏幕保护程序）的单独的用户账户。用户账户可控制用户可以访问的文件和程序以及可以对计算机进行更改的类型。通常，管理员会希望为大多数计算机用户创建标准账户。

（1）打开“用户账户”。要打开“用户账户”，可依次单击“开始”按钮 | “控制面板” | “用户账户和家庭安全设置” | “用户账户”。

（2）单击“管理其他账户”。如果系统提示您输入管理员密码或进行确认，请键入该密码或提供确认，如图 3-32 所示。

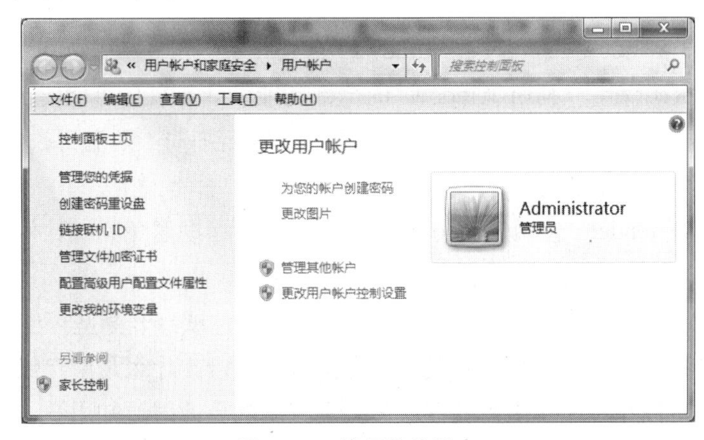

图 3-32 管理其他账户

（3）单击“创建一个新账户”。键入要为用户账户提供的名称，再选择账户类型，然后单击“创建账户”按钮。

3. Windows 安全

（1）创建强密码和密码短语的提示

密码是用于访问信息或计算机的字符串。为了加强安全性，密码短语通常比密码要长，并包含用于创建短语的多个单词。密码和密码短语可帮助防止未经授权的人员访问文件、程序和其他资源。当创建密码或密码短语时，应使其更“强健”，这样他人就难以猜测或破解。最好对计算机上的所有用户账户都使用强密码。如果使用的是工作区网络，网络管理员可能会要求使用强密码。

在无线网络中，Wi-Fi 保护访问（WPA）安全密钥支持使用密码短语。此密码短语会转换为用于加密的密钥，但不对用户显示。强密码或强密码短语的构成如下。

① 强密码。

- 长度至少为 8 个字符。
- 不包含用户名、真实姓名或公司名称。
- 不包含完整的单词。
- 与先前的密码截然不同。

② 强密码短语。

- 长度为 20～30 个字符。
- 由一系列创建短语的单词组成。
- 不包含可在文学或音乐作品中找到的常见短语。
- 不包含可在字典中找到的单词。
- 不包含用户名、真实姓名或公司名称。
- 与先前的密码或密码短语截然不同。

（2）Windows 7 的安全机制

Windows 7 的安全机制主要包含以下内容：操作中心、Windows Defender、用户账户控制、备份和还原、Windows Update、Windows 防火墙。

使用此清单可确保用户利用 Windows 的全部功能使计算机尽可能安全。

① 操作中心。使用“操作中心”可以确保防火墙已经打开、防病毒软件处于最新状态，并且计算机设置为自动安装更新。

② Windows Defender。使用 Windows Defender 可以帮助避免间谍软件和其他可能不需要的软件在你不知情的情况下安装到用户的计算机上。

③ 用户账户控制。“用户账户控制”要求在安装软件或打开某些可能会潜在危害计算机或使计算机更容易受到安全威胁的程序之前要得到许可。什么是用户账户控制？用户账户控制（UAC）可以在程序作出需要管理员级别权限的更改时通知用户，从而保持对计算机的控制。UAC 的工作原理是调整用户账户的权限级别。如果正在执行标准用户可以执行

的任务（如阅读电子邮件、听音乐或创建文档），则即使以管理员的身份登录，也只具有标准用户的权限。

当计算机作出需要管理员级别权限的更改时，UAC 会通知管理员。

建议大多数情况下使用标准用户账户登录到计算机。浏览 Internet、发送电子邮件、使用字处理器，所有这些都不需要使用管理员账户。当要执行管理任务（如安装新程序或更改将影响其他用户的设置）时，不必切换到管理员账户，在执行该任务之前，Windows 会提示授予许可或提供管理员密码。

④ 备份和还原。定期备份文件和设置非常重要，如果被病毒感染或出现某种硬件故障，可以恢复文件。

⑤ Windows Update。将 Windows Update 设置为计算机自动下载并安装最新更新。

下面重点介绍 Windows 防火墙。

（3）Windows 防火墙设置

Windows 防火墙可以帮助用户阻止黑客和恶意软件通过 Internet 访问用户的计算机。默认情况下，Windows 防火墙会阻止大多数程序，以便使计算机更安全。某些程序可能需要允许其通过防火墙进行通信，以便正常工作。Windows 防火墙如图 3-33 所示。

图 3-33　Windows 防火墙

在左窗格中，单击“允许程序或功能通过 Windows 防火墙”。再单击“更改通知设置”，选中要允许的程序旁边的复选框，然后选择要允许通信的网络位置，最后单击“确定”按钮。

如果 Windows 防火墙阻止某一程序，而用户希望允许该程序通过防火墙进行通信，通常可以通过在 Windows 防火墙允许的程序列表（也称为“例外列表”）中选中该程序来实现。

但是，如果列表中没有列出该程序，则可能需要打开一个端口。例如，当与其他用户联机进行多人协同工作或游戏时，可能需要为该程序或游戏打开一个端口，这样防火墙才能允许程序或游戏信息到达用户的计算机。端口始终保持打开状态，因此要确保关闭不需要打开的端口。

单击“Windows 防火墙”|“高级设置”，在打开的界面中如果系统提示输入管理员密码或进行确认，请键入该密码或提供确认。

在打开的“高级安全 Windows 防火墙”对话框的左窗格中，单击“入站规则”，然后在对话框的右窗格中，单击“新建规则”，然后按照新建入站规则向导中的说明进行操作即可。

习 题 三

一、选择题

1. 网络根据（　）可分为广域网和局域网。

A. 连接计算机的多少　B. 连接范围的大小　C. 连接的位置　D. 连接结构

2. （　）是为网络中各用户提供服务并管理整个网络的，是整个网络的核心。

A. 工作站　B. 服务器　C. 外围设备　D. 通信协议

3. 在局域网中常见的网络模式有（　）网络和工作站/服务器型网络两种。

A. 总线型　B. 星形　C. 环形　D. 对等型

4. （　）协议是目前网络中最常用的一种网络通信协议，它不仅应用于局域网，同时也是 Internet 的基础协议。

A. NetBEUI　B. IPX/SPX　C. TCP/IP　D. NetBIOS

5. 计算机网络的首要目的是（　）。

A. 资源共享　B. 数据通信　C. 提高工作效率　D. 提高工作效率

6. 属于集中控制方式的网络拓扑结构是（　）。

A. 星形结构　B. 环形结构　C. 总线结构　D. 树形结构

7. Internet 起源于（　）。

A. BITNET　B. NSFNET　C. ARPANET　D. CSNET

8. 以下（　）是物理层的网间设备。

A. 中继器　B. 路由器　C. 网关　D. 网桥

9. 在 Internet 上各种网络和各种不同类型的计算机互相通信的基础是（　）协议。

A. HTTP　B. IPX　C. X.25　D. TCP/IP

10. 通信双方必须遵循的控制信息交换规则的集合是（　）。

A. 语法　　B. 语义　　C. 同步　　D. 协议

11. 下列不属于应用层协议的是（　）。

A. FTP　　B. TELNET　　C. SMTP　　D. TCP

12. 有一个以太网需要和令牌环网互连，互连设备应采用（　）。

A. 集线器　　B. 中继器　　C. 路由器　　D. 网桥

13. 某台计算机的 IP 地址为 132.121.100.001，那么它属于（　）网。

A. A 类　　B. B 类　　C. C 类　　D. D 类

14. 在使用 TCP/IP 协议的网络中，当计算机之间无法访问或与 Internet 连接不正常时，在 DOS 状态下，常常使用（　）命令来检测网络连通性问题。

A. ping　　B. dir　　C. ip　　D. list

15. 以下（　）是文件解压缩软件。

A. Foxmail　　B. Internet Explorer　　C. Winzip　　D. Realpl

16. Windows 7 提供了三个内置的用户账号：Administrator、HomeGroupUser$ 与（　）。

A. Operator　　B. Replicator　　C. User　　D. Guest

17. 实现局域网与广域网互连的主要设备是（　）。

A. 交换机　　B. 集线器　　C. 网桥　　D. 路由器

18. 在 Internet 中完成从域名到 IP 地址或者从 IP 地址到域名转换的是（　）。

A. DNS　　B. FTP　　C. WWW　　D. ADSL

19. IP 地址 168.160.233.10 属于（　）。

A. A 类地址　　B. B 类地址　　C. C 类地址　　D. 无法判定

20. 用户的电子邮件信箱是（　）。

A. 通过邮局申请的个人信箱　　B. 邮件服务器内存中的一块区域

C. 邮件服务器硬盘中的一块区域　　D. 用户计算机硬盘中的一块区域

21. POP3 服务器是用来（　）邮件的。

A. 接收　　B. 发送　　C. 接收和发送　　D. 以上均错

22. 在 Internet 上用于传输文件的协议是（　）。

A. HTTP　　B. FTP　　C. IP　　D. HCP

23. 下列四项中合法的 IP 地址是（　）。

A. 192.202.3　　B. 202.118.192.22

C. 203.55.256.66　　D. 192;250;82;220

24. 在地址栏中显示 www.sina.com.cn/，则默认所采用的协议是（　）。

A. HTTP　　B. FTP　　C. IP　　D. mail to

25. 关于防火墙控制的叙述，不正确的是（　）。

A. 防火墙是近期发展起来的一种保护计算机网络安全的技术性措施

B. 防火墙是一个用以阻止网络中黑客访问某个机构网络的屏障
C. 防火墙主要用于防止病毒
D. 防火墙是控制进出两个方向通信的门槛

26. 用户的电子邮件信箱是（　）。

A. 通过邮局申请的个人信箱　　B. 邮件服务器内存中的一块区域
C. 邮件服务器硬盘上的一块区域　　D. 用户计算机硬盘上的一块区域

27. IPv6 地址由（　）位二进制组成。

A. 16　　B. 32　　C. 64　　D. 128

28. 构成计算机网络的要素包括通信主体、通信设备和通信协议，其中通信主体指（　）。

A. 交换机　　B. 双绞线　　C. 计算机　　D. 路由器

29. 超文本的核心是（　）。

A. 链接　　B. 文本　　C. 图像　　D. 声音

二、填空题

1. 计算机网络是指在__________________的计算机系统之集合。

2. 在计算机网络中采用的传输媒体通常可分为有线媒体和__________两大类，其中常用的有线传输媒体有双绞线、__________和__________。

3. 计算机网络的拓扑结构主要有总线型、星形、________、________及________5 种。

4. OSI 参考模型共分 7 个层次，自下而上分别是物理层、数据链路层、__________、__________、会话层、表示层和应用层。

5. 局域网的功能包括两大部分，对应于 OSI 参考模型的数据链路层和________的功能。

6. 在网络层上实现网络互连的设备是________________。

7. 10 BASE-T 网络规范中 10 表示__________，BASE 表示基带传输，T 表示_________。

8. WWW 应用的 WWW 客户程序（即浏览器）与 Web 服务器之间使用________________协议进行通信。

9. URL 指的是______。

10. IP 地址分层结构，它由__________和主机地址组成。

11. 网络服务供应商简称为__________。

12. 电子邮件地址以@分隔，@前面部分指的是__________，@后面部分指的是__________。

三、简答题

1. 计算机网络的发展可划分为哪几个阶段？每个阶段有什么特点？
2. 什么叫计算机网络？以什么观点给它定义？
3. 简述计算机网络的功能。
4. 按分布范围可将计算机网络划分为几种？各有什么特点？
5. 试述计算机网络主要的拓扑结构以及它们的特点。

6. OSI参考模型中有哪几层?

四、操作题

1. 网络协议规定了网络中各用户之间进行数据传输的方式。配置网络协议是组建网络的一个基础操作，请读者结合上机实践，叙述配置网络协议的具体操作。

2. 在对等型网络中，实现资源共享是其主要目的，设置共享文件夹是实现资源共享的常用方式。请读者参考本章的内容，练习设置共享文件夹的操作。

3. 请实际体验一下Windows 7的各项安全设置,并阐述Windows防火墙设置防范策略。

第 4 章　数据库管理系统与 Access 2010

数据库技术主要研究如何科学地组织和存储数据，如何高效地获取和处理数据。Microsoft Access 2010 作为一种关系数据库管理系统，是中小型数据库应用系统的理想开发环境，已经得到越来越广泛的应用。本章首先介绍数据库管理系统的基础知识，然后介绍典型关系数据库管理软件 Access 2010 的应用。

4.1　数据库系统概述

数据库技术的出现使数据管理进入了一个崭新的时代，它能把大量的数据按照一定的结构存储起来，并在数据库管理系统的集中管理下，实现数据共享。本节将介绍数据库、数据库管理系统和数据库系统等基本概念。

4.1.1　数据库技术的产生与发展

1. 数据管理的发展

数据是指存储在某一种媒体上能够被识别的物理符号。计算机对数据的管理是指如何对数据分类、组织、编码、存储、检索和维护等。计算机数据管理随着计算机软硬件技术和计算机应用范围的发展而发展，多年来经历了人工管理、文件系统、数据库系统几个阶段。

（1）人工管理阶段

在 20 世纪 50 年代中期以前，计算机主要用于科学计算，数据管理属于人工管理阶段。这一阶段的特点是：数据与程序不具有独立性，一组数据对应一个应用程序；数据不能长期保存，程序运行结束后就会退出计算机系统；数据不能共享，一个程序中的数据无法被其他程序使用，因此程序与程序之间存在大量的冗余数据。在人工管理阶段，应用程序与数据之间的关系如图 4-1 所示。

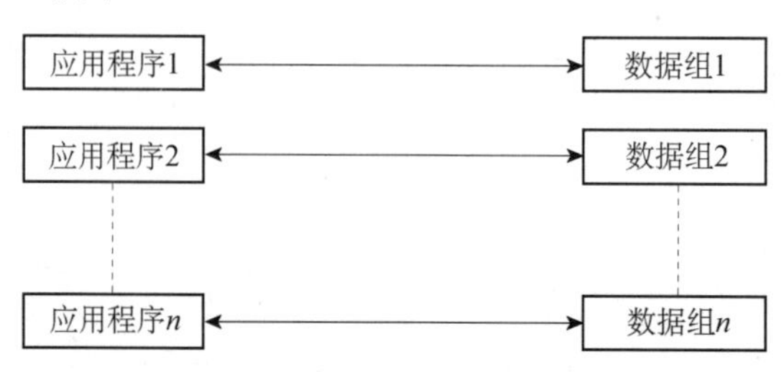

图 4-1　人工管理阶段应用程序与数据之间的关系

（2）文件系统阶段

从 20 世纪 50 年代后期开始至 20 世纪 60 年代中期，数据管理属于文件系统阶段。此时的计算机的应用范围逐渐扩大，计算机不仅用于科学计算，而且还大量用于管理，在这一阶段中，文件系统在应用程序与数据之间提供了一个公共接口，使程序采用统一的存取方法来存取、操作数据。程序与数据之间不再是直接的对应关系，它们都具有了一定的独立性。但文件系统只是简单地存放数据，数据的存取在很大程度上仍依赖于应用程序。不同程序难于共享同一数据文件，数据独立性较差。此外，由于文件系统没有一个相应的数据模型来约束数据的存储，因而仍有较高的数据冗余，极易造成数据的不一致。在文件系统阶段，应用程序与数据之间的关系如图 4-2 所示。

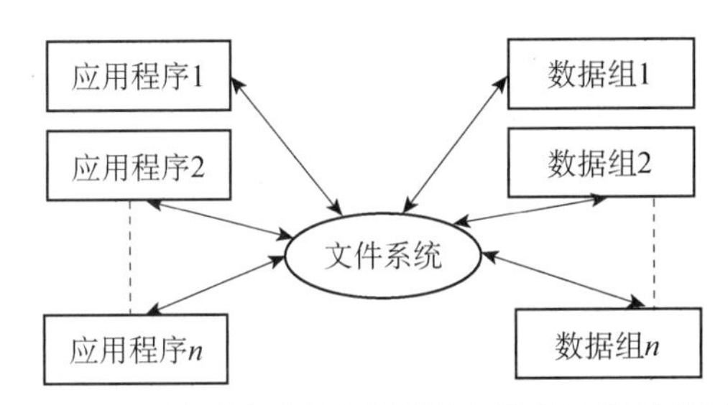

图 4-2　文件系统阶段应用程序与数据之间的关系

（3）数据库系统阶段

20 世纪 60 年代后期，为了满足多用户、多应用程序共享数据的需求，使数据为尽可能多的用户服务，就出现了数据库技术，出现了一种新的数据管理软件——数据库管理系统（Database Management System，DBMS）。数据库技术使数据有了统一的结构，并且对所有数据实行统一、集中、独立的管理，以实现数据的共享，保证了数据的完整性和安全性，从而提高数据管理效率。

与传统的文件管理阶段相比，现代的数据库管理系统的特点有：数据库中数据的存储是按统一结构进行的，不同的应用程序都可直接操作和使用这些数据，应用程序与数据之间保持着高度的独立性；数据库系统提供了一套有效的管理手段来保证数据的完整性、一致性和安全性，从而使数据具有充分的共享性；数据库系统还为用户管理、控制数据的操作，提供了功能强大的操作命令，使用户能够直接使用命令或将命令嵌入应用程序中，简单方便地实现数据库的管理、控制操作。

在数据库系统阶段，数据已经成为多个用户或应用程序共享的资源，从应用程序中独立出来，形成数据库，并由数据库管理系统 DBMS 统一管理。应用程序与数据之间的关系如图 4-3 所示。

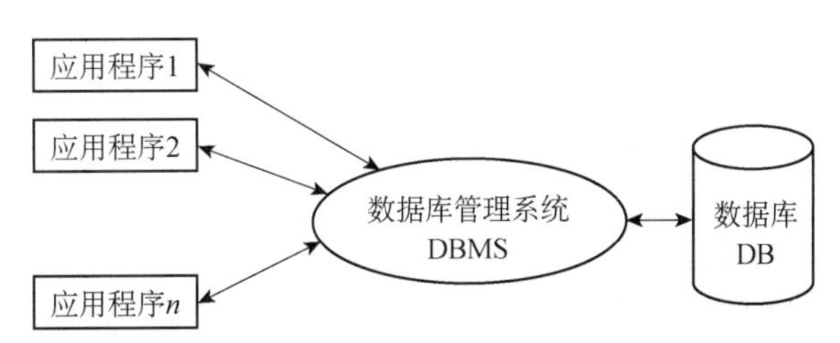

图 4-3　数据库系统阶段应用程序与数据之间的关系

2. 数据库新技术

数据库技术面临新的挑战，主要体现在数据库系统的环境变化：大量异构数据的集成和网络信息的集成，支持协调工作和工作流管理；数据类型和数据来源的变化，大量数据来源于实时动态的传感器和监测系统的多媒体数据；设计方法和工具的改变，面向对象分析和设计方法的应用等。下面简单叙述近几年来数据库发展的新趋势。

（1）分布式数据库

分布式数据库系统（Distributed DataBase System，DDBS）是在集中式数据库的基础上发展起来的，是数据库技术与计算机网络技术、分布处理技术相结合的产物。分布式数据库系统是在地理上分布于计算机网络的不同节点，逻辑上属于同一系统的数据库系统，能支持全局应用，同时可以存取两个或两个以上节点的数据。

分布式数据库系统的主要特点如下。

① 数据是分布的：数据库中的数据分布在计算机网络的不同节点上，而不是集中于一个节点，其区别于数据存放在服务器上由各用户共享的网络数据库系统中。

② 数据是逻辑相关的：分布在不同节点的数据逻辑上属于同一个数据库系统，数据间存在着相互关联。

③ 每个节点都是自治的：每个节点都有自己的计算机软硬件资源、数据库、局部数据库管理系统，因而能够独立地管理局部数据库。

（2）面向对象数据库

面向对象数据库系统（Object-Oriented DataBase System，OODBS）是将面向对象的模型、方法和机制，与先进的数据库技术有机地结合而形成的新型数据库系统。它从关系模型中脱离出来，强调在数据库框架中发展类型。它的基本设计思想是，一方面把面向对象语言向数据库方向扩展，使应用程序能够存取并处理对象，另一方面扩展数据库系统，使其具有面向对象的特征，并且提供一种综合的语义数据建模概念集，以便对现实世界中复杂应用的实体和联系建模。

（3）多媒体数据库

多媒体数据库系统（Multi-Media DataBase System，MDBS）是数据库技术与多媒体技术相结合的产物。在许多数据库应用领域中，都涉及大量的多媒体数据，这些数据与传统的数字、字符等格式化数据有很大的不同，都是一些结构复杂的对象。因此，多媒体数据库需要有特殊的数据结构、存储技术、查询和处理方式。

（4）数据仓库

随着信息处理技术的高速发展，数据和数据库在急剧增长，数据库应用的规模、范围和深度不断扩大，一般的事务处理已不能满足应用的需要，而在大量信息数据基础上的决策支持（Decision Support，DS）、数据仓库（Data Warehouse，DW）技术的兴起则满足了这一需求。

4.1.2 数据库系统

数据库系统（DataBase System，DBS）是指安装和使用了数据库技术的计算机系统，它能实现有组织地、动态地存储大量相关数据，并提供数据处理和信息资源共享的便利手段。

1. 数据库系统的组成

数据库系统由计算机硬件、数据库、数据库管理系统、应用程序和数据库用户 5 部分组成。可以说数据库系统是一个结合体，其构成结构如图 4-4 所示。

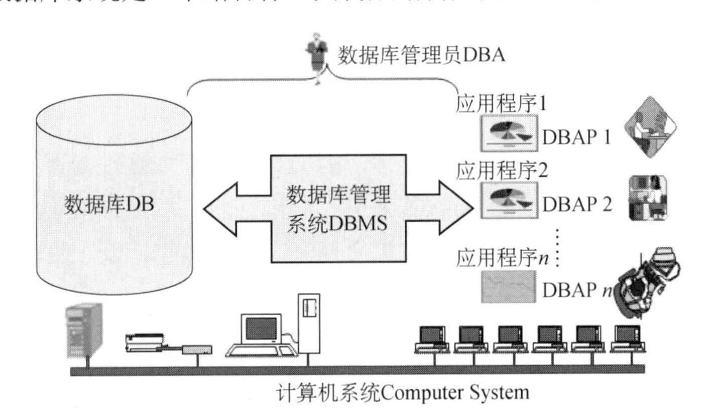

图 4-4　数据库系统的构成结构

（1）计算机硬件

计算机硬件是数据库系统赖以存在的物质基础，是存储数据库及运行数据库管理系统的硬件资源，主要包括相当速率的 CPU、足够大的内存空间、足够大的外存设备及配套的 I/O 通道等。大型数据库系统一般都建立在计算机网络环境下，因此还需要一些网络设备的支持。

（2）数据库

数据库（DataBase，DB）顾名思义是存放数据的仓库，可以把数据库定义为“人们为解决特定的任务，以一定的组织方式存储在计算机中的相关数据的集合”。

数据库是存储在计算机中的，结构化的相关数据的集合，它包括描述事物的数据本身和相关事物之间的联系，是数据库系统的工作对象。数据库中的数据可以被多个用户、多个应用程序共享，它的结构是独立于应用程序的。

（3）数据库管理系统

数据库管理系统是指负责数据库存取、维护、管理的系统软件，它是数据库系统的核心，其功能的强弱是衡量数据库系统性能优劣的主要指标。DBMS 提供了对数据库中的数据资源进行统一管理和控制的功能，可以将用户应用程序与数据库数据相互隔离。

（4）应用程序

应用程序是在 DBMS 的基础上，由用户根据应用的实际需要所开发的、处理特定业务的软件系统。例如，学生教学管理系统、人事管理系统等。

（5）数据库用户

数据库用户是指管理、开发、使用数据库系统的所有人员，通常包括数据库系统管理员（DataBase Administrator，DBA）、应用程序员和终端用户。数据库管理员负责管理、监督、维护数据库系统的正常运行，全面负责管理和控制数据库系统，确定系统软、硬件配置，以给应用程序员提供最佳的软件和硬件环境。应用程序员负责分析、设计、开发、维护数据库系统中运行的各类应用程序。终端用户是在 DBMS 与应用程序支持下，操作和使用数据库系统的普通使用者。

2. 数据库系统的特点

数据库系统的主要特点如下。

（1）数据共享

数据库可以被多用户、多应用程序共享，因而数据的存取往往是并发的，多个用户可同时使用同一个数据库。数据共享是指多个用户可以同时存取数据而不相互影响。数据库系统必须提供必要的保护措施，包括并发访问控制功能、数据的安全性控制功能和数据的完整性控制功能等。

（2）减少数据冗余

数据冗余就是指数据重复，数据冗余既浪费存储空间，又容易产生数据的不一致。数据库从全局观念来组织和存储数据，数据已经根据特定的数据模型结构化，在数据库中，用户的逻辑数据文件和具体的物理数据文件不必一一对应，从而有效地节省了存储资源，减少了数据冗余，增强了数据的一致性。

（3）采用特定的数据模型

数据库中的数据是有结构的，这种结构由数据库管理系统所支持的数据模型表现出来。数据库系统不仅可以表示事物内部各项数据之间的联系，而且可以表示事物与事物之间的联系，从而反映出现实世界中事物之间的联系。关于数据模型的知识将在 4.2 节具体介绍。

（4）具有较高的数据独立性

数据独立是指数据与应用程序之间的彼此独立，它们之间不存在相互依赖的关系。应用程序不必随着数据存储结构的改变而变动，这是数据库的一个最基本的优点。

在数据库系统中，数据库管理系统通过映象功能，实现了应用程序对数据的逻辑结构与物理存储结构的较高的独立性。数据库的数据独立包括如下两个方面。

① 物理数据独立：当数据的存储格式和组织方法改变时，不会影响数据库的逻辑结构，从而不会影响应用程序。

② 逻辑数据独立：数据库逻辑结构的变化，不影响用户的应用程序。较高的数据独立性提高了数据管理系统的稳定性，从而提高了程序维护的效益。

（5）增强了数据的安全性

数据库系统加入了安全保密机制，可以防止对数据的非法存取，并且由于实行集中控制，有利于控制数据的完整性。

4.1.3 数据库管理系统

数据库管理系统是对数据进行管理的大型系统软件，是数据库系统的核心组成部分。

用户在数据库系统中的一切操作，包括数据定义、查询、更新及各种控制，都是通过 DBMS 进行的。DBMS 是 DBS 的核心软件，其主要目标是使数据成为方便使用的资源，易于为各种用户所共享，并增进数据的安全性、完整性等。

典型的数据库管理系统有 Microsoft SQL Server、Microsoft Office Access、Visual Foxpro、Oracle 和 Sybase 等。一般来说，DBMS 主要包括如下功能。

1. 数据定义功能

DBMS 为数据库的建立提供了数据定义语言（Data Definition Language，DDL）。用户可以使用 DDL 定义数据库的结构，还可以定义数据的完整性约束、保密限制等约束条件。

DDL 是用于描述数据库中要存储的现实世界实体的语言，是 SQL 语言集中负责数据结构定义与数据库对象定义的语言，由 CREATE、ALTER 与 DROP 三个语句所组成。

2. 数据操纵功能

DBMS 提供了数据操纵语言（Data Manipulation Language，DML）来实现对数据库检索、插入、修改和删除等基本存取操作。

DML 是 SQL 语言中用于检索、插入、修改和删除数据的指令集，是最常用的 SQL 命令，由 INSERT、UPDATE、SELECT、DELETE 四个语句所组成。

3. 数据库管理功能

DBMS 提供了对数据库的建立、更新、重编、结构维护、恢复及性能监测等进行管理的管理功能。

数据库管理是 DBMS 运行的核心部分，主要包括两方面的功能：

（1）数据库运行管理功能。DBMS 提供数据控制功能，即是数据的安全性、完整性和并发控制等对数据库运行进行有效的控制和管理，以确保数据正确有效。

（2）数据库的建立和维护功能。包括数据库初始数据的装入；数据库的转储、恢复、重组织；系统性能监视、分析等功能。

4. 通信功能

DBMS 提供了数据库与其他软件系统进行通信的功能。例如，DBMS 提供了与其他 DBMS 或文件系统的接口，可以将数据库中的数据转换为对方能够接受的格式，也可以接收其他系统的数据。

4.2　数据模型

由于计算机不能直接处理现实世界中的具体事物，所以人们必须事先把具体事物转换成计算机能够处理的数据。模型是现实世界特征的模拟和抽象。在数据库技术中，用数据模型的概念描述数据库的结构和语义，是对现实世界的数据抽象。通俗地讲数据模型就是现实世界的模拟。

数据库技术中研究的数据模型分为两个层次。第一层是概念数据模型，它是按用户的观点来对数据和信息进行建模的，主要用于数据库设计。第二层是结构数据模型，是按计算机系统的观点对数据进行建模。

为了把现实世界中的具体事物抽象、组织为某 DBMS 支持的数据模型，人们常常首先将现实世界抽象为信息世界，然后将信息世界转换为机器世界。概念数据模型用于将现实世界抽象为信息世界，结构数据模型用于将信息世界转换为机器世界。

4.2.1 概念数据模型

概念数据模型是独立于计算机系统的数据模型，是对客观事物及其联系的抽象，用于信息世界的建模，它强调语义表达能力，能够较方便、直接地表达应用中各种语义知识。这类模型概念简单、清晰、易于被用户理解，是用户和数据库设计人员之间进行交流的语言。

1. 实体

客观存在并相互区别的事物称为实体（Entity）。一个实体可以是一个具体的人或物，如一个学生，也可以是一个抽象的事物，如一个想法。

（1）属性

实体所具有的特性称为属性（Attribute）。一个实体可用若干属性来描述。例如，学生实体可用学号、姓名、性别和年龄等属性来描述。

每个属性都有特定的取值范围，即值域（Domain）。例如，年龄的值域是不小于零的整数，性别则只能取“男”或“女”。

属性由属性型和属性值构成，属性型就是属性名及其取值类型，属性值就是属性在其值域中所取的具体值。

（2）实体型和实体集

属性值的集合表示一个实体，而属性型的集合表示一种实体的类型，称为实体型。同类型的实体的集合就是实体集。例如，学生（学号，姓名，性别，年龄）就是一个实体型，而对于学生来说，全体学生就是一个实体集。

在 Access 中，用“表”来存放同一类实体，即实体集。例如，学生表、教师表、成绩表等。Access 的一个“表”包含若干个字段，字段就是实体的属性。字段值的集合组成表中的一条记录，代表一个具体的实体，即每一条记录表示一个实体。

2. 实体联系

实体之间的对应关系称为联系，它反映现实世界事物之间的相互关联。实体间联系的种类是指在一个实体集中可能出现的每一个实体与在另一个实体集中的多少个实体存在联系。两个实体间的联系可以归结为 3 种类型：一对一联系、一对多联系和多对多联系，如图 4-5 所示。

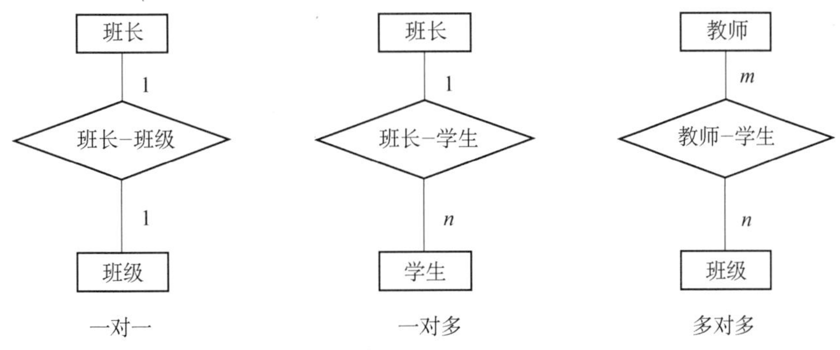

图 4-5　实体间的联系

（1）一对一联系

在两个不同型的实体集中，任一方的一个实体只与另一方的另一个实体相对应，这种联系称为一对一联系。如班长与班级的联系，一个班级只有一个班长，一个班长对应一个班级。

（2）一对多联系

在两个不同型的实体集中，一方的一个实体对应另一方的若干个实体，而另一方的一个实体只对应本方的一个实体，这种联系称为一对多联系。

（3）多对多联系

在两个不同型的实体集中，两实体集中的任一实体均与另一实体集中的若干个实体对应，这种联系称为多对多联系，如教师与学生的联系。

3. E-R 方法

概念模型是对信息世界建模，所以概念模型应该能够方便、准确地表示出上述信息世界中的常用概念。概念模型的表示方法很多，其中最为常用的是实体—联系方法（Entity-Relationship Approach，E-R 方法）。该方法用 E-R 图来描述现实世界的概念模型。

E-R 图提供了表示实体、属性和联系的方法。

- 实体：用矩形表示，在矩形框内写明实体名。
- 属性：用椭圆形表示，并用无向边将其与相应的实体连接起来。
- 联系：用菱形表示，在菱形框内写明联系名，并用无向边将其分别与有关实体连接起来，同时在无向边旁标上联系的类型（1∶1，1∶*N* 或 *M*∶*N*）。

需要注意的是，联系本身也是一种实体型，也可以有属性。如果一个联系具有属性，则这些属性也要用无向边与该联系连接起来。

例如，学生与课程实体型的 E-R 图，如图 4-6 表示。这个 E-R 图表示的是学生与所选课程之间的联系。学生实体由学号、姓名、学院名属性描述；课程实体由课程号、课程名、学分属性描述。图中还表示了实体学生和实体课程之间的联系，它们的联系方式是多（*M*）对多（*N*）的，通常表示为 *M*∶*N*，即一个学生可以选多门课程，一门课程也可以有多个学生选修，联系也有属性，属性名为成绩，描述的现实世界的意义为：某个学生选修某门课程应有一个选修该课程的成绩。

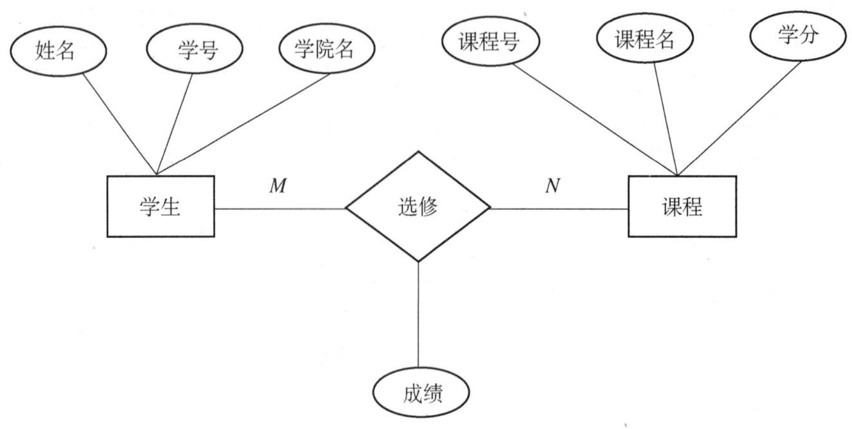

图 4-6　学生与课程实体型的 E-R 图

E-R 方法是抽象和描述现实世界的有力工具。用 E-R 图表示的概念模型与具体的 DBMS 所支持的数据模型相互独立，是各种数据模型的共同基础。通过 E-R 图可以使用户了解系统设计者对现实世界的抽象是否符合实际情况，从某种程度上说 E-R 图也是用户与系统设计者进行交流的工具。由于篇幅有限这里就不再展开叙述，请参考相关参考书。

4.2.2　结构数据模型

概念数据模型是对现实世界的数据描述，这种数据模型最终要转换成计算机能够实现的数据模型。现实世界的第二层抽象是直接面向数据库的逻辑结构，称为结构数据模型，这类数据模型涉及计算机系统和数据库管理系统。结构数据模型不同，相应的数据库系统就完全不同，任何一个数据库管理系统都是基于某种数据模型的。

结构数据模型由数据结构、数据操作和完整性约束三要素组成。数据结构是指对实体类型和实体之间联系的表达和实现。数据操作是指对数据库的查询、修改、删除和插入等操作。数据完整性约束是指定义了数据及其联系应该具有的制约和依赖规则。

数据库系统常用的数据模型有层次模型、网状模型和关系模型 3 种。

1. 层次模型

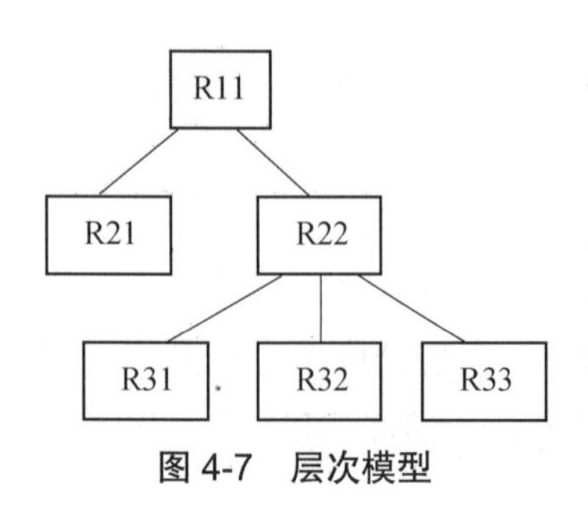

图 4-7　层次模型

用树形结构表示实体及实体之间联系的模型称为层次模型（Hierarchical Model），如图 4-7 所示。树是由节点和连线组成的，节点表示实体集，连线表示实体之间的联系。通常将表示“一”的数据放在上方，称为父节点；而表示“多”的数据放在下方，称为子节点。

层次模型的基本特点如下。

① 有且仅有一个节点，无父节点，该节点称为根节点。

② 其他节点有且只有一个父节点。

在现实世界中许多实体之间的联系本来就呈现出一种自然的层次关系，如行政机构、家族关系等。层次模型可以直接方便地表示一对一联系和一对多联系，但不能用它直接表示多对多联系。层次模型是数据库系统中最早出现的数据模型。

2. 网状模型

用网状结构表示实体及实体之间联系的模型称为网状模型（Network Model），如图 4-8 所示。网状模型是层次模型的拓展，网状模型的节点间可以任意发生联系，能够用它表示各种复杂的联系。

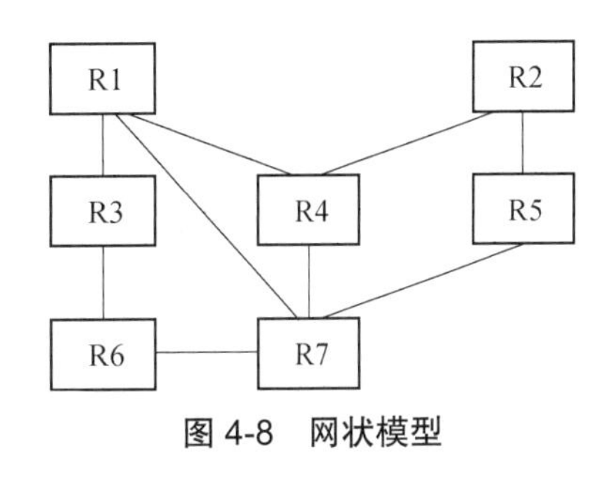

图 4-8　网状模型

网状模型的基本特点如下：

- 有一个以上节点，无父节点。
- 至少有一个节点，有多于一个的父节点。

网状结构是一种比层次模型更具有普遍性的结构，它去掉了层次模型的两个限制，允许多个节点没有双亲节点，也允许节点有多个双亲节点。此外，它还允许两个节点之间有多种联系（称之为复合联系）。因此，采用网状模型可以更直接地描述现实世界，而层次模型实际上是网状模型的一个特例。网状模型可以直接表示多对多联系，这也是网状模型的主要优点。

3. 关系模型

用二维表结构来表示实体及实体之间联系的模型称为关系模型（Relational Model），关系模型是目前最重要的一种数据模型。

关系模型与层次模型、网状模型的本质区别在于数据描述的一致性、模型概念的单一性。在关系模型中，每一个关系都是一个二维表，无论实体本身还是实体间的联系均用称为“关系”的二维表来表示，这使得描述实体的数据本身能够自然地反映它们之间的联系，而传统的层次和网状模型数据库则是使用链接指针来存储和体现联系的。

关系模型是建立在集合论与关系代数基础上的，因而具有坚实的理论基础，与层次模型和网状模型相比，关系模型具有数据结构单一、理论严密、使用方便和易学易用等特点。

4.3　关系数据库

关系数据库，是建立在关系模型基础上的数据库，借助于集合代数等数学概念和方法来处理数据库中的数据。现实世界中的各种实体以及实体之间的各种联系均用关系模型来表示。目前绝大多数数据库系统的数据模型，都采用关系模型，关系模型已成为数据库应用的主流。本节具体介绍关系模型的一些基本概念。

4.3.1 关系模型

我们习惯用表格形式表示一组相关的数据，这样既简单又直观，如图 4-9 所示的学生表和如图 4-10 所示的班级表都是二维表。这种由行与列构成的二维表，在数据库理论中称为关系。在关系模型中，实体和实体间的联系都是用关系来表示的，也就是说，二维表中既存放着实体本身的数据，又存放着实体间的联系。关系不但可以表示实体间一对多的联系，通过建立关系间的关联，也可以表示多对多的联系。

学号	姓名	性别	出生日期	班级号	电话
18601101	郭方	男	1999-2-1	186011	600101
18601102	马师师	女	2000-3-4	186011	600329
18601201	方涛	男	1999-5-2	186012	600333
18601202	尹佳晨	男	1999-10-2	186012	600387
18602301	李筱月	女	1999-2-12	186023	600453
18602302	叶碧玉	女	2000-1-11	186023	600234

图 4-9 学生表

班级号	班级名	学院号
186011	计算机 14	601
186012	自动化 14	601
186023	数学 14	602

图 4-10 班级表

1. 关系的基本概念

（1）关系

一个关系就是一个二维表，每个关系都有一个关系名。在 Access 中，一个关系对应着一个表，关系名则对应着表名。

对关系的描述称为关系模式，一个关系模式对应一个关系的结构，其格式为：

关系名（属性名 1，属性名 2，……，属性名 *n*）

学生表的关系模式可表示为：学生（学号，姓名，性别，出生日期，班级号，电话）。

（2）元组

二维表的每一行在关系中称为元组。在 Access 中，一个元组就是表中的一条记录。学生表的其中一行

18601101	郭方	男	1999-2-1	186011	600101

就是一个元组或一条记录。

（3）属性

二维表的每一列在关系中称为属性，每个属性都有一个属性名，属性值则是各个元组属性的取值。属性的取值范围称为域，即不同元组对同一个属性的取值所限定的范围。

在 Access 中，一个属性对应表中一个字段，属性名对应字段名，属性值则对应于各个记录的字段值。每个字段的数据类型、宽度等在创建表的结构时设定。学生表的“学号”就是属性，或者称为字段。

（4）关键字

① 主关键字和候选关键字。凡在一个关系中能够唯一区分、确定不同元组的属性或属性组合，称为候选关键字。在候选关键字中选定一个作为关键字，称为该关系的主关键字，简称主键或主码。关系中主关键字是唯一的，而且在主关键字字段中的值不允许重复或为

空。在一个关系中可以没有主关键字。

例如，在学生表中增加一个字段“身份证号”，则“身份证号”和“学号”都是候选关键字，可选定“学号”作为主关键字。

② 外部关键字。在一个关系中并非主关键字，但却是另一个关系的主关键字或候选关键字，则称此属性或属性组合为本关系的外部关键字，或称为外码。关系之间的联系就是通过外部关键字来实现的。

比如，学生表中的“班级号”不是学生表的主关键字，而“班级号”却是班级表的主关键字，那么在学生表中，称“班级号”为外部关键字。在班级表和学生表之间就是通过“班级号”这个外部关键字联系的，由此也可以表示表之间的联系。

2. 关系的基本特点

关系模型看起来简单，但是并不能将日常手工管理所用的各种表格，按照一张表一个关系的原则直接存放到数据库系统中。在关系模型中对关系有一定的要求，关系必须具有以下基本特点。

- 关系必须规范化，属性不可再分割。规范化是指关系模型中每个关系模式都必须满足一定的要求，最基本的要求是关系必须是一张二维表，每个属性值必须是不可分割的最小数据单元，即表中不能再包含表。
- 在同一关系中不允许出现相同的属性名。
- 任意交换两个元组（或属性）的位置，不会改变关系模式。

以上是关系的基本性质，也是衡量一个二维表格是否能构成关系的基本要素。在这些基本要素中，有一点是关键，即属性不可再分割，也即表中不能套表。

4.3.2　关系运算

在用关系数据库进行查询时，需要找到用户感兴趣的数据，这就需要对关系进行一定的关系运算。关系的基本运算主要有选择、投影和联接三种运算。

1. 选择运算（Selection）

选择运算是从关系中查找符合指定条件的元组的操作。选择运算在二维表格中是选取若干行的操作，在表中则是选取若干条记录的操作，相当于对关系进行水平分解。

例如，从学生表中选择出性别等于“女”的元组组成新的关系，所进行的查询操作就属于选择运算，选择运算结果如图 4-11 所示。

学号	姓名	性别	出生日期	班级号	电话
18601102	马师师	女	2000-3-4	186011	600329
18602301	李筱月	女	1999-2-12	186023	600453
18602302	叶碧玉	女	2000-1-11	186023	600234

图 4-11　选择运算结果

2. 投影运算（Projection）

投影运算是从关系中选取若干个属性的操作，并以此形成一个新的关系，其关系模式中的属性个数比原来的关系模式少。投影运算在二维表格中是选取若干列的操作，在表中则是选取若干个字段的操作，相当于对关系进行垂直分解。

例如，从学生表中只查询学生的“学号”与“姓名”信息，所进行的查询操作组成新的关系，就属于投影运算，投影运算结果如图 4-12 所示。

3. 联接运算（Join）

联接是关系的横向结合。联接运算是将两个关系模式的若干属性拼接成一个新关系模式的操作，在对应的新关系中，包含满足联接条件的所有元组。联接运算在表中则是将两个表的若干字段，按指定条件拼接生成一个新的表。

例如，将学生表和班级表关系联接起来，查询学生的“学号”“姓名”“班级名”信息，所进行的查询操作组成新的关系，就属于联接运算，联接运算结果如图 4-13 所示。

学号	姓名
18601101	郭方
18601102	马师师
18601201	方涛
18601202	尹佳晨
18602301	李筱月
18602302	叶碧玉

图 4-12　投影运算结果

学号	姓名	班级名
18601101	郭方	计算机 14
18601102	马师师	计算机 14
18601201	方涛	自动化 14
18601202	尹佳晨	自动化 14
18602301	李筱月	数学 14
18602302	叶碧玉	数学 14

图 4-13　联接运算结果

在对关系数据库的查询中，利用关系的投影、选择和联接运算可以方便地分解或构造新的关系。有些查询需要组合几个基本运算。

4.3.3　关系完整性

关系模型的完整性规则是为保证数据库中数据的正确性和可靠性，对关系模型提出的某种约束条件或规则。关系完整性通常包括实体完整性、参照完整性和用户定义完整性，其中实体完整性和参照完整性，是关系模型必须满足的完整性约束条件。

1. 实体完整性

实体完整性指关系中记录的唯一性，即同一个关系中不允许出现重复的记录。设置关系的主键便于保证数据的实体完整性，主关键字的字段值不能相同，也不能取“空值”。若主关键字是多个字段的组合，则其中单个字段可以重复，而整个组合主键不能重复，但几个字段都不能取空值。

例如，学生表中的“学号”字段为主键，若编辑该表学号字段时出现相同的学号时，数据库管理系统就会提示用户，并拒绝修改字段值，而且学号值也不能取空值。又如，“姓名”和“性别”为组合主键，则该姓名和性别都不能取空值。

2. 参照完整性

现实世界中的实体之间往往存在某种联系，在关系模型中实体及实体间的联系都是用关系来描述的，这样就自然存在着关系与关系之间的引用。引用的时候，必须取基本表中已经存在的值，由此引出参照的引用规则。

参照完整性是指定义建立关系之间联系的主关键字与外部关键字引用的约束条件。关系数据库中通常都包含多个存在相互联系的关系，关系与关系之间的联系是通过公共属性来实现的。所谓公共属性，它是一个关系 R（称为被参照关系）的主关键字，同时又是另一关系 K（称为参照关系）的外部关键字。如果参照关系 K 中外部关键字的取值，要么与被参照关系 R 中某元组主关键字的值相同，要么取空值，那么，在这两个关系间建立关联的主关键字和外部关键字引用，符合参照完整性规则要求。

例如，将学生表作为参照关系，班级表作为被参照关系，以“班级号”作为两个关系进行关联的公共属性，“班级号”是班级表的主关键字，是学生表的外部关键字。学生表通过外部关键字“班级号”参照班级表。假设把其中叶碧玉同学的班级号改为“186034”，单独看学生表并无不妥，而将其与班级表对应起来，发现该班级号并没有出现在班级表中，表明没有该班级号，所以该值是无效的，也就是说不符合参照完整性约束条件。

3. 用户定义完整性

实体完整性和参照完整性适用于任何关系型数据库系统，它主要是针对关系的主关键字和外部关键字取值必须有效而作出的约束。用户定义完整性则是根据应用环境的要求和实际的需要，对某一具体应用所涉及的数据提出约束性条件。这一约束机制一般不应由应用程序提供，而应由关系模型提供定义并检验，用户定义完整性主要包括字段有效性和记录有效性。

Access 通过设置“有效性规则”属性来实现用户定义的完整性要求。例如，规定“成绩”字段值必须是 0～150 范围内的数，则可将“成绩”字段的“有效性规则”属性设置为“＞=0 and＜=150”。

4.3.4　典型的关系数据库

以关系模型建立的数据库就是关系数据库。目前，商品化的数据库管理系统以关系型数据库为主导产品，技术比较成熟。国内外的主导关系型数据库管理系统有 Oracle、Sybase、Informix、SQL Server、Access 等产品。下面简要介绍几种常用的关系型数据库管理系统。

1. Oracle

Oracle 是美国 Oracle 公司研制的一种关系型数据库管理系统，是一个协调服务器和用于支持任务决定型应用程序的开放型 RDBMS。它可以支持多种不同的硬件和操作系统平台，从台式机到大型和超级计算机，都可以使用 Oracle。Oracle 属于大型数据库系统，主要适用于大、中小型应用系统，或者可以作为客户机/服务器系统中服务器端的数据库系统。

2. SQL Server

SQL Server 是美国 Microsoft 公司推出的一种关系型数据库系统。SQL Server 是一个可扩展的、高性能的，为分布式客户机/服务器计算所设计的数据库管理系统，它实现了与 WindowsNT 的有机结合，提供了基于事务的企业级信息管理系统方案，具有自主的 SQL 语言。SQL Server 以其内置的数据复制功能、强大的管理工具、与 Internet 的紧密集成和开放的系统结构为广大的用户、开发人员和系统集成商提供了一个出众的数据库平台。

3. Access

Access 是美国 Microsoft 公司于 1994 年推出的微机数据库管理系统。它具有界面友好、易学易用、开发简单、接口灵活等特点，是典型的新一代桌面数据库管理系统。本章以下各节主要介绍 Access 2010 的应用。

4.4 Access 2010 概述

Access 2010 是 Microsoft Office 的组成部分之一，是一种功能强大的关系型数据库管理系统，可以组织、存储并管理任何类型和任意数量的数据。本节简单介绍 Access 数据库的基本组成部分，初步认识 Access 2010，然后介绍数据库的创建和打开等基本操作。

4.4.1 Access 对象

Microsoft Access 2010 采用数据库方式，在一个单一的.accdb 文件中包含应用系统中所有的数据对象（包括表和查询对象），及其所有的数据操作对象（包括窗体、报表等对象）。不同的数据库对象在数据库中起着不同的作用。

1. 表

表（Table）是用来存储数据库的数据的，故又称数据表，是数据库的核心，也是整个数据库系统的基础。表可以为其他对象提供数据。Access 2010 允许一个数据库中包含多个表，用户可以在不同的表中存储不同类型的数据，通过表之间建立关系，可以将不同表中的数据通过相关字段联系起来，以便用户使用。

在表中，数据以二维表的形式保存。表中的列称为字段，字段是数据信息的最基本载体，表示在某一方面的属性。表中的行称为记录，记录是由一个或多个字段值组成的。一条记录就是一个完整的信息。

2. 查询

查询（Query）是数据库设计目的的体现，建立数据库之后，数据只有被用户查询才能体现出它的价值。查询是用户希望查看表中的数据时，按照一定的条件或准则从一个或多个表中筛选出所需要的数据，形成一个动态数据集，并将运行结果在一个虚拟的数据表窗口中显示出来。用户可以浏览、查询甚至可以修改这个动态数据集中的数据，Access 2010会自动将所做的任何修改反映到对应的表中。

执行某个查询后，用户可以对查询的结果进行编辑或分析，也可作为窗体、报表等其他对象的数据源。

3. 窗体

窗体（Form），也可称为表单，是数据库和用户联系的界面，是数据库对象中最灵活的一个对象，其数据源主要是表或查询。在窗体中，可以接收、显示和编辑数据表中的数据；可以将数据库中的表链接到窗体中，利用窗体作为输入记录的界面。通过在窗体中插入命令按钮，可以控制数据库程序的执行流程或过程。

在窗体中不仅可以包含普通的数据，还可以包含图片、图形、声音和视频等不同的数据类型。可以说，窗体是进行交互操作的最好界面。

4. 报表

报表（Report）提供数据应用程序一些打印输出，是表现数据的一种有效方式。报表的功能是将数据库中需要的数据进行分类汇总，然后打印出来，以便分析。在报表中，可以控制显示的字段、每个对象的大小和显示方式，并可以按照所需的方式来显示相应的内容。

报表的数据源可以是一个或多个表，在建立报表时还可以进行计算操作，如求和、平均等。

4.4.2 Access 表达式

Access 中的表达式相当于 Excel 中的公式。一个表达式由多个单独使用或组合使用以生成某个结果的可能元素组成。元素可能包括标识符（字段名称、控件名称或属性名称）、运算符（如加号（+）或减号（−））、函数、常量和值。可以使用表达式执行计算、检索控件值、提供查询条件、定义规则、创建计算控件和计算字段等。

1. 标识符

标识符是字段、属性或控件的名称。在表达式中使用对象、集合或属性时，可以通过使用标识符来引用该元素。标识符包括所标志的元素的名称，还包括该元素所属的元素的名称。例如，某字段的标识符包括该字段的名称和该字段所属的表的名称，要使用学生表中的姓名字段，其表达形式如下：[学生]! [姓名] 。

2. 常量

常量是一种在 Access 运行时其值保持不变的命名数据项。常量可以分为数字型、文本型、日期/时间型、是/否型等类型。

（1）数字型常量

数字型常量可以是一组数字，包括一个符号和一个小数点（如果需要）。如果没有符号，Access 则认为是一个正值。要使一个值为负值，输入时请包含减号（-）。也可以使用科学记数法，这时，请添加 E 或 e 以及指数符号（如 1.0E-6）。

（2）文本型常量

文本型常量应置于引号中。在某些情况下，Access 将为您提供引号。例如，当您在有效性规则或查询条件的表达式中键入文本时，Access 将自动提供引号。所以可直接输入文本或者以双引号括入，如计算机、“计算机”。

（3）日期/时间型常量

日期/时间型常量应以编号符号（#）括起来。例如，#3-7-05#、#7-Mar-05#和#Mar-7-2005#都是有效的日期/时间值。当 Access 看到以#字符括起来的有效日期/时间值时，它会自动将此值视为日期/时间数据类型。

（4）是/否型常量

是/否型常量可以用 Yes、No、True、False 表示。

3. 运算符

在 Access 的表达式中，使用的运算符包括算术运算符、关系运算符、逻辑运算符、特殊运算符。

（1）算术运算符，常用的算术运算符及其功能举例如表 4-1 所示。

表 4-1　常用的算术运算符及其功能举例

运 算 符	功　　能	Access 表达式
^	使数字自乘为指数的幂	X^5
*	两个数相乘	X*Y
/	除。用第一个数字除以第二个数字	5/2（结果为 2.5）
\	整除。将两个数字舍入为整数，再用第一个数字除以第二个数字，然后将结果截断为整数	5\2（结果为 2）
mod	用第一个数字除以第二个数字，并只返回余数	5 mod 2（结果为 1）
+	两个数相加	X+Y
-	求出两个数的差，或指示一个数的负值	X-Y

（2）关系运算符，常用的关系运算符及其功能举例如表 4-2 所示。

表 4-2　常用的关系运算符及其功能举例

运 算 符	功　　能	举　　例	例 子 含 义
<	小于	<100	小于 100
<=	小于等于	<=100	小于等于 100
>	大于	>#2000-12-8#	大于 2000 年 12 月 8 日
>=	大于等于	>="102101"	大于等于“102101”
=	等于	="优"	等于“优”
<>	不等于	<>"男"	不等于“男”

（3）逻辑运算符，常用的逻辑运算符及其功能举例如表 4-3 所示。

表 4-3　常用的逻辑运算符及其功能举例

运 算 符	功　　能	举　　例	例 子 含 义
Not	逻辑非	Not Like"Ma*"	不是以“Ma”开头的字符串
And	逻辑与	＞=10 And ＜=20	在 10 和 20 之间
Or	逻辑或	＜10 Or ＞20	小于 10 或者大于 20
Eqv	逻辑相等	A Eqv B	A 与 B 同值，结果为真，否则为假
Xor	逻辑异或	A Xor B	当 A、B 同值时，结果为假；当 A、B 值不同，结果为真

（4）特殊运算符，除上述的常用运算符外，还有一些特殊的运算符，如表 4-4 所示。

表 4-4　特殊运算符及其功能举例

运 算 符	功　　能	举　　例	例 子 含 义
Between…and…	介于两值之间	Between 10 and 20	在 10 和 20 之间
In	在一组值中	In("优","良","中")	在“优”、“良”和“中”中的一个
Is Null	字段为空	Is Null	字段无数据
Is Not Null	字段非空	Is Not Null	字段中有数据
Like	匹配模式	Like"Ma*"	以“Ma”开头的字符串
&	合并两个字符串	"中国"&"宁波"	合并成字符串“中国宁波”

这里特别说明一下 Like 运算符：如果想查询一些不确切的条件，或是不确定的条件下的记录，就可以结合 Access 提供的通配符使用，如表 4-5 所示。

表 4-5　通配符的用法

通 配 符	功　　能	举　　例
*	表示任意数目的字符串，可以用在字符串的任何位置	wh*可匹配 why、what、while 等 *at 可匹配 cat、what、bat 等
?	表示任何单个字符或单个汉字	b? ll 可匹配 ball、bill、bell 等
#	表示任何一位数字	1#3 可匹配 123，103、113 等
[]	表示括号内的任何单一字符	b[ae]ll 可匹配 ball 和 bell
!	表示任何不在这个列表内的单一字符	b[!ae]ll 可匹配 bill、bull 等，但不匹配 ball 和 bell
-	表示在一个以递增顺序范围内的任何一个字符	b[a-e]d 可匹配 bad、bbd、bcd 和 bed

例如表达式：

Like " P[A-G]### " 的含义是以 P 开头，后跟 A～G 之间的 1 个字母和 3 个数字。

Like " 李* " 的含义是以李开头，后面为任意字符串。

4. 函数

函数是一些预定义的公式，通过参数进行计算，返回结果。常用的函数如表 4-6 所示。这里只列出了最基本的函数，在 Access 的在线帮助中已按字母顺序详细列出了它所提供的所有函数与说明，读者可以自行查阅。

表 4-6　常用的函数

函　　数	功　　能	函　　数	功　　能
Count(字符表达式)	返回字符表达式中值的个数	Year(日期)	返回指定日期的年份
Min(字符表达式)	返回最小值	Month(日期)	返回指定日期的年份
Max(字符表达式)	返回最大值	Len(字符表达式)	返回字符个数
Avg(字符表达式)	返回平均值	Right(string,length)	返回从字符串 string 右侧起的 length 数量的字符
Sum(字符表达式)	返回总和	Left(string,length)	返回从字符串 string 左侧起的 length 数量的字符
Date()	返回当前的系统日期	Iif(判断式，为真的值，为假的值)	以判断式为准，在其值结果为真或假时，返回不同的值

4.4.3　启动和关闭 Access

在 Office 2010 安装完成以后，即可在 Windows 操作系统的“开始”菜单中自动生成一个程序组，该程序组位于“开始”|“程序”|“Microsoft Office”选项中。

常用的启动 Access 方式有下面几种。

① 从“开始”菜单启动 Access 2010。选择菜单“开始”|“程序”|“Microsoft Office”|“Microsoft Access 2010”，即打开 Access 主窗口。

② 通过“运行”命令来启动 Access 2010。选择“开始”|“运行”，在打开的“运行”对话框的“打开”组合框中输入命令“msaccess”，单击“确定”按钮即可。

启动 Access 2010 时，将出现如图 4-14 所示界面。此界面可以执行 Access 2010 的操作有：创建新的空数据库（新建）、打开最近使用文件、从可用模板中创建新数据库、通过 Office.com 模板新建数据库等。

图 4-14　Access 启动界面

当用户完成工作之后，为避免发生意外事故，造成数据丢失或损坏数据库，需要关闭打开的数据库，此时单击 Access 窗口右上角的“关闭”按钮，就关闭了 Access 窗口；也可以使用“文件”|“退出”来关闭窗口。

4.4.4　新建、打开和关闭数据库

在 Access 中创建和处理的文件是数据库。与 Microsoft Office 中其他的应用程序（Word、Excel 等）不同的是，当 Access 启动后，系统并不自动创建一个空的文件，而需要用户自己来创建一个新的数据库。

1. 新建数据库

为了创建一个 Access 2010 数据库，可以通过以下两种不同的操作实现。

（1）创建空 Access 数据库

如果要创建空的 Access 数据库，具体步骤如下。

① 在启动 Access 2010 后，选择“文件”|“新建”，单击“可用模板”选项区下的“空数据库”选项。窗口右侧将显示“空数据库”选项区，如图 4-14 所示。

② 在“文件名”文本框中输入数据库的文件名，如图 4-15 所示。

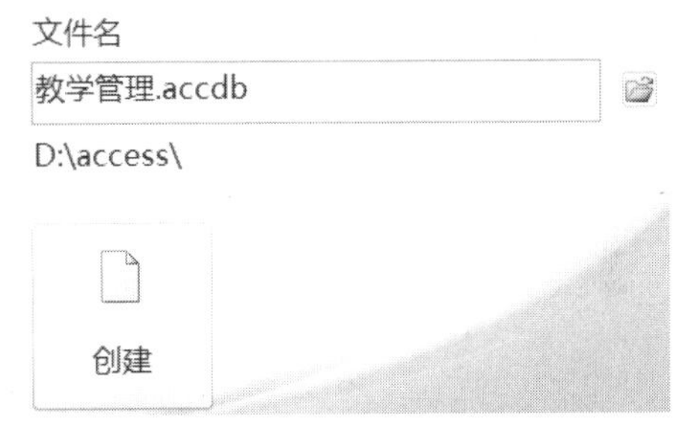

图 4-15　“空数据库”选项区

③ 单击“浏览到某个位置来存放数据库”按钮，在弹出的“文件新建数据库”对话框中，选定数据库文件的存储位置，同时也可指定数据库的文件名（这里假设为“教学管理”），单击“确定”按钮，返回原窗口。然后单击“创建”命令按钮，即进入数据库窗口，如图 4-16 所示，它意味着一个指定名称的空 Access 数据库创建成功。

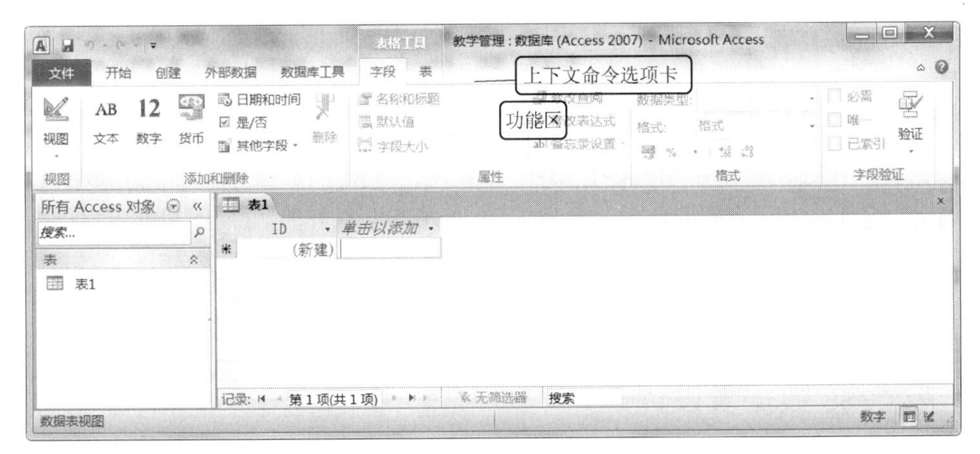

图 4-16　“教学管理”数据库窗口

此时会出现“表格工具”|“字段”或“表”上下文命令选项卡，单击它会显示与它相关的功能区，若要隐藏功能区，右击，在弹出的快捷菜单中选择“功能区最小化”即可。

（2）利用数据库模板创建 Access 数据库

① 选择“文件”|“新建”，单击“可用模板”选项区下的“样本模板”选项，窗口中部将显示模板选项区，如图 4-17 所示。

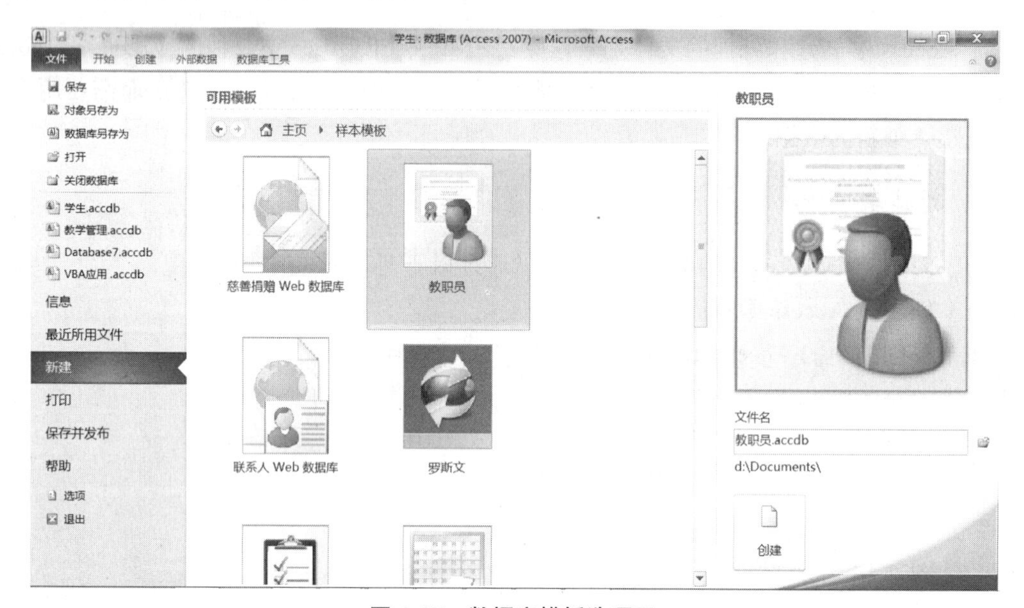

图 4-17 数据库模板选项区

② 可以根据要创建的主题，单击选择“样本模板”栏下的选项（如教职员），随后窗口右侧也会弹出“教职员”数据库选项区。

③ 与创建空白数据库的方法一样，也可修改数据库的文件名和保存位置。然后单击“创建”按钮，即可创建教职员数据库。

2. 打开和关闭数据库

打开 Access 数据库和打开其他 Office 文件一样，有以下几种方法。

① 选择“文件”|“打开”，在弹出的“打开”对话框中找到需要打开的 Access 数据库文件，单击“打开”按钮即可。

② 在新打开的 Access 应用程序窗口中，单击已经列出的数据库文件，或者单击“最近所用文件”选项，出现“最近使用的数据库”，单击需要打开的 Access 数据库文件即可。

有时不需关闭 Access 应用程序，只要关闭数据库时，只要选择“文件”|“关闭数据库”即可。

4.5 Access 数据表设计

Access 数据表以二维表格方式保存基本信息，是数据库的核心。若用 Access 来管理数据，首先要将数据放在表中，如图 4-18 所示。

学生

学号	姓名	性别	出生日期	班级号	电话
18601101	郭方	男	1999/2/1	186011	600101
18601102	马师师	女	2000/3/4	186011	600329
18601201	方涛	男	1999/5/2	186012	600333
18601202	尹佳晨	男	1999/10/2	186012	600387
18602301	李筱月	女	1999/2/12	186023	600453
18602302	叶碧玉	女	2000/1/11	186023	600234

图 4-18　Access 学生表

如果要处理的数据已经存放在其他的数据库中，则可以采用导入的方式取得。如果数据还在原位置或无法导入，则首先要构造存放数据的表。

一个 Access 数据库中可以包含多个表，一个表对象通常是一个关于特定主题的数据集合。每一个表在数据库中通常具有不同的用途，最好为数据库的每个主题建立不同的表，以提高数据库的使用效率，减少输入数据的错误率。一个表由表结构和表记录两部分构成，创建表时要设计表结构和输入表的数据即表记录。

4.5.1　表结构

如图 4-18 所示的是一个 Access 学生表，第一行是标题行，也为字段名行，此表有姓名、学号、性别、出生日期等字段，这些字段的字段名称、数据类型、字段大小等信息是用户在新建表时指定的，称为表结构。在表中字段名行下面的每一行是一个记录，一个学生的信息用一条记录表示。要创建一个表，必须先建立表结构。学生表的表结构如表 4-7 所示。

表 4-7　学生表的表结构

字段名称	数据类型	字段大小	是否主键
学号	文本	8	是
姓名	文本	8	
性别	文本	1	
出生日期	日期/时间	常规日期（格式）	
班级号	文本	6	
电话	文本	6	

表结构是指数据表的框架，也称为数据表的属性，主要包括以下几个方面。

1. 字段名称

数据表中的一列称为一个字段，而每一个字段均有唯一的名字，称为字段名称。字段名称的长度不能超过 64 个字符，字段名称中可以包含字符、汉字、数字、空格和一些特殊符号，但不能以空格和控制字符开头。

2. 数据类型

数据表中的同一列数据必须具有共同的数据特征，称为字段的数据类型。Access 2010 提供字段的所有数据类型的列表如表 4-8 所示。

表 4-8　数据类型列表

数据类型	使用对象	大小
文本	文本或文本与数字的组合，如地址；也可以是不需要计算的数字，例如，电话号码、邮编等	最大为 255 个字符
备注	字母、数字、字符（长度超过 255 个字符）或具有 RTF 格式的文本。例如，注释、较长的说明和包含粗体或斜体等格式的段落等经常使用“备注”字段	最大为 1GB
数字	数值（整数或分数值），用于存储要在计算中使用的数字，货币值除外（对货币值数据类型使用“货币”）	1、2、4 或 8 个字节
日期/时间	用于存储日期/时间值。请注意，存储的每个值都包括日期和时间两部分	8 个字节
货币	用于存储货币值（货币）	8 个字节
自动编号	添加记录时 Office Access 2010 自动插入的一个唯一的数值	4 个字节
是/否	用于包含两个可能的值（例如，“是/否”或“真/假”）之一的“真/假”字段	1 位
OLE 对象	用于存储其他 Microsoft Windows 应用程序中的 OLE 对象	最大为 1GB
超链接	以文本或文本和数字的组合来保存超链接地址	最大为 1GB
附件	链接图片、图像、二进制文件、Office 文件。将多个文件（可以是多种类型）保存在一个字段中	最大为 2GB，单个文件的大小不得超过 256MB
查阅向导	用于启动“查阅向导”，使用户可以创建一个使用组合框在其他表、查询或值列表中查阅值的字段。	基于表或查询：绑定列的大小

附件字段和 OLE 对象字段相比，有着更大的灵活性，而且可以更高效地使用存储空间。默认情况下，OLE 对象会创建一个等同于相应的图像或文档的位图，而附件字段不用创建原始文件的位图图像。

3. 字段的常规属性

在 Access 2010 表对象中，一个字段的属性是这个字段特征值的集合，该特征值集合将控制字段的工作方式和表现形式。字段属性可分为常规属性和查阅属性两类。下面分别介绍各个常规属性的含义。

（1）字段大小

当字段数据类型设置为文本或数字时，这个字段的字段大小属性是可设置的，其可设置的值将随着该字段数据类型的不同设定而不同。当设定字段数据类型为文本时，字段大小的可设置值为 1～255。当设定字段数据类型为数字时，字段大小的可设置值如表 4-9 所列。

表 4-9　数字数据类型字段大小的属性取值

可设置值	说　明	小数位数	存储量大小
字节	保存从 0 到 255（无小数位）的数字	无	1 个字节
整型	保存从–32,768 到 32,767（无小数位）的数字	无	2 个字节
长整型	（默认值）保存从–2,147,483,648 到 2,147,483,647 的数字（无小数位）	无	4 个字节
单精度型	从-3.4×10^{38}到$+3.4\times10^{38}$之间的值，最多有 7 个有效位	6	4 个字节
双精度型	从-1.797×10^{308}到$+1.797\times10^{308}$之间的值，最多有 15 个有效位	14	8 个字节

（2）格式

字段的显示布局，可选择预定义的格式或输入自定义格式。日期/时间类型数据可以设置常规日期、长日期、中日期、短日期、长时间、中时间和短时间；数字/货币类型数据可设置常规数字、货币、欧元、固定、标准、百分比和科学记数；是/否类型数据可选择真/假、是/否、开/关。

（3）输入掩码

使用输入掩码属性，可以使数据输入更容易，并且可以控制用户在文本框类型的控件中的输入值。例如，可以为电话号码字段创建一个输入掩码，以便向用户显示如何准确地输入新号码，如（010）027-83956230 等。

通常使用输入掩码向导帮助完成设置该属性的工作。定义字段的输入掩码时，可通过单击其右边的⋯按钮，打开输入掩码向导，如图 4-19 所示。如果将输入掩码属性设置为“密码”，可以创建密码项文本框，文本框中输入的任何字符都按字面字符保存，但显示为星号（*）。

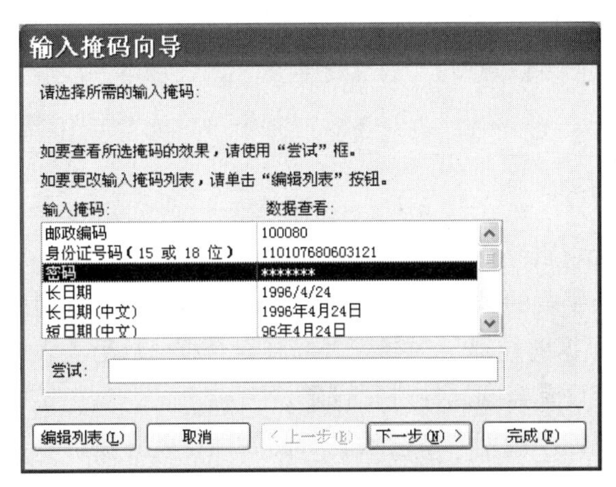

图 4-19　输入掩码向导

（4）标题

标题属性值将取代字段名称在显示表中数据时的位置。即在显示表中的数据时，表列的栏目名将是标题属性值，而不是字段名称值。

（5）默认值

在表中新增加一个记录，并且尚未填入数据时，如果希望 Access 自动为某字段填入一个特定的数据，则应为该字段设定默认值属性值。此处设置的默认值将成为新增记录中 Access 2010 为该字段自动填入的值。

（6）有效性规则

有效性规则属性用于指定对输入到本字段中的数据的要求。当输入的数据违反了有效性规则的设置时，系统将给用户显示有效性文本设置的提示信息，可用向导帮助完成设置。

例如，“性别”字段的有效性规则可以设置为 有效性规则 '男' Or '女'。如用户输入其他数据时，则会显示一个错误信息，至于错误信息是什么，则取决于“有效性文本”属性中设定的字符串。

（7）有效性文本

当输入的数据违反了有效性规则的设定值时，显示给操作者的提示信息将是有效性文本属性值。例如，“性别”字段的有效性文本可以设置为“只能输入男或女”。

（8）必填字段

必填字段属性取值仅有“是”和“否”两项。当取值为“是”时，表示必须填写本字段，即不允许本字段数据为空。当取值为“否”时，表示可以不必填写本字段数据，即允许本字段数据为空。

（9）允许空字符串

该属性仅对指定为文本型的字段有效，其属性取值仅有“是”和“否”两项。当取值为“是”时，表示本字段中可以不填写任何字符。

（10）索引

本属性可以用于设置单一字段索引。索引可加速对索引字段的查询，还能加速排序及分组操作。本属性有以下取值：“无”，表示本字段无索引；“有（有重复）”，表示本字段有索引，且各记录中的数据可以重复；“有（无重复）”，表示本字段有索引，且各记录中的数据不允许重复。

4. 字段的查阅属性

属性设置中除了常规属性外，还有查阅属性。在某些情况下，表中某个字段的数据也可以取自其他表中某个字段的数据，或者取自于固定的数据。查阅属性可以通过选择数据类型“查询向导”，再根据向导提示选择列表框或组合框、从另一表或值列表中选择值等来设置；也可以通过直接设置查阅属性进行设置。

例如，要将学生表的“性别”字段设置查阅属性，使其在输入数据时可以在“男”和“女”两个值中选择一个，如图 4-20 所示，这样做可以方便数据的输入，并减少输入错误。可以为其设置查阅属性，如图 4-21 所示，将“显示控件”设置为“组合框”，将“行来源类型”设置为“值列表”，然后在“行来源”处输入“男;女”（中间分隔号为分号）即可。

学生

学号	姓名	性别	出生日期	班级号	电话
18601101	郭方	男	1999/2/1	186011	600101
18601102	马师师	女	2000/3/4	186011	600329
18601201	方涛	男	99/5/2	186012	600333
18601202	尹佳晨	女	9/10/2	186012	600387
18602301	李筱月	女	1999/2/12	186023	600453
18602302	叶碧玉	女	2000/1/11	186023	600234

图 4-20 “性别”组合框

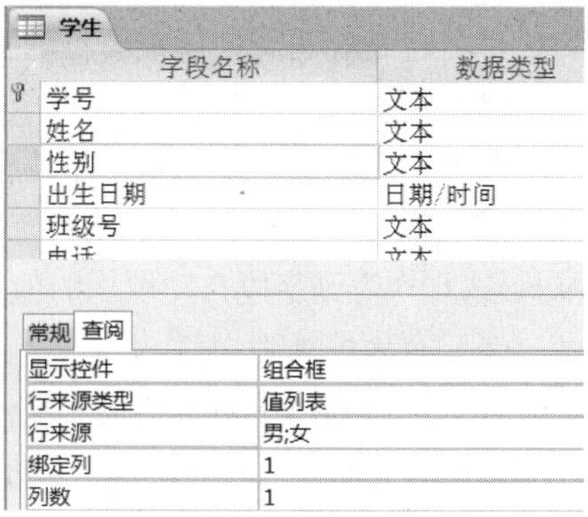

学生

字段名称	数据类型
学号	文本
姓名	文本
性别	文本
出生日期	日期/时间
班级号	文本

常规 查阅

显示控件	组合框
行来源类型	值列表
行来源	男;女
绑定列	1
列数	1

图 4-21 查阅属性设置

4.5.2　表的新建

创建完数据库文件后，接着就要创建最基本的数据，也就是表。创建表的一般过程如下：首先，创建表的结构，包括定义字段名称，设置字段的数据类型、字段大小和主键等；然后，输入表记录，也就是填充表的数据（各类不同数据类型的字段的填充方式不尽相同）；最后，根据表与表间的共有字段建立联系。一般地，表结构的建立和修改是在表的设计视图中完成的。记录的输入、修改等操作是在表的数据表视图中完成的。

在 Access 2010 中创建表的方法包括使用数据表视图、使用表设计视图、使用表模板及使用 SharePoint 列表。最常使用的方法是使用表设计视图来创建表。下面介绍前两种方法和定义主键、修改表结构知识。

1. 使用数据表视图建立表

数据表视图是按行和列显示表中数据的视图。在数据表视图中，通常可以进行添加新字段、插入字段、删除字段以及为字段重命名、设置查阅列等操作。

假设要使用数据表视图创建学生表，具体步骤如下。

① 打开已创建的数据库，选择“创建”|“表”新建一个空表。如果是刚新建的数据库，会自动新建一个空表：表 1。

② 双击表 1 的字段名“ID”，使其处于编辑状态，将其改为“学号”后按回车键，选择“数据类型”中的“文本”类型，如图 4-22 所示。

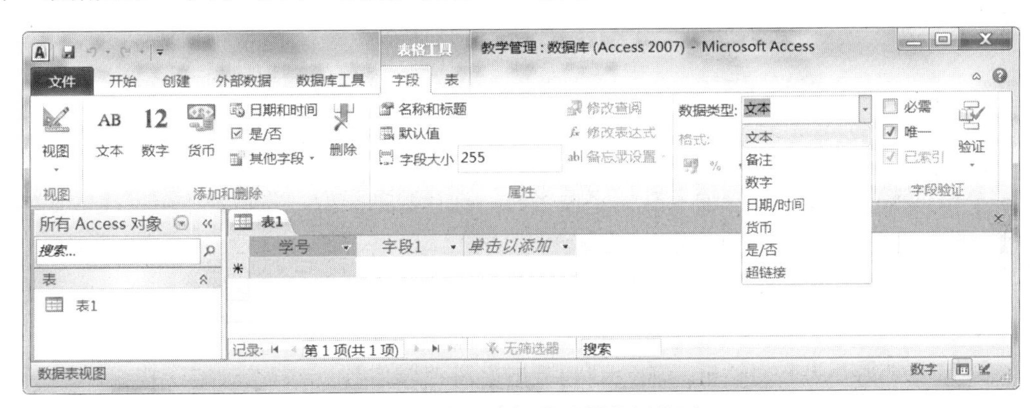

图 4-22　数据表视图设置数据类型

③ 双击“学号”字段右边的“添加新字段”项，输入字段名“姓名”，添加新字段默认的类型就是文本类型，如果相同可以不修改，如果不同，则选择“数据类型”中的相应类型。

④ 同样的方法添加剩余的字段，字段添加完毕后，可以在下一行中输入相应的表记录，直至输入完毕。

⑤ 单击“保存”按钮，弹出“另存为”对话框，输入表名称“学生”，单击“确定”按钮保存该表。

使用数据表视图建立表结构时，虽然可以选择部分字段类型和格式，但不能设置字段大小等其他详细属性，所以这种方法还不能满足实际的使用需要。要进行详细设计字段属性可以单击“表设计视图”按钮，进入表设计视图修改表结构。

2. 利用表设计视图创建表

使用设计视图创建表是最灵活和有效的一种方法，也是开发过程中最常用的方法，用户可以自己定义表中的字段、字段的数据类型、字段的属性以及表的主键等。用表设计视图创建一个新表（如学生表），具体步骤如下。

① 打开数据库文件，选择“创建”|“表设计”，进入表设计视图，如图 4-23 所示。

②“字段名称”列第一行输入“学号”，单击“数据类型”列第一行选择“文本”，常规属性中的“字段大小”右边文本框中输入 8。

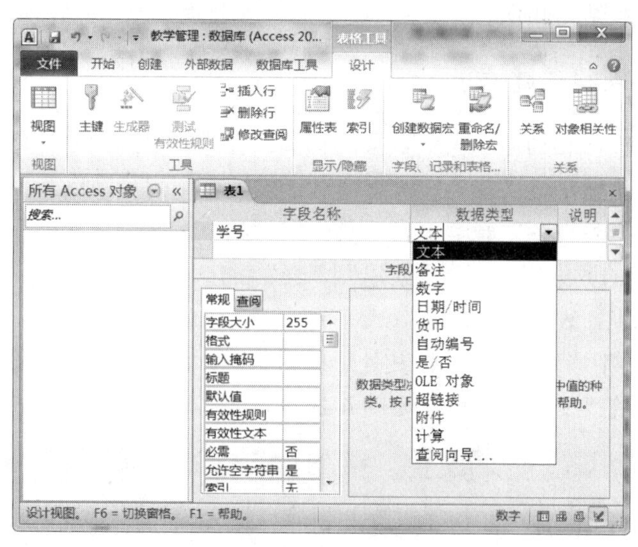

图 4-23 表设计视图

③ 根据学生表结构逐一输入其他字段名称，选择数据类型，并确定各个字段的相应属性值，此时即完成了数据表结构的设计操作。

④ 在完成表结构设计操作后，单击表设计视图窗口右上角的“关闭”按钮，弹出询问是否保存的提示信息框，单击“是”按钮。

⑤ 弹出“另存为”对话框，输入新建表的名称“学生”，单击“确定”按钮。

⑥ 如果之前没有定义主键，则会弹出一个“尚未定义主键”信息框，如图 4-24 所示，具体如何定义主键在下面介绍。

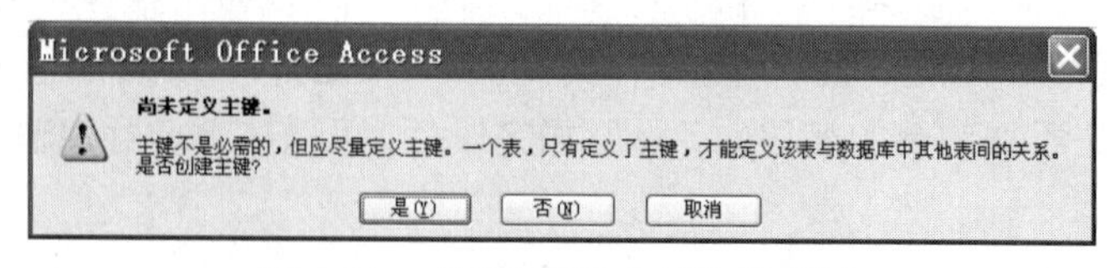

图 4-24 “尚未定义主键”信息框

3. 定义主键

关系数据库系统的强大功能来自其可以使用查询、窗体和报表快速地查找并组合存储在各个不同表中的信息，为了做到这一点，必须将表的某个字段指定为主键，作为主键的字段是表中所存储的每一条记录的唯一标志。只有定义了主键，才能定义该表与数据库中其他表间的关系，使用主键可以识别表中的每一条记录，进而加快表的检索速度。建立用户自定义的主键，有如下优点：

① 设置主键能大大提高查询和排序的速度。

② 在窗体和数据表中查看数据时，系统将按主键的顺序显示数据。

③ 当插入新记录时，系统可以自动检查记录是否有重复的数据。

④ 在一个表中加入另一个表的主键作为该表的一个字段，此时这个字段又被称为外键，这样可以建立两个表间的关系。

在 Access 中可以定义三种类型的主键：自动编号主键、单字段主键和多字段主键。

表结构设计完成后，第一次保存时，若未定义主键，则弹出一个“尚未定义主键”信息框，可有如下 3 个选择。

① 单击“是”按钮，表中会自行增加一个取名为编号的、数据类型为“长整型”的自动编号字段，并将此字段设置成主键，自动编号字段的字段名称为“ID”。

② 单击“否”按钮，则不设置任何字段为主键。

③ 单击“取消”按钮，重新回到表设计视图，可在该视图中设置某个字段为主关键字段。

这里假设之前没有设置主键，则应单击“取消”按钮，在要设为主键的字段“学号”所在行的任意位置右击，弹出如图 4-25 所示的快捷菜单，在该快捷菜单中选择“主键”菜单项，这样被右击的那一个字段就设置为主键了。

当“学号”字段设置为主键后，在表设计视图中可以看到字段前有“”标记 学号，该字段在常规属性中的索引也自动被设置为“有（无重复）”，同时，当在数据表视图下输入具体记录时，主键字段就不能输入重复值了。

定义主键时，若需要选择多个字段组合作为主键，则先按下 Ctrl 键，再依次单击这些字段所在行的选定按钮。指定字段后，再通过右击快捷菜单进行设置，则可把多个字段都设置为主键组合。

如主键在设置后发现不适合或者不正确，可以通过再次单击“主键”菜单项取消原有的主键。

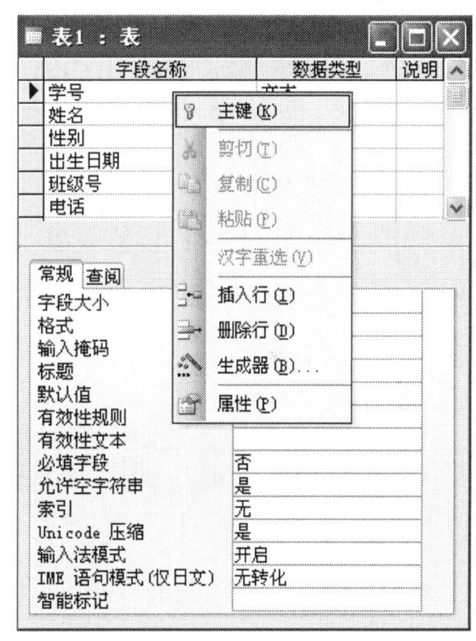

图 4-25　定义主键快捷菜单

4. 修改表结构

如果建立表后，发现表结构有不如意的地方，想修改表结构，可采用如下步骤操作。

① 在导航窗格中选中要修改表结构的表。

② 单击“表设计视图”按钮，进入表设计视图。

③ 在表设计视图中可以完成如下操作。

● 修改字段各属性：只要单击选中要修改的字段，然后进行相应的属性修改即可。修改字段类型或字段大小后有些数据可能会丢失；当一个字段是一个或多个关系的一部分时，不能更改这个字段的数据类型或字段大小。

● 插入字段：如果要在最后追加字段，则与创建表结构的做法是完全相同的；如果要在某行前插入字段，则需要先选中该行，然后选择“插入行”按钮，或右击该行，在弹出的快捷菜单中选择“插入行”，最后输入相应的字段属性，即可插入一个字段。

● 删除字段：先选中要删除字段所在的行，再单击“删除行”按钮，或者右击该行，在弹出的快捷菜单中选择“删除行”，即可删除一个字段。

● 主键设置：先选中要设置主键字段所在的行，再单击“主键”按钮，或者右击该行，在出现的快捷菜单中选择“主键”，即可设置一个主键字段。

● 移动字段：选中要移动字段行，左键拖动该字段名称左边的方块，移动到目标位置，松开鼠标即可。

利用表设计视图创建表方法建立完一个表的结构后，然后保存它，一个只有表结构没有记录的空表就建好了。至于如何输入表记录，具体内容在下小节中介绍。

4.5.3 数据的录入与维护

在数据库中创建完成相应的数据表对象以后，就可以在这些表中进行添加数据、插入数据、修改数据、删除数据等一系列的操作，这些操作统称为针对表中数据的操作。对表中数据所进行的所有操作都是在数据表视图中进行的。

1. 数据的录入

（1）进入数据表视图

双击导航窗格中准备对其数据进行操作的表对象，即可进入数据表视图，如图 4-26 所示，左下角状态栏中有显示“数据表”视图。视图的切换可以通过单击“数据表视图”按钮和“设计视图”按钮来完成。

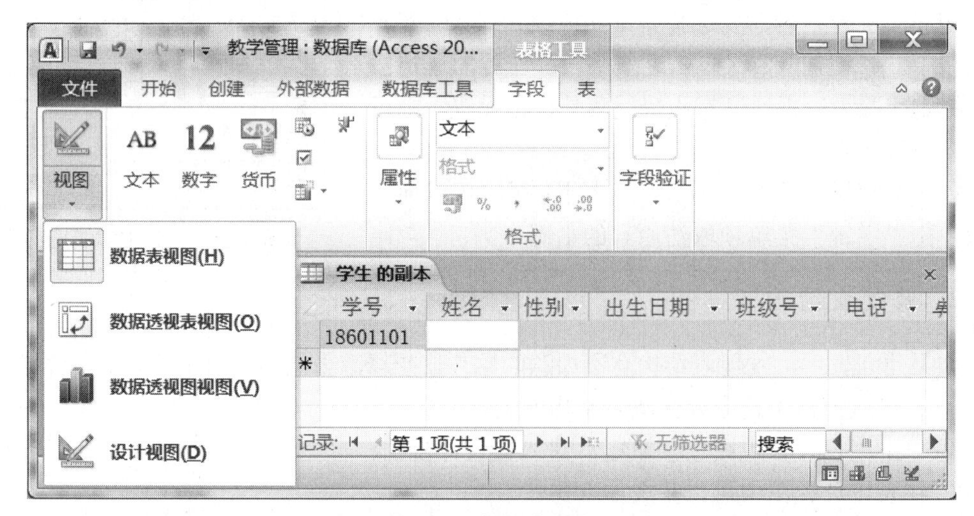

图 4-26 数据表视图

（2）添加新记录

添加新记录就是在表的末端增加新的一行。在 Access 2010 数据表中添加新记录，可以采用的操作方法有三种：直接添加；应用记录定位器 ；应用功能区按钮。

（3）不同类型数据录入

不同数据类型的字段，数据录入的方法也不尽相同。

- 文本型、数字型：直接在网格中输入。
- 是 / 否型：单击标记复选框，“选定” ☑表示是，“清除” ☐表示否。
- 日期时间型：按“年/月/日”或者“月-日-年”方式手工键入。

也可以单击右边的“日期”按钮，在弹出的日期框中选择日期即可，如图 4-27 所示。

图 4-27　日期框

- 备注型：直接在网格中输入，最好创建窗体时输入。
- OLE 对象型：右击网格，在弹出的快捷菜单中选择“插入对象”，然后选择合适的图片对象插入。
- 附件型：双击 (0)，弹出“附件”对话框，再单击“添加”按钮，弹出“选择文件”对话框，选择要附加的文件，可添加多个文件。
- 超链接型：直接输入 URL 地址或者右击网格，在弹出的快捷菜单中选择“超链接”|“编辑超链接”，弹出“插入超链接”对话框，选择合适的链接对象。

2. 数据的维护

（1）删除记录

当数据表中的一些数据记录不再有用时，可以从表中删除它们，此操作称为删除记录。删除记录主要有两个步骤。

① 选中需要删除的记录（这些记录必须是连续的，否则，只能分为几次删除）。可以单击欲删除的首记录最左端的记录标志，再将其拖曳至欲删除的尾记录最左端的记录标志处时放开鼠标左键。也可以单击欲删除的首记录最左端的记录标志，然后按住键盘上的 Shift 键并单击尾记录最左端的记录标志，被选中的欲删除的记录将呈一片反白色。

② 有 3 种方法可以删除被选中的记录：单击“开始”|“记录”栏中的“删除”按钮 ；在欲删除的记录的记录标志区内右击，在弹出快捷菜单中选择“删除记录”；按下键盘上的 Delete 键。

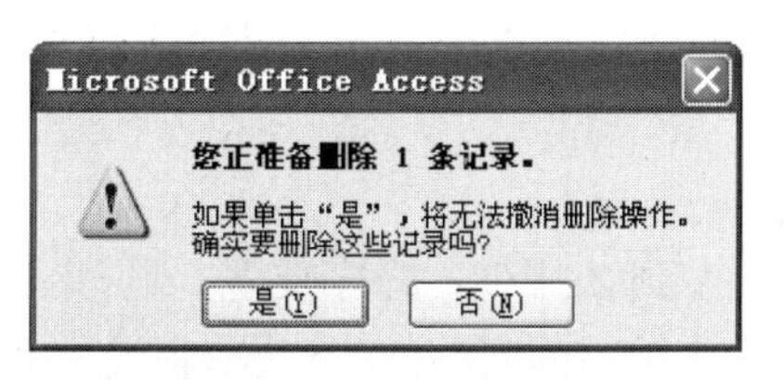

图 4-28　删除记录提示框

③ 不论采用哪一种删除记录的方法，Access 2010 都会弹出一个“您正准备删除 1 条记录”的删除记录提示框，如图 4-28 所示，单击“是”按钮，即完成了记录数据的删除操作。

删除操作是不可恢复的操作，在删除记录前要确认该记录是否为要删除的记录。

（2）修改数据

如果需要修改数据表中的数据，也可以通过进入数据表视图进行操作。Access 2010 数据表视图是一个全屏幕编辑器，只需将光标移动到所需修改的数据处，就可以修改光标所在处的数据，修改数据的操作与在文本编辑器中编辑字符的操作类似。

（3）复制与粘贴数据

如同在 Excel 中一样，在 Access 2010 中，可以在数据表视图中复制或粘贴数据。

（4）查找、查找并替换字段数据

① 查找字段数据。数据表中存储着大量的数据，在如此庞大的数据集合中查找某一特定的数据记录，没有合适的方法是行不通的。Access 2010 提供了字段数据查找功能，从而避免了靠操纵数据表在屏幕中上下滚动来实现数据查找操作。

在数据表视图中，首先单击列标题选取需要查找的数据所在的字段，然后右击，在弹出的快捷菜单中选择“查找”，或单击功能区中的“查找”工具按钮，即可弹出“查找和替换”对话框，如图 4-29 所示。在“查找内容”框中输入要查找的内容，再单击“查找下一个”按钮，便可查找了。

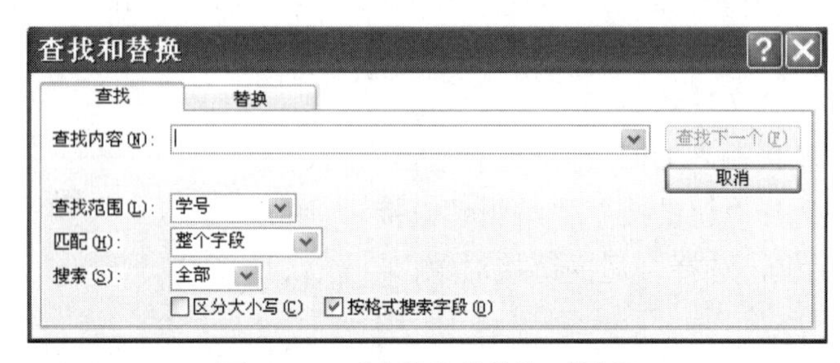

图 4-29 “查找和替换”对话框

② 查找并替换字段数据。时常会有这样的需要，表中的某一字段下的很多数据都需要改为同一个数据。这时就可以使用查找并替换字段数据功能。如图 4-29 所示，选择“替换”选项卡，此时对话框中会多一个“替换为”文本框，可在此输入替换的内容然后单击“替换”按钮即可。

（5）数据排序

在数据表视图中查看数据时，通常都会希望数据记录是按照某种顺序排列的，以便于查看浏览。设定数据排序可以让数据按所需要的顺序排列。在不特别设定排序的情况下，在数据表视图中的数据总是根据数据表中的关键字段的升序排列方式来显示的。若需数据记录按照另外一种顺序排列显示，可以有以下几种操作方式。

① 令光标停在该字段中的任意一行处，单击功能区中的“升序”按钮或“降序”按钮，即可得到该字段数据的升序或降序排列显示。

② 令光标停在该字段中的任一行处，右击，在弹出的快捷菜单中选择“升序”或“降序”，可得到该字段数据的升序或降序排列显示。

在 Access 中对数据的排序规则如下：

- 英文按字母顺序排序，不区分大小写。升序时按 A 到 Z 排列，降序反之。
- 数字型数字按数字的大小排序，文本类型数字按 ASCII 码排列，升序时从小到大排列。
- 中文按拼音字母的顺序排序。首先按第 1 个汉字的第 1 个拼音字母排序，如果第 1

个拼音字母相同，则按第 1 个汉字的第 2 个拼音字母排序，以此类推。

- 日期和时间型数据按日期的先后顺序排序，升序时按从前向后的顺序排列。
- 是/否型数据按是否选定顺序排序。

注意： 数据类型为备注、超链接、OLE 对象和附件的字段不能排序。

（6）数据筛选

使用数据表时，经常需要从众多的数据中挑选出一部分满足某种条件的数据进行处理。可以将筛选看成是一个功能有限的查询，它可以为一个或多个字段指定条件，并将符合条件的记录显示出来。Access 提供了 4 种筛选记录的方法。

- 按选定内容筛选：这是应用筛选中最简单和快速的方法。可以选择某个表的全部或者部分数据建立筛选准则，Access 将只显示那些与所选样例匹配的记录。
- 按窗体筛选：在表的一个空白数据窗体中输入筛选准则，Access 将显示那些与由多个字段组成的合成准则相匹配的记录。
- 按筛选目标筛选：在筛选目标文本框中输入筛选条件，来查找含有该指定值或表达式值的所有记录。
- 高级筛选：按自定义复杂的条件进行筛选，方法基本上与 Excel 的高级筛选类似。

下面简单介绍“按选定内容筛选”的两种操作方法，其他筛选方法与此基本雷同。

① 令光标停留在该特定数据所在的单元格中，单击“开始”|“排序和筛选”组中的“选择”按钮 选择，可选择“等于”“不等于”“包含”“不包含”四个选项之一，即可只显示所需要的记录。

② 令光标停留在该特定数据所在的单元格中，右击，在弹出的快捷菜单中选择“等于”“不等于”“包含”“不包含”四个选项之一，即可得到所需的记录筛选表。

如何取消筛选呢？可单击功能区中的“切换筛选”按钮，可取消筛选，并恢复数据表全部数据的显示。

【例 4-1】学生表中筛选出姓“叶”或者 1999 年出生的同学，并按姓名降序排列。

具体操作步骤如下：

① 进入学生数据表视图，单击“开始”|“排序和筛选”组中的“高级”按钮，在弹出的下拉列表中，选择“高级筛选/排序”命令，显示“筛选”窗口，如图 4-30 所示。

② “字段”一行分别选择“姓名”和“出生日期”。

③ 在“姓名”列“条件”行输入“Like"叶*"”，表示筛选姓叶的同学。“排序”行，选择“降序”，使结果按姓名降序排列。

④ 在“出生日期”列“条件”行输入“Year（[出生日期]）=1999”。这里要注意，因为两个条件是“或者”条件，所以两个条件应该写在不同的行中。如果两个条件写在同一行中，则表示两个条件必须同时满足。

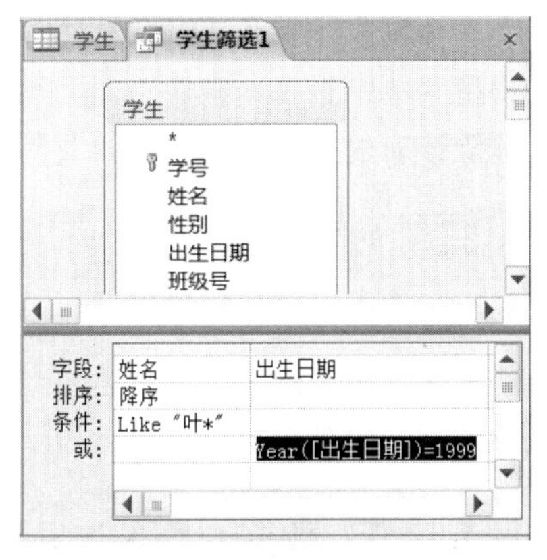

图 4-30　“筛选”窗口

⑤ 单击功能区中的“切换筛选”按钮，可应用筛选，数据表将显示 1999 年出生或者姓叶的同学，如图 4-31 所示。姓名右边有标记表示降序和有筛选条件应用。

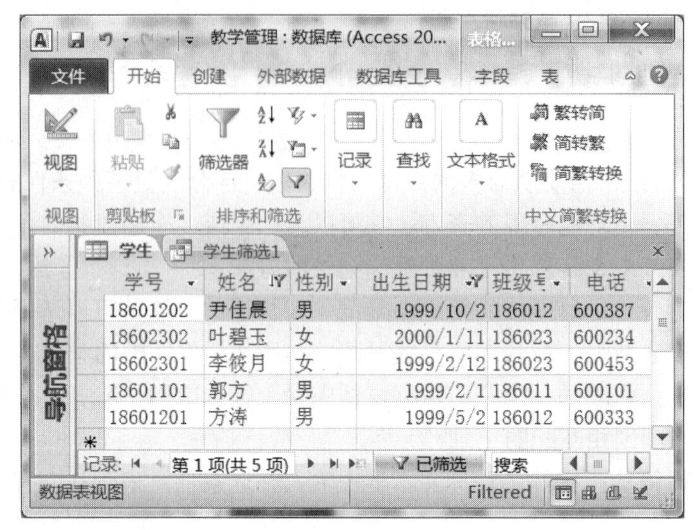

图 4-31 筛选结果

4.5.4 数据表复制、删除与更名

Access 2010 数据表是属于数据库中的基本对象，数据库可以对数据表实施相应的对象操作，这些操作主要包含复制、删除和重命名等，操作方法如同在 Windows 操作系统的资源管理器中操作文件一样。

1. 复制表

复制表对象的操作是依靠剪贴板来实现的，理解了这一点就不难掌握表对象的复制操作。

2. 删除表

在数据库中删除表的操作方法可以是：右击选中导航窗格中要删除的表对象，在弹出的快捷菜单中选择“删除”；也可以选中表对象后，按下键盘上的 Delete 键，随后会弹出是否删除该表的提示框，单击“是”按钮可以完成删除。

3. 表的重命名

在数据库中进行表重命名的操作方法是：右击选中导航窗格需要更名的表对象，在弹出的快捷菜单中选择“重命名”，此时，光标会停留在表对象的名称上，输入表名，即可更改该数据表对象的名称。

4.5.5 数据的导入与导出

除了使用 Access 数据库系统自己创建数据表外，还可以导入其他系统的数据文件。同时，Access 数据也可以导出为其他系统所利用。

1. 数据的导入

从外部获取 Access 2010 数据库的所需数据有两个不同的概念。

① 从外部导入数据。从外部导入数据即从外部获取数据后形成自己数据库中的数据表对象，并与外部数据源断绝连接，这意味着当导入操作完成以后，即使外部数据源的数据发生了变化，也不会再影响已经导入的数据。

② 从外部链入数据。从外部链入数据即在自己的数据库中形成一个链接表对象，这意味着链入的数据将随时随着外部数据源数据的变动而变动。

在 Access 2010 中，可以导入的数据包括 Access 数据库的表、Excel 文件、文本文件、XML 文件、ODBC 数据库、HTML 文档、Outlook 文件夹、dBASE 文件等。

下面以导入 Excel 2010 工作簿格式文件的操作为例，说明其操作步骤及其每一步操作的含义。读者可以通过这个导入实例来类推导入其他格式文件的操作方法，其中的要点是理解被导入文件格式的特点，及其与 Access 2010 表对象格式的对应关系。

【例 4-2】将“学生.xlsx”文件导入到“教学管理”数据库中。

具体步骤如下：

①打开或新建“教学管理”数据库，单击“外部数据”|“导入”组中的“导入 Excel 电子表格”按钮 Excel ，弹出“获取外部数据-Excel 电子表格”对话框。单击“浏览”按钮，在弹出的“打开”对话框中找到要导入文件的位置，再选择“学生.xlsx”文件，单击“打开”按钮后，返回原对话框，如图 4-32 所示。

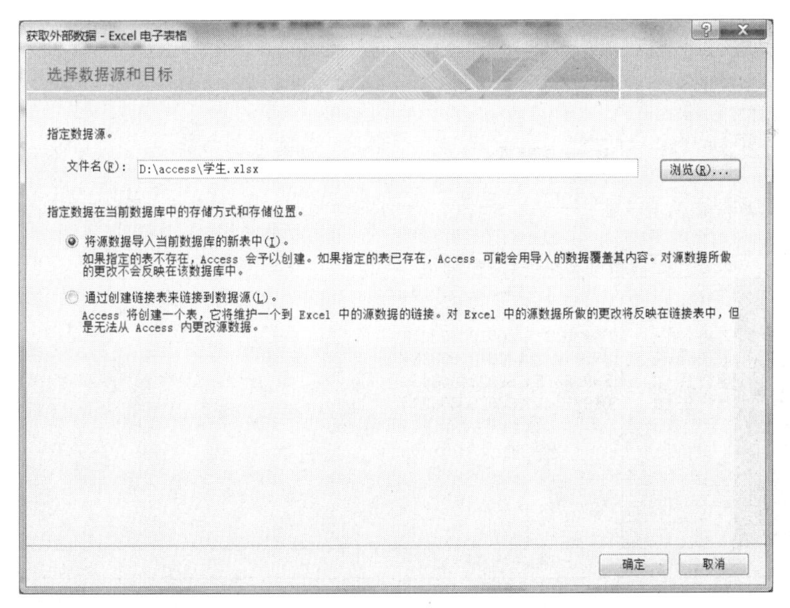

图 4-32　“获取外部数据-Excel 电子表格”对话框

此时，可以指定所导入数据的存储方式，可选择下列选项中的一项。

- 将源数据导入当前数据库的新表中：将数据存储在新表中，并提示用户命名该表。

● 向表中追加一份记录的副本：将数据追加到现有的表中（如果没有表示处于打开状态，此选项不会出现）。

● 通过创建链接表来链接到数据源：将在数据库中创建一个链接表。

② 这里选中“将源数据导入当前数据库的新表中”单选按钮，再单击“确定”按钮，打开“导入数据表向导”第一个对话框，选择要导入的数据所在的工作表。单击“下一步”按钮。

③ 打开“导入数据表向导”第二个对话框。如果源工作表或者区域的第一行包含字段名称，则需选中“第一行包含列标题”复选框，然后单击“下一步”按钮。

④ 打开“导入数据表向导”第三个对话框。如果将数据导入新表中，Access 将使用这些列标题为表中的字段命名，则可以在导入操作过程中或导入操作完成后更改字段名称和字段类型。如果将数据追加到现有的表中，则需要确保源工作表中的列标题完全与目标表中的字段名称一致。要在字段上创建索引，可以单击“索引”下拉框，再选择“有（无重复）”选项，然后单击“下一步”按钮。

⑤打开“导入数据表向导”第四个对话框，如图 4-33 所示。可以指定数据表的主键，这里有三个选项按钮：如果选择“让 Access 添加主键”将添加一个自动编号字段作为目标表中的第一个字段，并且用从 1 开始的唯一 ID 值自动填充它；如果选择“我自己选择主键”，可以在其右边的下拉框的表原有字段中选择一个作为主键；如果选择“不要主键”表示不设置主键。这里选择“学号”作为主键。

⑥单击“下一步”按钮，打开“导入数据表向导”第五个对话框，指定目标表的名称。单击“完成”按钮，出现“获取外部数据-Excel 电子表格”保存导入步骤对话框，单击“关闭”按钮，完成表的导入操作。

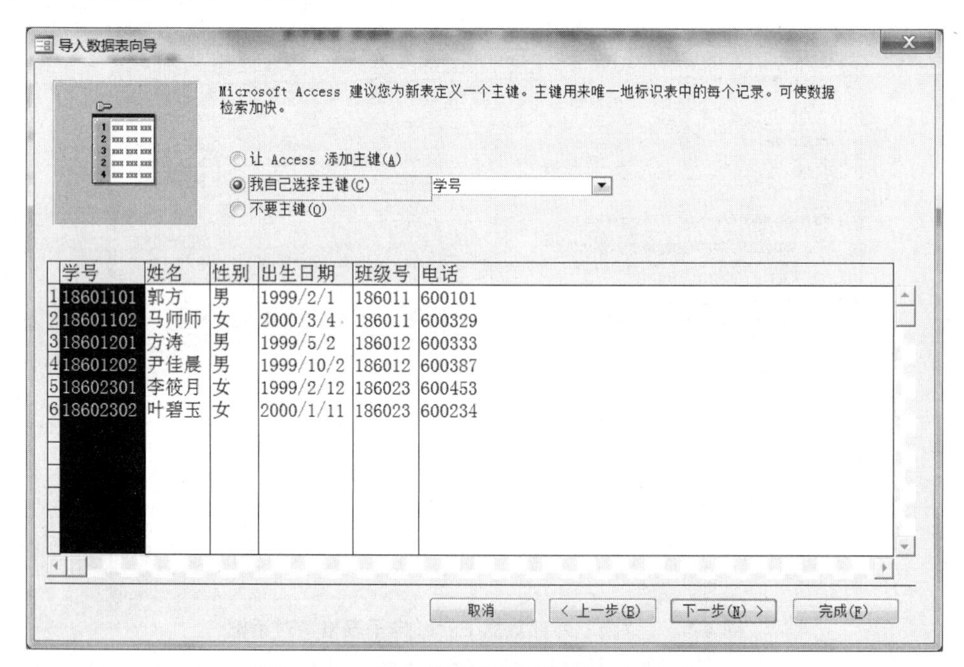

图 4-33 “导入数据表向导”第四个对话框

从外部数据源链入数据的操作与上述的导入数据操作非常相似，同样是在向导的引导下完成的，而且链入向导的形式与操作也都与导入向导非常相似，但是一定要理解链入数据表对象与导入形成的数据表对象是完全不同的。导入形成的数据表对象就如同在 Access 2010 数据库设计视图中新建的数据表对象一样，是一个与外部数据源没有任何联系的表对象。也就是说，导入表在其导入过程中是从外部数据源获取数据的过程，而一旦导入操作完成，这个表就不再与外部数据源继续存在联系了。

导入数据源之后，一般表结构不完全符合要求，可以使用表设计视图进行修改。

2. 数据的导出

数据的导出是导入的逆操作，也就是将 Access 表导出到其他文件中去，为其他应用程序所用。在 Access 2010 中，Access 表可以导出目标包括 Access 数据库的表、Excel 文件、Word 文件、文本文件、XML 文件、ODBC 数据库、HTML 文档、dBASE 文件等。

导出步骤比较简单，只要右击选中的需要导出的表，在弹出的快捷菜单中选择“导出”，再选择需要导出目标类型，根据向导提示即可完成。由于将 Access 2010 数据表导出为 Excel 2010 工作表是比较常见的需求，同时也由于 Excel 2010 和 Access 2010 同样都可以处理表格数据，Access 2010 专门新增了支持该项需求的复制/粘贴功能。利用这一功能，只需在数据表视图中选中需要导出的数据表中的数据块，再选择菜单“编辑”|“复制”，然后打开一个 Excel 2010 工作表，在 Excel 2010 工作表中选择“编辑”|“粘贴”，即可完成将 Access 2010 数据表数据导出为 Excel 2010 工作表的操作。

4.5.6　表间关联操作

通过前面的介绍，已经可以掌握创建数据库和表的基本方法，这时如何管理和使用表中的数据就成为很重要的问题。在 Access 2010 中要想管理和使用表中的数据，就应建立表与表之间的关系，只有这样才能将不同表中的相关数据联系起来，也才能为创建查询、窗体或报表打下良好的基础。

通常在一个数据库的两个表都使用了共同字段，并且其中一个表已经设置了主键的情况下，就可以为这两个表建立一个关联，通过表间关联可以指出一个表中的数据与另一个表中的数据的相关联系方式。常见的表间关联有三种：一对一联系、一对多联系和多对多联系。

1. 编辑关系

在 Access 2010 中，可以在数据库窗口中创建和修改表间关系，具体步骤如下。

① 单击“数据库工具”选项卡的“关系”工具按钮。若已定义了一些关系，则在该窗口中会显示这些关系；若尚未定义任何关系，则在该窗口中没有任何内容。

② 若需定义新的关系，单击“设计”选项卡“关系”组中的“显示表”按钮，也可在该窗口中右击，在弹出的快捷菜单中选择“显示表”，即会弹出“显示表”对话框。然后

按住 Ctrl 键，逐个单击选择要做关联的所有表，然后单击“添加”按钮，把需关联的表都添加进来。

③ 将光标指向表（如班级表）中的关联字段（如班级号），按住鼠标左键将其拖动至表（如学生表）的关联字段（班级号）上，然后再松开鼠标左键，就会弹出“编辑关系”对话框，如图 4-34 所示。

④ 单击“创建”按钮，可以观察到两表通过班级号字段关联了起来，如图 4-35 所示。

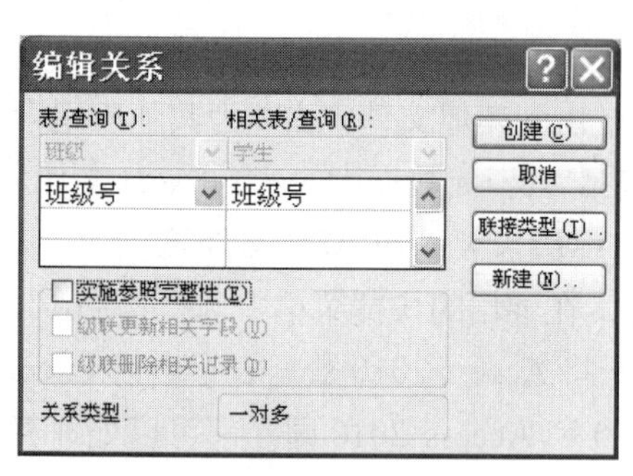

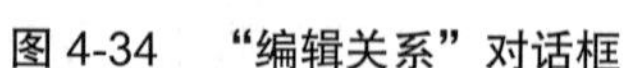
图 4-34 “编辑关系”对话框

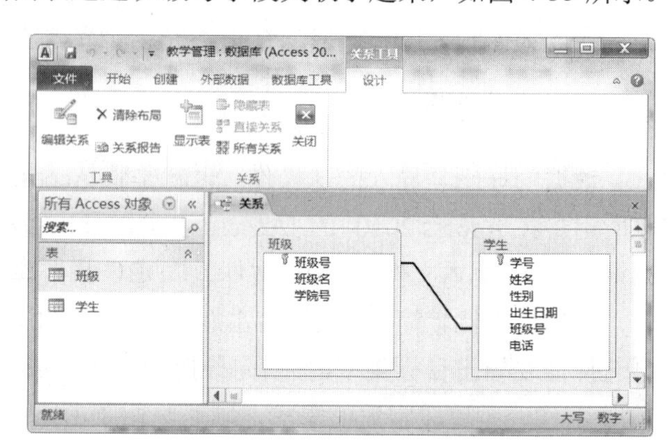

图 4-35 “关系”设计视图

单击关系连线，按 Delete 键可删除表间的联系。

2. 实施参照完整性

双击表之间的关系连线，弹出“编辑关系”对话框，可重新编辑关系。此时如果选中“实施参照完整性”复选框，则当添加或修改数据时，Access 会按所创建的关系来检查数据，若违反参照完整性，就会显示出错信息而拒绝这种数据。为防止意外删除或更改相关数据，Access 使用参照完整性来确保相关表记录之间关系的有效性。

假设将学生表和班级表之间的关系重新编辑，使其实施参照完整性规则，两表之间的关系连线也会变成“一对多”标记 1——∞，则学生表中输入的班级号必须是在班级表中出现的班级号或者是空白，如果输入其他内容，系统会提示错误信息“由于数据表‘班级’需要一个相关记录，不能添加或修改记录”，不能保存错误数据。

3. 关系属性设置

Access 中默认的关系属性为内部联接，即只选择两个表中字段值相同的记录，例如，在学生表和选课表进行查询时，只包含两个表中学号相同的记录，而不能挑选未参加考试的学生。如果要对其进行修改，可单击两个表间的关系连线，连线变黑，表明已经选中了该关系。双击连线，打开“编辑关系”对话框，单击“联接类型”按钮，弹出“联接属性”对话框。“联接属性”对话框中有以下 3 个选项。

- 内部联接：只包含来自两个表的联接字段相等处的行。
- 左外部联接：包含左表的所有记录和右表联接字段相等的那些记录。
- 右外部联接：包含右表的所有记录和左表联接字段相等的那些记录。

4.6　Access 查询、窗体和报表

前面已经介绍了数据库中数据表的建立和维护方法，但将数据正确地保存在数据库中并不是最终目的，我们的最终目的是更好地使用它，并通过对数据库中的数据进行各种处理和分析，从中提取有用的信息。查询是 Access 处理数据的工具，可看成是动态的数据集合，使用查询可以按照不同的方式来查看、更改和分析数据，也可将查询作为窗体、报表、数据访问页的数据。窗体是用户和应用程序之间的主要接口。报表用于对数据库中的数据进行分组、计算、汇总和打印输出。

4.6.1　查询

查询是关系数据库中的一个重要概念，查询对象不是数据的集合，而是操作的集合。查询的运行结果是一个动态数据集合，尽管从查询的运行视图中看到的数据集合形式与从数据表视图中看到的数据集合形式完全一样，尽管在数据表视图中所能进行的各种操作也几乎都能在查询的运行视图中完成。但无论它们在形式上是多么的相似，其实质是完全不同的。可以这样来理解，数据表是数据源之所在，而查询是针对数据源的操作命令，相当于程序。

应用查询对象是实现关系数据库查询操作的主要方法，是借助于 Access 2010 为查询对象提供的可视化工具，它不仅可以很方便地进行查询对象的创建、修改和运行，而且可以生成合适的 SQL 语句，并且直接将其粘贴到需要该语句的程序代码或模块中去。这将非常有效地减轻编程的工作量，也可以完全避免在程序中编写 SQL 语句时很容易产生的各种错误。

1. 查询的种类

由查询生成的动态数据集合可以用于不同的目的，根据其应用目标的不同，可以将 Access 2010 的查询对象分为以下几种不同的基本类型。

① 选择查询：最常用的查询类型，顾名思义，它是根据指定的查询准则，从一个或多个表中获取数据并显示结果。也可以使用选择查询对记录进行分组，并且对记录进行总计、计数、平均以及其他类型的计算。

② 交叉表查询：将来源于某个表中的字段进行分组，一组列在数据表的左侧，一组列在数据表的上部，然后在数据表行与列的交叉处显示表中某个字段统计值。

③ 参数查询：在这种查询中，用户以交互方式指定一个或多个条件值，是一种利用对话框来提示用户输入准则的查询。这种查询可以根据用户输入的准则来检索符合相应条件的记录。

④ 操作查询：与选择查询相似，由用户指定查找记录的条件，但选择查询是检查符合特定条件的一组记录，而操作查询是在一次查询操作中对所得结果进行编辑等操作。操作查询可分为以下 4 种查询。

- 更新查询：用于在数据表中更改数据、更改符合一定条件的记录。
- 追加查询：将数据库的某个表中的符合一定条件的记录添加到另一个表上。

- 生成表查询：从一个或多个表中提取符合条件的数据，并组合生成一个新表。
- 删除查询：用于在数据表中删除一组同类的记录。

⑤ SQL 特定查询：由 SQL 语句组成的查询。传递查询、联合查询和数据定义查询都是 SQL 特定查询。SQL 是一种结构化查询语言，是数据库操作的工业化标准语言。使用 SQL 可以对任何的数据库管理系统进行操作。

2. 创建选择查询

根据指定条件，从一个或多个数据源中获取数据的查询称为选择查询。创建选择查询有两种方法：一是使用“查询向导”，二是使用“查询设计视图”。查询向导能够指导操作者顺利地创建查询，详细地解释在创建过程中需要做的选择，并能以图形方式显示结果。而在查询设计视图中，不仅可以完成新建查询的设计，也可以修改已有的查询。两种方法特点不同，查询向导操作简单、方便，查询设计视图功能丰富、灵活，可以创建带条件的查询。这里介绍最常用的选择查询设计视图的创建方法。

【例 4-3】在“教学管理”数据库中，根据学生表、选课表、课程表创建“优秀学生成绩”查询，要求是：按学号升序显示成绩在 85 分及以上的学生的学号、姓名、课程名和成绩。

创建此查询的具体步骤如下。

①打开“教学管理”数据库，单击“创建”选项卡“查询”组中的“查询设计”按钮 查询设计，进入查询的设计视图，同时也弹出“显示表”对话框，如图 4-36 所示。

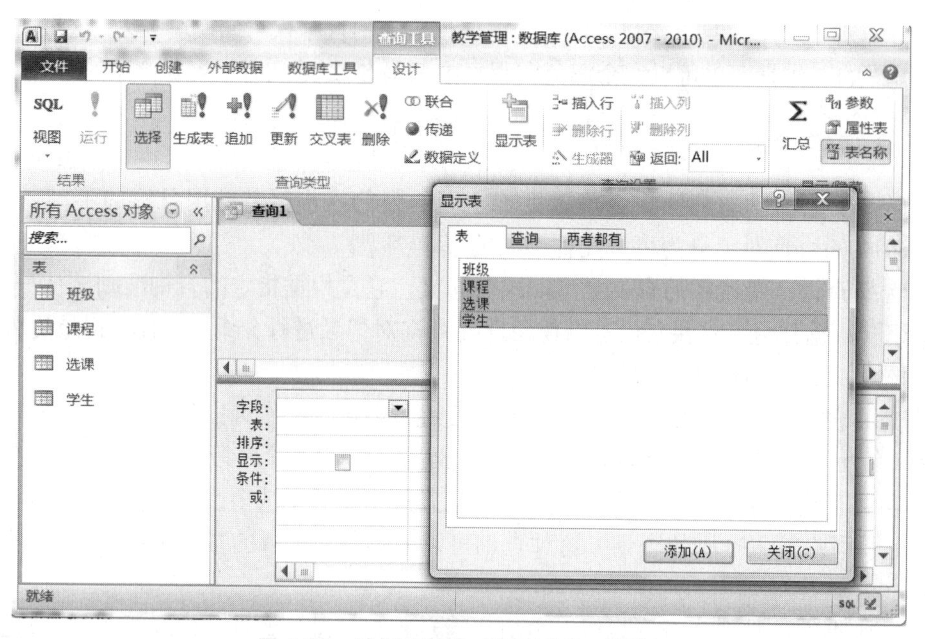

图 4-36 选择查询和“显示表”对话框

② 在“显示表”对话框中逐个地指定数据源，并单击“添加”按钮，将指定的数据源逐个添加到查询设计视图上半部的数据源显示区域内。因为本例中要求显示的查询字段有学生表的学号和姓名、课程表的课程名、选课表的成绩，涉及三个表，所以在查询设计视图

中添加课程、选课、学生 3 个表。

③ 选择查询字段，也就是从选定的数据源中选择需要在查询中显示的字段，既可以选择数据源中的全部字段，也可以仅选择部分字段。

● 新建包含数据源全部字段的查询，将数据源表中的“*”符号拖曳至查询设计视图下部的“字段”行中，或下拉“字段”行的列表框，从中选取“*”符号。以如此方式建立的查询对象在其运行时，将显示在数据源表中的所有字段中的所有记录数据。

● 新建包含数据源部分数据字段的查询，将数据源表中那些需要显示在查询中的数据字段逐个地拖曳至“字段”行的各列中，或逐次地下拉“字段”行列表框，从中选取需要显示的数据字段。这时，在“字段”行中将会出现选中的字段名，“表”行中出现该字段所在表的表名，“显示”行中的复选框中则出现“√”（它表明该查询字段将被显示，同时应该认识到，取消这个标记则意味着得到了一个不被显示的查询字段）。

在这里，如图 4-37 所示选择了学生表的学号和姓名、课程表的课程名、选课表的成绩 4 个字段。

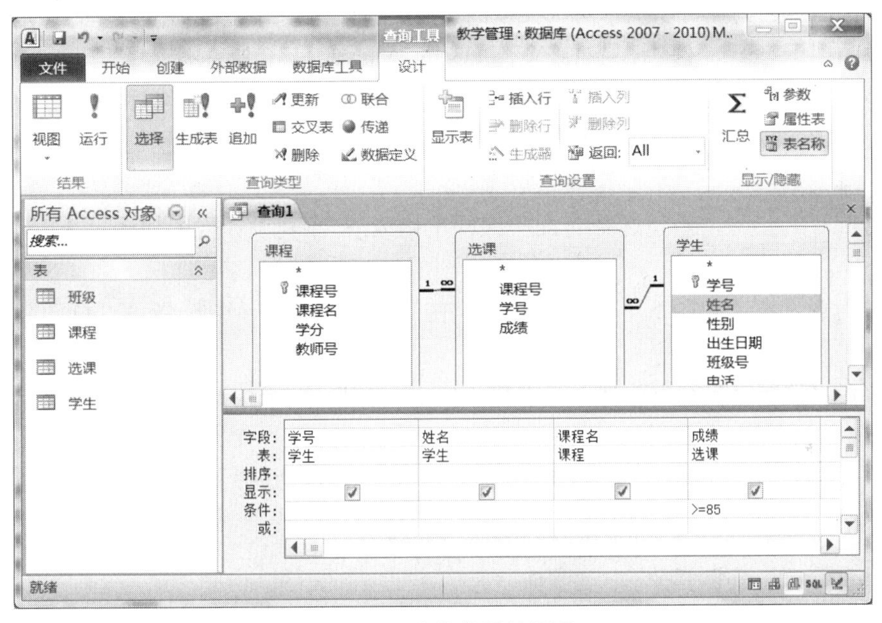

图 4-37　查询的设计视图

④ 在“排序”行的学号字段列交叉的下拉框中选择“升序”，可以使查询结果按学号升序显示。

⑤ 在“条件”行的成绩字段列交叉的框中输入“>=85”，这样即设置了查询条件“成绩>=85”。

⑥ 在设计查询的过程中，可以通过单击“查询工具设计”选项卡“结果”组中的“运行”按钮运行查询，进入查询的数据表视图，以查看查询结果，如图 4-38 所示。如果符合要求，则单击快速访问工具栏中的“保存”按钮，弹出“另存为”对话框，将新建查询对象命名为所需要的名字“优秀学生成绩”。如果不符合要求，则可单击“开始”选项卡“视图”组中的“设计视图”按钮，回到查询设计视图修改查询，直至满足要求为止。

优秀学生成绩

学号	姓名	课程名	成绩
18601101	郭方	大学计算机基础	88
18601102	马师师	大学计算机基础	90
18602302	叶碧玉	大学英语四	86

图 4-38　优秀学生成绩查询结果

⑦ 保存查询文件后，在数据库窗口双击该查询名，也可运行查询。

⑧ 如果之后又想修改查询，则可右击该查询，在弹出的快捷菜单中选择“设计视图”进入查询设计视图，再对查询条件进行修改。

3. 汇总查询

在建立查询时，可能更关心的是记录的统计结果，而不是表中的记录。为了获取这些数据，需要使用汇总查询功能。所谓汇总查询就是在成组的记录中完成一定计算的查询。Access 允许在查询中利用设计网格中的“总计”行进行各种统计，通过创建计算字段进行任意类型的计算。在汇总查询中可以执行两种类型的计算：预定义计算和自定义计算。预定义计算是系统提供的用于对查询中的记录组或全部记录进行的计算，包括总计、平均值、计数、最大值、最小值等。自定义计算可以用一个或多个字段的值进行数值、日期和文本计算。

【例 4-4】创建“课程平均成绩”查询：要求查询课程名和该课程的平均成绩，并将结果按降序排列。

参照例 4-3 步骤，新建选择查询“课程平均成绩”，其设计视图如图 4-39 所示，设计要点如下。

①右击查询设计视图下半部分网格区，在弹出的快捷菜单中选择“汇总”菜单项，网格区就会多了“总计”一行。

②字段“课程名”列“总计”行选择“Group By”，表示按课程名分组，也就是按每门课程计算。

③“成绩”列“总计”行选择“平均值”，查询汇总的功能是计算平均值。其查询结果如图 4-40 所示。

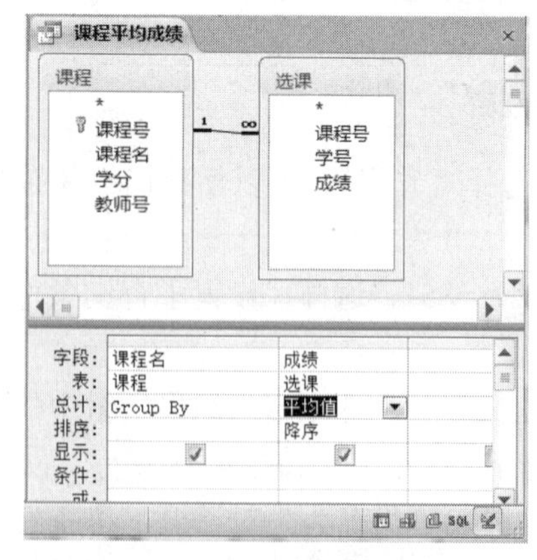

图 4-39　课程平均成绩查询设计视图

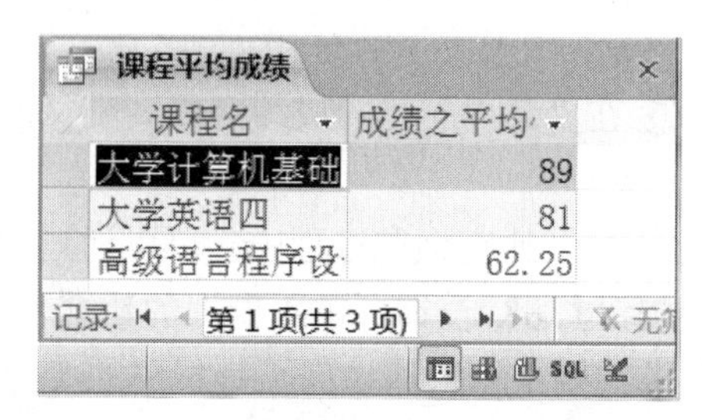

图 4-40　课程平均成绩查询结果

4. 参数查询

参数查询在运行时会提示用户输入参数值（查询条件），并根据用户的输入给出查询结果，从而可以实现交互式查询。参数查询实质上是把选择查询的“条件”设置成一个带有参数的“可变条件”。

【例 4-5】创建“按课程名和分数线查询成绩”查询：提示用户输入课程名和分数线，输出含有该课程名和大于分数线的学生信息（学号、姓名、课程名、成绩）。

新建选择查询，其设计视图如图 4-41 所示，设计要点如下。

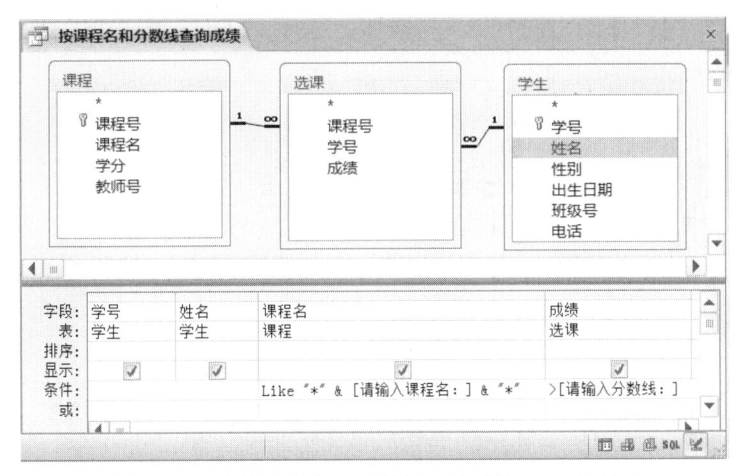

图 4-41　“按课程名和分数线查询成绩”设计视图

① 课程名“条件”行输入“Like "*" & [请输入课程名：] & "*"”。

② 成绩“条件”行输入“>[请输入分数线：]”。

运行该选择查询，出现“输入参数值”对话框，分别要求“请输入课程名”和“请输入分数线”，如图 4-42 所示。查询结果如图 4-43 所示。

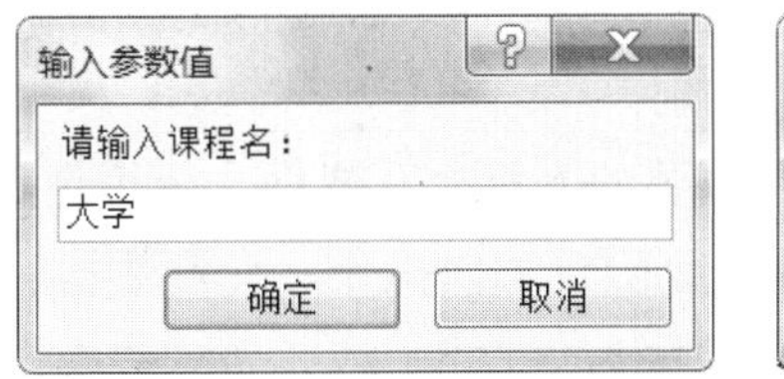

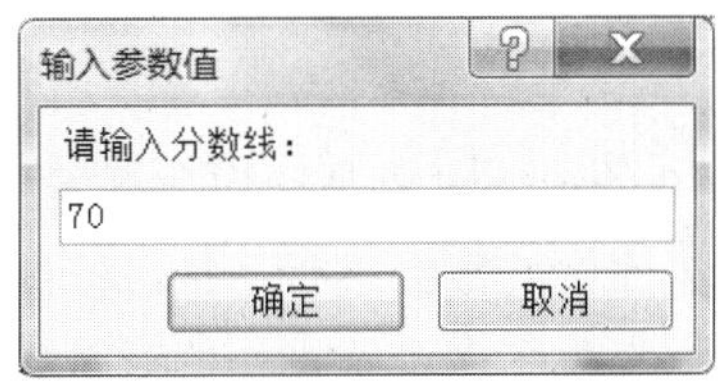

图 4-42　“输入参数值”对话框

按课程名和分数线查询成绩

学号	姓名	课程名	成绩
18601101	郭方	大学计算机基础	88
18601102	马师师	大学计算机基础	90
18602301	李筱月	大学英语四	76
18602302	叶碧玉	大学英语四	86

记录: 第 1 项(共 4 项)　无筛选器　搜索

图 4-43　“按课程名和分数线查询成绩”查询结果

5. 查询对象的实质

建立查询的操作，实质上是生成 SQL（结构化查询语言）语句的过程。也就是说，Access 提供了一个自动生成 SQL 语句的可视化工具——查询设计视图。那么，通过在查询设计视图中的一系列操作后，所生成的 SQL 语句到底是什么样的呢？为了看到一个查询所对应的 SQL 语句，可以将查询从设计视图转换到 SQL 视图。

右击“学生”数据库中的“优秀学生成绩”查询，在弹出的快捷菜单中选择“设计视图”，进入查询设计视图；或者双击该查询对象，在查询的数据表视图下，选择“开始”选项卡中的“结果”组，单击“视图”下拉按钮，选择“SQL 视图”项，即进入 SQL 视图，如图 4-44 所示。

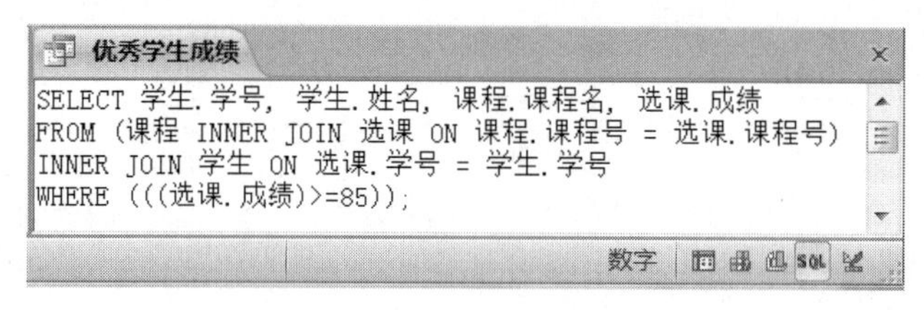

图 4-44 查询的 SQL 视图

“课程平均成绩”查询的 SQL 语句如下：

```
SELECT 课程. 课程名, Avg(选课.成绩) AS 成绩之平均值
FROM 课程 INNER JOIN 选课 ON 课程.课程号=选课.课程号
GROUP BY 课程.课程名
ORDER BY Avg(选课.成绩) DESC;
```

可以看出：查询对象的实质是一条 SQL 语句。运行查询的操作也就是运行相应 SQL 语句的过程，其结果是生成一个动态数据集合。

4.6.2 窗体

Access 2010 的窗体对象是操作数据库最主要的人机交互界面。无论是需要查看数据，还是需要对数据库中的数据进行追加、修改、删除等编辑操作，允许数据库应用系统的使用者直接在数据表视图中进行操作绝对是极不明智的选择。应该为这些操作需求设计相应的窗体，使得数据库应用系统的使用者针对数据库中数据所进行的任何操作均只能在窗体中进行。只有这样，数据库应用系统数据的安全性、功能的完善性以及操作的便捷性等一系列指标才能真正得以实现。

1. 窗体概述

窗体主要有以下基本功能：

- 显示、输入和编辑数据。利用窗体，可以非常清晰和直观地显示表或查询中的数据记录，以及对其进行编辑。
- 创建数据透视窗体图表，增强数据的可分析性。利用窗体建立的数据透视图和数据

透视表能更直观地显示数据。

- 控制应用程序流程。窗体能够与函数、过程相结合，可以通过编写宏或 VBA 代码完成各种复杂的控制功能。

Access 2010 提供了多种类型的窗体，有纵栏式窗体、表格式窗体、数据表窗体、主/子窗体、图表窗体、数据透视表窗体和数据透视图窗体。

Access 2010 的窗体有以下 6 种视图。

- 窗体视图：窗体的工作视图，用来显示数据表记录。用户可查看、添加和修改数据。
- 布局视图：其界面和窗体视图几乎一样，区别在于窗体中控件的位置可以移动。
- 设计视图：用于创建和修改窗体的界面，是应用系统开发期时用户的工作台，可调整窗体的版面布局，利用工具箱在窗体中添加控件、设置数据来源等。
- 数据表视图：以表格的形式显示表、窗体、查询中的数据，显示效果类似表对象的数据表视图，可用于编辑字段、添加和删除数据、查找数据。
- 数据透视表视图：使用“Office 数据透视表”组件，易于进行交互式数据分析。
- 数据透视图视图：使用“Office Chart”组件，帮助用户创建动态的交互式图表。

2. 创建窗体

Access 2010 提供了比以前版本更加强大、更加简便的创建窗体的方法。在 Access 2010 应用程序窗口中，单击“创建”选项卡，可以看到“窗体”组中的多种创建窗体的命令按钮，即“窗体”“窗体设计”“空白窗体”“窗体向导”“导航”，单击该组的“其他窗体”按钮，弹出的下拉菜单有“分割窗体”“多个项目”“数据透视图”“数据表”“模式对话框”“数据透视表”，在该菜单中又提供了几种创建窗体的方法，如图 4-45 所示。

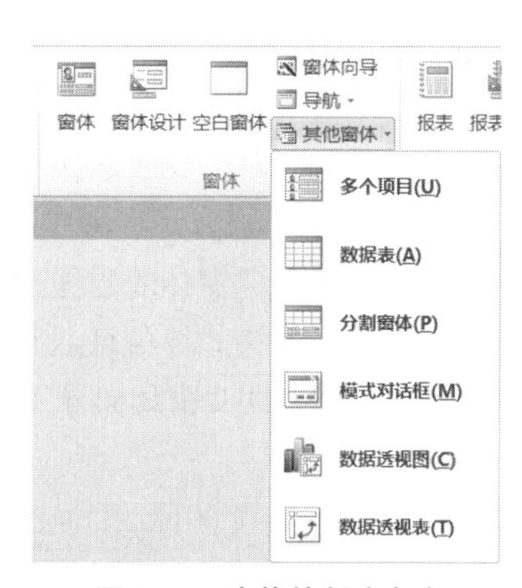

图 4-45　窗体的创建方法

其中“窗体”“分割窗体”“多个项目”“数据表”的创建方法类似，下面以“窗体”为例进行介绍。

（1）使用“窗体”工具创建自动窗体

使用“窗体”工具，只需单击一次鼠标便可以创建窗体。使用该工具时，来自基础数据源的所有字段都放置在窗体中。用户可以立即开始使用新窗体，也可以在布局视图或设计视图中修改该窗体。

【例 4-6】使用“窗体”工具，以“学生”表为数据源，创建一个名为“学生”的窗体。

具体操作步骤如下。

① 打开数据库，在导航窗格的表对象下，单击“学生”表。

② 单击“创建”选项卡“窗体”组中的“窗体”按钮，自动创建图 4-46 所示的“学生”窗体。

图 4-46 “学生”窗体

③ 单击“保存”按钮，在弹出的“另存为”对话框中，输入窗体名称为“学生”并保存。

使用窗体工具创建的窗体是以“布局视图”显示的，在该视图中，可以在窗体显示数据的同时，对窗体进行设计方面的更改。例如，可以根据需要调整文本框的大小以适用数据。Access 发现某个表与用于创建窗体的表具有一对多关系，将向给予相关表的窗体中添加一个数据表。如【例 4-6】，创建一个基于“学生”表的简单窗体，因“学生”表与“选课”表之间定义了一对多关系，则窗体将显示“选课”表中与当前的学生记录有关的所有记录。如果确定不需要“选课”表，可以将其从窗体中删除。

（2）窗体向导

使用向导创建窗体的过程比使用自动窗体更复杂，它要求用户输入所需数据的记录源、字段、版式以及格式等信息，并且创建的窗体可以是基于多个表或查询的。

【例 4-7】使用“窗体向导”工具，以“学生”表为数据源，创建一个“学生_窗体向导”的窗体。

具体操作步骤如下。

① 打开数据库，在导航窗格的表对象下，单击“学生”表，再单击“创建”选项卡“窗体”组中的“窗体向导”按钮，打开“窗体向导”—字段选择对话框。

② 选定窗体对象要包含的数据字段。一个窗体对象并不一定需要包含数据源中的所有数据字段，也并不一定要按照数据源中的字段顺序排列字段，因此可以根据需要来选择所建窗体对象所包含的数据字段，并设定各个字段的排列顺序。在“可用字段”列表框中，依次选择需要包含在窗体中的字段，并单击[>]按钮，使其逐个进入“选定的字段”列表框中。如果数据源中的所有字段都是需要的，可以单击[>>]按钮，使其一次性地进入“选定的字段”列表框中。

③ 选定字段操作完毕，单击对话框中的“下一步”按钮，即进入“窗体向导”—布局选择对话框，如图 4-47 所示，有几种数据布局形式可供选择，它们分别是“纵栏表”“表格”“数据表”“两端对齐”。单击其中的一个单选按钮，即可在本对话框的左侧看到对应的窗体布局示意。

④ 选定布局后，单击“下一步”按钮，即进入“窗体向导”—样式选择对话框，有 10 种显示样式可供选择。单击不同的显示样式，对话框左端即显示其相应的样式示意。可以根据实际需要选择合适的一种显示样式。

⑤ 选择样式后，单击“下一步”按钮，即进入“窗体向导”—指定标题对话框，如图 4-48 所示，在此对话框中，可以选择单选按钮“打开窗体查看或输入信息”“修改窗体设计”，最后单击“完成”按钮，至此完成了利用向导创建窗体的操作。

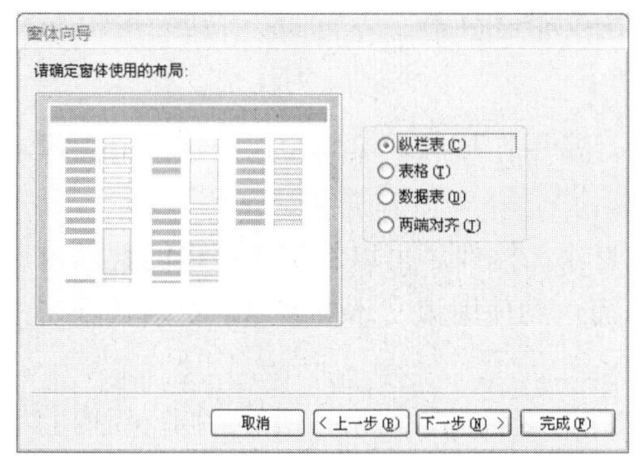

图 4-47　“窗体向导”—布局选择对话框

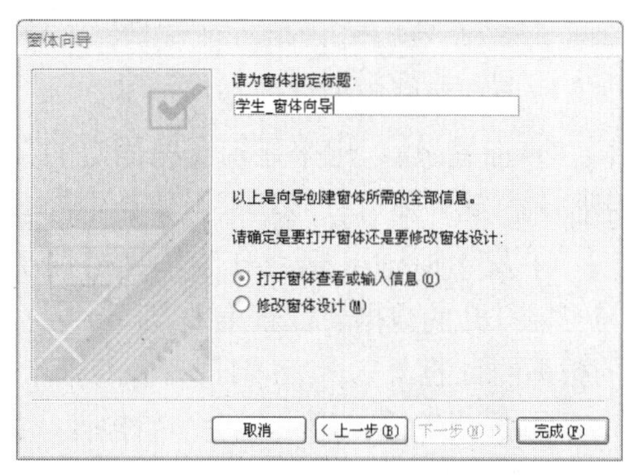

图 4-48　“窗体向导”—指定标题对话框

（3）窗体设计视图

实际上，一个利用窗体向导创建的窗体对象很难满足既定的设计目的。无论是各窗体控件的设置，还是整个窗体的结构安排，都还不是最终所需要的窗体形式。因此，还需要在窗体设计视图中对窗体对象作进一步的设计修改。窗体设计视图可以让用户完全自主地来创建窗体。在实际应用中，可先使用向导创建窗体，然后再在设计视图中修改窗体的设计。

在导航窗格的窗体对象卡上选定一个窗体（如“学生_窗体向导”）后，右击它，在弹出的快捷菜单中选择“设计视图” 设计视图(D)，即进入窗体设计视图，如图 4-49 所示。

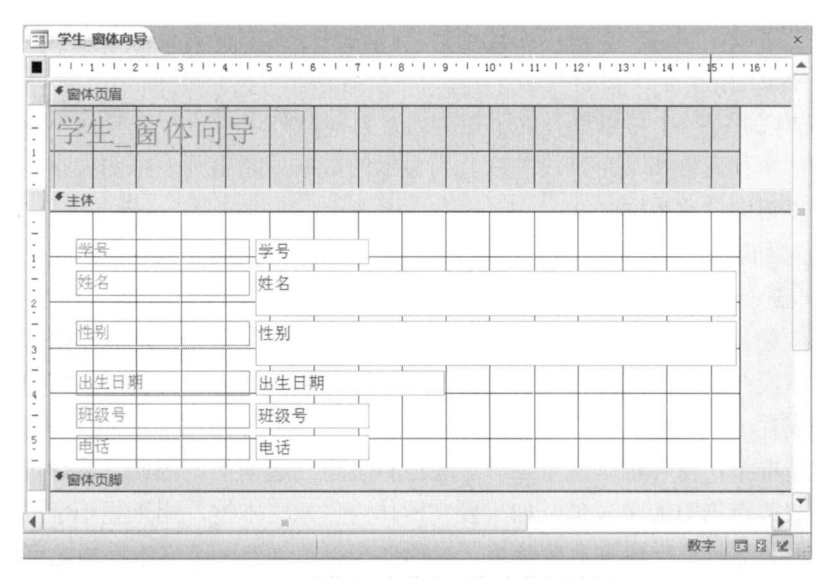

图 4-49　“学生_窗体向导”窗体设计视图

在窗体设计视图中，可利用“窗体设计工具”|“设计”选项卡的控件和工具组中的按钮进行设计，如图 4-50 所示。

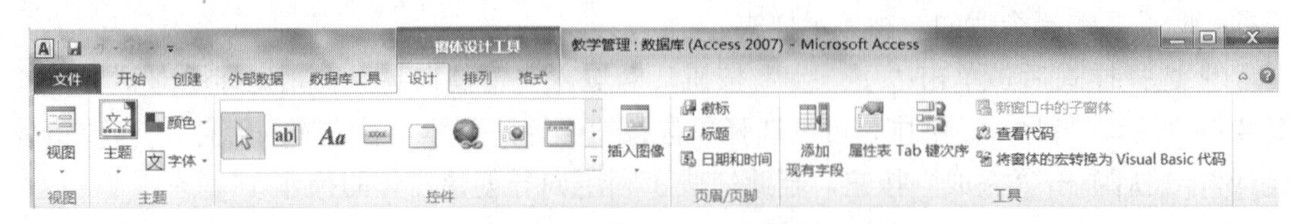

图 4-50 “设计”选项卡的控件和工具

下面介绍常用控件的功能如下。

① 标签 *Aa*：用来显示一些固定的文本信息，常用在页眉、页脚中以及字段前面标志字段名，此外还可以显示单个集合中的多页信息。

② 文本框 abl：既可作为输出控件，也可作为输入控件。可以将文本框内的数据内容与当前打开的数据表或查询的某一字段关联，从而达到使用该文本框编辑、更新数据表中的数据的目的。

③ 选项组：用来包含一组控件，如单选按钮、复选框、切换按钮等。同一组内的单选按钮只能选择一个，被选中的按钮的值将作为选项组的数据值。

④ 切换按钮：用来显示二值数据，如“是/否”类型的数据。当按钮被按下时，它的值为“1”，即“是”；反之为“0”，即“否”。

⑤ 选项按钮：用来代表二值数据，如“是/否”类型的数据。当按钮被选中时，它的值为“1”，即“是”；反之为“0”，即“否”。当多个单选按钮位于一个选项组中时，只能够有一个被选中。

⑥ 复选框：用来代表二值数据。当按钮被选中时，它的值为“1”，反之为“0”。但当多个复选框处于一个选项组中时，可以有多个甚至全部按钮被选中。

⑦ 组合框：包含一个可以编辑的文本框和一个可以选择的列表框，可以把该组合框关联到某一个字段，使得用户可以通过选择下拉列表中的值或者直接在文本框中输入数据来输入关联字段的值。

⑧ 列表框：一个可以选择的下拉列表，只能从列表中进行选择而不能自已输入数据。通常把一个列表框和某个字段关联。当显示的数据项超出列表框的大小时，可以自动出现滚动条以帮助浏览数据。

⑨ 命令按钮：可以通过命令按钮来执行一段 VBA 代码，或完成一定的功能。

⑩ 图像：用来向窗体中加载具有“对象链接嵌入”功能的图像、声音等数据。

工具组中经常使用“添加现有字段”按钮和“属性表”按钮，前者用来显示相关数据源中的所有字段；后者用来打开或关闭窗体及控件的属性表窗口，使用该窗口可以设置窗体及控件的属性。

在一般情况下，窗体都是基于某一个表或查询建立起来的，因此，窗体内的控件要显示的也就是表或查询中的字段值。如果要在窗体内创建文本框，用来显示字段列表中的某一个字段时，只需将该字段拖到窗体内，窗体便会自动创建一个文本框与此字段关联。

【例 4-8】利用窗体的设计视图，创建图 4-51 所示的名为“学生成绩表”窗体视图。

图 4-51　“学生成绩表”窗体视图

具体操作步骤如下。

① 打开数据库，单击“创建”选项卡“窗体”组中的“窗体设计”按钮，打开“窗体1”设计视图。

② 右击窗体设计区的空白处，在弹出的快捷菜单中选择“窗体页眉/页脚”项，使窗体显示窗体页眉部分和窗体页脚部分。

③ 窗体页眉区，选择“窗体设计工具”|“设计”选项卡，“页眉/页脚”组的“徽标”设置为宁波大学校徽，“标题”设为“学生成绩表”。

④ 在窗体设计区，选择“工具”组中的“添加现有字段”，弹出“字段列表”窗格，再选择“显示所有表”，出现数据库中所有的表。展开表，拖动需要的字段到窗体中。利用“窗体设计工具”|“排列”|“对齐”，使各字段对齐。

⑤ 窗体页脚区，选择“控件”组中的“按钮”，再单击按钮放置区，弹出“命令按钮向导”对话框。“类别”中选择“记录导航”，操作中分别选择“转至下一项记录”“转至前一项记录”“查找记录”，完成插入按钮操作。窗体设计视图如图 4-52 所示。

图 4-52　“学生成绩表”窗体设计视图

（4）在窗体中操作数据

窗体除了显示记录外，还可以对数据表中的数据进行其他操作，在“窗体视图”和“布局视图”中有记录工具栏（有第一条、前一条、后一条、最后一条、添加等按钮），可以完成查看、查找、修改、添加等操作。

在窗体中修改数据后，在相应的表中的源数据也会随着发生变化，从而不必直接操作表对象，可避免一些误操作。在窗体中修改数据时，有些字段是不能修改的，如自动编号字段、汇总字段等。在窗体视图中，也可以将一些字段域设置为不能获得焦点，从而控制某些字段不能修改。

4.6.3 报表

报表打印功能几乎是每一个信息系统都必须具备的功能，而 Access 2010 的报表对象就是提供这一功能的主要对象。报表提供了查看和打印数据信息的灵活方法，它具有其他数据库对象无法比拟的数据视图和分类能力。在报表中，数据可以被分组和排序，然后以分组次序显示数据；也可以把汇总值、计算的平均值或其他统计信息显示和打印出来。

报表的数据来源与窗体相同，可以使已有的数据表、查询或者是新建的 SQL 语句。报表主要有以下功能：对数据分组，进行汇总；可以进行计数、求平均值、求和等统计计算；可以包含子报表及图表数据；可以输出标签、发票、订单和信封等多种样式的报表；可以嵌入图片来丰富数据的显示。

Access 几乎能够创建用户所能想到的任何形式的报表。报表有 4 种类型：纵栏式报表、表格式报表、图表报表和标签报表。报表的视图主要有报表视图、打印预览、布局视图、设计视图。

报表的设计与窗体也有许多相似之处，在窗体中介绍的控件的使用方法，在报表设计中也同样适用。报表的创建主要有 3 种方法：一是使用自动报表创建基于单个表或查询的报表；二是使用报表向导创建基于一个或多个表或查询的报表；三是在报表设计视图中自行创建报表。在实际应用中，一般可以先使用向导类工具快速创建出报表的结构，然后根据需要，在设计视图中对其外观、功能等做进一步的调整，这样可提供报表设计的效率。

1. 自动报表

自动报表可用来打印原始表或查询中的所有字段和记录，是创建报表最快速的方法。其创建方法是：选中数据库中要制作自动报表的表或查询，再单击“创建”选项卡“报表”组中的“报表”按钮，就在“布局视图”下自动创建并显示一个简单的报表了，如图 4-53 所示。

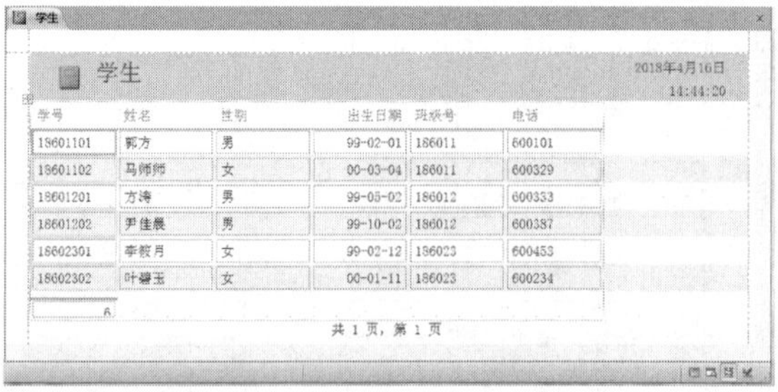

图 4-53 “学生”自动报表

2. 报表向导

使用报表向导创建报表的过程比使用自动报表稍复杂，它要求用户输入所需数据的记录源、字段、版式以及格式等信息，使用报表向导创建的报表可以是基于多个表或查询的。

【例 4-9】使用“报表向导”工具，以“学生”表、“课程”表、“选课”表为数据源，创建一个“学生成绩_报表”的报表，要求显示字段学号、姓名、短号、课程号、课程名、成绩以及汇总每位同学的平均成绩。

具体操作步骤如下：

① 打开数据库，选中“学生”表，单击“创建”选项卡“报表”组中的“报表向导”按钮 报表向导。打开“报表向导”——选取字段对话框，从其左上部的“表/查询”下拉列表框中选择数据表作为创建报表的数据源，双击要显示的字段到“选定字段”下拉框。

② 单击“下一步”按钮，打开“报表向导”——查看数据方式对话框，如图 4-54 所示。如果制作一个数据表的报表，不会显示该对话框。

③ 单击“下一步”按钮，打开“报表向导”——是否添加分组级别对话框，这里不分组。

④ 单击“下一步”按钮，打开“报表向导”——确定排序次序和汇总信息对话框。单击“汇总选项”按钮，打开“汇总选项”对话框，选中“平均”复选框，如图 4-55 所示，单击“确定”按钮返回。

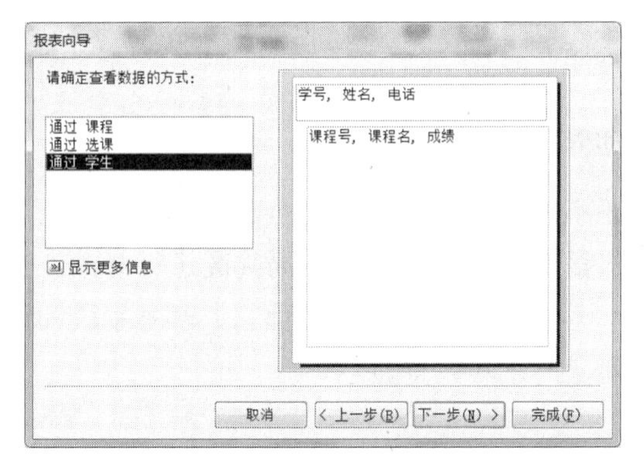

图 4-54　“报表向导”——查看数据方式对话框

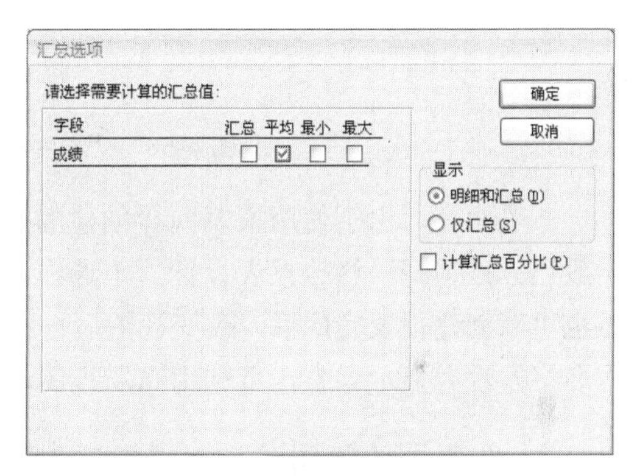

图 4-55　“汇总选项”对话框

⑤ 单击“下一步”按钮，打开“报表向导”——报表布局方式对话框。Access 提供的布局方式有：“递阶”“块”“大纲”三种，对于其中的任何一种格式，都可以选择方向：“纵向”或“横向”。

⑥ 单击“下一步”按钮，打开“报表向导”——报表样式对话框，可以为所建报表设定报表样式。所谓设定报表样式包括报表中的文字与数字字体设置、字型与字号的选择与搭配方式设置、报表标题与报表表体的相互位置设置、报表背景色彩与图案设置等内容。

⑦ 单击“下一步”按钮，打开“报表向导”——指定标题对话框。可以输入所需要的报表标题，此处指定的报表标题同时也是该报表对象的名称。对话框的中部还有两个单选框：“预览报表”单选框和“修改报表设计”单选框。选定其中一个，即可确定当创建报表的操作完成后，是进入报表视图预览报表，还是进入报表设计视图进行报表的设计操作。如果选择了“预览报表”，单击“完成”按钮，则报表预览视图如图 4-56 所示。

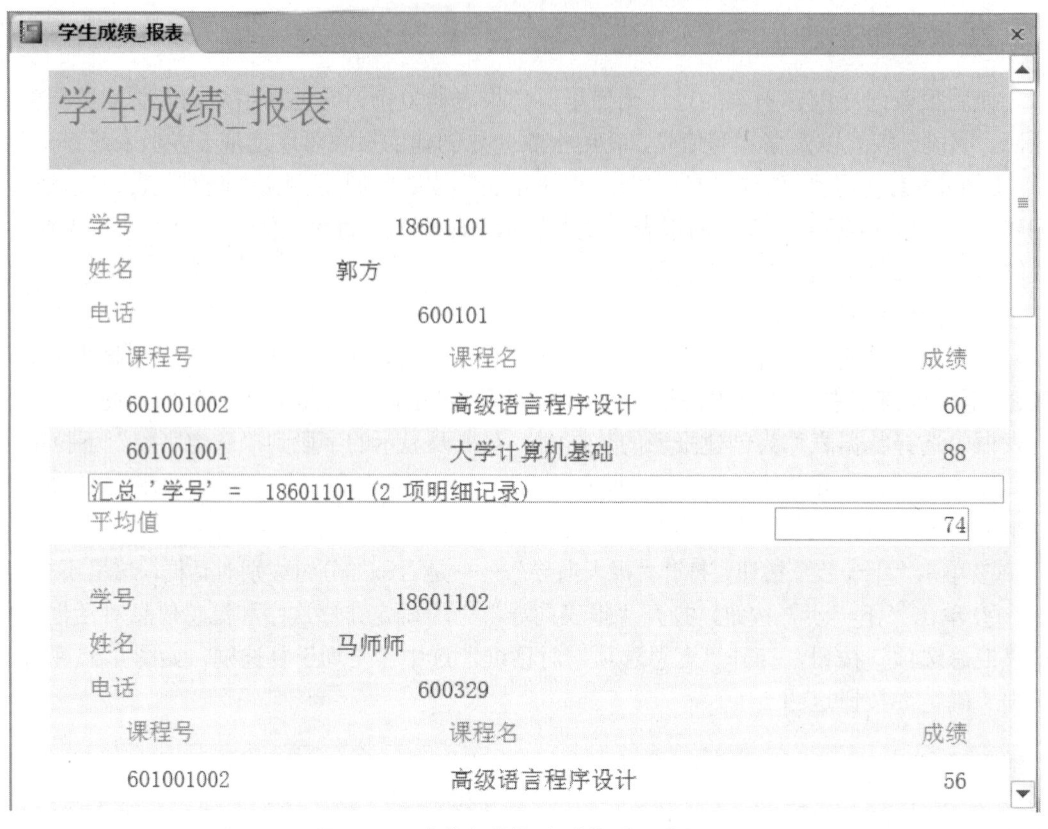

图 4-56 “学生成绩_报表”的预览视图

一般而言，由于使用报表向导创建的报表还不能完成报表对象的全部设计工作，所以一般还应该选择“修改报表设计”单选框，进入报表的设计视图或布局视图进行修改。当然也可以创建报表完成后，改变视图后再修改。就“学生成绩_报表”而言，学号字段和课程名字段没有显示完整，可利用布局视图改变列宽，让其完整显示。

3. 报表设计视图

右击一个报表对象，在弹出的快捷菜单中选择“设计视图”命令，即进入报表设计视图。由于报表控件设计工具箱与窗体控件设计工具箱完全相同，在窗体中可以使用的控件，多数都可以在报表中使用。

但是，报表对象本身又不完全同于窗体对象。报表对象仅仅是一个具有单向功能的对象，即报表对象从数据源中取得数据用于显示或打印，而并不能接受任何数据的输入，更不能去修改数据源中的数据。

4. 报表的浏览与打印

（1）报表的浏览

只需在数据库窗口的报表对象列表中双击报表名，或者右击选中创建好的报表名，在弹出的快捷菜单中选择“打印预览”，即可进入报表预览视图。

（2）报表的打印

在报表的预览视图中，单击“打印预览”选项卡“打印”组中的“打印”按钮，即弹出“打印”对话框，单击“确定”按钮，即可打印出与预览效果一样的报表。

4.7　结构化查询语言（SQL）

SQL 是结构化查询语言（Structured Query Language）的缩写，是目前应用最为广泛的关系数据库查询语言，是一种综合、通用、功能极强的关系数据库语言。

4.7.1　SQL 的特点

SQL 于 1974 年由 Boyce 公司和 Chamberlin 公司提出，并在 IBM 公司的圣约瑟实验室研制的 SystemR 系统上得以实现。它只是提供用户一种表示方法说明要查询的结果特性，至于如何查询以及查询结果的形式都由 DBMS 来完成。这种语言由于其功能丰富、方便易学的特点受到了广大用户的欢迎，并于 1986 年由美国国家标准局（ANSI）及国际标准化组织（ISO）公布作为关系数据库的标准语言。

作为关系数据库的标准语言，该语言具有以下特点：

① 语言功能的一体化。SQL 集数据定义 DDL、数据操纵 DML、数据控制 DCL 功能为一体并且不严格区分数据定义和数据操纵，在一次操作中可以使用任何语句。

② 模式结构的一体化。其关系模型中唯一的结构类型就是关系表，这种数据结构的单一性，使得对数据库中数据的增、删、改、查询等操作都只需使用一种操作符。

③ 高度非过程化的语言。使用 SQL 语言操作数据库，只需提出“做什么”，无须指明“怎样做”，用户不必了解存取路径。存取路径的选择和 SQL 语句的具体执行由系统自己完成，从而简化了编程的复杂性，提高了数据的独立性。

④ 面向集合的操作方式。SQL 语言在元组集合上进行操作，其操作结果仍是元组集合。查找、插入、删除和更新都可以是对元组集合的操作。

⑤ 两种操作方式、统一的语法结构。SQL 语言既是自含式语言，又是嵌入式语言。作为自含式语言，可作为联机交互式使用，每个 SQL 语句可以独立完成其操作；作为嵌入式语言，SQL 语句可嵌入到高级程序设计语言中使用。

⑥ 语言简洁、易学易用。SQL 是结构化的查询语言，其语言非常简单，在完成数据定义、数据操纵和数据控制的核心功能时只用了 9 个动词：CREATE、DROP、ALTER、SELECT、DELETE、INSERT、UPDATE、GRANT、REVOKE。SQL 的语法简单，接近英语口语，因此容易学习，使用方便。

4.7.2　SQL 数据定义

数据定义语言 DDL 用于执行数据定义的操作，如创建或删除表、索引和视图之类的对象，由 CREATE、DROP、ALTER 命令组成，可以完成数据库对象的建立（CREATE）、删除（DROP）和修改（ALTER）等操作。

1. 表的维护

（1）表的添加

【语法】CREATE TABLE <表名>（字段 1 数据类型 1[（大小）][字段级完整性约束条件]，字段 2 类型[（大小）]……）

【说明】在一般的语法格式描述中使用如下符号。

<>：表示在实际的语句中要采用实际需要的内容替代。

[ ]：表示可以根据需要选择其中的一个。

|：表示多个选项中只能选择其中之一。

当字段类型为数字、日期、逻辑等类型时，字段大小固定，无须指定。其中常用的字段类型可以用以下类型符定义：Text(或者 Char)、Integer、Double、Money、Date、Logical、Memo、General，分别对应文本型、数字长整型、数字双精度型、货币型、日期/时间、是/否、备注型、通用型。

[字段级完整性约束条件]：用于定义相关字段的约束条件，包括主键约束（Primary Key)、数据唯一约束（Unique)、空值约束（Not Null）等。

【例 4-10】CREATE TABLE 学生(学号 Text(8)Primary Key,姓名 Text(8),性别 Text(1),年龄 Integer)

【功能】创建一个名为“学生”的表，其中有 4 个字段，“学号”“姓名”“性别”字段的类型为文本型，字段大小分别为 8 和 1，并且设置“学号”字段为主键。“年龄”字段的类型为长整型，大小固定。

（2）表的删除

【语法】DROP TABLE<表名>

【说明】删除表之前，表必须已经被关闭。

【例 4-11】DROP TABLE 学生

【功能】删除名为“学生”的表。

2. 表结构的维护

（1）字段的添加

【语法】ALTER TABLE <表名> ADD 字段 1 类型[（大小）]，字段 2，……

【例 4-12】ALTER TABLE 学生 ADD 班级号 Text(8)

【功能】在“学生”表中添加一个“班级号”字段，类型为文本，大小为 8。

（2）字段的删除

【语法】ALTER TABLE <表名> DROP 字段 1，字段 2……

【例 4-13】ALTER TABLE 学生 DROP 年龄

【功能】在“学生”表中删除“年龄”字段。

（3）字段的修改

【语法】ALTER TABLE <表名>ALTER 字段类型[（大小）]

【说明】可以修改已有字段的字段类型以及字段大小。

【例 4-14】ALTER TABLE 学生 ALTER 姓名 Text(15)

【功能】在“学生”表中修改“姓名”字段的字段大小为 15。

3. Access 的数据定义语句操作

在 Access 中，假设要使用 SQL 数据定义语句创建“学生”表，其操作步骤如下。

① 删除重复表：打开或新建一个数据库，查看表对象中有无“学生”表，如果有则必须先删除。

② 进入 SQL 视图：单击“创建”选项卡“查询”组中的“查询设计”按钮，关闭弹出的“显示表”对话框。单击“设计”选项卡“结果”组中的“SQL”按钮，切换到 SQL 视图。

③ 输入 SQL 语句：在 SQL 视图中，输入【例 4-10】的 SQL 语句（注意要求用英文标点符号状态输入括号和逗号等，在字段和字段类型之间务必输入空格）：

CREATE TABLE 学生(学号 Text(8)Primary Key,姓名 Text(8),性别 Text(1),年龄 Integer)。

④ 运行 SQL 语句：单击“设计”选项卡“结果”组中的“运行”按钮 运行语句，没有提示出错，则创建表成功。数据定义语句一般只能执行一遍，第二遍再重复执行则会出错。

⑤ 查询结果：观察导航窗格中的表对象，即可发现多了一个“学生”表，表明创建表成功。

4.7.3　SQL 数据操纵

数据操纵语言是完成数据操作的命令，一般分为两种类型的数据操纵，它们统称为 DML。数据检索（常称为查询），即寻找所需的具体数据；数据修改包括添加、删除和改变数据。

数据操纵语言一般由 INSERT（插入）、DELETE（删除）、UPDATE（更新）、SELECT（检索，又称查询）等组成。由于 SELECT 比较特殊，所以一般又将它以查询（检索）语言单独列出，将在后面介绍。

1. 记录的插入（添加）

【语法】INSERT INTO ＜表名＞（字段 1，字段 2，……）VALUES（值 1，值 2，……）

【说明】文本型数据必须用单引号或双引号限定，数字类型数据则不能加引号。如果给表中所有字段赋值，则（字段 1，字段 2，……）可以省略。

【例 4-15】INSERT INTO 学生 VALUES ("001","张三","男",18)

【功能】给“学生”表中添加一条记录，为学号、姓名、性别、年龄字段分别赋值为 001、张三、男、18（前三个值为文本型数据，所以用双引号限定，最后一个值为数字类型数据则不能加引号）。注意语句中 VALUES 后赋值必须与“学生”表字段一一对应，而且“学生”表必须只有学号、姓名、性别、年龄四个字段。

【例 4-16】INSERT INTO 学生(学号,姓名) VALUES ("002","李四")

【功能】在“学生”表中添加一条记录，为学号、姓名字段分别赋值为 002、李四。注意语句中字段名列表和后面赋值必须一一对应，给部分字段赋值时，字段名列表不能省略。

2. 记录的编辑（修改）

【语法】UPDATE <表名> SET 字段 1=值 1，字段 2=值 2，……[WHERE 子句]

【说明】WHERE 子句是可选的，其含义与 SELECT 语句中的相同，表示满足一定的条件的记录才进行修改。如果没有 WHERE 子句将修改所有记录。

【例 4-17】UPDATE 学生 SET 学号="2018"+学号

【功能】将“学生”表中所有同学学号前加上“2018”。例如，原来学号是“06001”，则变为“201806001”。

【例 4-18】UPDATE 选课 SET 成绩=60 WHERE 成绩 BETWEEN 57 AND 59

【功能】将“选课”表中所有满足条件（成绩在 57～59 分之间）的记录中的“成绩”字段的值改成 60。

3. 记录的删除

【语法】DELETE FROM <表名> [WHERE 子句]

【说明】WHERE 子句是可选的，如果没有 WHERE 子句将删除表中所有的记录。

【例 4-19】DELETE FROM 选课 WHERE 成绩<60

【功能】在“选课”表中删除课程成绩不及格的记录。

【例 4-20】DELETE FROM 学生 WHERE 姓名 LIKE "李*"

【功能】将“学生”表中姓李的同学删除。

4. Access 的数据操纵语句操作

在 Access 中，假设要使用 SQL 数据操纵语句向已建立的“学生”空表添加一条记录，其操作步骤如下。

① 查看表：打开数据库，查看要添加记录的表是否已存在，如果没有“学生”表，则必须先创建。

② 进入 SQL 视图：单击“创建”选项卡“查询”组中的“查询设计”按钮，关闭弹出的“显示表”对话框。单击“设计”选项卡“结果”组中的“SQL”按钮，切换到 SQL 视图。

③ 输入 SQL 语句：在 SQL 视图中，输入【例 4-16】的 SQL 语句：

INSERT INTO 学生(学号,姓名) VALUES ("002","李四")

④ 运行 SQL 语句：单击“设计”选项卡“结果”组中的“运行”按钮 ! 运行语句，出现提示信息。如果没有语法错误，则会出现追加行信息框，单击“是”按钮。注意这里只能运行一次，如果多次运行，则可能会给表增加多条同样的记录。

⑤ 查看结果：双击“学生”表，可发现表中多了一条记录，表明插入表记录成功。

4.7.4 SQL 数据查询

1. SELECT 语句

SQL 语言的核心是表达查询的 SELECT 语句。SELECT 语句是由 SELECT-FROM-WHERE 组成的查询块，可以实现对数据的查询操作。SELECT 语句是 SQL 中用于数据查询的语句，功能非常强大，一些很复杂的查询，用前面所介绍的方法是无法实现的，但是使用 SELECT 语句却可以完成。

（1）SELECT 查询语句的基本结构

SELECT 查询语句的基本结构如下。

SELECT[ALL|DISINCT]*|〈字段等列表名〉
［INTO 新表名］
FROM〈表名 1〉[,〈表名 2〉]…
［WHERE〈选择条件〉］
［GROUP BY〈列表名〉］［HAVING〈筛选条件〉］
［ORDER BY〈列表名〉［ASC|DESC］］

SELECT 语句的基本结构中包含了 7 个子句，这些子句的排列顺序是固定的。其中除了 SELECT 子句和 FROM 子句，其他子句根据查询需要可以进行增删。

SELECT 语句中各个子句的作用分别如下。

- SELECT 子句：指定要查询的列的名称，其中列表名可以为一个或多个列。当为多个列时，中间要用逗号隔开。
- INTO 子句：指定使用查询结果来创建新表。
- FROM 子句：指定查询结果中数据的来源。这些来源可能包括表、查询或链接表。
- WHERE 子句：指定原表中记录的查询条件。
- GROUP BY 子句：指定在执行查询时，对记录进行分组，其中，在 SELECT 子句中的列表字段必须包含 GROUP BY 子句的列表字段中。
- HAVING 子句：通常与 GROUP BY 子句一起使用，HAVING 子句后面的筛选条件是筛选满足条件的组。
- ORDER BY 子句：指定查询结果中记录的排列顺序。“列表名”用于指定排列记录的字段，ASC 和 DESC 关键字用于指定记录是按升序排序还是按降序排序，默认为升序排序。

（2）SELECT 语句的使用

利用 SQL 查询语句可以实现投影查询、选择查询、排序查询、分组查询和生成表查询 5 种常见的查询。由于使用单纯的书面叙述不太容易理解，因此以下通过举例来说明不同的 SELECT 语句组合的实际功能。例子中要使用的表有：学生（学号，姓名，性别，出生日期，班级号，短号）；课程（课程号，学号，成绩）；课程（课程号，课程名，学分，教师号）。

【例 4-21】SELECT*FROM 学生

【功能】“学生”表中查询所有记录，并输出所有字段的内容。在 SELECT 子句中，* 表示从 FROM 子句指定的表中返回所有字段。

【例 4-22】SELECT 学号,姓名,性别 FROM 学生

【功能】从“学生”表中查询所有记录，但只输出学号、姓名、性别 3 个字段的内容。

【例 4-23】SELECT*FROM 学生 WHERE 性别="男"

【功能】从“学生”表中查询并输出所有男生的记录信息。

【例 4-24】SELECT 姓名,学号,性别,出生日期 FROM 学生 WHERE YEAR(出生日期)>=1999 AND 性别="女"

【功能】查找“学生”表中 1999 年（含）以后出生的女学生，显示姓名、学号、性别、出生日期信息。这里使用 YEAR()函数求得年份。

【例 4-25】SELECT 学号,姓名,性别 FROM 学生 WHERE 姓名 LIKE"马*"ORMONTH(出生日期)=10

【功能】从“学生”表中查询姓马的或者 10 月出生的学生的学号、姓名、性别信息。

【例 4-26】SELECT*FROM 学生 WHERE 姓名 LIKE"？阳*"

【功能】从“学生”表中查询所有姓名中第 2 个字为“阳”的学生信息。

【例 4-27】SELECT * FROM 选课 ORDER BY 成绩 DESC

【功能】从“选课”表中查询并输出所有记录，并按“成绩”字段由高到低排序。最后加上“DESC”指明按降序排序，否则按升序排序（升序也可以加上“ASC”，如果什么都不加，则默认为升序）。

【例 4-28】SELECT 课程号, AVG(成绩) AS 平均成绩 FROM 选课 GROUP BY 课程号 ORDER BY AVG(成绩) DESC

【功能】从“选课”表中查询每门课程的平均成绩，输出课程号字段和平均成绩，并按平均成绩降序排序。这里使用 AS 修改输出字段的名称。其中 GROUP BY 子句对记录进行分组，从而实现 SELECT 子句中统计函数（如 SUM、COUNT、MIN、MAX、AVG 等）的分类计算。

【例 4-29】SELECT 学生.学号, 姓名, 课程号, 成绩 FROM 学生 INNER JOIN 选课 ON 学生.学号=选课.学号

【功能】查询学生的学号、姓名、课程号、成绩等信息，这里使用到“学生”表和“选课”表，两个表之间的关联通过 INNER JOIN 连接，表示内连接，另外还有 LEFT JOIN、RIGHT JOIN 表示左外连接和右外连接。

与内连接功能相同的还有一种表示方法：SELECT 学生.学号, 姓名, 课程号, 成绩 FROM 学生,选课 WHERE 学生.学号=选课.学号。

【例 4-30】SELECT 学生.学号, 姓名, 课程名, 成绩 FROM 学生,选课,课程 WHERE 学生.学号=选课.学号 AND 课程.课程号=选课.课程号

【功能】查询学生的学号、姓名、课程名、成绩等信息，这里使用了“学生”表、“选课”表和“课程”表，三个表关联通过 WHERE 子句。

2. Access 的 SELECT 查询操作

在 Access 中，调试运行【例 4-27】的步骤如下。

① 打开数据库，进入 SQL 视图。

② 输入 SQL 语句，此时输入【例 4-27】的 SQL 语句：

SELECT*FROM 选课 ORDER BY 成绩 DESC

③ 选择“运行”，即可得到查询结果，如图 4-57 所示，从中可以看出，结果是按“成绩”分数由高到低排序的。

查询1

课程号	学号	成绩
601001001	18601102	90
601001001	18601101	88
602001002	18602302	86
602001002	18602301	76
601001002	18601202	68
601001002	18601201	65
601001002	18601101	60
601001002	18601102	56

图 4-57　SQL 查询结果

④ 保存查询，再关闭查询运行窗体，并且将查询命名为“成绩降序”，以备后用。

其他例子请读者自行实验。

*4.8　VBA 程序设计初步

4.8.1　什么是 VBA

VBA（Visual Basic for Applications）是广泛流行的可视化应用程序开发语言 VB（Visual Basic）的子集。学过 VB 语言的读者会发现 VBA 语言的语法和特色与 VB 语言基本类似。反过来，当有 VBA 语言基础的读者阅读 VB 程序代码也会感觉似曾相识，学习起来也会变得相当容易。

VBA 语法简单但功能强大，支持基于面向对象（OOP）的程序设计，非常适合初学者使用。需要注意的是，VB 语言开发系统是独立运行的开发环境，它创建的应用程序可以独立运行在 Windows 平台上；而 VBA 则不同，其编程环境和 VBA 程序都必须依赖 Office 应用程序（如 Access、Word、Excel 等）。

Access 宏实质上就是 VBA 程序，宏的操作实际上是用 VBA 代码实现的。宏的用法简单，上手容易，比较适合没有编程基础的用户开发普通应用程序。宏的不足是功能较弱、运行效率较差。Access 内嵌的 VBA 功能强大，VBA 具有较完善的语法体系和强大的开发功能，采用目前主流的面向对象机制和可视化编程环境，适用于开发高级 Access 数据库应用系统。

4.8.2　VBA 基础知识

VBA 程序是由过程组成的，一个程序过程包含变量、运算符、函数、对象和控制语句等许多基本要素。

本节首先简单介绍 VBA 编程环境，然后介绍数据类型、变量等要素。

1. VBA 开发环境

VBA 的编程环境（Visual Basic Editor，VBE）是一个集编程和调试等功能于一体的编程环境。所有的 Office 应用程序都支持 VBE。

在 Access 中提供以下几种常用的启动 VBE 的方法：

① 在数据库操作界面中，按 Alt+F11 组合键。该方法还用于数据库操作界面与 VBE 窗口的切换。

② 单击“数据库工具”选项卡“宏”组中的“Visual Basic”按钮。

③ 单击“创建”选项卡“宏与代码”组中的“模块”按钮。

如图 4-58 所示是一个打开的 VBE 窗口，该窗口一般由一些常用的工具栏和多个子窗口组成，包括 VBE 代码窗口、工程资源器窗口和属性窗口等。

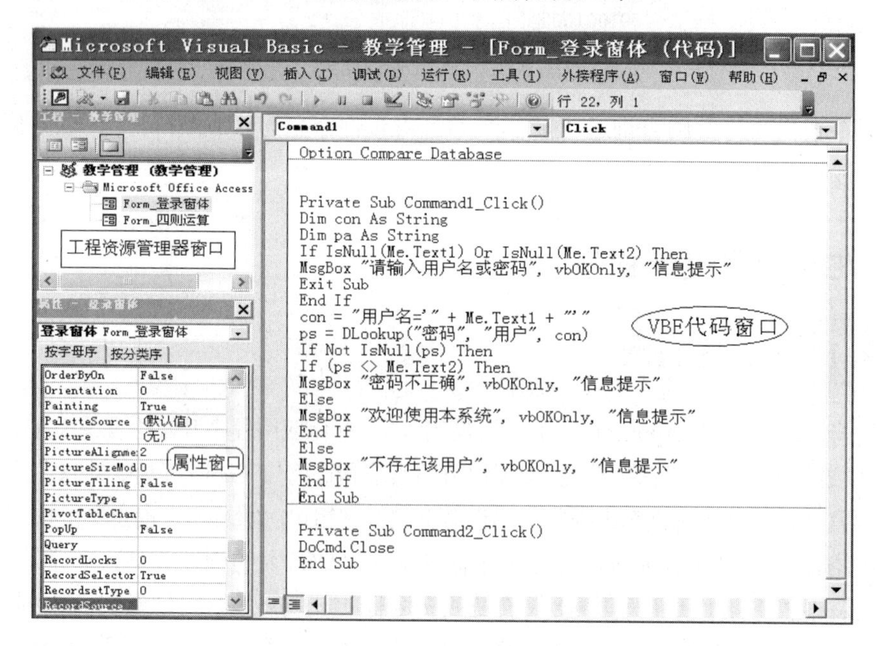

图 4-58　VBE 窗口

2. 数据类型

VBA 提供了多种数据类型，包括 Byte（字节类型）、Integer（整数型）、Long（长整型）、Single（单精度浮点型）、Double（双精度浮点型）、Decimal（小数型）、String（字符串型）、Boolean（布尔类型）、Currency（货币型）、Date（日期时间型）、Object（对象）、Variant（变体型）、Type（用户自定义型）等。

3. 变量

变量是被命名的内存区域，用以临时保存程序运行过程中需要的数据。在程序运行过程中，变量存储的数据可以发生变化。

一般地，使用变量前应先进行定义，VBA 中定义变量的格式为：

Dim<变量名>[As <数据类型>] [,…]

格式中 Dim 是一个 VBA 命令，此处用于定义变量；As 是关键字，此处用于指定变量的数据类型。例如：Dim bAge As Byte。

4. 模块

模块是 VBA 代码组织形式，在 Access 中模块可分为两类：类模块和标准模块。窗体和报表模块都是类模块，而且它们各自与对应的窗体或报表相关联。窗体或报表模块通常都含有事件过程，当它们创建第一个事件过程时，Access 将自动创建与窗体或报表对象相关联的类模块。与类模块不同，标准模块不与任何对象相关联。

4.8.3　面向对象的程序设计

Access 中的 VBA 除了支持过程编程之外，还支持面向对象的程序设计。在数据库编程中，对象无处不在，如窗体、报表、宏和控件等对象。VBA 中的应用程序是由很多对象组成的，如窗体、标签、命令按钮等。

1. 对象

Access 采用了面向对象程序开发环境，在数据库操作界面导航窗口中可以很方便地访问和管理数据表、查询、窗体、报表、宏和模块对象。对象是面向对象程序设计的基本单元，是一种将数据和操作过程结合在一起的数据结构，每个对象都有自己的属性、方法和事件。Access 中的对象可以是单一对象，也可以是对象的集合。

通过这些对象的方法和属性就可以完成对数据库全部的操作，包括数据库的建立、表的建立与删除、记录的查询及修改等，都能在 VBA 代码中进行。

2. 对象的属性

对象的属性是指对象的特征，它定义了对象的大小、位置、颜色、标题和名称等。每个对象都有许多属性，属性就是用来描述和反映对象特征的参数，例如，一个文本框的名称、颜色、字体、是否可见等属性，决定了该控件展现给用户的外观及功能。

可以通过修改对象的属性值来修改对象的特征。在设计视图中，可以通过属性窗口直接设置对象的属性。而在程序代码中，则通过赋值的方式来设置对象的属性，其格式为：

对象.属性=属性值

例如，将一个标签（Label1）的 Caption 属性赋值为字符串“学生成绩表”，其在程序代码中的书写形式为：Label1.Caption="学生成绩表"。

3. 对象的事件

对象的事件就是 Access 窗体或报表及其控件等对象可以识别的动作。对于对象而言，事件就是发生在该对象上的事情或消息。系统为每个对象预先定义好了一系列的事件，例如，Click（单击）、DblClick（双击）等。

在 Access 中，有两种处理事件的响应：一种是使用宏对象来设置事件属性；另一种是为某个对象编写 VBA 代码来完成指定动作，这样的代码过程称为事件过程或事件响应代码。当在对象上发生了事件后，应用程序就要处理这个事件，而处理的步骤就是事件过程。它是针对某一对象的过程，并与该对象的一个事件相联系。

VBA 的主要工作就是为对象编写事件过程中的程序代码。例如，单击 Command1 命令按钮，使 Text1 中的字体大小改为 14 磅，对应的事件过程为：

```
Private Sub Command1_Click()
    Text1.FontSize=14
End Sub
```

当用户对一个对象发出一个动作时，可能同时在该对象上发生了多个事件，例如，单击一下鼠标，同时发生了 Click、MouseDown 和 MouseUp 事件。编写程序时，并不要求对这些事件都进行编写代码，只需对感兴趣的事件过程编码，没有编码的为空事件过程，系统也就不处理该事件过程。

4. 对象的方法

对象的方法是指对象可以执行的行为，通过这个行为能实现相应的功能或改变对象的属性。对象属性描述了对象，而对象方法指明了用这个对象可以进行的操作。事实上，方法是一些系统封装起来的通用过程和函数，以方便用户的调用。

对象的方法的调用格式为：

对象.方法[参数名表]

例如，使用 Debug 对象的 Print 方法，在立即窗口中打印一个数据的形式为：Debug.Print 1+2。

4.8.4 程序设计的一般方法

程序设计的目的就是将人的意图用计算机能够识别并执行的一连串语句表现出来，并命令计算机执行这些语句。编写程序一般是在设计窗体（或报表、数据访问页）之后，即编写窗体或窗体上某个控件的某个事件的事件过程。面向程序设计的一般步骤如下。

① 创建用户界面。用户界面的创建基础是窗体以及窗体上控件设计及其属性的设置。

② 选择事件并打开 VBE，输入 VBA 代码。

③ 运行调试程序，保存窗体。

接下来，列出两个 VBA 典型案例，具体实现操作方法请参考本教材配套的实践教程（《大学计算机基础实践教程》，江宝钏、叶苗群主编，电子工业出版社出版）。

1. 典型案例 1——使用 VBA 判断简单四则运算

通过用户界面设置和编写 VBA 程序代码，实现如图 4-59 所示的简单四则运算窗体。

运行窗体时，如果在“数值 1”“数值 2”“数值 3”文本框中分别输入 11、5、55，在符号组合框中选择“*”，单击“判断”按钮，此时弹出“判断结果”对话框，提示：“恭喜你，答对了！”。如果计算有误，则提示：“您做错了！”。

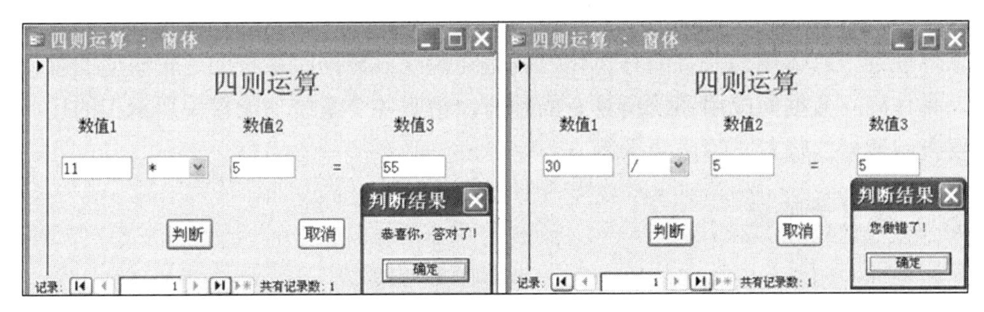

图 4-59　简单四则运算窗体

2. 典型案例 2——创建登录窗体

通过用户界面设置和编写 VBA 程序代码，实现如图 4-60 所示的登录窗体。运行窗体时，如果在“用户名”和“密码”文本框中分别输入用户表中的用户名和对应的密码，单击“确定”按钮，此时弹出“信息提示”对话框，提示：“欢迎使用本系统”。如果没输入或输入有误，则提示：“不存在该用户”。

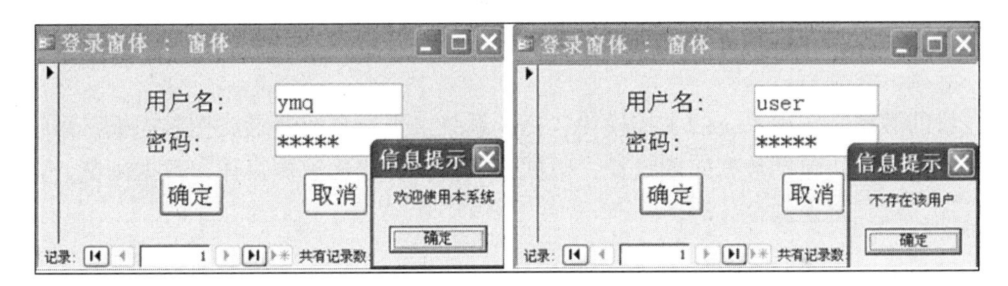

图 4-60　登录窗体

4.9　数据库应用系统开发

数据库应用系统开发是使用 Access 数据库管理系统软件的最终目的。

4.9.1　应用系统开发的一般过程

通常，数据库应用系统开发要经过系统分析、系统设计、系统实施和系统维护几个不同的阶段。

1. 系统分析阶段

在数据库应用系统开发的分析阶段，要在信息收集的基础上确定系统开发的可行性思路。也就是要求程序设计者通过对将要开发的数据库应用系统相关信息的收集，确定总需求目标、开发的总体思路及开发所需的时间等。

2. 系统设计阶段

数据库应用系统开发设计的首要任务，就是对数据库应用系统在全局性基础上进行全面的总体规划。总体规划任务的具体化，就是要确立该数据库系统的逻辑模型的总体设计方案，具体确立数据库应用系统所具有的功能，指明各个系统功能模块所承担的任务，特别是要指明数据的输入、输出要求等。

3. 系统实施阶段

在数据库应用系统开发的实施阶段，主要任务是按照系统功能模块的设计方案，具体实施系统的逐级控制和各独立模块的建立，从而形成一个完整的应用开发系统。在建立系统的过程中，要按系统论的思想，把数据库应用系统视为一个大的系统，再将这个大系统分成若干相对独立的小系统，保证高级控制程序能够控制各个功能模块。

4. 系统维护阶段

在数据库应用系统维护阶段，要修正数据库应用系统的缺陷，增加新的性能，而测试数据库应用系统的性能尤为关键。

4.9.2 应用系统主要功能模块的设计

一般的数据库应用系统的主控模块包括：系统主页、系统登录、控制面板、系统主菜单；主要功能模块包括数据库的设计；数据输入窗体、数据维护窗体、数据浏览、查询窗体的设计；统计报表的设计等。

1. 系统主页及系统登录的规划设计

数据库应用系统主页是整个系统最高级别的工作窗口，通常通过这个工作窗口启动系统登录工作窗口，并简介系统总体功能或提供系统的设计者、开发时间等信息。数据库应用系统主页的规划设计，要考虑界面的美观大方、通过主页界面吸引用户对系统的关注以及引导用户方便地进入系统。

2. 系统菜单的规划设计

在 Access 中，数据库应用系统菜单是通过宏命令集合而成的。通过系统菜单选项中的宏命令调度系统的每一个工作窗口，使用户有选择地完成和实现系统的各种操作功能。

3. 控制面板的规划设计

在 Access 中，控制面板是一个具有专门功能的窗体，它可以调用主菜单，并提供实现系统功能的方法。

4. 系统数据库的规划设计

数据库应用系统的数据库作为系统的一个主要功能模块，是系统的数据源，也是整个系统运行过程中全部数据的来源。

在进行数据库应用系统开发时，一定要先规划设计好数据库以及数据库中诸多数据表、数据表间的关联关系、数据表的结构，然后再设计由表生成的查询。

判定一个数据库应用系统的好坏，数据库的设计是关键之一。

数据库的规划设计是系统设计中非常重要的一步，它将影响着整个系统的设计过程。

5. 系统数据窗体的设计

规划设计数据库应用系统数据窗体，主要应设计好以下几种类型窗体：数据输入窗体、数据维护窗体、数据查询窗体。

6. 系统统计报表的规划设计

数据库应用系统的报表，是数据库中数据输出的工作窗口，也是通过打印机打印输出的格式文件。对数据报表的规划设计主要是提出对报表的布局、页面大小、附加标题、各种说明信息的设计思路和方案，并使其在实用、美观的基础上，还能够完成对数据源中数据的统计分析计算，然后按指定格式打印输出。

4.9.3　数据库设计步骤

利用 Access 开发数据库系统，数据库设计步骤如下。

1. 需求分析

确定建立数据库的目的，这有助于确定数据库保存哪些信息。

2. 确定需要的表

可以着手将需求信息划分为各个独立的实体，例如，教师、学生、课程、成绩等。每个实体都可以设计为数据库中的一个表。

3. 确定所需字段

确定在每个表中要保存哪些字段，通过这些字段的显示或计算应能够得到所有需求信息。

4. 确定联系

对每个表进行分析，确定一个表中的数据和其他表中的数据有何联系。必要时，可在表中加入一个字段或创建一个新表来明确联系。

5. 设计求精

对设计进一步分析，查找其中的错误。可以通过创建表，在表中加入几个示例数据记录，来考察能否从表中得到想要的结果，需要时可以调整设计。毕竟在初始设计时，难免会发生错误或遗漏数据。这只是一个初步方案，在开发应用系统以前，应确保设计方案考虑得比较合理。

习　题　四

一、选择题

1. Access 关系数据库管理系统能够实现的 3 种基本关系运算是（　）。

A. 索引、排序、查找　　B. 建库、录入、排序

C. 选择、投影、联接　　D. 显示、统计、复制

2. 数据库 DB、数据库系统 DBS 和数据库管理系统 DBMS 的关系是（　）。

A. DBMS 包括 DB 和 DBS　　B. DBS 包括 DB 和 DBMS

C. DB 包括 DBS 和 DBMS　　D. DB、DBS 和 DBMS 是平等关系

3. 下列（　）不是 Access 2010 数据库的对象。

A. 查询　　B. 表　　C. 窗体　　D. 单元格

4. 表结构定义中最基本的要素不包括（　）。

A. 字段大小　　B. 字段名　　C. 字段引用　　D. 字段类型

5. Access 数据库是（　）。

A. 层状数据库　　B. 网状数据库　　C. 关系型数据库　　D. 树状数据库

6. 在 Access 数据库中用于记录基本数据的是（　）。

A. 表　　B. 查询　　C. 窗体　　D. 宏

7. 在 Access 数据库中用界面形式操作数据的是（　）。

A. 表　　B. 查询　　C. 窗体　　D. 宏

8. 如果在创建表中建立字段“个人简历”，其数据类型应当是（　）。

A. 文本　　B. 数字　　C. 日期　　D. 备注

9. 在 Access 数据库中，将“名单”表中的“姓名”与“工资标准”表中的“姓名”建立关系，且两个表中的记录都是唯一的，则这两个表之间的关系是（　）。

A. 一对一　　B. 一对多　　C. 多对一　　D. 多对多

10. 假设数据库中表 A 与表 B 建立了“一对多”关系，表 B 为“多”方，则下述说法正确的是（　）。

A. 表 A 中的一个记录能与表 B 中的多个记录匹配

B. 表 B 中的一个记录能与表 A 中的多个记录匹配

C. 表 A 中的一个字段能与表 B 中的多个字段匹配

D. 表 B 中的一个字段能与表 A 中的多个字段匹配

11. SQL 语言通常称为（　）。

A. 结构化查询语言　　B. 结构化控制语言

C. 结构化定义语言　　D. 结构化操纵语言

12. SQL 语言可以对多数数据库产品进行的操作不包括（　）。
A. 数据定义　B. 数据操纵　C. 数据转换　D. 数据查询
13.（　）字段类型是 Microsoft Access 所不支持的。
A. OLE 对象　B. 超链接　C. 逻辑　D. 是/否
14. 可以导入 Microsoft Access 的文件不包括（　）。
A. 图片文件　B. HTML 文档　C. 文本文件　D. Excel 工作簿
15. Access 数据表中的行称为_____，能够存放_______种类型的数据（　）。
A. 记录，一种　B. 记录，多种　C. 字段，一种　D. 字段，多种
16. 在 Microsoft Access 表中数据不可以导出到（　）。
A. HTML 文档　B. PowerPoint 文档
C. 文本文件　D. Excel 工作簿
17. 如果在创建表中建立字段“照片”，其数据类型可以是（　）。
A. 文本　B. 数字　C. 备注　D. 附件
18. 在已经建立的“工资库”中，要在表中直接显示出想要看的记录，即凡是姓“李”的记录，可用（　）的方法。
A. 排序　B. 筛选　C. 隐藏　D. 冻结
19. 已知“成绩”表(学号 text(3), 课程号 text(5), 成绩 text(2))，使用 SQL 语言的 ALTER TABLE 命令将成绩字段修改成数字类型，并且可以显示小数（　）。
A. ALTER TABLE 成绩　ALTER 成绩 double
B. ALTER TABLE 成绩　ALTER 成绩 byte
C. ALTER TABLE 成绩 MODIFY 成绩 text
D. ALTER TABLE 成绩 MODIFY 成绩 integer
20. SQL 语言条件语句中“WHERE 性别="女"AND 工资额＞2000”的意思是（　）。
A. 性别为“女”并且工资额大于 2000 的记录
B. 性别为“女”或者工资额大于 2000 的记录
C. 性别为“女”并非工资额大于 2000 的记录
D. 性别为“女”或者工资额大于 2000，且二者择一的记录
21. 如果在创建表中建立字段“出生日期”，其数据类型应当是（　）。
A. 文本　B. 数字　C. 日期　D. 备注
22. 在 Access 2010 中，表和数据库的关系是（　）。
A. 一个数据库可以包含多个表　B. 一个表只能包含两个数据库
C. 一个表可以包含多个数据库　D. 一个数据库只能包含一个表
23.“A Or B”准则表达式表示的意思是（　）。
A. 表示必须同时满足 Or 两端的准则 A 和 B，才能进入查询结果集
B. 表示只需满足由 Or 两端的准则 A 和 B 中的一个，即可进入查询结果集
C. 表示数据介于 A、B 之间的记录才能进入查询结果集
D. 表示当满足由 Or 两端的准则 A 和 B 不相等时即进入查询结果集
24. 用 SQL 语句查询“在教师表中查找男教师的全部信息”，以下描述正确的是（　）。

A. SELECT FROM 教师表 IF 性别='男'

B. SELECT 性别 FROM 教师表 IF 性别='男'

C. SELECT *FROM
教师表 WHERE 性别='男'

D. SELECT *FROM 性别 WHERE 性别='男'

25. Access 数据库的设计一般由 5 个步骤组成，以下步骤的排序正确的是（ ）。

① 确定数据库中的表

② 确定表中的字段

③ 确定主关键字

④ 分析建立数据库的目的

⑤ 确定表之间的关系

A. ④①②⑤③ B. ④①②③⑤ C. ③④①②⑤ D. ③⑤①④②

26. 检索价格在 30 万～60 万元之间的产品，可以设置条件为（ ）。

A. ＞30 Not＜60 B. ＞30 Or＜60

C. ＞30 And＜60 D. ＞30 Like＜60

27. 下列对主关键字段的叙述，错误的是（ ）。

A. 数据库中的每个表都必须有一个主关键字段

B. 主关键字段值是唯一的

C. 主关键字可以是一个字段，也可以是一组字段

D. 主关键字段中不许有重复值和空值

28. 已知“学生”表(学号 text(3)，姓名 text(8)，性别 text(1)，年龄 integer)，使用 SQL 语言的 INSERT INTO 命令给学生表增加一条记录(学号：001，姓名：张三，性别：男，年龄：20)（ ）。

A. 学生 Values ("001","张三","男"，"20")

B. 学生(学号，姓名，性别，年龄) ("001","张三","男"，20)

C. 学生(学号，姓名，性别，年龄)Values("001","张三","男"，20)

D. 学生(学号 text(3)，姓名 Text(8)，性别 C(1)，年龄 Integer) Values("001","张三","男"，"20")

29. 设有“订单”表（其中包括字段：订单号 Text(5),客户号 Text(3),职员号 Text(3),签订日期 Date,金额 Float)，查询 2009 年所签订单的信息，并按金额降序排序，正确的 SQL 命令是（ ）。

A.SELECT * FROM 订单 WHERE YEAR(签订日期)=2009 ORDER BY 金额 ASC

B.SELECT * FROM 订单 YEAR(签订日期)=2009 ORDER BY 金额

C.SELECT * FROM 订单 WHERE YEAR(签订日期)=2009 ORDER BY 金额 DESC

D.SELECT * FROM 订单 WHERE 签订日期=2009 ORDER BY 金额 DESC

30. 设某 Access 数据库中有学生成绩表（学号，课程号，成绩），用 SQL 语言检索每门课程的课程号及平均成绩的命令是（ ）。

A. SELECT 课程号,AVG(成绩) AS 平均成绩 FROM 学生成绩 GROUP BY 学号

B. SELECT 课程号,AVG(成绩) AS 平均成绩 FROM 学生成绩 ORDER BY 课程号
C. SELECT 课程号,平均成绩 FROM 学生成绩 GROUP BY 课程号
D. SELECT 课程号,AVG(成绩) AS 平均成绩 FROM 学生成绩 GROUP BY 课程号

二、判断题

1. 一个 Access 2010 数据库是由若干个表构成的，不包含其他对象。(　)
2. 数据库系统的特点就是消除了数据冗余和实现数据共享。(　)
3. 用数据库系统管理数据比用文件系统管理数据效率更高。(　)
4. 数据模型可分为层次模型、网状模型和关系模型。(　)
5. 数据库包含数据库系统和数据库管理系统。(　)
6. 投影运算就是从关系中查找符合指定条件元组的操作。(　)
7. SQL 语句只能够进行数据查询，不能实现 DBMS 的其他操作。(　)
8. 数据库系统的核心是数据库管理系统。(　)
9. Access 2010 的报表对象是操作数据库最主要的人机界面。(　)
10. 一个关系的主关键字是唯一的。(　)

三、简答题

1. 什么是查询？查询与表是什么关系？
2. 什么是 SQL？SQL 语言可以对数据库做哪些操作？
3. 什么是表、记录、字段？它们之间的关系是什么？
4. Access 数据库包含哪些对象？其作用分别是什么？
5. 简述数据库和数据库管理系统及其区别。
6. 如何从外部文件向 Access 中导入数据？
7. 如何将 Access 数据导出到外部文件中？Access 数据表能转化成哪些格式的文件？
8. 窗体中有哪些常用的控件？

四、操作题

创建一个“学生管理”数据库。

- 使用表设计器建立“学生成绩”表（学号、英语、语文、数学、物理、化学），其中学号是文本型、主键，字段大小自己设置，其他是数字型。然后输入 3 条记录，学号的前两位为年级，如“180001”。
- 使用 SQL 语句：创建“学生档案”表（学号、姓名、性别、出生日期、籍贯），其中学号、姓名、性别、籍贯为文本型，字段大小自己设置，出生日期为“日期/时间”型，并设置学号为主键；插入 3 条记录，学号与“学生成绩”表一致。
- 建立“学生成绩”表与“学生档案”表的表间联系，并符合参照完整性约束。
- 在“学生成绩”表中筛选出英语分数大于 90 分的同学记录。
- 分别使用查询设计器和 SELECT 语句来查询男女同学的语文平均分。
- 使用 SQL 语句：查询英语分数不及格的人数。

第 5 章　网站设计

本章在介绍网站、网页和 HTML 语言概念的基础上，主要介绍 SharePoint Designer 基础知识、创建与管理网站、网页编辑制作、添加图片、超链接、表格处理、框架、表单、网页特殊效果、层与行为和网站发布等。

5.1　网站设计概述

说起上网，最熟悉的操作就是打开浏览器，在浏览器的地址栏中输入网址，然后就能看到要访问的信息，而这些信息通常是图片、文字、声音或视频等多媒体信息，这些多媒体信息一般是通过网页文件在 Internet 上传播的。

5.1.1　网站基本概念

1. 网页

网页（Web Page），又称为 HTML（HyperText Markup Language）文件，是一种可以在 WWW（World Wide Web）网上传输，并被浏览器认识和翻译成页面显示出来的文件。HTML 就是“超文本标记语言”，其中“超文本”就是指页面内可以包含图片、链接，甚至音乐和程序等非文字信息。

通常在因特网上浏览时输入网址访问网页，该网址对应的网站中的网页往往不止一张，首先被访问的那张网页称为首页或主页（Home Page），通过单击首页上的链接可以访问到同一网站中其他的网页。主页网页文件的文件名一般命名为“default.htm”。

2. 网站

网站（Web Site），是在互联网上包含访问者可以通过浏览器查看的 HTML 文档的保存场所，网站宿主于服务器上。网站就是使网页通过一定的结构组织在一起来反映一个中心或主题，由许多张相互链接的网页组成。因为在网页文件中插入的图片、声音、视频等都不保存在网页文件中，而需要作为单独文件另外保存在网站中，所以一个网站是各种文件的集合体，不可将网页分割独立出来。网页通常成组出现，并且在这组网页之间通过超链接相互组织成反映某个主题的网站。一个普通网站的组成如图 5-1 所示。

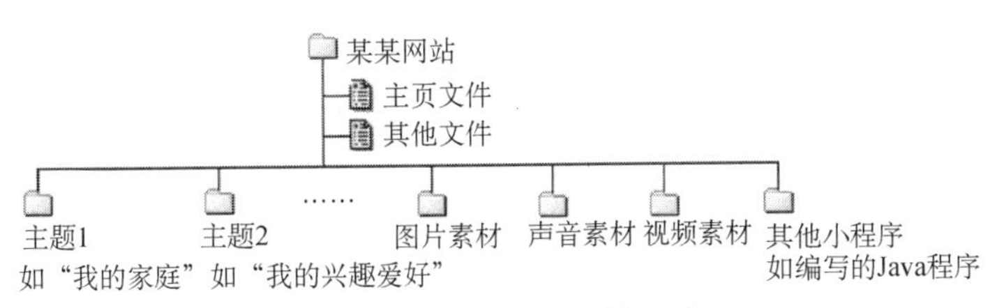

图 5-1　一个普通网站的组成

5.1.2　网站设计一般性原则

网站设计者在明确网站设计的目的及内容之后，接下来就应该对网站进行规划，以确保网站文件内容条理清楚、结构合理，这样不仅可以很好地体现设计者的意图，也将使网站的可维护性与可扩展性得到增强。下面简单叙述网站设计的一般性原则。

1. 网站设计原则

（1）内容丰富、明确

网站主要是为浏览者提供信息服务的，作为大型企业信息门户网站，必须首先提供种类繁多、内容丰富的资讯，使不同的访问者都能够访问到自己想要的信息。但是信息多了自然繁杂，因此有针对性地为浏览者提供明确的内容是很重要的。

（2）界面设计良好

丰富的内容需要良好的界面设计来展现，良好的界面设计能够让浏览者赏心悦目，感受到明确的网站风格和主题，甚至感受到企业的文化底蕴，从而留下深刻的印象，并为进一步探索发现和使用网站提供的功能提供感官和心理上的意愿。

（3）功能适用、易用

网站提供的一切功能都是为浏览者服务的，提供强大而富于特色的功能可以使浏览者更方便地获取需要的信息和服务。作为企业信息门户的浏览者可能并不是都能熟练地使用计算机，不能要求他们像企业级 Web 用户那样去完成复杂的操作，解决一些使用中可能出现的问题。实际情况要求网站的任何一个功能都要容易使用、好用。

2. 网站结构设计原则

在通常情况下，网站的 Web 结构是由层状结构和线性结构相结合的。这样可以充分利用两种结构各自的特点，既使网站文件具有条理性、规范性，又可同时满足设计者和浏览者的要求。网站的 Web 结构使各网页之间形成网状连接，允许用户随意浏览，如图 5-2 所示。

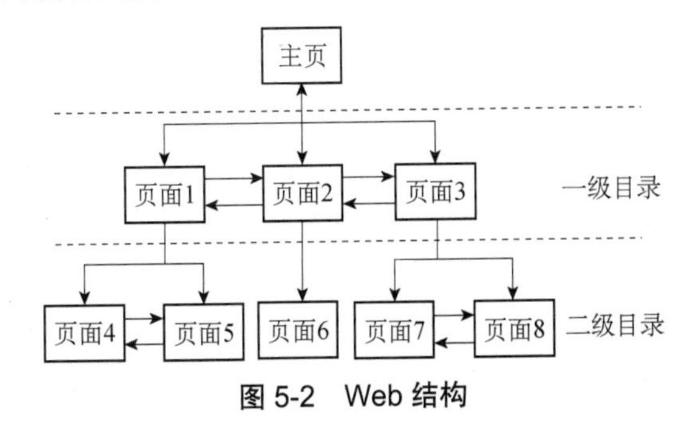

图 5-2　Web 结构

（1）合理的导航设计

在网站的主页上需要一个合理的导航设计，如栏目导航、内容导航、用户功能导航等，具体怎么使用由网站的功能定位和设计定位决定。页面导航的层次不能太深，一般来说，最多让用户单击鼠标 3 次就能够找到他想要的页面。

（2）良好的目录结构

一般来说按照网站功能、栏目划分一级目录，子功能、二级栏目划分二级目录，图片可以放在专门的目录等。目录层次不宜过深。搜索引擎一般都是根据目录结构的深度来评判网页的价值的，这对于企业网站来说很重要。

（3）网站内容索引

如果网站信息量太大，需要对每一个栏目做内容索引。它不同于导航设计，内容索引记录了内容摘要、关键词、相关信息等，方便内容检索。如有的网站有“网站地图”，就具备内容索引的功能，同时该功能也是搜索引擎最爱访问的地方。

3. 网页设计原则

（1）速度第一

没有人有耐心去浏览一个很久才能打开的网页，故有一个“三秒原则”，即如果一个网页在三秒种内都打不开，那么访问者就会失去耐心放弃当前页面的浏览。

（2）页面尽可能小

页面的大小跟访问速度是成正比的，根据速度第一的原则，那么只有做到每一个浏览的页面都要尽可能得小，少占网络带宽，访问速度才可能快。这里的小不仅仅指 HTML 代码少，也包括图片数量少、单个图片占用磁盘空间少。

（3）使用 CSS

层叠样式表单（Cascading Style Sheets，CSS）也称为样式表。尽管可以直接设置页面元素的表现样式，但网页统一使用 CSS 可以更容易地统一网站风格，同时减少网页代码。

（4）少用 Flash 和大图片

因为它们可能会占用大量带宽，所以少用 Flash 和大图片。

（5）慎用框架

因为不是所有人都在使用最新版本的浏览器，而且不同的浏览器对框架的支持也可能不同，还有不是所有的搜索引擎都能够很好地访问框架页面，所以要慎用框架。

（6）链接清晰

所有链接都要清晰。不能让浏览者不知道他在哪里，也不能让浏览者找不到回去的路，每一个链接都要明确浏览者想要去的地方和想要访问的功能，更不能有死链接。

4. 网站制作流程

当前因特网上有很多类型的网站，不同的网站在制作的流程中却有些共性，可以大致分为以下 7 个步骤。

（1）明确建设网站的目的

在创建一个网站之前，首先要明确自己的浏览对象和创建这个网站的目的，只有找准目标和位置，才能创建一个成功的网站。一个优秀的网站要有一个明确的主题，整个网站都要围绕这个主题。

（2）分析可创性

所谓分析可创性，就是分析是否有能力建设和维护网站，即是否有能力承受创作和维护网站所需的精力和金钱。比如，有些单位只提供了创建网站的资金，认为网站只要创建出来就万事大吉了，殊不知日后对网站维护的重要性，由于没有了后面维护网站的预算，网站得不到及时的更新，那么在这个网站建成后也就无法发挥其应有的作用和效益。

（3）功能设计

功能设计是创建一个网站的重点，它和网站的作用息息相关，并且需要考虑该网站要向浏览者提供哪些方面的信息和服务。功能的设计需要细分，需要把实现某种服务和网页的形式以及各种功能之间的联系方式确定下来，然后绘制出网站的规划图，即网站的结构图。

（4）网页的制作

完成网页的规划后，接着就是制作准备阶段，搜集网站的相关信息以及在网站制作过程中需要的素材，其中包括文字、图片、声音和视频等。然后进入设计制作阶段，即制作网页，这也是建设网站中最烦琐和重要的工作。

目前有很多网页制作的工具和软件，每个工具都有自己的特色，可以根据自己的需要灵活选用。

（5）测试

完成了上述的工作后，要测试建立的网站是否可正常运行，它关系到预期规划能否实现。比如，当网页链接错误时，就会使某些网页无法被浏览者访问，更为严重的是，当浏览者在某网站中经常发现错误时，可能会对该网站失去兴趣。另外，测试也是一件很烦琐的事，特别是当网站包含很多网页时，需要测试每一个网页的功能，以及测试它们之间的链接关系是否同预期目的一样。通常需要不断地测试、修改，才能排除存在的错误。

（6）发布

经过反复的测试和修改以后，就可以发布网站了。到此，网站的创建工作就完成了。

（7）网站的日常维护

日常维护是一个网站能长期生存的关键，只有不断地及时更新网站中的内容，才能吸引浏览者不断地访问。网站在规划阶段就要考虑到网站建成后的日常维护问题，网站在结构设计上要具有开放性，以便日后扩充；在组织链接关系上要简单明了，以便于维护。

5.1.3　HTML 超文本语言简介

网页是由 HTML 语言编写出来的，制作网页如果要直接编写 HTML 代码，这对初学者来说将是很痛苦的过程。HTML 是一种描述文件格式的语言，其格式由浏览器解释和执行。下面简单介绍 HTML。

1. 标记符

HTML 是影响网页内容显示格式的标记符的集合，浏览器根据标记符决定网页的实际显示效果。在 HTML 中，所有的标记符都用尖括号括起来，绝大多数标记符都是成对出现的，包括开始标记符和结束标记符。

属性是用来描述对象特征的特性。在 HTML 中，所有的属性都放置在开始标记符的尖括号里，属性与标记符之间用空格分隔，属性的值放在相应属性之后，用等号分隔，而在不同的属性之间用空格分隔。HTML 属性通常不区分大小写，HTML 格式为：

<标记符属性 1=属性值 1 属性 2=属性值 2 …>受影响的内容< / 标记符>

2. HTML 文档的基本结构

一个典型的 HTML 文档的基本结构如下：

```
<html>
   <head>
       <title>
       文本标题
       < / title>
   < / head>
   <body>
   文本内容
   < / body>
< / html>
```

上述文档用到 4 种标记符，其意义如下。

●HTML 标记符：<html>< / html>这两个标记符是 HTML 文档的标记符。<html>处于文档的最前端，表示文档的开始，而< / html>则位于文件的最后一行，表示这一整份的文档都是 HTML 语法的文档。

●HEAD 标记符：<head>< / head>这两个标记符是 HTML 文件头标记符，用来描述 HTML 首部的内容，说明文档的整体信息，通常与某些标记符一起使用。

●TITLE 标记符：<title>< / title>这两个标记符是文档的标题标记符。对于 WWW 浏览器而言，大部分标题都位于浏览器的最上方。

●BODY 标记符：<body>< / body>这两个标记符定义出一个 HTML 文档的体部，位于首部下面。在此两个标记符中间的文字可以通过浏览器解释和执行，正确地显示在浏览器中。

3. 一个简单的网页实例

HTML 文件是 WWW 中使用的主要文件类型，通常以“.html”或“.htm”作为文件的扩展名。HTML 文件是普通的文本文件，可以用 Word、记事本等文本编辑软件编写。

这里举一个简单的 HTML 网页文件例子，其具体的创建步骤如下。

① 使用记事本编写代码。

选择菜单“开始”|“程序”|“附件”|“记事本”，打开“记事本”窗口，输入以下代码：

```
</html>
    <head>
        <title>我的第一个网站</title>
    </head>
    <body>
        <p>哇！这是我的第一个网站。<img border="0" src="wa.gif" width="100"
height="100"></p>
    <p><font size="2">（本网站就一个网页）</font></p>
    </body>
    </html>
```

② 输入完毕，将网页文件保存在指定位置，并取名为“index.htm”，注意扩展名一定要写成“.html”或“.htm”。

③ 在资源管理器中找到该网页文件，只要双击该文件，就可在浏览器中浏览该网页，当然这里插入的图片文件“wa.gif”要放在网页文件的同一个文件夹中，完成的网页效果图就如图 5-3 所示。

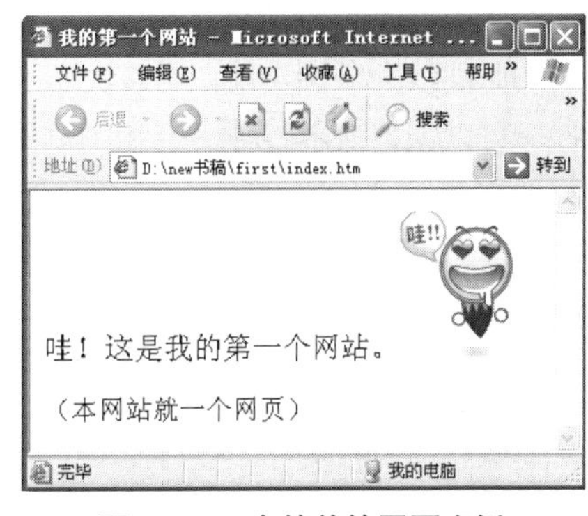

图 5-3　一个简单的网页实例

由于篇幅限制，本节对 HTML 知识的介绍就不再深入了，有兴趣的读者可以翻阅专门介绍 HTML 的书籍。

5.1.4　网站设计常用工具简介

HTML 作为最基本的网页编辑语言，能制作出网页的各种效果。然而只有用浏览器打开含有 HTML 标记的网页文件时，才能看到设计的效果，而且，它毕竟是一种代码，网页制作人员必须记住一些标记。网页制作工具的诞生解决了初学者编写 HTML 代码的麻烦，即使不了解 HTML 的语法，人们也能够进行网页制作。因此，为了使设计网页更加简单方便，产生了许多专用的网页编辑工具，主要分为三大类。

1. HTML 代码编辑工具

这种软件把各种 HTML 的标记以按钮或菜单的形式提供给用户，当需要加入某种标记时，只需单击相应的按钮或菜单，标记就会自动加入到文件中，设计人员只需在标记中加入所需的文字、图像、声音等内容即可，典型的有 HomeSite、HotDogProfessional、HTMLedPro、WebEditPRO 等。使用这种工具虽然省去了输入标记的时间，但设计人员仍然必须对各种标记的格式和功能非常熟悉，即使这样，编辑复杂页面仍然会显得繁杂。

2. 所见即所得工具

所谓所见即所得，就是在编辑网页时看到的效果与使用浏览器时看到的效果基本一致。

所见即所得工具最终将网页保存为 HTML 型文件，这给网页设计人员带来极大的方便。如果希望建立一个美观而又不复杂的站点，这种工具比较合适，可以很轻松地制作出想要的效果，典型的软件是 Drumbeat 和 NetObjectFusion。但这种软件有时并不能完全控制设计效果，也就是说在设计阶段看到的与最终在浏览器中看到的效果可能不完全一样，有时即使经过多次调试效果也不理想，这时还需要对它生成的 HTML 文件进行编辑。

3. 混合型工具

混合型工具能在所见即所得的工作环境下完成主要的工作，同时也能切换到一个文本编辑器，对HTML源代码进行直接的调整。典型的混合型工具有Macromedia的Dreamweaver和 Microsoft 的 SharePoint Designer 等。

Dreamweaver 是一个所见即所得的网页编辑器，支持最新的 DHTML 和 CSS 标准。使用它的时间线和分层功能，能够快速创建极具表现力和动感效果的网页；利用目标浏览器检查特性，可以创建兼容各种平台和浏览器的网页；利用巡查（Roundtrip）技术，在可视编辑器中进行编辑时，还可以在 HTML 代码模式下同时看到源代码的改变情况。Dreamweaver 可以生成尽可能少的代码量，并且不会任意修改其他工具所生成的源代码，它不仅提供了强大的网页编辑功能，而且提供了完善的站点管理机制。它能很方便地产生动画，嵌入 JavaApplet、ActiveX 控件，以及 Netscape 插件，并对用户的动作作出反应。此外，Dreamweaver 在 Internet Explorer 和 Netscape Navigator 两种浏览器之间的兼容性问题上处理得也很好。

SharePoint Designer 是较好的所见即所得的网页编辑工具，也是常用的网页编辑器。它对一个 Web 站点有很强的控制能力，可以统一 Web 站点内页面的外观和风格。它的 Web 管理功能也很强大，用户可以通过图形的方式观察和调整站点的结构，很适合初学者制作网页、网站。

5.2 SharePoint Designer 概述

随着微软 Office 2010 同时推出的 SharePoint Designer 2010 完全改版，不再适用于个人网站设计，所以这里仍然选用 SharePoint Designer 2007 版本。SharePoint Designer 2007 的前身是 FrontPage 2003，是 Microsoft 公司专门为个人学习网页设计，以及企业在 SharePoint 平台上建立多功能的自动化商务网站而提供的开发工具。

5.2.1 SharePoint Designer 窗口

1. SharePoint Designer 启动

常用的启动 SharePoint Designer 的方法有以下几种。

（1）从“开始”菜单启动

选择菜单“开始”|“所有程序”|“Microsoft Office”|“Microsoft SharePoint Designer 2007”，即可打开 SharePoint Designer 应用程序窗口，并在窗口的左侧和右侧显示出标记属性、工具箱、应用样式等任务窗格，如图 5-4 所示。

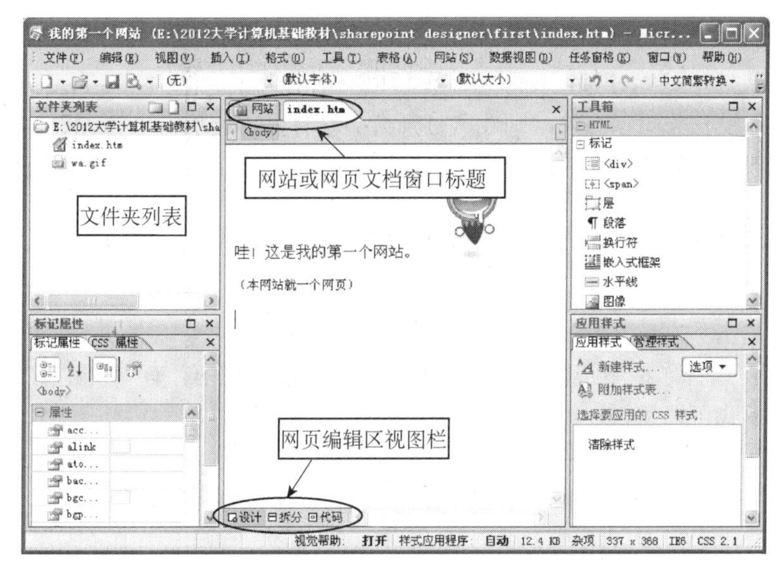

图 5-4　SharePoint Designer 应用程序窗口

（2）用“运行”命令启动

选择菜单“开始”|“运行”，在打开的“运行”对话框的“打开”组合框中输入命令“SPDESIGN”，单击“确定”按钮即可。

（3）通过打开已有的网页来启动

在“资源管理器”或“计算机”中，双击一个已有的网页，在一般情况下，系统将使用默认的浏览器 Microsoft Internet Explorer 打开网页，此时网页只能浏览，不能被修改。选择 IE 浏览器菜单“文件”|“使用 Microsoft Office SharePoint Designer 编辑”，可启动 SharePoint Designer，并打开该网页，如果该网页是属于某个网站的，则同时打开了该网站。

2. SharePoint Designer 界面

SharePoint Designer 基本保持了以前版本的界面。其中标题栏、菜单栏、“常用”工具栏、“格式”工具栏、状态栏等与 Office 其他窗口一样，下面逐一介绍文档窗口标题、标记属性、视图栏和工作区。

- 文档窗口标题：它是 SharePoint Designer 打开的子窗口的网页文件名或网站的标题显示，单击各文档窗口的标题按钮可以用来切换不同子窗口，右击它，则在弹出的快捷菜单中可以选择“关闭”或“保存”该文档窗口。
- 标记属性：当选择了网页中的某个对象时，会自动在该窗格中显示相关的 HTML 标记，如果用户对此比较了解的话，还可以直接在该窗格中修改 HTML 语句。
- 视图栏：位于窗口的左下方，当在文档窗口标题栏中选择了一个网页时，会显示“设计”“拆分”“代码”视图模式；而当在文档窗口标题栏中选择了网站时，则显示“文件夹”“远程网站”“报表”“导航”“超链接”等视图模式，不同的模式对应着不同的工作方式。
- 工作区：也称为编辑区，它是管理网站或编辑网页的主要场所。当用户在视图栏中单击不同的视图按钮时，可以使用不同的工作方式。比如，在网页编辑中，选择“设计”视图模式，可以在工作区中直接写入文本或插入对象；而选择“代码”视图模式，则在工作区中只能进行 HTML 的编写。

如果在上次打开 SharePoint Designer 窗口的同时打开了一个网站，直至关闭 SharePoint Designer 窗口都没有关闭该网站，则此次打开会自动打开该网站，文档窗口标题栏显示的是网站名。使用“任务窗格”|“重设工作区布局”可以将 SharePoint Designer 界面恢复成原样。

5.2.2 SharePoint Designer 视图

1. 网页视图

当在文档窗口标题栏中选择了某一个网页时，在视图栏中，有“设计”“代码”“拆分”3 种网页视图模式可以切换。

（1）“设计”视图

当打开一个网页后，首先进入的就是“设计”视图。在“设计”视图中，用户可以输入文本、插入图片、插入对象、加入表格等，也可以进行任意的修改。“视计”视图充分体现了 SharePoint Designer“所见即所得”的创作体验特点。单击视图栏中的“设计”按钮即可切换到该视图。

（2）“代码”视图

单击视图栏中的“代码”按钮即可进入“代码”视图，在该视图中，用户在“设计”视图中进行的操作都被自动转化成 HTML 代码，如果用户对 HTML 语言熟悉的话，可以在该视图中进行网页的设计。

（3）“拆分”视图

“拆分”视图将工作区分成了上下两个部分，如图 5-5 所示，上半部分是代码区，下半部分则是设计区。无论在哪个区中进行修改，另一个区中也会作出相应的改动。这种模式是将“代码”视图和“设计”视图组合在一起显示出来的。

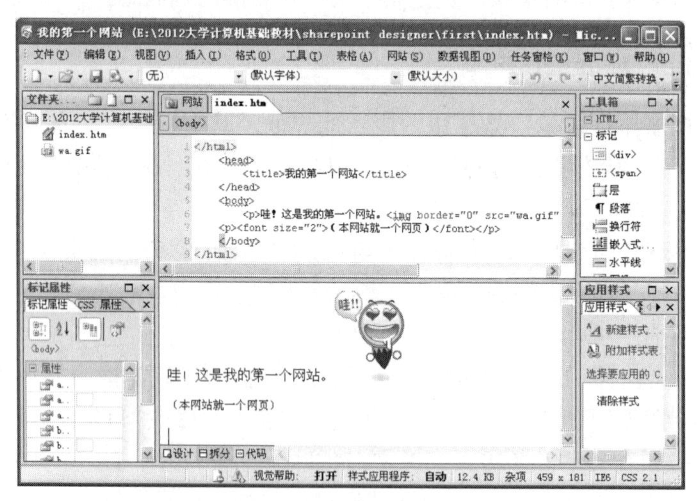

图 5-5 “拆分”视图

2. 网站视图

打开一个网站后，当在文档窗口标题栏中选择了网站时，视图栏有“文件夹”“远程网站”“报表”“导航”“超链接”5 种网站的视图模式可供切换。

（1）“文件夹”视图

对于复杂的网站，将所有的网页都存放在网站的根目录下显然是不可取的，这样会给网站管理、维护带来很多的麻烦。可以在网站内创建子文件夹，以便对诸多网页进行筛选、分类，达到清晰网站组织结构、方便网页制作的目的。

当打开一个网站时，默认显示的就是“文件夹”视图，如图 5-6 所示。该视图可以直接处理文件和文件夹以及组织网站内容，可以创建、删除、复制和移动文件或文件夹，具体操作方法与 Windows 资源管理器类似，这里不再展开叙述。

因为网站的“文件夹”视图和网页的“设计”视图不能同时打开，SharePoint Designer 提供了类似同时打开的实现方式，即“文件夹列表”。在打开网站时，左边显示的是“文件夹列表”，其列出了该网站的所有文件夹及文件，在“文件夹列表”中也可以完成与资源管理器类似的功能，如新建、删除文件夹或者文件和复制文件等。如果“文件夹列表”没有显示出来，可以通过选择菜单“视图”|“文件夹列表”来显示。

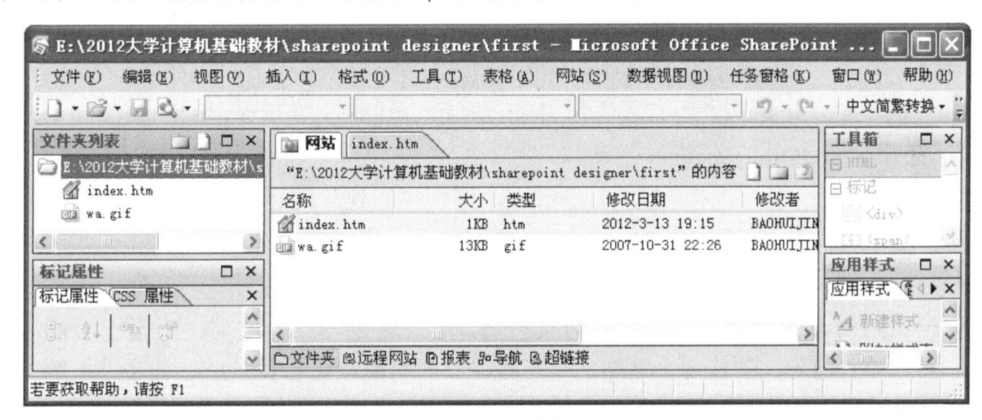

图 5-6　“文件夹”视图

（2）“远程网站”视图

使用“远程网站”视图可以发布整个网站，或有选择地发布个别网页文件。单击视图栏中的“远程网站”按钮即可进入“远程网站”视图。用户在该窗口中可以直接将当前本地网站中的文件和文件夹拖到远程网站中进行发布，大大简化了发布的工作。

（3）“报表”视图

通过“报表”视图，可以在运行报表查询后分析网站内容。该视图从量化的角度给出了当前网站的统计数字，可以计算网站中文件的总大小，指出哪些文件没有与其他文件链接，标志出慢速网页或过期网页等。

（4）“导航”视图

“导航”视图提供了网页的分层视图。它完整地记录了网站的主页与其他页之间的逻辑关系。通过此视图，可以调整网页在网站中的位置，若要这样做，只要单击网页，并将其拖动到网站中的新位置即可。

（5）“超链接”视图

“超链接”视图可以将网站中超链接的状态显示在一个列表中。此列表既包括内部超链接，也包括外部超链接，并用图标显示超链接是已通过验证还是已断开。该视图形象地显示出了网页之间的链接关系。

5.3 网站管理和网页编辑

网站设计的第一步是创建新的网站，然后向网站中添加网页文件，本节将介绍如何创建网站和网页文件，以及如何在网页文件中插入各种网页元素。

5.3.1 网站管理

具有共同性质、相似内容的网页是存放在 Web 特定网站内的，用户通过创建一个新网站，或者打开一个已经创建的网站，就开始了使用 SharePoint Designer 的流程。

1. 创建新网站

创建一个新网站的具体步骤如下。

① 选择菜单“开始”|“所有程序”|“Microsoft Office”|“Microsoft SharePoint Designer 2007”，打开 SharePoint Designer 主窗口。

② 选择菜单“文件”|“新建”|“网站”，打开“新建”对话框。

③ 单击“网站”模板中的“常规”，对应有如下几个选项：

- 只有一个网页的网站。创建只有一个单独的空白网页的新网站。
- 空白网站。创建一个没有内容的新网站。
- 网站导入向导。创建一个网站，并在其中加入本地计算机目录或远程文件系统中的文档。这个向导特别有用，利用它可以导入某个网站的源文件，然后自己根据需要编辑修改。

④ 可以根据需要选择“只有一个网页的网站”，并在“指定新网站的位置”文本框中输入网站的位置（假设这里输入“E:\personal”，没有该文件夹的话，要先新建），如图 5-7 所示。

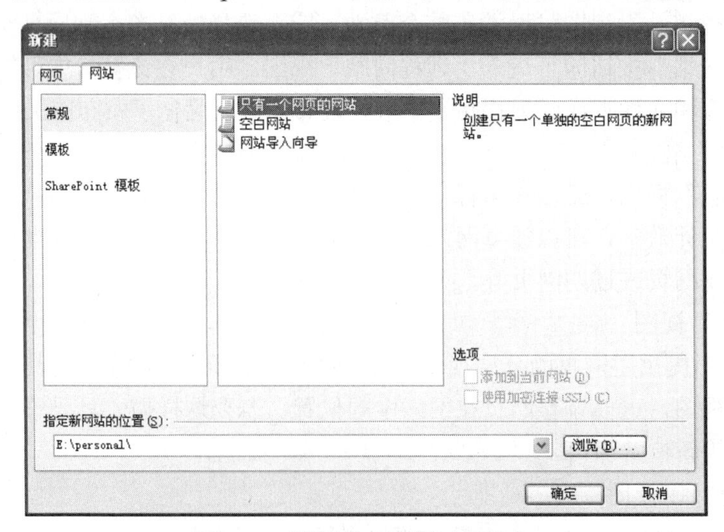

图 5-7 “新建”对话框(网站)

⑤ 单击“确定”按钮。一个只有一个网页“default.htm”的网站就建好了。

2. 管理网站

（1）打开网站和关闭网站

要对一个已存在的网站进行编辑，必须先将其打开，选择菜单“文件”|“打开网站”，从弹出的“打开网站”对话框中选定网站文件夹后，再单击“确定”按钮即可打开一个网站。网站编辑完后，为避免误操作，要及时关闭网站。选择菜单“文件”|“关闭网站”可以关闭一个网站。

（2）网站改名

如果想为一个网站改名，可先打开该网站，在“文件夹列表”窗格的空白处右击，在弹出的快捷菜单中选择“网站设置”，打开“网站设置”对话框。在默认打开的“常规”选项卡的“网站名称”文本框中，输入新的网站名称，再单击“确定”按钮。

3. 为网站添加网页

当创建好网站后，就要为网站添加网页，如果没有已建的网页那就需要新建一个网页，如果已有网页存在，只要将其导入或者复制到该网站即可。

（1）新建网页

新建网页方法有以下两种方法：一种是在空白网页中新建，另一种是用网页设计模板新建网页。

① 单击“通用”工具栏中的“新建网页”按钮或者按快捷键 Ctrl＋N，新建一个空白网页，设计者可以在网页工作区内编辑自己的网页。

② 选择菜单“文件”|“新建”，即可打开“新建”对话框，如图 5-8 所示。利用网页模板创建网页。网页的类型有 HTML、ASPX、CSS、XML、文本文件等。

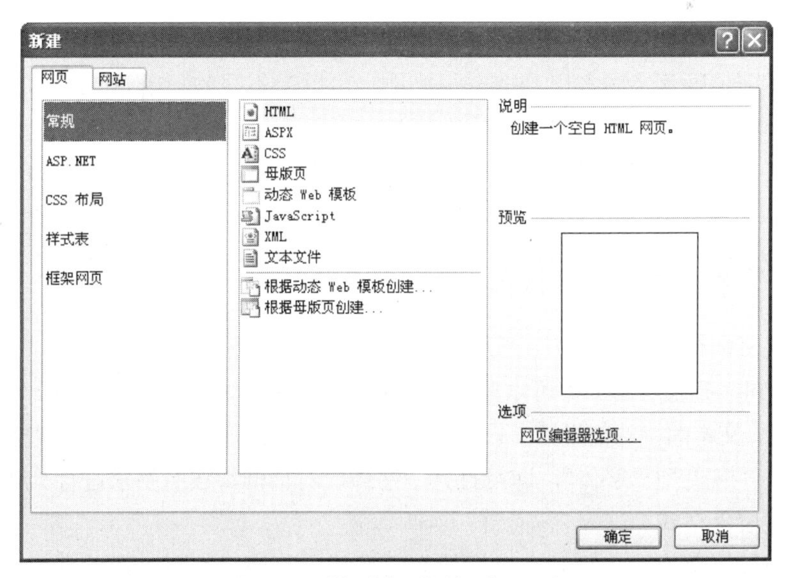

图 5-8　“新建”对话框（网页）

不管是用哪种方法创建网页，编辑完以后可别忘了保存网页。在网站已经打开的情况下，单击“常用”工具栏中的“保存”按钮，就可将网页保存到已打开的网站中。

（2）为网站添加已存在的文件或文件夹

如果要将文件或文件夹加入到某个打开着的网站中，可以有两种方法：一种方法是，选择菜单“文件”|“导入”，打开“导入”对话框，单击“添加文件”或“添加文件夹”按钮可以添加文件或文件夹到已打开的网站中，单击“来自网站”按钮，还可以导入来自其他网站的文件或文件夹；另一种方法是先在资源管理器中选中并复制需要添加的文件或文件夹，然后右击目的地文件夹，在弹出的快捷菜单中选择“粘贴”，可将需要的文件或文件夹复制导入。

5.3.2 网页编辑

一个网页由很多元素组成，主要包括文本、图形、符号、声音、表格、背景、水平线、导航栏等，在这些网页元素中大多数的插入和编辑操作与其他 Office 软件的操作大同小异，在此就不详细展开叙述了。

1. 输入和编辑文本

利用 SharePoint Designer 创建一个网页后，在文档的编辑区域内，可以看到闪烁的光标，称为插入点，在此可以输入文字。在输入文字的过程中，光标也跟着向后移动。在输入文本时，如果已经到达网页边界，则文本会自动回滚到下一行继续输入，这种换行方式并不会产生一个新行或是一个新段落，随着网页边界的变化或是编辑窗口的调整，SharePoint Designer 会自动调整这个回滚位置。如果需要输入多个段落，可在本段文本输入完成后，按 Enter 键产生一个新段落，或按 Shift+Enter 键产生一个新行。

新行和新段落是两个不同的概念，而且从表现形式上看也不相同。新行与上一行之间没有回滚的关系，在位置上与前一行紧密衔接，从格式上与前一行使用相同的段落格式；而新段落则和前一段落之间多出一个空行，用户可以为不同的段落设置不同的段落格式，但不能为同一段落中的多行设置不同的段落格式。

常用的文本编辑操作包括选择、移动、复制、粘贴、剪切、删除、查找和替换等操作，操作方法同 Word。

2. 设置文本格式和段落格式

（1）设置字体格式

在 SharePoint Designer 中，可以非常灵活地设置各种文本格式，如字号、字型、文本颜色、字符间距、文本的特殊效果等。只要先选中要设置格式的文本，再使用“格式”工具栏，或者选择菜单“格式”|“字体”，即可打开“字体”对话框，按照要求进行具体设置即可。

（2）设置段落格式

如果要设置段落格式，只要把光标放在要设置段落格式的那一段的任意位置，再选择

菜单“格式”|“段落”，即可打开“段落”对话框，可设置对齐方式、首行缩进、段落间距、行距等。

3. 插入图片

（1）插入图片

① 插入来自文件的图片。

- 如果要插入来自文件的图片，选择菜单“插入”|“图片”|“来自文件”，弹出“图片”窗口，再选择相应位置的图片文件即可。
- 在默认情况下，SharePoint Designer 认为要插入的图片总是放在正在建立的网站文件夹或它的子文件夹下的。因此，如果图片没有保存在网站中的话，保存网页时，会提醒是否保存图片，可将其保存在当前网站下。
- 如果图片已经放在网站中，这里推荐最便捷的方法插入图片：在文件夹列表窗口中找到所需图片，将其拖动到打开着的网页的相应的位置即可。

② 插入来自剪贴画的图片。如果要插入来自剪贴画的图片，可以选择菜单“插入”|“图片”|“剪贴画”，打开“剪贴画”任务窗格。接着有两种方法进行操作：一种方法是在“搜索文字”文本框中输入关键字，也可以不输入任何字符，再单击“搜索”按钮，找到图片以后，双击图片即可将其插入网页。另一种方法是单击“管理剪辑”链接，打开“剪辑管理器”任务窗格去寻找需要的剪贴画，找到以后单击图片右边的下拉框，再选择“复制”选项，然后回到网页插入点，右击，在弹出的快捷菜单中选择“粘贴”把它粘贴到网页中。

（2）修改图片属性

① 调整图片的大小。选中该图片，图片四周会产生 8 个控点，拖动这些控点即可调整图片大小。当然这只是粗略地改变大小，如要精确控制图片大小，就要右击图片，在弹出的快捷菜单中选择“图片属性”，出现“图片属性”对话框。这里设置的是图片的外观属性，如图 5-9 所示，然后在“大小”一栏中进行设置，如果此时想同时输入宽度和高度，可先将“保持纵横比”复选按钮取消选中，待输入完成后再选中。

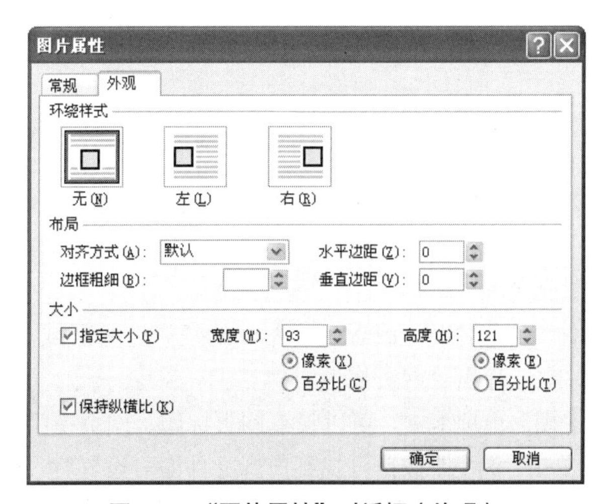

图 5-9　“图片属性”对话框（外观）

② 移动图片位置。在 SharePoint Designer 中移动图片位置很容易，只要拖动图片至所需的位置即可。

③ 图片的环绕样式。图片的环绕样式决定了文字在图片周围的排列方式。设置图片的环绕样式可以通过如下步骤：右击图片，在弹出的快捷菜单中选择“图片属性”，出现“图片属性”对话框。选择左上角“外观”选项卡，如图 5-9 所示，再选择“环绕样式”栏下的“无”“左”“右”选项来完成。

也可选择菜单“格式”|“定位”，在出现的“定位”对话框（见图 5-10）中对图片的环绕样式进行具体设置，还可以设置定位样式。

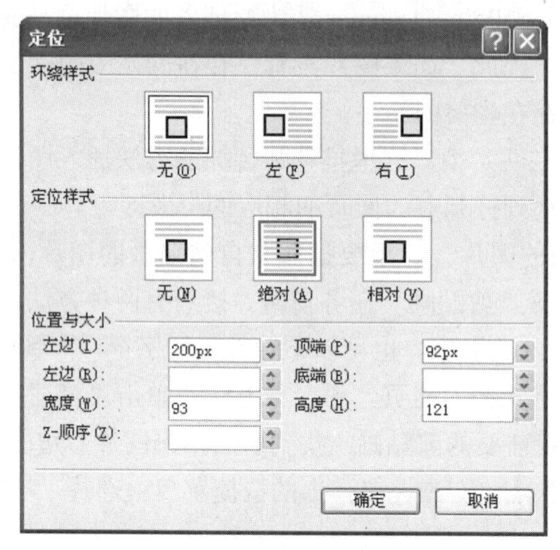

图 5-10 “定位”对话框

4. 为段落添加水平线

在网页中适时地插入水平线可以使网页层次分明。如果要插入水平线，则把插入点调整到插入水平线的位置，然后选择菜单“插入”|“HTML”|“水平线”即可。如要改变水平线颜色等，只要双击插入的水平线，在弹出的“水平线属性”对话框中，单击“颜色”下拉列表，选择相应的颜色，再单击“确定”按钮即可。

5.3.3 网页属性设置

如果想对某个网页的网页标题、字体样式等进行设置，可使用网页属性进行设置，具体步骤如下。

① 打开要设置属性的网页。

② 选择菜单“文件”|“属性”，或者右击网页的任意空白区域，在弹出的快捷菜单中选择“网页属性”菜单项，弹出“网页属性”对话框。

③ 在对话框的“常规”选项卡中，可以设置网页标题、网页说明、默认的目标框架等。在“背景音乐”栏下，单击“浏览”按钮再找到声音文件即可设置背景音乐，如图 5-11 所示。

④ 选择“格式”选项卡，可设置背景图片、背景颜色、各种超链接状态的颜色等，如

图 5-12 所示。超链接的颜色可用十六进制值“Hex={FF,CC,FF}”格式输入。

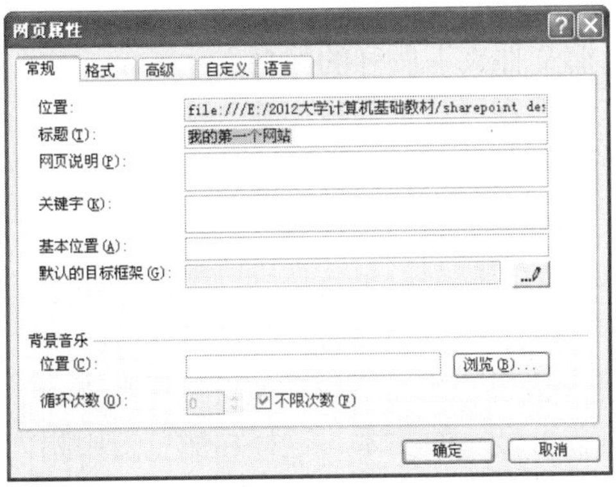

图 5-11　“网页属性”对话框（常规）

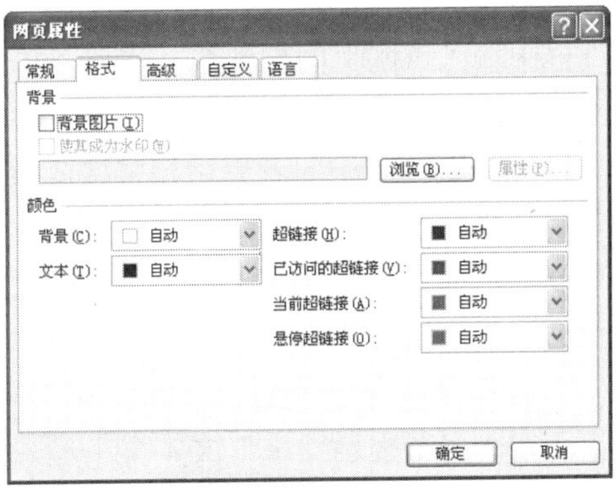

图 5-12　“网页属性”对话框（格式）

⑤ 单击“高级”选项卡，可设置网页边距等。

5.3.4　超链接创建

超链接是网页中最重要、最基本的元素之一。超链接能够使多个孤立的网页之间产生一定的联系，从而使单独的网页形成一个有机的整体。超链接是从一张网页指向别的目的地的链接，目的地可以是另一张网页、同一张网页上的不同位置、一个文件、电子邮箱等，相应的超链接的种类也有很多，分别为链接到另一张网页、链接到网页上的不同位置、链接到某个网站、链接到电子邮件地址、链接到图片文件或某个其他非网页文件，此外在图片上还可以做热点链接等。

1. 链接到网页或文件

要链接到另一张网页或图片等其他文件，可进行如下操作。

① 选中要进行超链接的对象，可能是文字或图片，然后选择菜单“插入”|“超链接”，或者在选中对象后，右击，在弹出的快捷菜单中选择“超链接”菜单项，接着会出现“插入超链接”对话框，如图 5-13 所示。

图 5-13　“插入超链接”对话框

② 选择超链接目标。

● 如果超链接的对象是同一网站的另一网页，那么可以在“插入超链接”对话框的“地址”框中输入该网页的文件名，也可以单击“当前文件夹”所列的网页文件。

● 如果超链接的对象不在同一网站上，那么只要在“地址”框中输入相应网址即可。

● 如果要达到访问者单击超链接就能直接下载网站提供的某文件这样的效果，只需要设定超链接的对象是要下载的文件即可。注意要在将要下载的文件放置到网站内的专门存放下载文件的某个文件夹中后，再单击“查找范围”下拉框设定文件夹，最后单击“当前文件夹”所列的文件。

③ 如果要设置屏幕提示，可单击“屏幕提示”按钮，弹出“设置超链接屏幕提示”对话框。在“屏幕提示文字”文本框中输入要在屏幕上显示的文本，这样在浏览器中指向该超链接时，将会显示这些提示文字。再单击“确定”按钮，回到“插入超链接”对话框。

④ 单击“确定”按钮，创建超链接完成。

2. 创建图片热点链接

除了上文提到的几种超链接外，还可以对图片上的某部分做超链接，也就是对图片做热点链接，通常有一个或多个热点链接的图形就称为图像映射。在图像映射上会有单击热点链接到别的网页或文件的位置。热点可以是图形上具有某种形状的一块区域，它也是一种超链接。当网站访问者单击该区域或文本时，超链接的目标会显示在浏览器中。在SharePoint Designer中，热点的形状可以是长方形、圆形或多边形。

（1）在图形上添加热点

① 在“网页设计”视图下，单击要做热点的图片，出现“图片”工具栏，如图 5-14 所示。如果没有发现“图片”工具栏，则右击图片，在弹出的快捷菜单中选择“显示图片工具栏”菜单项即可。“图片”工具栏中的热点工具按钮，分为“长方形热点”按钮□、“圆形热点”按钮○和“多边形热点”按钮◸。

图 5-14 “图片”工具栏中的热点工具

② 根据实际需求选择热点形状，单击选中工具栏中相应的热点按钮，然后在图形上进行拖拉，拖拉到满意后放开鼠标左键，会出现“插入超链接”对话框，再进行超链接设置即可。如果要做多边形热点，拖拉时可单击多边形的第一个角，然后单击要放置多边形的每个角的位置，最后双击完成多边形的绘制，出现“插入超链接”对话框，再进行超链接设置即可。

③ 在“网页预览”视图中，可以单击图片的各个热点，然后就可以链接到不同的位置。

（2）编辑热点

如果想修改热点链接，可重新编辑热点的超链接，有如下操作。

① 重新改变链接对象：在“网页设计”视图下，通过单击图形可以查看热点。双击热点后，会出现“编辑超链接”对话框，可重新编辑热点的链接。

② 移动热点：光标指向热点区域时，可拖动热点到新位置，当移动热点时，要将热点恢复到其原始位置，只要在拖动热点时按下 Esc 键就可以恢复。

③ 调整热点区域大小：方法同 Word 中的操作，只要拖动热点的边框就可改变热点区域的大小。

④ 删除热点：只要选中热点，再按 Delete 键即可。

3. 链接到同一网页上的不同位置

如果要链接到同一网页的不同位置可以使用 SharePoint Designer 提供的书签功能。书签是网页中被标记的位置或被标记的选中文本，可以使用一个或多个书签在网页上定位，然后超链接到那个书签的位置上。

要链接到同一网页中的不同位置的具体步骤分为两步，首先要创建书签，然后再超链接到该书签。

（1）创建书签

将光标定位到网页中要创建书签的位置，选择菜单“插入”|“书签”，出现“书签”对话框。在“书签名称”框中输入要插入的书签的名称，单击“确定”按钮即可。插入一个书签后，在“此网页中的其他书签”列表框中会有已插入的书签名称。

（2）超链接到书签

右击要建立书签超链接的文本或图片，在弹出的快捷菜单中选择“超链接”菜单项，出现“插入超链接”对话框。单击“书签”按钮，在出现的“在文档中选择位置”对话框中选择要超链的书签对象即可。

4. 链接到电子邮件地址

在 SharePoint Designer 中创建电子邮件超链接的具体方法如下。

① 选中要建立超链接的文本或图片，单击“常用”工具栏中的“插入超链接”按钮，打开“插入超链接”对话框。

② 单击左下方的“电子邮件地址”选项。

③ 在“要显示的文字”文本框中输入要显示的文字，在“电子邮件地址”文本框中输入电子邮件地址，在“主题”文本框中输入主题，单击“确定”按钮。

5. 编辑超链接

（1）更改超链接地址

如果要对已经创建的超链接进行再编辑，那么将光标指向创建了超链接的对象上，右击，在弹出的快捷菜单中选择“超链接属性”菜单项，或者选择菜单“插入”|“超链接”，这样都会出现“编辑超链接”对话框，即可以继续修改超链接地址。

（2）更改超链接的颜色

要改变一个网页中所有超链接的颜色可以执行以下操作。

① 在网页空白的任意位置右击，从弹出的快捷菜单中选择“网页属性”命令，打开“网页属性”对话框，单击“格式”选项卡。

② 单击设置各种超链接颜色状态的选项后面的下拉按钮，在弹出的颜色面板中分别设置各种状态的颜色，完成后单击“确定”按钮即可。

（3）删除超链接

删除超链接可以使用两种方法：一种是通过删除超链接对象来删除超链接；另一种是通过单击“编辑超链接”对话框中的“删除链接”按钮来删除超链接。

彻底删除超链接是指在删除超链接的同时连同超链接文本一同删除，可以在“网页设计”视图下选中超链接文本，然后按下 Delete 键，删除超链接。

在删除超链接时，若要保留超链接文本，可以执行以下的操作。

① 在网页中选中创建了超链接的文本。

② 单击“常用”工具栏中的“插入超链接”按钮，或者右击，在弹出的快捷菜单中选择“超链接属性”，打开“编辑超链接”对话框。单击“删除链接”按钮，再单击“确定”按钮即可。

5.3.5 网站基本应用举例

制作一个动物园简介网站，效果图如图 5-15 所示。

图 5-15 动物园简介网络效果图

当光标指向动物园地图中的熊猫区域时，会出现屏幕提示“熊猫”，而且在单击它以后，会链接到熊猫页面。同样的老虎和孔雀区域也设置相应的屏幕提示和热点超链接，单击也可完成链接。当光标指向其他区域时，将显示文字“动物园地图”。具体步骤请参阅实践教程（《大学计算机基础实践教程》，江宝钏　叶苗群主编，电子工业出版社）。

5.4 网页布局

制作网页时，总希望有一个合理的布局，对网页进行布局基本有两种方法：一种是利用表格，另外一种是利用框架，也可以两种方法混用。

5.4.1　表格创建

1. 建立表格

SharePoint Designer 提供了强大的制表功能，使得在制作网页的过程中插入表格的操作显得简便、快捷，创建表格有 4 种方法。

（1）使用菜单命令创建表格

如果用户希望准确地设置要创建的表格的行、列数，可以通过执行菜单命令创建所需的表格。使用这种方法，可以同时设置表格的属性，如行和列的数目、边框宽度等。具体步骤如下。

① 选择菜单“表格”|“插入表格”，打开“插入表格”对话框。

② 输入行数、列数，设置表格的对齐方式、边框的粗细、单元格边距和间距，单击“确定”按钮，即可得到相应的表格。

（2）使用命令按钮创建表格

在编辑网页时，单击并拖动“常用”工具栏中的“插入表格”按钮，可以快速地在网页中插入一个表格，在插入表格时用户可以通过拖动鼠标来确定表格所包含的行数和列数。

（3）绘制表格

如果需要的表格比较简单，则可以手动绘制表格。手动绘制表格的操作步骤如下。

① 选择菜单“视图”|“工具栏”|“表格”，打开“表格”工具栏。

② 利用“表格”工具栏中的“绘制布局表格”按钮和“绘制布局单元格”按钮，在工作区中拖动，即可画出表格边框，再在边框内添加线条即可画出需要的表格。

③ 如果有画错的单元格可以用“表格”工具栏中的“删除单元格”按钮删除。

（4）将文本转换成表格

如果有现成的文本，可以把文本转换成表格。具体步骤为：先选中要转换的文本，然后选择菜单“表格”|“转换”|“文本转换成表格”即可。

当然也可以把表格转换成一般文本，将插入点放在表格的任意位置上，然后选择菜单“表格”|“转换”|“表格转换成文本”即可。

2. 表格的编辑

（1）修改表格

① 修改表格大小。修改表格的大小有以下两种方法。

- 通过鼠标拖曳行或列可以粗略地调整表格的大小。
- 选择菜单“表格”|“表格属性”|“表格”，打开“表格属性”对话框，通过设置“指定高度”和“指定宽度”可以精确地调整表格的大小。

② 合并单元格。合并单元格就是将多个单元格合并成一个单元格。合并单元格有以下

3 种方法。

- 选择要合并的单元格，执行“表格”|“修改”|“合并单元格”命令即可。
- 选择要合并的单元格，右击选中的区域，从弹出的快捷菜单中选择“修改”|“合并单元格”菜单项。
- 选择要合并的单元格，单击“表格”工具栏中的“合并单元格”按钮。

③ 拆分单元格。拆分单元格与合并单元格是两个逆操作。拆分单元格就是将一个单元格拆分为多个单元格。拆分单元格有以下几种方法。

- 将光标定位在要拆分的单元格内，执行“表格”|“修改”|“拆分单元格”命令。
- 将光标定位在要拆分的单元格内，右击，从弹出的快捷菜单中选择“修改”|“拆分单元格”命令。
- 将光标定位在要拆分的单元格内，单击“表格”工具栏中的“拆分单元格”按钮。

上述 3 种方法都会弹出“拆分单元格”对话框，在该对话框中选择“拆分为列”或“拆分为行”，然后输入拆分的列数或行数，最后单击“确定”按钮即可。

（2）在表格中添加文字和图片

① 在表格中添加文字。在创建好的表格内按要求输入文字，调整文字的字号、字体、对齐方式等。

② 在表格中插入图片。选中要插入图片的单元格，然后选择“插入”|“图片”|“来自文件”命令，打开“图片”对话框。在选中合适的图片文件之后，单击“插入”按钮，则图片将插入到相应的单元格，也可调整图片大小及位置。

（3）删除表格

① 删除单元格。如果要删除某个单元格，可以通过以下方法进行。

- 选择要删除的单元格，然后选择“表格”|“删除”|“删除单元格”命令即可。
- 选择要删除的单元格，右击，从弹出的快捷菜单中选择“删除”|“删除单元格”命令。

② 删除列或行。如果要删除某列或某行，可以采用以下方法。

- 选择要删除的列或行，然后选择菜单“表格”|“删除”|“删除列”或“删除行”命令即可。
- 选择要删除的列或行，右击，从弹出的快捷菜单中选择“删除”|“删除列”或“删除行”命令。

③ 删除整个表格。如果要删除某个表格，将插入点放在该表格的任意单元格上，选择菜单“表格”|“删除”|“表格”即可。

3. 设置表格/单元格属性

如果要对整个表格进行表格属性设置，可将光标置于表格中，右击，从弹出的快捷菜单中选择“表格属性”菜单项，打开“表格属性”对话框，如图 5-16 所示。在对话框中可设置表格的大小、布局、边框、背景等属性。

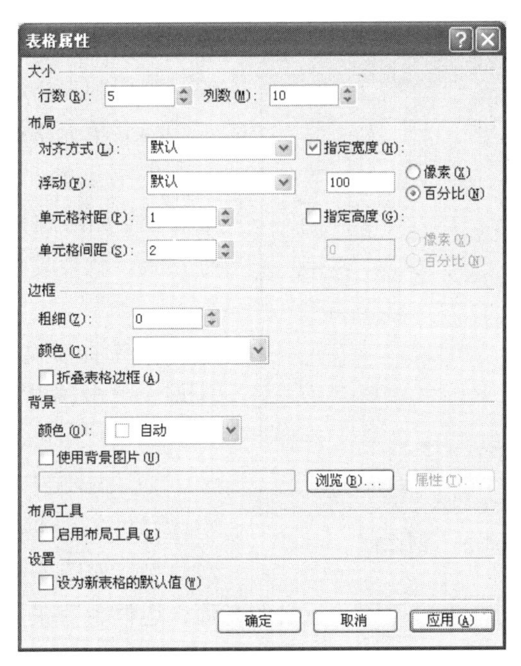

图 5-16　“表格属性”对话框

（1）表格的布局

① 表格的对齐方式。表格的对齐方式属性用于设置表格在网页中的对齐方式。单击“表格属性”对话框中的“对齐方式”下拉列表框，从中选择所需的对齐方式（“默认”“左对齐”　“右对齐”“居中”）即可设置表格的对齐方式。如果选择“居中”对齐，则整个表格显示在页面的中间。表格的对齐方式一般在表格的浮动方式为默认的时候起作用。

② 表格的浮动方式。表格的浮动属性确定表格相对于页面中其他内容的位置。如果对“浮动”列表框进行设置，就可以获得与图片环绕差不多的效果，主要有 3 种浮动方式：“默认”“左对齐”“右对齐”。左对齐表示表格在左边，而文本在右边，右对齐则相反。

③ 单元格的衬距与间距。如果想设置表格线与表格内容间的距离或两单元格间的距离，可以通过“单元格衬距”或“单元格间距”两个选项来设置。

（2）为表格添加背景

① 为表格添加背景颜色。选中表格或单元格后，单击“表格属性”对话框中的“颜色”选项右侧的向下箭头，从弹出的颜色面板中选择所需的背景颜色，则此颜色就会显示在表格的背景层中。

② 为表格添加背景图片。选中表格或单元格后，再选中“表格属性”对话框中的“使用背景图片”复选框，然后单击“浏览”按钮，在弹出的“选择背景图片”对话框中选择一个图片作为表格的背景，即可为表格添加背景图片。

（3）为表格添加边框

在 SharePoint Designer 中如果想要改变表格的边框，可以采用以下方法。

① 选择要设置边框的表格，执行“格式”|“边框和底纹”命令。

② 在要设置边框的表格中右击，从弹出的快捷菜单中选择“表格属性”命令，打开“表格属性”对话框，在“边框”栏中进行相关设置。如果边框中的粗细大小设置为 0，则在网页

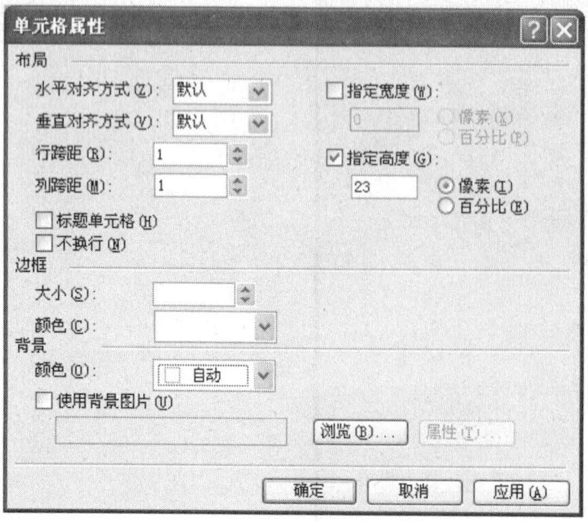

设计视图中表格边框显示为虚线，在网页预览视图中表格线就没有了。

（4）单元格属性

表格属性是针对整个表格进行操作的属性，如果要针对一个或多个单元格进行设置，就要使用单元格属性，具体步骤如下。

① 选择要设置属性的单元格，可以用“Ctrl＋单击该单元格”的方法选择多个单元格，也可用鼠标拖动的方法。

② 右击选中区域，在弹出的快捷菜单中选择“单元格属性”，出现“单元格属性”对话框，如图 5-17 所示。单元格属性设置方法基本与表格属性相同，也可设置单元格的布局、边框、背景等。

图 5-17 “单元格属性”对话框

4. 使用表格设计页面布局

一个空白网页布置起来比较困难，尤其是一些复杂的页面。这时可以利用表格将网页分成若干个单元格，每个单元格对应网页中的一个部分。然后，对每一部分分别进行设计和制作，这样就可以使复杂的网页设计简化，而且所设计的网页既清晰又有条理性。一个成功的网页设计作品，大都需要事先为其规划设计布局，以便于宏观控制其内容。

用 SharePoint Designer 的布局表格和单元格功能布局网页时，需要通过两步来完成。首先通过布局表格功能来为网页创建一个布局，然后通过布局单元格功能为该布局填充包含有网页内容（包括文本、图像、Web 部件和其他元素）的区域，也就是单元格。

（1）创建布局表格

单击“常用”工具栏中的“新建文档”按钮，新建一个空白网页。在网页设计视图下，执行“表格”|“布局表格”命令，随后在右侧弹出一个“布局表格”任务窗格，如图 5-18 所示。该任务窗格提供了多种表格布局模板，当鼠标指向“表格布局”栏下的模板会出现模板的名称，如“角部、标题、左侧和正文”，单击即可将该模板添加到网页中。

（2）绘制布局表格或布局单元格

如果对模板中提供的布局表格不太满意，还可以用手工绘制的方法创建一个布局表格或单元格。创建时首先在“新建表格和单元格”栏下单击“绘制布局表格”按钮或“绘制布局单元格”按钮，随后将光标移到网页工作区，然后拖动鼠标即可绘制表格或单元格。

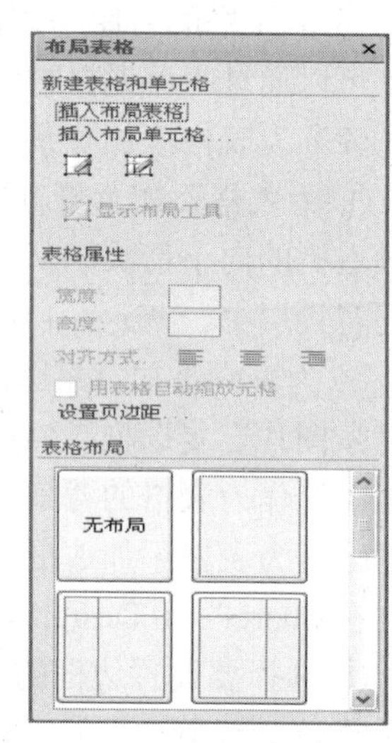

图 5-18 “布局表格”任务窗格

（3）设置表格

插入表格后，还需对表格属性进行设置，则在“布局表格”任务窗格的“表格属性”栏中可设置该表格的宽度、高度、对齐方式等属性。

5.4.2　框架网页创建

如同表格一样，框架也可以对网页进行布局。框架网页是一种特别的 HTML 网页，它将浏览器窗口分为几块框架，而每一部分的框架可显示不同的网页。利用框架网页可以使得当单击某一框架上显示的网页上的超链接时，超链接所指向的网页可在同一框架网页上的其他框架中显示。框架网页本身并不包含可见内容，它只是一个容器，用于指定要在框架中显示的其他网页及其显示方式。

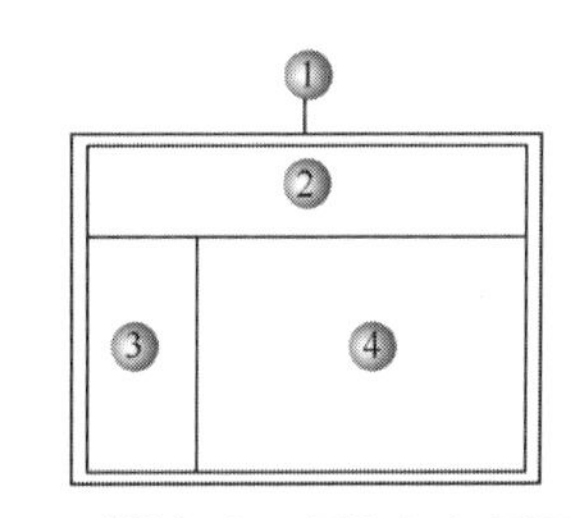

图 5-19 “横幅和目录”框架网页模板

例如，使用“横幅和目录”框架网页模板创建的框架网页，如图 5-19 所示，实际上在浏览器中同时显示 4 个网页：作为容器的框架网页①和显示在三个框架中的三个网页②、③、④。

1. 使用模板建立框架网页

使用模板创建框架网页有如下步骤。

① 选择菜单“文件”|“新建”，打开“新建”对话框。单击“网页”选项卡下的“框架网页”。

② 显示“标题”等 10 种网页模板，如图 5-20 所示，选择其中任意一种模板形式，在对话框右边会出现该模板形式的说明，以及模板的预览示意图。假设选择“标题”框架模板，再单击“确定”按钮，即会出现初始框架网页，如图 5-21 所示。

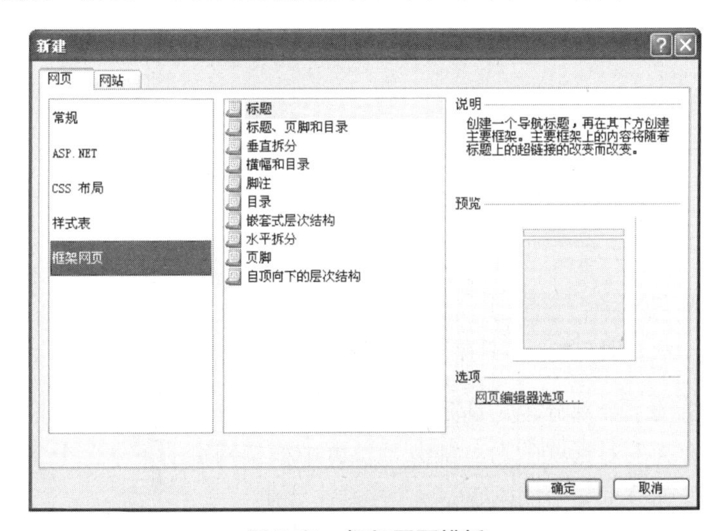

图 5-20　框架网页模板

③ 在新建了标题框架网页后，可看到上下两部分框架，每部分框架都有两个按钮“设置初始网页”和“新建网页”。如果单击前者，会弹出“插入超链接”对话框，可以选择已

创建的网页；如果单击后者，就会出现一张空白网页，可在空白网页上输入标题和文字等并设置相应的格式。建议先把框架中要显示的网页文件预先创建好，然后再设置初始网页。

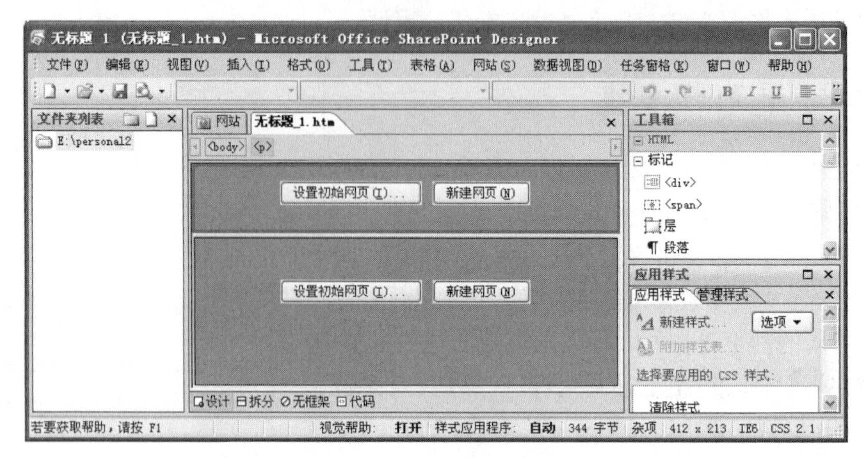

图 5-21 初始框架网页

④ 保存框架网页，选择菜单“文件”|“保存”，出现“另存为”对话框，前文已经提到过框架网页的每部分可显示不同的网页，所以如果框架网页中某部分框架中显示的是新建的网页，该部分网页就需要保存。如图 5-22 所示的“另存为”对话框的右半部分预览框中框架网页的上半部分呈高亮显示，说明正在保存框架网页上半部分框架中的网页，单击“保存”按钮即可保存该网页。

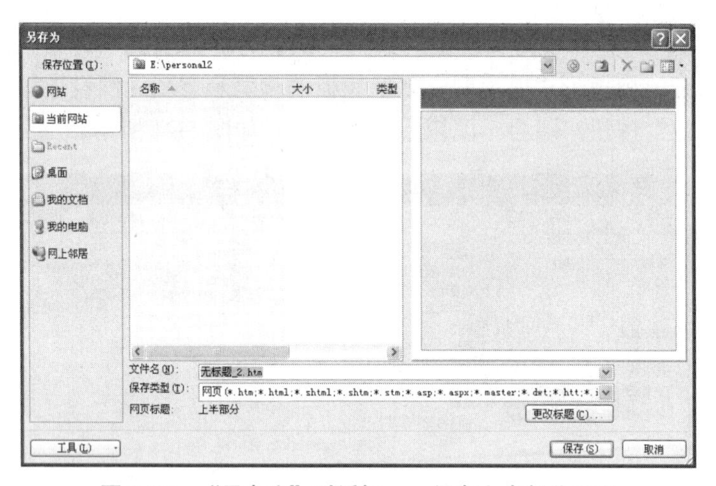

图 5-22 “另存为”对话框——保存上半部分网页

如果框架网页的下半部分也是新建的网页，那么在框架的上半部分网页保存完毕后，接下来会在“另存为”对话框的右半部分预览框中框架网页的下半部分呈高亮显示，说明此时正在保存下半部分框架中的网页。

⑤ 待所有的框架区域部分网页保存完后，最后保存框架网页，在“另存为”对话框的右半部分预览框中整个框架网页呈高亮显示，说明当前正在保存的是框架网页，至此，保存该网页完毕。

2. 拆分框架

框架网页建立好后，用户可以对框架进行拆分或调整以满足不同的需要。下面介绍两种方法拆分框架。

（1）拖动边框拆分框架

将光标定位在要拆分的框架边框上，按住 Ctrl 键，并拖动框架边框，拖出一定距离后放开鼠标左键和 Ctrl 键，将出现一个新的框架区域。

（2）将框架平均分成两行或两列

将光标定位在要拆分的框架内，执行“格式”|“框架”|“拆分框架”命令，弹出“拆分框架”对话框。选择“拆分成行”或“拆分成列”，单击“确定”按钮即可拆分框架。

3. 删除框架

建立好框架网页后，如果用户对框架不满意，也可以方便地删除框架。删除框架可用如下步骤进行：先将光标定位在要删除的框架中，再选择“格式”|“框架”|“删除框架”命令即可。若框架网页仅含有一个框架，则不能删除该框架。

4. 嵌入式框架

嵌入式框架和框架网页类似，不同之处在于嵌入式框架及其内容是嵌入到现有的网页中的。任何可以放入普通网页的内容都可以放到嵌入式框架中，并且可以像处理普通框架一样处理嵌入式框架。嵌入式框架的一些操作比如删除嵌入式框架、设置嵌入式框架属性等与框架操作基本相同，只是嵌入式框架不能再拆分。

使用嵌入式框架的优点就是制作嵌入内容时不需要单独创建框架网页。嵌入式框架的用处很多，比如插入网站访问者要填写的合约、给出其他网页外观的示例、用作表单容器、用作显示产品和价格的滚动框等。

插入嵌入式框架的步骤如下。

① 在文档窗口的底部，单击“设计”视图按钮，进入“网页设计”视图。

② 执行“工具箱”任务窗格中的“嵌入式框架”嵌入式框架命令，即可在当前网页上插入一个嵌入式框架，它同样也有两个按钮：“设置初始网页”和“新建网页”。

③ 设置嵌入式框架的初始网页，可单击“设置初始网页”按钮，再选择要显示的网页。或者，单击“新建网页”按钮，即会在框架中创建一个新网页，此新网页会自动设置为初始网页。

④ 保存网页，如果嵌入式框架中的初始网页是新建的网页，则会提示先保存新建的网页，然后再保存原来嵌入框架网页的网页。

5. 设置框架属性

如同文字、图像一样，框架也有相关的属性，可以通过修改这些属性来设置框架的外观。修改框架的属性的方法是，选中一个框架后，右击，在弹出的快捷菜单中选择“框架

属性”或者执行“框架”|“框架属性”命令，即可打开如图 5-23 所示的“框架属性”对话框。在该对话框中，用户可以对框架进行如下修改。

图 5-23 “框架属性”对话框

（1）设置框架名称和初始网页

框架网页中的每个框架都有一个名称，可以根据需要将其修改，只要在“框架属性”对话框的“名称”文本框中输入即可。如果要设置成其他初始网页，可以在“初始网页”文本框中进行修改，也可以通过单击“浏览”按钮找到其他网页，将其设置为初始网页。

（2）调整框架的大小

通常调整框架的大小有以下两种方法。

① 拖动框架的边框调整框架大小。将光标定位在要调整的框架边框上，当光标变为“↕”形状时，向下拖动即可调整框架大小。

② 精确设置框架大小。在“框架属性”对话框的“框架大小”栏下的“列宽”和“高度”处进行设置。注意：要在设置右边列表框为“像素”“百分比”或“相对”后，再指定框架的列宽和高度。单击“确定”按钮，即可精确设置框架大小。

（3）显示和隐藏滚动条

在“框架属性”对话框中，从“显示滚动条”的下拉列表中选择“显示”“不显示”或“需要时显示”，即可显示或隐藏滚动条。

（4）调整框架的边距

框架边距指的是框架中网页与框架边框间的距离。可在“框架属性”对话框中的“边距”栏下以像素为单位设置边距的宽度和高度。

（5）设置框架网页

只要单击“框架属性”对话框中的“框架网页”按钮，就可以打开“网页属性”对话框的“框架”选项卡。在该选项卡中，可以设置框架间距以及是否显示边框，在其他选项卡中还可以设置框架网页的网页属性等。

6. 创建框架超链接

在建立了框架的基本结构之后，除了可以在每个框架中加入网页文件，还可以建立框架间的关联，充分发挥框架的作用。每个框架都有一个单独的网页，因此在框架中加入超链接的方法和网页中加入超链接基本相同，不同的是要给超链接设置目标框架，也就是设置单击超链接时打开的网页显示在哪个框架中。

在框架中可设置文本或图片的超链接，其操作步骤如下。

① 在框架中选择要设置超链接的文本，单击“常用”工具栏中的“插入超链接”按钮，弹出“插入超链接”对话框。

② 单击“插入超链接”对话框右边的“目标框架”按钮，出现“目标框架”对话框。

③ 在“目标框架”对话框的左上部是当前框架网页的预览示意图，单击要显示超链接对象的框架部分，会在“目标设置”下方出现该部分框架的名称。如图 5-24 所示的“目标框架”对话框，表示单击了标题框架网页的“main”框架，超链接的对象将显示在下部分框架中。如果再选中“设为网页的默认值”复选按钮，则同一框架网页中的所有其他超链接的目标框架不需要重新设定。

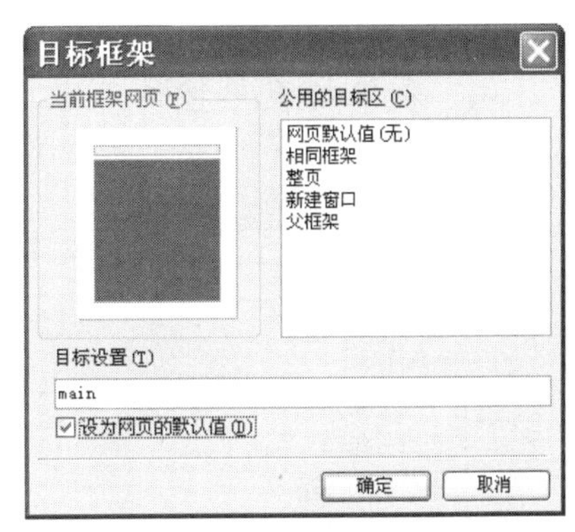

图 5-24　“目标框架”对话框

④单击“确定”按钮，返回到“插入超链接”对话框，再单击“确定”按钮，则框架超链接设置完成。

5.4.3　框架和表格综合应用举例

建立一个“福娃”网站，效果图如图 5-25 所示，单击“福娃主页”“贝贝”“晶晶”“欢欢”“迎迎”“妮妮”，框架下面部分即可显示相应的内容。其中框架上面部分是用表格制作的。具体制作方法请参阅《大学计算机基础实践教程》(江宝钏　叶苗群主编，电子工业出版社出版)。

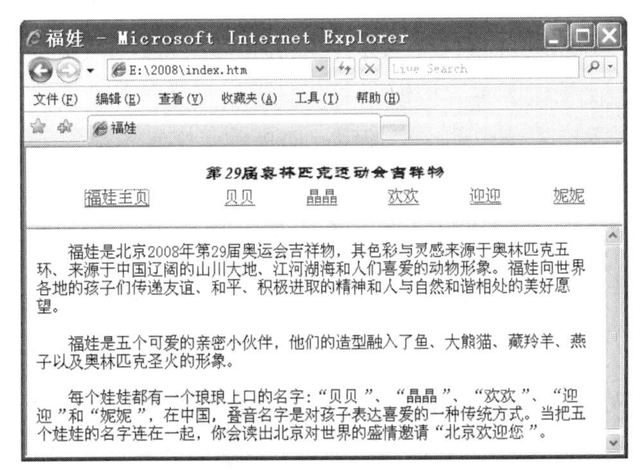

图 5-25　“福娃”网站效果图

5.5 表单网页制作

在因特网上，表单网页的应用越来越广泛，本节介绍如何创建表单网页，以及如何插入表单控件，如何保存和提交表单等。

5.5.1 表单创建

1. 表单与表单控件基本概念

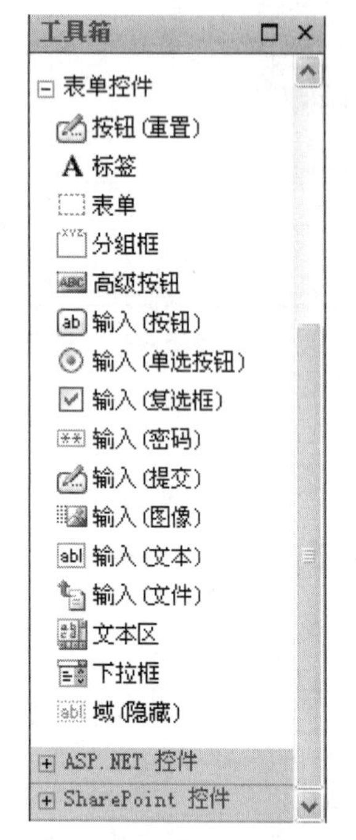

图 5-26 “工具箱”任务窗格中的表单控件

表单网页是用来收集网站访问者信息的网页。网站访问者填写表单的方式可以是输入文本、单击单选按钮与复选框，以及从下拉菜单中选择选项等形式。填完表单后，网站访问者通过单击提交按钮向网站送出输入信息，该信息就会根据网页所设置的表单处理程序，以各种不同的方式进行处理。

表单网页中的基本元素是表单控件，在“工具箱”任务窗格中的表单控件如图 5-26 所示，主要有以下几种类型。

- 输入（文本）：用来输入比较简单的信息。
- 文本区：如果需要输入建议、需求等大段文字，使用文本框就显得力不从心了，这时通常使用带有滚动条的文本区。
- 输入（单选按钮）：或者称为选项按钮，常用于表示一组选项中唯一的选择结果，比如性别只能选择“男”或“女”其中一个。
- 输入（复选框）：常用来表示许多项可以同时选中的事物，比如个人爱好、所学科目和选购的产品种类等。
- 下拉框：当需要选择职业、文化程度等事项时可以考虑使用下拉列表框。
- 按钮：包括提交按钮、重置按钮和高级按钮。当用户完成了表单的填写后，如果需要提交数据，则可以单击表单中的提交按钮；如果希望恢复表单为填写前的状态，以便重新填写，则可以单击重置按钮。高级按钮可以设置按钮大小。
- 输入（图像）：在表单中可以插入一个图像。

2. 创建表单

同一网页中可插入多个表单，直接在新建的网页中创建表单可分为两步。

① 在网页设计视图下，将光标定位到要插入表单的位置，选择“工具箱”任务窗格中的表单控件“表单”，此时网页中会插入一个矩形虚线框区域，虚线框表示表单的范围。

② 插入表单后，利用“表单控件”可以在表单区域中任意添加文本和表单控件。直接

双击表单控件插入空白网页，在加入表单控件的同时，会自动插入一个表单。

5.5.2 表单控件

利用表单向导创建的表单往往不能满足用户的特殊要求。通过利用菜单命令添加表单控件的方法，可以制作出有特色的表单。

1. 文本框和文本区

文本框是最常用的表单控件，可以接受浏览者输入的多种信息。

如果要把一个文本框插入到当前网页中，可先将光标定位到要插入表单控件的位置，双击“工具箱”中的表单控件“输入（文本）”命令，就会在网页中插入一个文本框。如果在插入文本框之前没有插入过表单，或者光标插入点不是在表单区域内，则插入文本框的同时会插入一个表单。

如果用户对插入的文本框有特殊的要求，可以修改文本框表单控件的属性。选中插入的文本框，右击，从弹出的快捷菜单中选择“表单控件属性”，或者直接双击文本框，弹出如图 5-27 所示的“文本框属性”对话框。在“文本框属性”对话框中可以设置初始值、名称、宽度、Tab 键次序和密码域属性。如果在“密码域”选项组中选中“是（Y）”按钮，则在文本框中输入的文本以“*”符号显示。单击“验证有效性”按钮，将打开“文本框有效性验证”对话框，在此可对文本框中输入的内容加以限制，如数值格式和长度等。

当浏览者要输入的文本信息比较多时，可以使用文本区表单控件。插入文本区的方法与插入文本框基本相同，这里不再重复。在如图 5-28 所示的“文本区属性”对话框中同样可以设置名称、初始值、宽度等，它还增加了行数设置，不过在文本区中不能设置密码域。

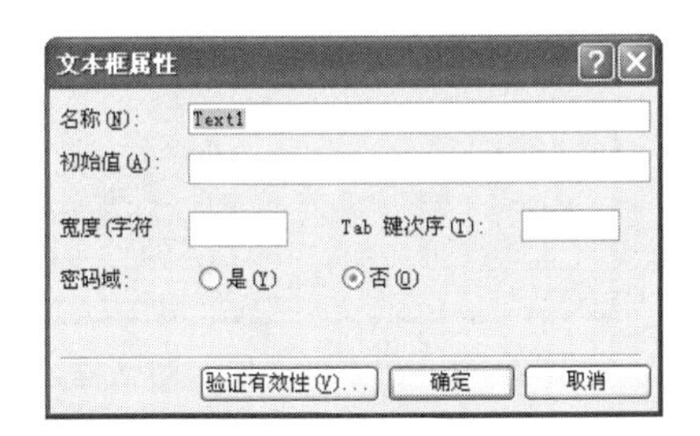

图 5-27 “文本框属性”对话框

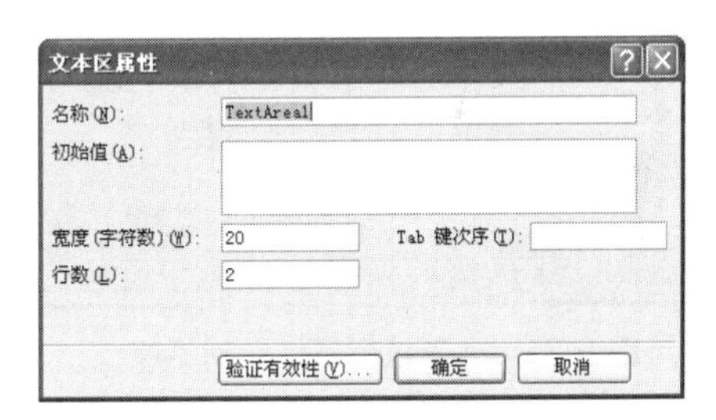

图 5-28 “文本区属性”对话框

2. 复选框和单选按钮

复选框提供了多个互相不排斥的选项，浏览者可以从中选择若干个选项。每选中一项，即在复选框中加入一个“√”符号。

如果要在网页中加入复选框，先将光标定位到插入点，双击“工具箱”中的表单控件“输入（复选框）”命令，可插入一个复选框。双击该复选框，将打开“复选框属性”对话框，如图 5-29 所示，其中“名称”文本框用于指定该复选框的名称。

单选按钮是提供给浏览者的，浏览者可以通过从多个按钮中选择其中一个的表单控件，其中只有一个按钮能被选中，重新选中另外一个按钮时先前被选中的按钮将取消选中状态。

如果要在网页中加入单选按钮，可双击“工具箱”中的表单控件“输入（单选按钮）”命令即可插入一个选项按钮，其属性设置与复选框基本相同，如图 5-30 所示。使用选项按钮时要注意的是，一组选项按钮使用同一个组名称，浏览者一次只能选择选项组中的一个按钮。

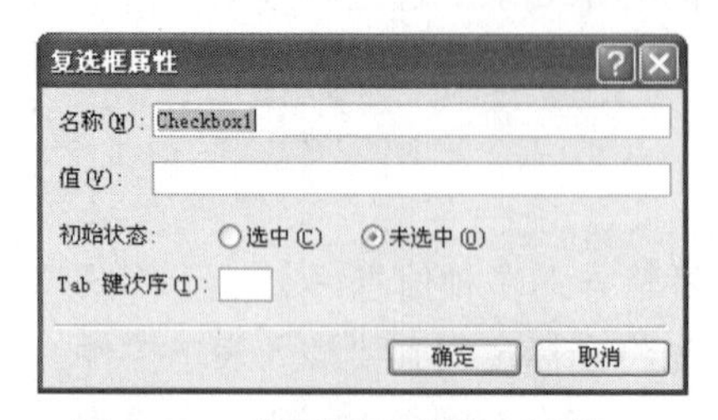

图 5-29 “复选框属性”对话框

图 5-30 “选项按钮属性”对话框

3. 下拉框

下拉框可以允许一个或多个选项被选择。如果要在网页中加入下拉框，可先将光标定位到插入点，双击“工具箱”中的表单控件“下拉框”命令即可。双击插入的下拉框，可打开如图 5-31 所示的“下拉框属性”对话框。单击“添加”按钮，将弹出如图 5-32 所示的“添加选项”对话框，供用户添加下拉框中的选项，添加的选项会出现在“下拉框属性”对话框的选项列表中，按需要可以多次添加选项。

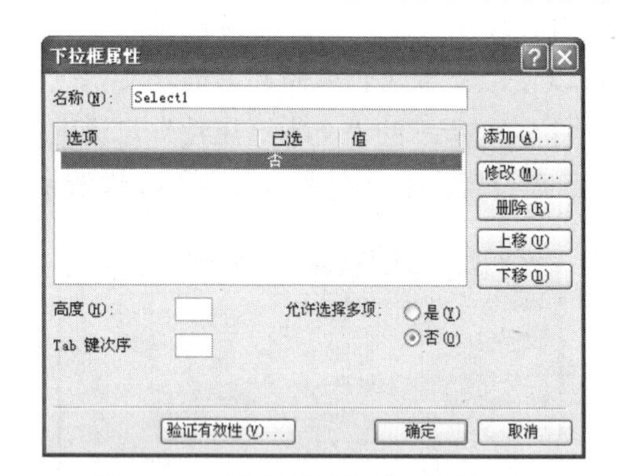

图 5-31 “下拉框属性”对话框

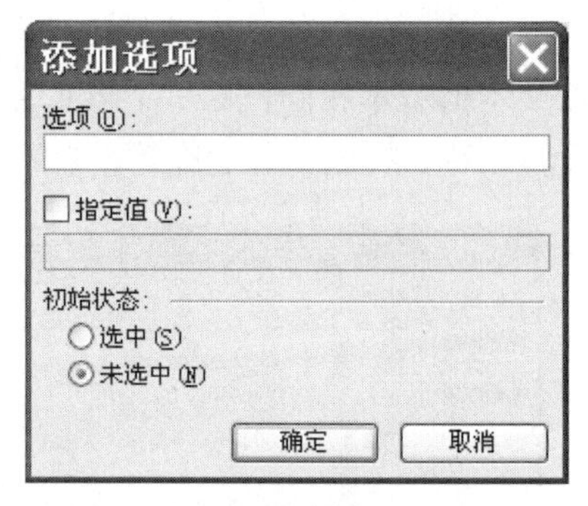

图 5-32 “添加选项”对话框

4. 按钮

按钮包括高级按钮、重置按钮、提交按钮、普通按钮等。单击“重置”按钮可以将表单内容恢复到初始状态。双击“工具箱”中的表单控件“按钮（重置）”命令即可插入新按钮。双击某个按钮将打开如图 5-33 所示的“按钮属性”对话框，用户可以在该对话框中输入按钮的名称以及设置按钮类型。

双击“工具箱”中的表单控件“高级按钮”命令可插入高级按钮，高级按钮与普通按钮的不同之处在于用户可以修改它的按钮大小。右击某个已插入的高级按钮，在弹出的快捷菜单中选择“高级按钮属性”，弹出“高级按钮属性”对话框如图 5-34 所示。

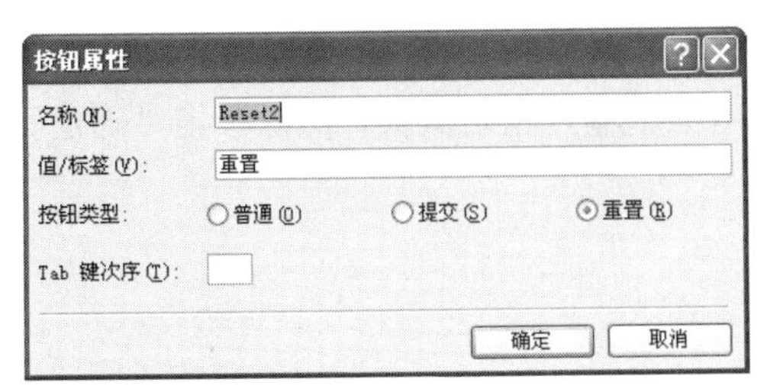

图 5-33　“按钮属性”对话框

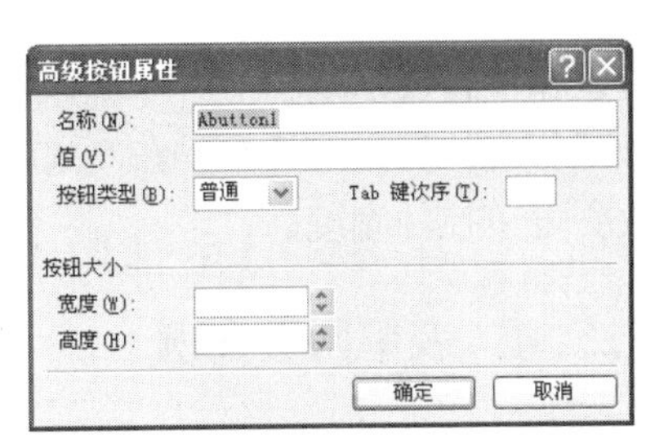

图 5-34　“高级按钮属性”对话框

5. 图像

在表单中插入图像的方法是：将光标定位后，双击“工具箱”中的表单控件“输入（图像）”命令，插入图像表单控件，双击它，打开“图片属性”对话框，在“常规”选项下可选择合适的图片插入。

5.5.3　编辑表单

1. 修改表单属性

如果对已经新建的表单网页要进行编辑修改，可将光标移到表单上，右击，在弹出的快捷菜单中，选择“表单属性”菜单项，出现“表单属性”对话框，如图 5-35 所示。在该对话框中可进行修改表单名称等操作。

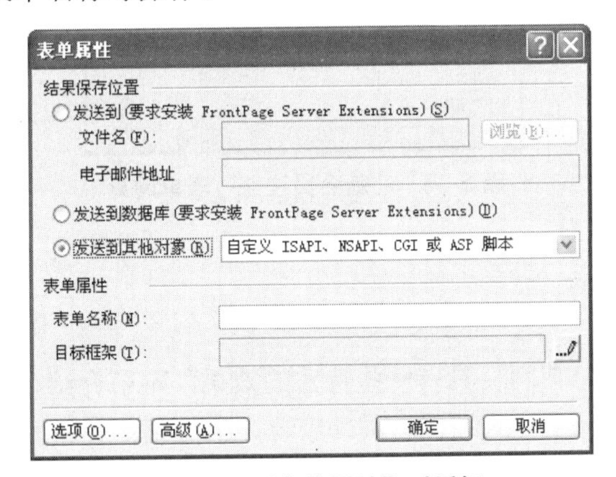

图 5-35　“表单属性”对话框

2. 删除不必要的表单控件

删除不必要的表单控件的方法很简单，只需选中要删除的表单控件，再按 Delete 键即可。

3. 修改表单控件的宽度

修改表单控件的宽度的方法有以下两种。

（1）鼠标拖动法

用鼠标选中要修改的表单控件，选中状态下的表单控件会被 6 个小方框包围起来，拖动其中的小方框就可以改变表单控件的宽度。

（2）精确设置法

打开相应的属性对话框，在“宽度”文本框中输入精确数值，然后单击“确定”按钮，即可改变表单控件宽度。

5.5.4 表单网页实例

如图5-36所示的“新会员注册”表单网页是网上一个实际表单网页的一部分，其中有文本框、文本区、下拉列表、单选按钮、复选框、按钮等表单控件。在“表单属性”中表单名称为“新会员注册”。在表单区域中有一个表格，用于定位表单中的文本。表单控件中所有文本框都使用了不同的名称，其与同组单选按钮名称相同。具体步骤参照实践教程（《大学计算机基础实践教程》，江宝钏 叶苗群主编，电子工业出版社出版）。

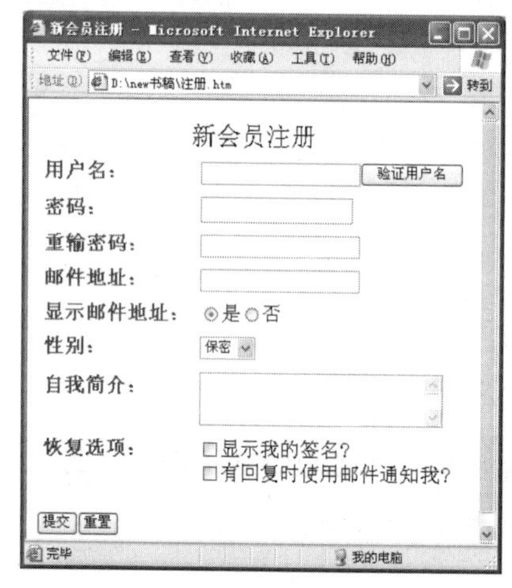

图5-36 “新会员注册”表单网页

5.6 网页特殊效果

为了吸引浏览者，可使网页具有一些特殊的效果，本节介绍动态网页的设置及如何插入一些特殊的元素，比如交互式按钮、滚动字幕、下拉菜单等。

5.6.1 网页过渡

网页过渡是针对整张网页的动态效果，具体步骤如下。

① 在“网页设计”视图中，打开要展现过渡效果的网页，选择菜单“格式”|“网页过渡”，打开“网页过渡”对话框。

② 在对话框的“事件”下拉列表框中，选择会触发过渡效果的合适事件（“进入网页”“离开网页”“进入网站”“离开网站”）。假如选择“进入网页”，则在访问者第一次浏览网页时会显示该过渡效果。

③ 在“周期（秒）”文本框内，输入要使过渡效果持续的时间。

④ 接着在“过渡效果”列表框内，单击选择个人喜欢的合适的过渡效果，如“盒状收

缩”“圆形放射”等。

⑤ 在查看过渡效果时，最好在创建过渡效果后保存网页，然后再在浏览器中预览从另一页切换到该网页的效果。

5.6.2　动态效果

1. 交互式按钮

SharePoint Designer 交互式按钮是可以插入到网页中的、彩色和外形专业的按钮。它们与其他标准按钮不同，因为当鼠标指针停留在这些按钮上时，或者当按下按钮时，按钮的外形就会发生改变。

添加交互式按钮的步骤如下。

① 在文档窗口底部单击“设计”按钮，进入“网页设计”视图。

② 在要添加按钮的位置放置插入点，选择菜单“插入”|“交互式按钮”，打开“交互式按钮”对话框，如图 5-37 所示。

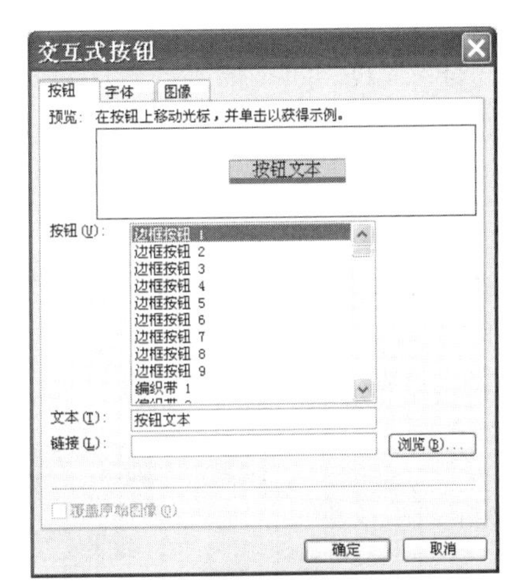

图 5-37　“交互式按钮”对话框

③ 在“按钮”选项卡的“按钮”列表中单击一种按钮样式，可在预览栏下预览按钮样式。

④ 在“文本”框中，输入要在按钮上显示的文本。

⑤ 在“链接”框旁边，单击“浏览”按钮，出现“编辑超链接”对话框，找到并单击希望按钮链接到的文件、URL 或电子邮件地址，然后单击“确定”按钮。

⑥ 设置交互式按钮的其他属性。在“字体”选项卡中，选择所需的字体属性；在“图像”选项卡中，选择所需的图像属性。

⑦ 创建完毕后，进入“预览”视图，在交互式按钮上单击，就可以显示所链接的网页。

2. 滚动字幕

使用滚动字幕实质上就是使用移动的文本来强调网页中某些特殊的内容，因为活动的效果总能引起浏览者的注意力。如果要在网页中加入滚动字幕，可用如下步骤操作。

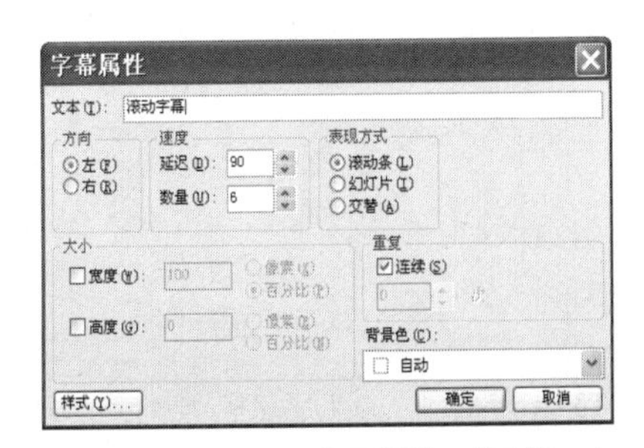

图 5-38　“字幕属性”对话框

① 切换到“网页设计”视图，单击要创建字幕的位置，或是选择要显示在字幕中的文本。

② 选择菜单“插入”|“Web 组件”，出现“插入 Web 组件”对话框。

③ 在对话框的“组件类型”列表框中选择“动态效果”，在“选择一种效果”列表框中选择“字幕”，然后单击“完成”按钮，出现“字幕属性”对话框，如图 5-38 所示。

④ 在“文本”文本框内，输入要在字幕中显示的文本。如果步骤①选中了网页上的某段文本，那么在“文本”文本框内就会显示选中的文本。

⑤ 在“字幕属性”对话框中有关字幕的属性会有默认值，在实际操作时，可以根据个人爱好或实际需要有选择地重新设置字幕的属性，包括方向、速度、表现方式、大小、重复的次数以及背景颜色等，而且通过左下方的“样式”按钮可以设置字幕的字体格式以调整字体的大小、颜色以及字符间距等。

⑥ 切换到“预览”视图，或选择菜单“文件”|“在浏览器中预览”，可以预览滚动字幕。

5.6.3 网站计数器

在 Internet 上的许多网站都记录着网站的访问次数，很多人觉得不可思议，其实只要用 SharePoint Designer 插入一个计数器就可以实现计算并显示该网页的访问次数了。具体步骤如下。

① 选择菜单“插入”|“Web 组件”，出现“插入 Web 组件”对话框，如图 5-39 所示。

② 在该对话框的“组件类型”列表框中选择“计数器”，在“选择计数器样式”列表框中选择一种喜欢的计数器风格，单击“完成”按钮。

③ 打开“计数器属性”对话框，如图 5-40 所示，在该对话框中可以设置计数器样式、设定数字位数等，设置完成后，单击“确定”按钮即可插入计数器。

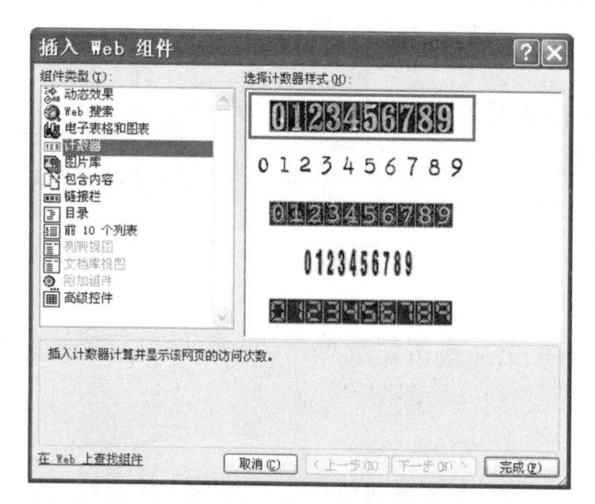

图 5-39 “插入 Web 组件”对话框

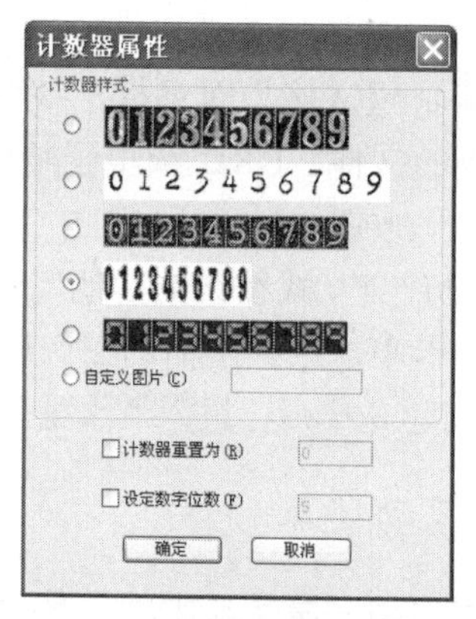

图 5-40 “计数器属性”对话框

只有当将网站发布到 Web 服务器上，并设置了网站的 SharePoint Designer 服务器扩展后，计数器才能正常显示。

5.6.4 行为

1. 行为定义

所谓行为（Behavior），就是在网页中进行的一系列对象的动作，通过这些动作，可以实现用户同网页的交互，也可以通过动作使某个任务被执行。行为一般由一个事件（Event）

和一个动作（Action）组成。例如，将鼠标移动到一幅图像上，就产生了一个“移动到”事件，如果这时候图像变化，这就是动作。

这里介绍一些常用的事件。

- OnLoad（加载）：图像或页面被完全载入之后，会触发该事件。
- OnUnload（卸载）：当用户离开页面时，就会触发该事件，或当用户从一个页面跳转到另一个页面时，在原先的页面上也会触发该事件。
- OnClick（单击）：当用户单击特定的页面元素如链接、按钮或图像映像时，就会触发该事件。
- OnDblClick（双击）：当用户双击特定的页面元素时触发该事件。

下面详细介绍几个常用的行为。

2. 创建下拉菜单

如果希望添加一个下拉菜单，列出最常用的网页名称，可以使用“跳出菜单”行为轻松实现此功能。若要创建跳出菜单，请执行以下操作。

① 选择菜单“格式”|“行为”，在“行为”任务窗格中，单击“插入”下拉框，选择“跳出菜单”，打开“跳出菜单”对话框。

② 单击“添加”按钮，打开“添加选择”对话框。在“选择”文本框处输入下拉菜单项比如“宁波大学”，在“值（当选中时转到该 URL）”文本框处输入宁波大学网址“http://www.nbu.edu.cn”，如图 5-41 所示。

③ 单击“确定”按钮，返回到“跳出菜单”对话框，可以发现列表框中多了一行。

④ 重复②、③两个步骤添加“宁波大学”“浙江大学”“清华大学”等菜单项。

⑤ 添加完成后，单击“确定”按钮即完成跳出菜单的创建。

⑥ 切换到“预览”视图，或执行“文件”|“在浏览器中预览”命令，可以预览菜单，即可看到如图 5-42 所示的下拉菜单，选择其中一个高校名称，就可以链接到相应的高校网站。

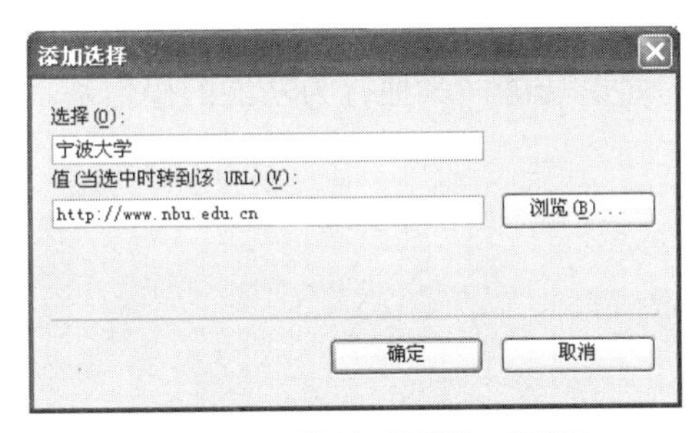

图 5-41　“添加选择”对话框

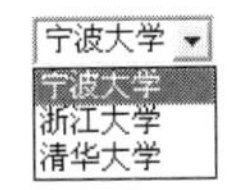

图 5-42　下拉菜单

3. 创建翻转图像

翻转图像可以增添美观而又专业的装饰效果，通过使用“交换图像”行为，很容易实现翻转图像效果。

若要创建翻转图像，请执行以下操作：

① 准备两个图像文件，放在网站中，在网页中插入一个图像。

② 通过单击将网页中的一个图像选中，在“行为”任务窗格中，单击“插入”下拉框，再单击“交换图像”，打开“交换图像”窗口。

③ 在“交换图像 URL”文本框中输入图像文件名，或者单击“浏览”按钮，出现“浏览”窗口，找到并双击交换图像文件。

④ 选中“预加载图像”复选框和“Mouseout 事件后还原”复选框，单击“确定”按钮即可完成操作。

⑤ 当在网页预览时鼠标指针指向该图像时，图像就会交换成另外一个图像，当鼠标移出图像区时，则又可恢复成原来的图像。

4. 弹出消息

当浏览者打开页面时，如果想要弹出一个“欢迎你的到来!”的问候语，可如下操作。

① 新建一个网页，在“行为”任务窗格中，单击“插入”下拉框，再选择“弹出消息”，即可打开“弹出消息”对话框。

② 在“消息”文本区内输入所需要弹出的消息文本：“欢迎你的到来!”，如图 5-43 所示。单击“确定”按钮，这时在“行为”任务窗格的下拉列表中就会多一行，事件为“OnLoad”，行为为“弹出消息”，单击“OnLoad”右边的下拉框按钮，会显示很多事件，可根据需要进行切换。

③ 切换到“预览”视图，会弹出一个消息框，如图 5-44 所示。

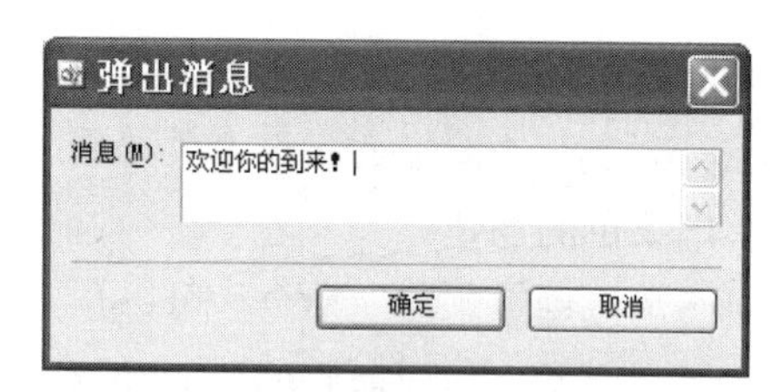

图 5-43 “弹出消息”对话框

图 5-44 “欢迎你的到来”消息框

这里只是介绍了使用行为实现的简单功能，其他行为功能的操作基本类似，请读者自己试验。

5.6.5 层

1. 层定义

什么是层（Layer）呢？通俗地讲，层就像是含有文本、图形等元素的胶片，一张张地按顺序叠放在一起，组合起来形成页面的最终效果。层是网页内容的容器，在层中可以放置文本、图像、表单和对象插件等，甚至还可以放入其他层，可以这么说，所有可以放置于网页中的内容，都可以放置于层中。

层最主要的特性是可以在网页内容之上（或之下）浮动。换句话说，就是可以在网页中任意改变层的位置，以实现对层的精确定位，从而实现对层中网页内容的精确定位。

层除了具有精确定位的特性，还有一些其他的重要特性。例如，层可以重叠，因此可以在网页中实现文档内容的重叠效果；层可以被显示或隐藏，通过程序在网页中控制层的显示或隐藏，以实现层内容的动态交替显示，及一些特殊的显示效果。层还可以嵌套，嵌套层是其代码包含在另一个层中的层，嵌套通常用于将层组织在一起，嵌套层随其父层一起移动，并且可以将它设置为继承其父级的可见性。

2. 创建层及嵌套层

在 SharePoint Designer 网页中，用户可以方便地在页面中创建层，并能精确地定位层的位置。在网页中插入层的方法有以下三种。

① 将插入点放置在要创建的层的位置，执行“格式”|“层”命令。

② 将插入点放置在要创建的层的位置，选择“层”任务窗格，单击“插入层”按钮。

在以上两种方法中，如果将插入点放置在一个现有层中，然后插入层，就插入了嵌套层。

③ 选择“层”任务窗格，单击“绘制层”按钮，然后在文档窗口的设计视图中通过拖动来绘制层。如果通过在按住 Ctrl 键的同时拖动来绘制层，可连续绘制新的层；如果通过在按住 Shift 键的同时拖动来绘制层，并且绘制在现有层中，这时创建的层是嵌套层。

如图 5-45 所示的层插入例子中，共有 3 个层分别是 layer1、layer2 和 layer3，其中 layer2 是 layer1 的嵌套层。创建层的具体操作步骤如下：先单击“插入层”按钮，插入 layer1 层，然后将插入点移到 layer1 层中，再插入另一个层 layer2 并拖动 layer2 层到适当位置，最后单击“绘制层”按钮并在网页的适当位置拖动鼠标，就绘制了层 layer3。

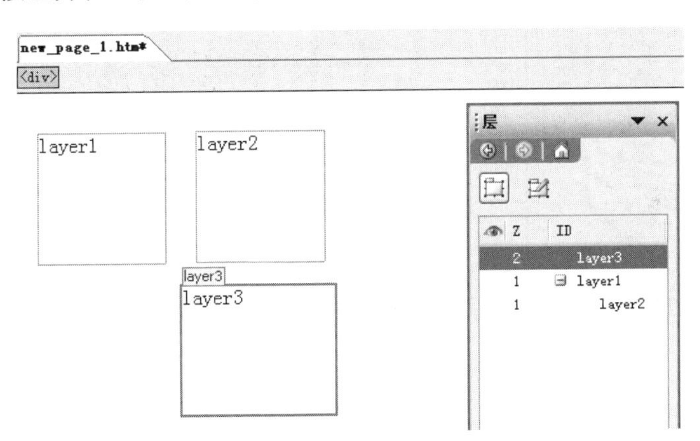

图 5-45　层插入例子

层插入例子的右边是“层”任务窗格，可以用来管理层。各个子项的作用叙述如下。

- “”：在“”列单击可显示或隐藏层，如果该列显示了一个睁开的眼睛图标，表示显示该层；如果该列显示了一个闭合的眼睛图标，表示关闭该层；如果此处不显示任何图标，表示该层的可见性将继承其父层的显示属性，如果没有嵌套，父层始终是可见的。
- “ID”：层的“ID”列是层名称，双击可以重新命名层。
- “Z”：在“Z”列单击，可修改层的层次属性值。层在平面坐标 X、Y 的基础上又添加一个具有三维空间的 Z，这使层有了一个叠放顺序的属性，Z 值大的层显示在上面。在图

5-45 中，layer3 层的 Z 值是 2，layer1 层的 Z 值是 1，如果这两个层重叠的话，layer3 层会在上面。而在嵌套层中，Z 值与其父层 Z 值是没有关系的，它们都是独立编号的。

3. 层实例

下面利用层制作一个如图 5-46 所示的网页阴影特效。

① 将插入点定位在要创建层的地方，单击“层”任务窗格中的“插入层”按钮，这时即创建了层 layer1，在层中输入文本“阴影”，将文本设置成华文楷体，100pt。

② 选择该层，接着选择“编辑”|“复制”菜单，然后执行“编辑”|“粘贴”命令，这样就制作了一个和层 layer1 相同的层 layer2。

③ 在“层”任务窗格上，单击 layer1 选中它，并将其文本选中，设置文本颜色为 Hex={99,99,99}。

④ 在“层”任务窗格上，单击 layer2 对应的 Z 值，将其更改为 2。

⑤ 选择其中任意一个层，用方向键“←”或“→”，将该层移动至适当位置，如图 5-47 所示。

⑥ 保存并预览网页，效果图如图 5-46 所示。

上面这个例子的阴影效果，只不过是两个图层的简单应用。层不但可以作为一种网页定位技术出现，也可以作为一种特殊形式出现，可以说，灵活掌握了层的使用，就掌握了网页制作的精华之一。

图 5-46 网页阴影特效

图 5-47 层设计图

5.7 网站发布

网站制作完成后就要在因特网上或者计算机所在的局域网上发布并展示。事实上发布一个网站就像是将网站文件夹复制到一个目的地，这里的目的地是指他人可以通过网络浏览到的网站服务器中的一个空间。

5.7.1 网站的本机发布

如果还没有在因特网中申请发布空间，而使用的服务器又位于某个局域网中，可以考虑将使用的计算机看作一台发布用的网站服务器，网站可在本机中进行发布。进行本机发布的计算机必须安装 Internet 信息服务器（Internet Information Server，IIS）。

判断自己的操作系统是否安装 IIS，方法如下：右击“我的电脑”，在弹出的快捷菜单中选择“管理”，打开“计算机管理”窗口。单击左下角的“服务和应用程序”，观察右边的“名称”栏，有“Internet 信息服务”项目，则表示已安装，否则表示没有安装。

如果需要安装 IIS，步骤如下：打开控制面板，选择“添加或删除程序”|“添加/删除程序 Windows 组件”，打开“Windows 组件向导”对话框，在组件下拉框中选中“Internet 信息服务（IIS）”，单击“下一步”按钮，期间需要插入 Windows 7 安装光盘，直至安装完成。

本机发布网站的步骤如下。

① 选择菜单“开始”|“设置”|“控制面板”菜单项，打开“控制面板”窗口。双击该窗口中的“管理工具”选项，进入到“管理工具”窗口中。双击该窗口中的“Internet 信息服务”选项，即打开“Internet 信息服务”窗口。

② 注意观察“Internet 信息服务”窗口的左边框，展开小计算机图片前的加号，出现下一级内容，其中包括“FTP 网站”“网站”等。

③ 单击“网站”前的加号，出现下一级内容“默认网站”，右击，在弹出的快捷菜单中，选择“属性”菜单项，即打开“默认网站属性”对话框。

④ 选择“主目录”选项卡，如图 5-48 所示。

⑤ 在“本地路径”文本框中输入网站文件夹所在的目录，或者通过单击“浏览”按钮选择网站文件夹所在的目录。

⑥ 设置网站的访问权限，可选择默认设置。

⑦ 设置网站的默认网页。选择“默认网站属性”对话框中的“文档”选项卡，如图 5-49 所示，在此可以设置访问网站时的默认网页。单击“添加”按钮，出现“添加默认文档”对话框，输入的默认文档名一般为首页名，如“Default.htm”或“index.htm”等。

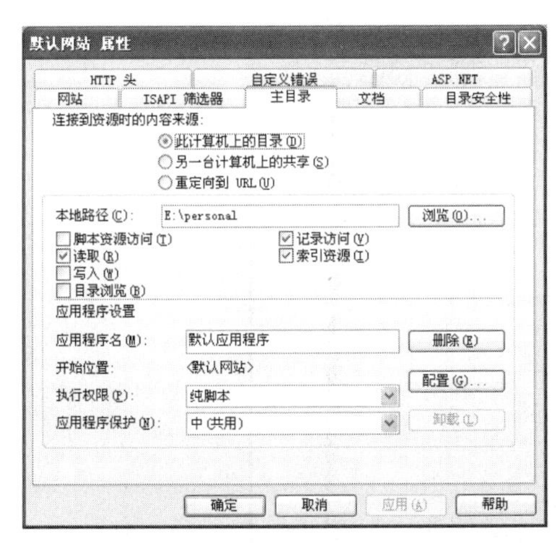

图 5-48 “默认网站属性”对话框——“主目录”选项卡

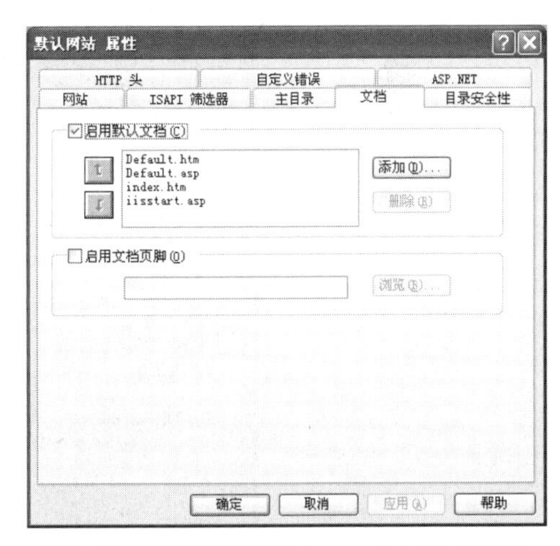

图 5-49 “文档”选项卡——“文档”选项卡

⑧ 添加了默认的文档名后，注意观察，在“启用默认文档”复选框下的列表框中多了一项内容，此内容即为第⑦步中添加的默认文档名。按照同样的方法可添加多个默认文档。

这样在以后访问网站时输入网址或 IP 地址后，打开的第一张网页就是默认文档列表框中的一项。事实上在访问时，网站服务器按顺序从列表框中取出默认文档列表框中的文档名，然后判断网站中是否存在该张网页，如果不存在，则取出下一个默认文档名继续判断是否存在，如果存在则显示该网页。

⑨ 单击对话框中的“确定”按钮，网站设置完成，在 IE 地址栏中输入“http://localhost”即可访问已发布的网站。

5.7.2 网站的网上发布

如果要将网站发布到因特网上，需在网上申请发布空间。发布空间有免费的也有收费的，到现在为止免费的发布空间已经很少，而且服务质量也不如收费空间好。

无论是收费的，还是免费的，一旦空间申请成功，就会得到发布空间的 IP 地址或域名，以及用户名和密码，这样就可以使用 HTTP（超文本传输协议）或者使用 FTP（文件传输协议）来发布网站。不论以哪种形式，都是将网站内的要发布的文件传输到申请得到的发布空间中，并且在上传成功后，就可以在因特网上利用域名访问网站了。

注意：每个发布空间设置的默认文档名可能不同，要看清楚条约中指定的默认文档名，将网站首页的文件名改为这个默认的文档名，这样才能正常地访问网站。

下面以将“动物园简介”网站发布到编者在本校申请的网站空间为例，讲解具体的网上网站发布步骤。

① 选择菜单“文件”|“打开网站”，打开准备发布的网站，这里假设打开的是保存在 E:\zoo 文件夹中的“动物园简介”网站。

② 选择菜单“文件”|“发布站点”，弹出“远程网站属性”对话框，如图 5-50 所示。此时网站的视图已切换至“远程网站”视图。

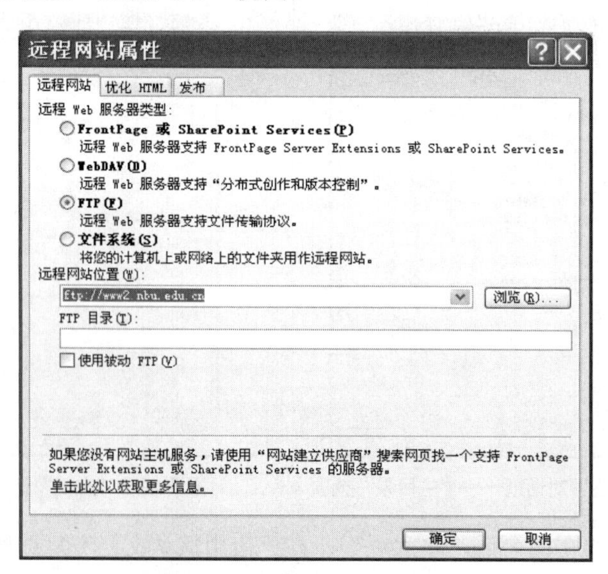

图 5-50 “远程网站属性”对话框

③ 设置远程网站属性。在“远程网站”选项卡的“远程Web服务器类型”之下，选择相应的服务器类型，这里假设选择“FTP”。

④ 在“远程网站位置”文本框中输入发布空间的URL地址等信息，比如“ftp://www2.nbu.edu.cn”。

⑤ 弹出“要求提供用户名和密码”对话框，输入用户名和密码，再单击“确定”按钮。

⑥ 出现发布网站的窗口，其中左边是本地网站文件列表，右边是远程网站文件列表，单击右下角的“发布网站”按钮，即可开始发布网站。

⑦ 此时，在状态栏中出现“正在将e:\zoo发布到ftp://www2.nbu.edu.cn”信息。

⑧ 发布结束后，左下角状态栏会显示“最新发布状态：成功”信息。此时本地网站信息和远程网站信息是完全相同的。

⑨ 打开IE浏览器浏览新发布的网站内容，刷新后会发现已经更新。

5.7.3 网站的维护

1. 维护目的

网站维护的目的是让网站能够长期稳定地运行在Internet上，及时调整和更新网站内容，在瞬息万变的信息社会中抓住更多的网络商机。

2. 网站维护的项目

（1）服务器的软硬件维护

服务器的软硬件维护包括服务器、操作系统、Internet连接线路等的维护，其目的是确保网站可以24小时不间断地正常运行。计算机硬件在使用时常会出现一些问题影响计算机的工作效率，同样，网络设备也会影响企业网站的工作效率。网络设备管理属于技术操作，非专业人员的误操作有可能会导致整个企业网站瘫痪。维护操作系统的安全必须要不断地留意相关网站，及时为系统安装升级包或者打上补丁。

（2）网站内容的更新

一个好的网站只有定期或不定期地更新内容，才能不断地吸引更多的浏览者，增加访问量。对于网站来说，建站容易维护难，只有不断地更新内容，才能保证网站的生命力。

内容更新是网站维护过程中的一个瓶颈。网站的建设单位可以考虑从以下5个方面入手，采取一定的措施使网站能长期顺利地运转。

① 在网站建设初期，就要对后续维护工作给予足够的重视，要保证网站后续维护所需的资金和人力。

② 要从管理制度上保证信息渠道的通畅性和信息发布流程的合理性。网站上各栏目的信息往往来源于多个业务部门，要进行统筹考虑，确立一套从信息收集、信息审查到信息发布的良性运转的管理制度。

③ 在建设过程中要对网站的各个栏目和子栏目进行尽量细致的规划，在此基础上确定哪些是经常要更新的内容，哪些是相对稳定的内容。然后由承建单位根据相对稳定的内容

设计网页模板，这样在以后的维护工作中，这些模板就不用改动了。这样既省费用，又有利于后续维护。

④ 对经常变更的信息，尽量采用结构化的方式（如建立数据库、规范存放路径）管理，以避免出现数据杂乱无章的现象。

⑤ 要选择合适的网页更新工具。信息收集起来后，对于如何“写到”网页上去的问题，采用不同的方法，效率也会大大不同。比如，使用 Notepad 直接编辑 HTML 文档与使用 SharePoint Designer、Dreamweaver 等可视化工具相比，后两者的效率自然高得多。

网站一旦被发布，SharePoint Designer 就可以在发布网站时，将本地网站中的文件与网站服务器中发布的文件保持同步。如果在已经删除本地计算机中的文件后再度发布网站时 SharePoint Designer 将会提示是否删除在网站服务器中相同的文件，可选择只发布已经更改过的网页，这是 SharePoint Designer 给网站管理和维护带来的方便之处。

习 题 五

一、选择题

1. 在 SharePoint Designer 的窗口中，管理网站、编辑网页的主要场所是（　）。

A. 工具栏　　B. 代码栏　　C. 视图栏　　D. 工作区

2. （　）不属于 SharePoint Designer 的功能。

A. 建立网站　　B. 编辑网页　　C. 远程登录　　D. 发布网站

3. 下面视图中不属于网站视图的是（　）。

A. “文件夹”视图　　B. “设计”视图

C. “导航”视图　　D. “超链接”视图

4. 下面视图中不属于网页视图的是（　）。

A. “代码”视图　B. “设计”视图　C. “拆分”视图　D. “预览”视图

5. 以下图片工具栏按钮中，不属于绘制热点的按钮的是（　）。

A. 长方形热点按钮　　B. 圆形热点按钮

C. 突出显示热点按钮　　D. 多边形热点按钮

6. 在 SharePoint Designer 中，如果要使表格的边框不在网页中显示，可以设置边框的粗细值为（　）。

A. 0　　B. 1　　C. 2　　D. 6

7. SharePoint Designer 的图片工具栏中的“长方形热点”的作用是（　）。

A. 在图片上画出一个长方形　　B. 能给图片的一个局部添加超链接

C. 能突出显示图片的一个区域　　D. 能复制图片的一个区域

8. 制作网站的顺序分别是（　）。

① 在站点内创建一个个的网页

② 通过 SharePoint Designer 把站点内容发布到某个 Web 服务器上

③ 在客户机（一般是本地机）上创建一个网站

④ 对相应的网页内容进行编辑、修饰、链接

A. ①②③④　　B. ①③④②　　C. ③①④②　　D. ③①②④

9. 以下（　）软件不能用来编辑网页。

A. Photoshop　　B. Notepad

C. SharePoint Designer　　D. Dreamweaver

10. 以下关于超链接的说法不正确的是（　）。

A. 在图片上可以利用热点创建超链接

B. 对于文字、图片、邮件地址都可以创建超链接

C. 在框架网页中创建超链接和一般的网页的步骤一样，没有特殊的地方

D. 对于邮件地址“abc@sina.com”进行超链接时，会在“创建超链接”对话框的URL框中看到 mailto:abc@sina.com

11. 以下列举的功能中，（　）不是 SharePoint Designer 可以提供的 Web 组件功能。

A. 字幕　　B. 交互式按钮　　C. 计数器　　D. 网页过渡

12. 以下列举的功能中，（　）不属于 SharePoint Designer 提供的行为。

A. 弹出消息　　B. 层　　C. 跳出菜单　　D. 交换图像

13. 以下关于表单的操作，说法不正确的是（　）。

A. 在空白的网页中插入一个文本框，在网页中就只会出现一个文本框

B. 修改按钮的名称，可以通过设置其属性实现

C. 如果要设定表单运行时焦点的移动顺序，可以通过设置表单控件属性的 Tab 键顺序来设定

D. 表单区域中经常要插入一个表格用于定位表单中的文本

14. 在 SharePoint Designer 中，想要进入某个网页时，网页呈圆形放射的变化效果，是下列（　）效果。

A. 网页过渡　　B. DHTML　　C. 字幕　　D. 悬停按钮

15. 可通过从多个按钮中选择其中一个的表单域，其中只有一个按钮能被选中，重新选中另外一个按钮时先前被选中的按钮将取消选中状态。此表单域是（　）。

A. 复选框　　B. 文本框　　C. 下拉框　　D. 选项按钮

二、判断题

1. 只有使用 SharePoint Designer 网页制作工具才能创建网页。（　）

2. 网页中的超链接可以链接到本网页的其他位置。（　）

3. 保存网页时网页的默认文件名扩展名为“.htm”。（　）

4. 网站是多个网页的集合，也可以包含其他内容，如文件夹、音乐、视频等。（　）

5. SharePoint Designer 只能够制作静态网页而不能制作动态网页。（　）

6. 表单和表格在形式上是不同的，但在实质上是一样的。（　）

7. 网站为了维护方便，最好能将网页文件归类存放。(　)

8. 通过 IIS 可以进行网站的本机发布。(　)

9. 框架网页一定是由两个网页组成的。(　)

10. 表单网页是用来收集网站访问者信息的网页，表单控件主要有文本框、文本区、选项按钮、复选框等。(　)

三、简答题

1. 什么是网页和网站？两者的关系是怎样的？

2. 什么是主页或首页？它和一般的网页有什么差别？

3. 什么是 HTML？HTML 的标记特点是什么？

4. 什么是超链接？在 SharePoint Designer 中，可以超级链接到哪些对象？

5. 框架网页和一般的网页有什么区别？如何在框架网页的超链接中设置默认的目标框架？

6. 简要描述网页发布的过程。

四、操作题

利用网站模板新建只有一个网页的站点，并将站点命名为“myweb”，主页命名为“default.htm”，并且其中的网页内容分类要用表格来定位。在“导航”视图下，在主页下面建立若干个网页，名称分别是 page1.htm、page2.htm、....、pagen.htm。自己确定网站主题，将各网页的内容按主题进行编辑输入，网页风格自行确定，要求图文并茂，对文字内容进行格式修饰（背景、字体、对齐等）。

各网页的基本制作要求如下。

1. 网页 default.htm 必须有的内容（其他内容自己确定）:

（1）网页标题为“我的网站--*******”，其中“*******”为网站主题，将标题设置成华文楷体、蓝色、字号 18 磅、居中。

（2）标题下插入：红色水平线。

（3）插入滚动字幕“***欢迎你来到我的网站”，以方向向右的滚动方式显示，其中“***”为你的姓名。

（4）在网页中插入一张 3 个人物的图片，然后在上面建立 3 个热点（分别用圆形热点、长方形热点和多边形热点），分别与 page1.htm、page2.htm 和 page3.htm 建立超级链接。

（5）文末插入表格，不显示边框线，表格内文字为“联系作者”“我喜欢的网站”等，将“联系作者”链接到你的电子邮件地址，将“我喜欢的网站”链接到某网站。

（6）选用图片将其设置为网页背景，并在该网页中添加一个计数器。

2. 网页 page1.htm 必须有的内容（其他内容自己确定）:

（1）插入一张图画，调整图画至适当大小，在上面写上文字“学术讨论”，然后将这张图片与某网页建立超链接。

（2）如果网页长的话，可以建立书签，使网页首部与其他部位建立链接，并在链接点添加文本“返回网页首部”，使其能返回本网页首部。

3. 在 page2.htm 网页中必须有的内容：

插入内容为“返回主页”的文字和带有图片的交互式按钮，并且按钮应当具有按钮图形和悬停图形，使之与网页文件“default.htm”建立超级链接，当鼠标悬停时，播放一段音乐。

4. 发布网站并进行浏览。

第 6 章　算法与程序设计基础

利用计算机求解问题的关键是对问题的分析与算法描述，只有建立正确的算法才能得到正确的结果。

在计算机中，任何问题的求解最终都要通过执行程序来完成。

本章介绍计算机语言的基本概念、算法的基本概念与表示方法、程序设计的方法与基本结构。

6.1　计算机语言概述

计算机语言是人与计算机交流的工具。为了告诉计算机应该做什么和如何做，必须把解决问题的方法和步骤即算法以计算机可以运行的指令表示出来，即要编制程序，这种用于编写计算机程序所使用的语言称为计算机语言。按照计算机语言发展的过程，分为机器语言、汇编语言和高级语言三大类。

6.1.1　计算机语言的分类

（1）机器语言

机器语言是被计算机直接理解和执行的，是由 0 和 1 按一定规则排列组成的一个指令集，它是计算机唯一能识别和执行的语言，机器语言程序就是机器指令代码序列。指令是程序设计的最小语言单位。如前所述，指令能被计算机的硬件理解并执行，一条指令就是计算机机器语言的一个语句，是由操作码和操作地址/操作数组成的一串二进制代码。机器语言的主要优点是执行效率高、速度快。主要缺点是直观性差、可读性差、通用性差。现在已经没有人用机器语言进行直接编程了，这是第一代语言。

（2）汇编语言

为了克服机器语言的种种缺点，人们用助记符来代替机器语言中的操作码，用一定的符号来表示操作数或地址。如用 ADD 表示加、MOVE 表示数据传送、JMP 表示程序跳转等。用助记符来表示指令中的操作码和操作数的指令系统就是汇编语言，它比机器语言前进了一步，助记符比较容易记忆，可读性相对较好，但仍是一种面向机器的语言，是第二代语言。

与高级语言相比，用机器语言或汇编语言编写的程序节省内存，执行速度快，并且可以直接利用和实现计算机的全部功能，完成一般高级语言难以做到的工作。它们常用于编写系统软件、实时控制程序、经常使用的标准子程序、直接控制计算机的外部设备或端口数据输入/输出的程序，但编制程序的效率不高，难度大，通用性差，属低级语言。

（3）高级语言

① 面向过程的语言。几十年来，人们创造出了一种更接近于人类自然语言和数学语言的语言，称为高级语言，是第三代语言，与计算机的指令系统无关。它从根本上摆脱了语言对计算机硬件的依赖，由面向机器改为面向过程，所以也称为面向过程语言。世界上曾有几百种计算机高级语言，曾经常用的和流传较广的有几十种，它们的特点和适应范围也不相同，主要有 Fortran、Basic、Pascal 和 C 语言等。

② 面向对象的语言。面向对象的语言是把客观事物看成是具有属性和行为的对象，通过抽象找出同一类对象的相同属性和行为，形成类。它更能直接地描述客观世界存在的事物及它们的关系。通过类的继承与多态很容易实现代码重用，大大提高程序开发的效率。因此，人们称面向对象的语言为第四代语言，如 Visual C＋＋，Visual Basic，Java 语言等。

③ 智能化语言。这是第五代语言，它具有第四代语言的基本特征，还具有一定的智能和许多新的功能。如 Prolog 语言，广泛应用于抽象问题求解、数据逻辑、自然语言理解、专家系统和人工智能等许多领域。

6.1.2　程序的翻译系统：语言处理程序

用汇编语言和高级语言编写的程序称为源程序，计算机是不能直接识别和执行的。要使计算机能识别和执行汇编语言和高级语言编写的程序，首先要将汇编语言和高级语言编写的程序通过语言处理程序翻译成计算机能识别和执行的二进制机器指令，也称目标程序，计算机才能执行，实现这个翻译过程的系统就是语言处理程序，不同的语言有不同的翻译程序即不同的语言处理程序。

1. 汇编程序

汇编程序是将用汇编语言编制的源程序翻译成机器语言程序的语言处理工具。

2. 编译程序

计算机将高级语言源程序翻译成机器指令时，有编译方式和解释方式两种。编译方式就是把源程序用相应的编译程序翻译成相应的机器语言的目标程序，然后再通过连接程序，连接成可执行程序，再运行可执行程序而得到计算结果。在编译之后形成的程序称为“目标程序”，连接之后形成的程序称为“可执行程序”，目标程序和可执行程序都是以文件方式存放在磁盘中的，再次运行该程序，只需直接运行可执行程序，不必重新编译和连接。编译方式工作过程示意图如图 6-1 所示。

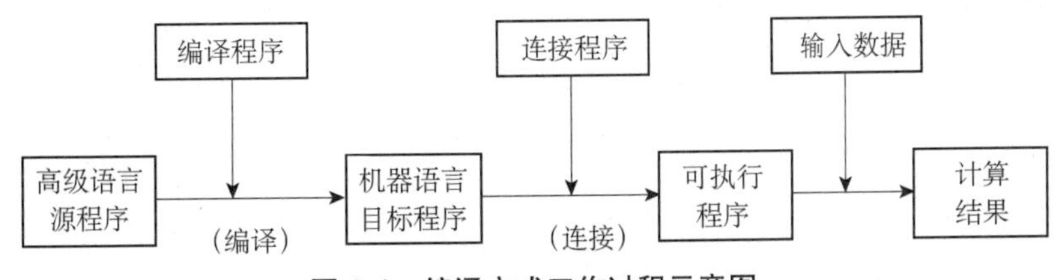

图 6-1　编译方式工作过程示意图

3. 解释程序

将源程序（如 VB 源程序）输入计算机后，用解释程序将其逐条解释，逐条执行，执行完后只得到结果，而不保存解释后的机器代码，下次运行该程序时还要重新解释执行，如图 6-2 所示。

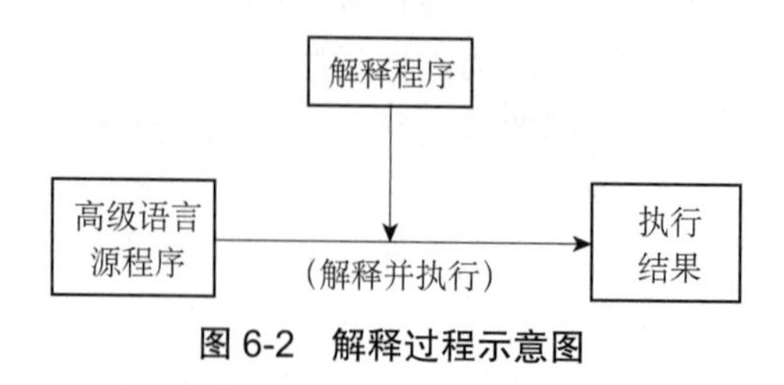

图 6-2 解释过程示意图

6.2 算法

在求解问题过程中，首先要找出解决问题的方法，通常以非形式化的方法表述过程，然后再用过程化的程序语言编程实现这个过程。

程序设计依托在算法的基础之上，为充分利用计算机强大的计算能力，将以算法为指导的人工运算转化为机器运算，极大地拓展了人脑的计算能力，利用程序设计，将许多人脑无法实现的算法转变成现实。

设计算法是一种创造性的思维活动，通过学习和运用会不断提高求解问题的能力和想象力，能够从宏观上把握问题的求解逻辑。

6.2.1 算法的基本概念

设计一个程序应包括两方面的描述内容：

（1）对数据的描述，在程序中要指定数据的类型和数据的组织形式，即数据结构（Data Structure）。

（2）对操作的描述，即对数据的操作处理步骤，也就是算法。

因此，可以说：程序=数据结构＋算法。

程序是用计算机语言表示的数据结构和算法。程序设计是通过分析问题、确定算法、编程求解等步骤来解决问题的过程，其中，算法具有重要的作用，它能够提供一种思考问题的方向和方法。

1. 算法的定义

算法是解决问题的步骤和方法，可以把算法定义为求解确定问题的任意一种特殊的方法。在计算机科学中，算法要用计算机算法语言描述，算法代表用计算机求解一类问题的精确、有效的方法。

2. 算法的特点

算法具有以下特点：

（1）有穷性。一个算法必须在执行有穷个计算步骤后终止。

（2）确定性。一个算法给出的每个计算步骤，必须都精确定义，无二义性。

（3）可行性。算法中描述的操作都可以通过已实现的基本运算执行有限次来完成。

（4）输入。一个算法有零个或多个输入，这些输入信息是算法所需的初始数据。

（5）输出。一个算法有一个或多个输出，这些信息就是对输入信息计算的结果。

3. 算法设计的要求

（1）正确性：算法应当正确反映问题的需求。其正确的含义大体有 4 层：① 程序不含语法错误；② 程序对于几组输入数据能够得出满足规格说明要求的结果；③ 程序对于精心选择的典型、苛刻而带有刁难性的几组输入数据能够得出满足规格说明要求的结果；④ 程序对于一切合法的输入数据都能产生满足规格说明要求的结果。

（2）可读性：一个算法首先是人所设计的，并且是给人阅读的，其次才是通过计算机执行，因此良好的可读性是必需的。

（3）健壮性：对于非法的输入，算法具有一定的适应性。

（4）高效率与低存储量需求：效率指的是算法执行时间，对于解决同一问题的多个算法，执行时间短的算法效率高。存储量需求指算法执行过程中所需要的最大存储空间，对于同一个问题，当然使用最小存储量需求的那个算法较好。总之，在设计算法时要求执行时间应尽可能短，存储需求应尽可能少。

6.2.2　算法的表示方法

常见的算法表示方法有以下几种：

（1）自然语言。

（2）图形描述，如程序流程图、N-S 结构图等。

（3）算法语言，即伪代码或程序设计语言等。

下面介绍几种常用的描述方法。

1. 自然语言

用自然语言描述算法，就是用人类的语言对算法的步骤进行概括，这种方法容易为一般人理解，但不够精确，而且容易产生二义性。

【例 6-1】计算 100 的阶乘：1×2×3×…×99×100 的算法，用自然语言描述如下。

第一步：设定当前阶乘 fact 的初始值为 1，当前运算数 i 的初始值为 1。

第二步：计算当前阶乘与当前运算数之积，并将该积赋值给当前阶乘，

即 fact=fact × i。

第三步：当前运算数自增 1，即 i=i+1。

第四步：若 i > 100，则转第五步；否则返回第二步执行。

第五步：fact 中的数值即 100 的阶乘，结束。

【例 6-2】求 100 以内的奇数和，用自然语言描述如下。

第一步：设定当前累加 s 的初始值为 0，当前运算数 i 的初始值为 1。

第二步：计算当前累加与当前运算数之和，并将该和赋值给当前累加 s，即 s=s+i。

第三步：当前运算数自身加 2，即 i=i+2。

第四步：若 i>100，则转第五步；否则返回第二步执行。

第五步：输出奇数和 s，结束。

2. 流程图与程序的三种结构

（1）传统的程序流程图

传统的程序流程图被计算机业界广泛采用，是一种重要的算法描述手段，是由美国国家标准化协会 ANSI 制定的一种算法描述方法，是一种用规定的图形、指向线及文字说明来准确、直观地表示算法的图形。这种方法采用表 6-1 所示的图形符号来表示算法的步骤。

表 6-1　程序流程图的符号

符　号	名　称	意　义
	起止框	表示一个算法的开始和结束
	输入输出框	表示一个算法中的输入和输出信息
	处理框	表示算法中的处理，如赋值、计算等
	判断框	判断某一条件是否成立，成立时在出口处标明“是”或“Y”；不成立则标明“否”或“N”
或	流程线	表示算法中步骤的执行方向
	连接点	整个流程图分成几部分时相互的连接处
	注释框	对算法中的步骤做进一步的解释说明

（2）程序的三种结构

20 世纪 70 年代后，程序设计方法开始得到发展。有学者总结并提出了结构化程序设计思想，这个思想包含两个方面的内容，一是程序由三种基本的逻辑结构组成，二是程序设计自顶向下进行。

三种结构分别为顺序结构、分支结构和循环结构。结构化程序要求任何程序只有一个入口和一个出口。

① 顺序结构。顺序结构是算法中最简单的结构图，按照顺序由上向下执行，如图 6-3 所示。

② 分支结构。根据给定的条件是否成立而选择执行 A 或 B，在执行完 A 或 B 之后，都经过 b 点，完成选择结构的操作，如图 6-4 所示。条件不成立时，B 框可以为空，即不执行任何操作，如图 6-5 所示。

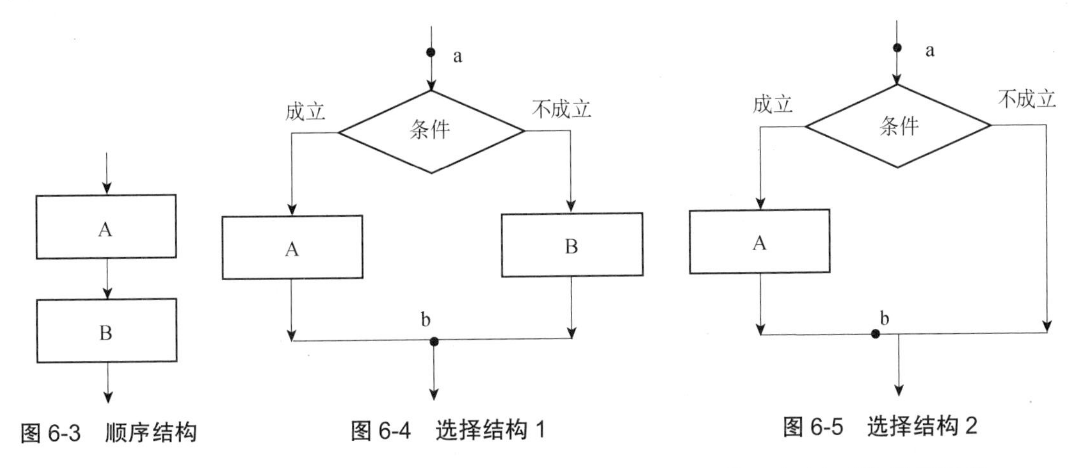

图 6-3 顺序结构　　图 6-4 选择结构 1　　图 6-5 选择结构 2

③ 循环结构。又称重复结构，即反复执行某一部分的操作，包括两类循环结构。

- 当（while）型循环：当给定的条件成立时，执行 A 操作，A 执行完后，再判断条件是否成立，如果仍然成立，再执行 A 操作，如此反复，直到条件不成立，不再执行 A，到达 b 点，结束循环，如图 6-6 所示。
- 直到（until）型循环：执行 A 操作，然后判断给定的条件是否成立，如果条件不成立，再执行 A，然后对条件再做判断，仍不成立，则再执行 A，如此反复，直到条件成立，到达 b 点，结束循环，如图 6-7 所示。

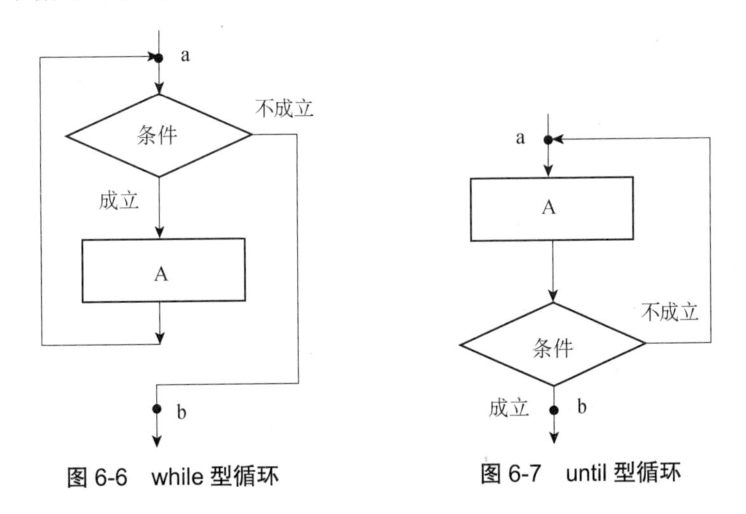

图 6-6 while 型循环　　图 6-7 until 型循环

（3）举例说明

【例 6-3】求 100 的阶乘：1×2×3×…×99×100 的算法用程序流程图描述，如图 6-8 所示。

【例 6-4】求 100 以内的奇数和用程序流程图描述，如图 6-9 所示。

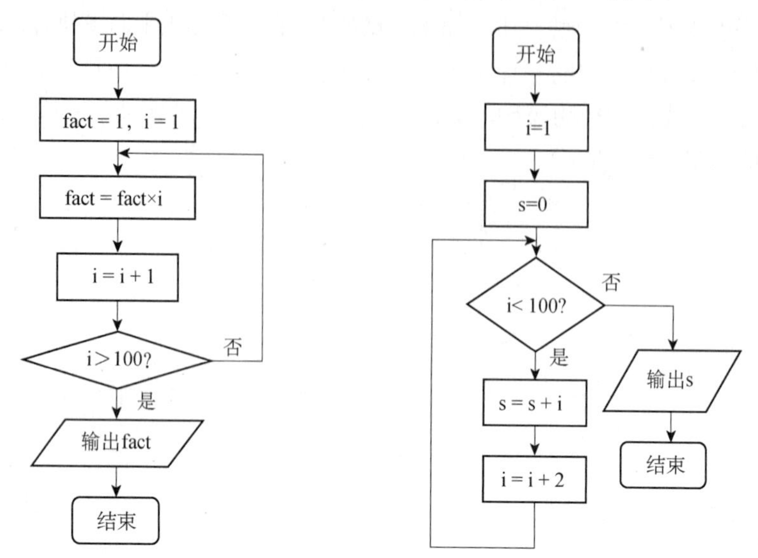

图 6-8 “计算 100!”流程图

图 6-9 “计算 100 以内奇数和”流程图

【例 6-5】从键盘上输入一个数 x，判断奇偶性并输出判断结果，该算法程序流程图的表示，如图 6-10 所示。

【例 6-6】 输入三个正数，判断是否能构成三角形，如果能够则计算三角形面积，该算法程序流程图的表示，如图 6-11 所示。

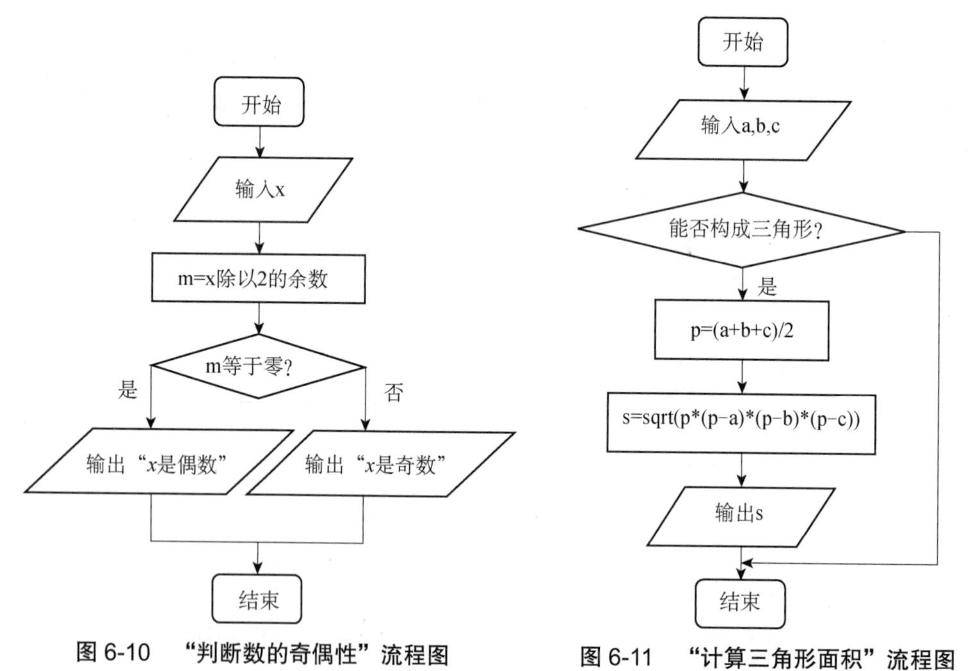

图 6-10 “判断数的奇偶性”流程图

图 6-11 “计算三角形面积”流程图

3. N-S 结构图

N-S 结构图，其中的 N 和 S 是这种图形表示方式提出者的英文首字母。在用这种表示方式来描述算法时，全部算法写在一个矩形框内，并且矩形框可以嵌套，同时它完全去掉了程序流程图表示方式中的流程线，适用于结构化程序设计。它所采用的图形符号如图6-12所示。

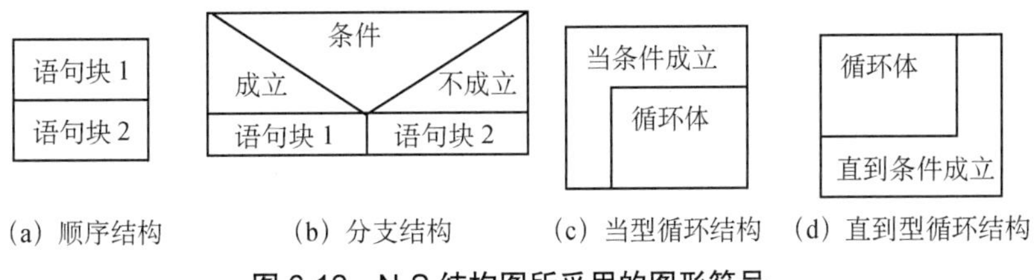

图6-12　N-S结构图所采用的图形符号

图6-12中的语句块和循环体可以是一条语句或是多条语句，甚至是没有语句，语句即操作步骤。

顺序结构表示语句块1的执行先于语句块2。

分支结构表示条件成立时执行语句块1，否则执行语句块2。

循环结构表示在一定条件下重复一些语句，当型循环结构表示当某一条件成立时不断重复执行循环体中的语句，直到条件不成立为止。

直到型循环结构表示不断重复执行循环体中的语句，只要条件不成立就不停止，当条件成立则循环终止。

【例6-7】输入一个数x，判断奇偶性并输出判断结果，该算法N-S结构图的表示，如图6-13所示。

【例6-8】输入10个学生的某门课程的成绩（假设成绩大于等于零），求最高的成绩并输出，该算法N-S结构图的表示，如图6-14所示。

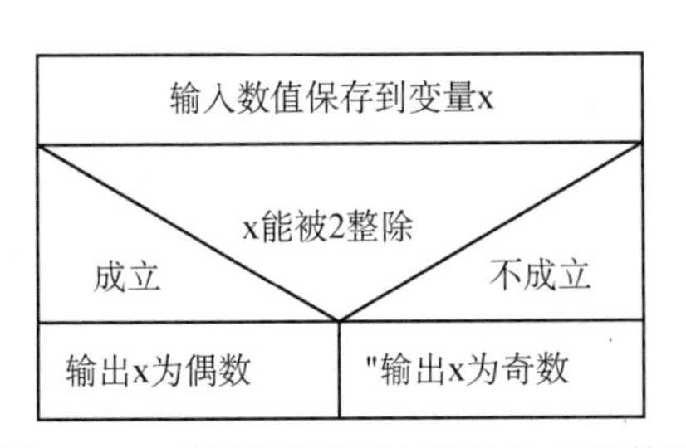

图6-13　"判断数的奇偶性"N-S结构图

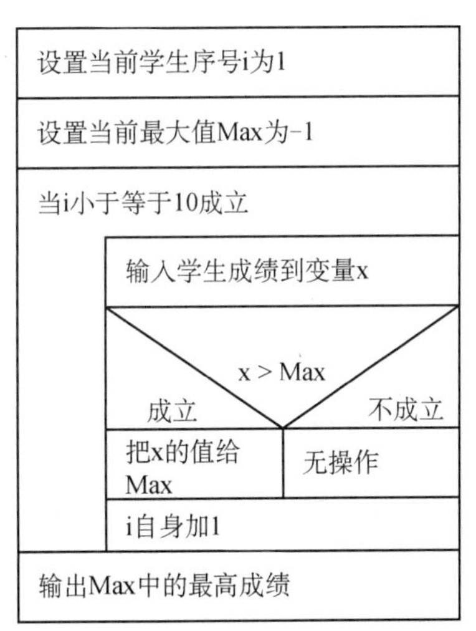

图6-14　"求最高成绩"N-S结构图

4. 伪代码描述

程序流程图和N-S结构图的表示方式虽然直观，但画起来比较麻烦，不太适合改动较多的场合。伪代码表示是介于自然语言和程序设计语言之间的一种算法表示，易于修改，也方便转化为具体的程序语言来实现。

【例 6-9】求 100 的阶乘算法的中英文伪代码描述，如图 6-15 所示。

```
fact 和 i 赋值为 1
做下面的循环操作直到 i 大于 100：
循环操作开始：
    fact = fact × i
    i = i + 1
循环操作结束
输出 fact
```

```
fact = 1，i = 1
Do
    fact = fact × i
    i = i + 1
Loop Until i > 100
Print fact
```

图 6-15 “求 100!”中英文伪代码

【例 6-10】输入 10 个学生的某门课程的成绩（假设成绩大于等于零），求最高的成绩并输出，该算法伪代码的表示，如图 6-16 所示。

```
max 赋值为-1，i 赋值为 1
做下面的循环操作直到 i 大于 10：
循环操作开始：
        1. x 变量接受当前成绩输入
        2. 如果 x 大于 max，那么把当前 x 的值赋值给 max 否则不做任何操作
        3. i 增加 1
循环操作结束
输出 max 中的成绩即最高成绩
```

图 6-16 “求最高成绩”的伪代码

6.3 程序设计基础

程序与算法是不同的，算法是通过非形式化方式表述解决问题的过程，而程序是用形式化编程语言表述的精确代码，这个代码是计算机求解问题的执行过程。

程序是人们事先使用某种程序设计语言编制好的语句序列，程序以文件的形式保存在指定的磁盘中称为程序源文件。在计算机中，任何问题的求解最终都要通过执行程序来完成。程序设计是给出解决特定问题的过程，包括对问题的分析、确定解决问题的具体方法和步骤，再利用某个程序设计语言编写一组可以让计算机执行的程序，最后输入到计算机中，执行得到最终的计算结果。

6.3.1 程序设计概述

在计算机中，程序是为解决特定问题而用计算机语言编写的命令序列集合，是求解问题的逻辑思维过程的代码化。

对于计算机来说，一组机器指令就是程序，就是按计算机硬件规范要求编制的动作序列；而对于使用计算机的人来说，用某种高级语言编写的语句序列也是程序。程序通常以文件的形式保存起来。

程序设计的基本过程是：分析问题、抽象数据模型、确定合适算法、编写程序、调试通过直至得到正确结果。具体设计步骤如下：

（1）确定要解决的问题，对任务进行调查分析，明确要实现的功能。

（2）对问题进行分析，找出它们的运算和变化规律，建立数据模型。选择适合用计算机解决问题的最佳方案。

（3）依据前面确定的解决方案确定数据结构和算法。

（4）根据流程图描述算法，选择合适的计算机语言编写程序。

（5）反复执行和调试所编写的程序，直至达到预期的目标。

（6）对有关资料进行整理，编写程序使用说明书。

6.3.2 程序设计方法与风格

良好的程序设计可以使程序结构清晰合理，使程序代码便于测试和维护。要形成良好的程序设计风格，要考虑以下几个方面因素。

1. 源程序的文档化

（1）源程序的文档化主要包括选择标识符的名称、程序的注释和程序的层次结构。

（2）符号名的命名应具有一定的实际意义，尽量做到见名知意，便于对程序功能的理解。

（3）程序的注释能帮助读者理解程序。注释分为序言性注释和功能性注释，序言性注释一般放在每个程序的开头部分，内容可以包括程序的整体说明，如程序标题、程序主要功能、主要算法、接口说明等。功能性注释嵌在程序之中，主要描述本段程序做什么。

（4）为使程序的结构一目了然，在程序中利用空格、空行、缩进等方法可使程序逻辑结构清晰、层次分明。

2. 数据说明

在编写程序时，数据说明的次序要规范化，语句中变量说明也要有序化，以使程序中的数据说明更易于理解和维护。

3. 语句的结构

语句结构力求简单直接，应尽量遵守下面的原则：

（1）在一行内只写一条语句，要采用适当的缩进格式，使程序的逻辑和功能变得明确，清晰。

（2）数据结构要有利于程序的简化，程序设计要模块化，模块功能尽量单一，确保每一个模块的独立性。

（3）尽可能使用库函数。

（4）避免使用无条件转移语句和复杂的条件语句。

（5）避免过多的循环嵌套和条件嵌套。

4. 输入和输出

输入和输出的格式，应尽可能方便用户的使用，在设计和编程时应考虑如下原则：

（1）对所有的输入数据都要检验数据的合法性。

（2）输入格式要简单，输入的步骤和操作尽可能的简洁。

（3）输入数据时，允许使用自由格式；允许默认值。

（4）输入一批数据时，最好使用输入结束标志。

（5）要在屏幕上使用提示符明确提示输入的要求，及时给出状态信息。

（6）给所有的输出加注释，尽量输出报表格式。

6.4 高级语言的基本构成要素

几十年来程序设计得到了快速发展，但是程序设计的基本结构要素并没有改变。

6.4.1 常量、变量和数据类型

存储器是存放指令和数据的部件，因此需要对指令和数据的存放位置进行标志，让翻译系统根据标识符来执行指令和处理数据，定义标识符的规则每种语言都有所不同。

计算机存储单元的重要特点之一就是它的复制性，内存单元数据的读取操作不会改变原来的数据，存入即写的操作才会覆盖原有的数据。

1. 数据类型

计算机的数据类型是用来区分不同的数据的。计算机内部处理数据，都以二进制位 0 和 1 表示，数据的最小的寻址单位是字节。数值数据中有整数、小数、实数，非数值数据有英文字符、中文字符等，这些数据在存储时所需要的字节数是不相同的，而且每类数据的表示范围和精度也是不同的，所以计算机处理这些数据都要用不同类型的数据表示。一般程序设计语言的基本类型有整型、实型和字符型。

整型数据，指数据只有整数部分没有小数部分，通常有整型、长整型两种，不同语言不同版本的语言编译器对每类整型数据分配的内存单元的个数是不同的，如 C 语言中的 Turbo C2.0 版本的整型类型所分配的内存单元是 2 个，即 2 个字节，而 VC＋＋6.0 版本的整型类型所分配的内存单元是 4 个，即 4 个字节，当然它们所表示的整数范围也是不同的。

实型数据也就是浮点数，由整数和小数组成，大多数语言有单精度和双精度两种形式，例如，C 语言中的 float 和 double 分别代表 4 字节和 8 字节的浮点数。

字符型数据，指使用 ASCII 字符，用 1 字节表示数据，例如，字母 A 的 ASCII 值是 65，字母 a 的 ASCII 值是 97 等，它们都用 1 个字节来存储这些数字。

还有一些语言，定义有逻辑型（或布尔型）、存储逻辑值，VB 语言还有货币、日期/时间等类型。一般语法规则要求运算对象的数据类型保持一致，如果不一致要按语法规则强制转换。

2. 常量

常量就是指在程序运行过程中保持不变的量，程序中有两种常量：数字常量和符号常量。数字常量就是日常使用的数值，例如 1，2，135.6 等，符号常量则是把某个标识符定义成一个固定的值，在程序设计中就用标识符来代表这个固定值，而且这个标识符所代表的值是不可改变的。使用符号常量增加程序的可读性并且也方便修改操作。

3. 变量

变量是指可以改变的量。其实就是用标识符（即变量名）代表变量内存单元的位置，程序中可以对变量进行赋值、运算等操作。例如 x=12，表示把 12 这个整数值存入到以 x 为命名的存储单元中，即 x 变量中；又如 y=y＋1，表示把 y 变量的值取出来，加数值 1 再存回到 y 变量中。

变量在使用前要先定义，例如，在 C 语言中，int n 表示定义 n 为整型变量，double y 则表示定义 y 为双精度型变量。

6.4.2 构造数据类型

前面介绍的整型、浮点型和字符型都是基本数据类型。为了进行复杂运算，需要更多的数据类型。由基本数据类型按一定的规则组成新的、复杂的数据类型，称为构造数据类型。

构造数据类型在概念上是一种形态，与内存的存储方式相关。如较简单的数组，它是相同类型的数据在内存中按顺序方式存放，而较为复杂的，如 C 语言中的指针和结构是一种以存储器地址为组织的类似于“索引”的数据结构，使用基本数据类型和构造类型还可以进一步构造更为复杂的数据结构，如链表、队列、二叉树等，这涉及较深的计算机专业知识，本书不作讨论。

数组是各语言都有的构造类型。它使用一个数组名代表一组相同类型在内存中顺序存放的数据，并以下标的形式区分数组中的各个元素。例如，C 语言中，定义一个一维整型数组的格式为：

```
int a[10];
```

这里，a 是数组名，数组中元素的个数是 10 个，数组中每个元素是整型的，这种构造是“同构的”，即它们为相同类型的数据构造。

数组是被整体定义的，但程序使用的是数组元素，是根据下标确定数组元素的位置，并对数组元素进行各种运算操作。在各种语言中，数组下标开始值的规定是不一样的，C

语言的下标从 0 开始，而 VB 语言可以自行确定下标从 0 开始或从 1 开始。

6.4.3 基本语句

语句就是使程序执行的动作，如赋值到变量，输入或输出一个数，无论何种程序设计语言，语句都是构成程序设计的基本要素。例如，C 语言和 Java 语言的基本语句有赋值语句、表达式语句、复合语句、输入/输出语句、函数调用语句、返回语句、分支语句和循环语句等几种。

1. 赋值语句

所谓赋值就是将一个值赋给一个变量，也就是把这个值存入到这个变量名所代表的存储单元中去，例如“x=123;”。

赋值语句很简单，但也有一定的规则。例如，赋值号左边只能是变量，赋值号的右边可以是常量、变量、运算表达式或函数运算等，但其运算结果必须能被左边的变量所接受，如果赋值号的两边类型不一致，C 语言是把右边的类型强制转换成左边的类型。

2. 表达式语句

程序设计语言都有一系列的运算符号用于定义各种运算，例如，算术运算符（加、减、乘、除和求余）、关系运算符、逻辑运算符等。这些不同运算符组成了不同结构、不同运算顺序的表达式，因此表达式语句也要有运算顺序、运算结果类型等。

多种运算符组成的表达式一般按照算术运算、关系运算、逻辑运算的优先级顺序执行运算，一般单目运算优先于双目或多目。单目指的是运算符只有一个操作对象，如取负号操作就是单目运算，而大多数运算都是双目运算。

3. 复合语句

把多条语句用定义为一条复合语句，程序把复合语句视为一条语句。

4. 返回语句

程序设计中，一段程序代码不宜太长。如果程序比较复杂，就需要使用独立的程序段，通过调用函数或过程或方法来构造程序。如果被调用的程序需要将运行结果返回给调用程序，就需要使用返回语句，如 return 语句。

return 语句可以返回一个常量、一个表达式或者一个变量的值。如果要返回多个值，就不能使用返回语句了。

5. 输入/输出语句

大多数程序设计语言没有单独的输入/输出语句，而是以“函数”或“方法”的形式作为输入/输出数据。实际上这些函数是一段独立的程序代码，是开发者事先编好的，被经常使用的公共代码。

多数语种都提供了很多标准的可调用的函数放在函数库中，如 C 语言中的数学函数、输入/输出函数、字符处理函数、文件操作函数等，这样大大提高了编程的效率，实现了代码的重用。

6.4.4　分支语句

前面介绍了算法和程序的三种结构，程序设计语言都有实现这些结构的语句。分支语句是根据条件决定程序走哪一条分支语句或语句块。分支语句也称选择语句、条件语句和判断语句。常用格式如下：

```
if (表达式)
    语句（或语句块）1
else
    语句（或语句块）2
```

如果 if 中的表达式为真，则执行语句 1，否则执行语句 2。大多数程序设计语言的条件语句有多种形式，例如，只有 if 语句而没有 else 语句或者 if 语句中再嵌套 if-else 语句，或者在 else 语句中嵌套 if-else 语句，这样构成了多分支语句。

C，Java 等语言还专门提供了多分支 switch 语句，格式如下：

```
switch (表达式)  {
case  值 1：语句块 1；
case  值 2：语句块 2；
………

case  值 n：语句块 n；
default：语句块 n+1；
}
```

程序会根据 switch 关键字后的表达式的值决定执行哪一个分支，如果表达式的值与 case 后的值都不相同，则执行 default 后的语句。

6.4.5　循环语句

循环指的是重复执行某个语句或语句块，所有高级语言都有循环语句，常用的有三种循环语句。

1. while 语句

格式如下：

```
while ( 循环条件) {
    循环体
}
```

其中循环体可以是一条语句或复合语句。循环条件是一个判断表达式，当循环条件为真时，执行循环体，否则循环结束。

2. do…while 语句

```
  do
do{
  循环体
  } while (循环条件)
```

若循环条件成立则继续循环，否则循环终止。

与 while 语句相比，do…while 语句是先执行循环体再判断循环条件，因此循环体至少被执行一次，而 while 循环有可能一次也不被执行。

当循环次数无法确定时，一般使用 while 或 do…while 语句，而且，在循环体中必须有改变循环条件的操作，否则就会陷入死循环。

3. for 语句

C，C＋＋，Java，VB 等语言都有 for 循环语句，这种结构与 while 语句类似，不同的是，for 语句对循环控制使用的变量的初始化和终止条件，修改循环控制变量都设置在 for 语句中。格式如下：

```
for ( 循环控制变量初始化；循环终止条件；修改循环控制变量)
{ 循环体 }
```

for 语句常用于循环次数已经确定的情况，实现的结构简洁明了。

6.4.6 函数和方法

在程序设计中，为了减少很多别人重复做过的或正在做的工作，使用公共代码就成了必然的选择，这些公共代表就叫做函数或方法，所有的语言都提供了大量的常用函数和方法。利用函数和方法，不仅可以实现程序的模块化，程序设计得简单和直观，提高了程序的易读性和可维护性，而且还可以把程序中常用的一些计算或操作编成通用的函数，以供随时调用，如图 6-17 所示。

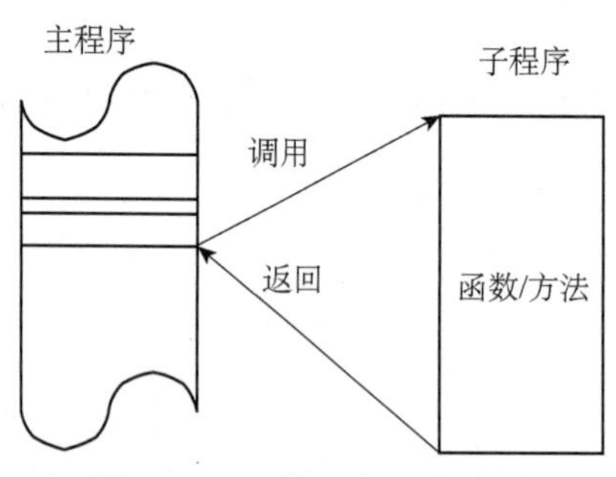

图 6-17　函数和方法的调用

程序是这样运行的：从主程序中发出调用命令，即执行函数或方法，调用语句中包含被调用函数或方法的名称、参数。函数或方法在调用过程中是作为子程序出现的，子程序执行结束后通过返回语句返回到主程序的调用处，再继续执行主程序后面的语句。

不同的语言使用不同的名称描述子程序，如 C 语言使用函数，Java 语言使用方法，而 VB 使用过程。

主程序调用时给出的参数称为"实际参数"，而子程序中相对应的参数称为"形式参数"。语言的规范都要求实际参数和对应的形式参数的类型、个数和顺序一致。

关于参数的传递，有两种方式，一种是"值传递"，另外一种是"地址传递"。有些语言调用时只能值传递，还有一些具有两种传递功能，如 C 语言。

"值传递"指的是，主程序在调用语句中把实际参数的值传递给子程序的形式参数，无论参数是以常量还是变量的形式出现，形式参数在子程序中任何的变化都不会影响到主程序，这属于单向传递。"地址传递"指的是将实际参数的地址传递给子程序的形式参数，子程序中对形式参数的任何操作都影响到主程序的实际参数，它们是互相影响的，这种传递方式称为双向传递。

如果一个程序中有自己调用自己的语句，这样的调用称为递归调用。

6.5　程序设计语言的举例

程序设计语言有很多，如机器语言、汇编语言和各种高级程序设计语言，以下例子用 C 和 VB 这两种高级语言来说明。

【例 6-11】求 π 的数列如下：

$$\frac{\pi}{4} \approx 1 - \frac{1}{3} + \frac{1}{5} - \frac{1}{7} + \Lambda$$

在一定范围内求自然数、奇数、偶数、某一数列之和，计算 π 或 e 值等，一般的算法是在循环中使用累加法求和。

这里是求数列之和，不过每项是正负交替的，也应利用循环累加的方法，s 代表正负符号，t 代表数列项，n 代表数列项的分母控制变量，假定精度设定为 10^{-4}。对应的 C 语言程序和 VB 程序如图 6-18 和图 6-19 所示。

```
#include <math.h>
#include <stdio.h>
void main()
{int s;   float   n,t,pi;
   t=1;pi=0;n=1.0;s=1;
  while ((fabs(t)>=1e-4)
   {pi=pi+t;
     n=n+2;
     s=-s;
     t=s/n; }
  pi=pi*4;
printf( "pi=%10.3f\n" ,pi);   }
```

图 6-18　"求 π"的 C 语言程序表示

```
Dim pi, t As Double, n, s As Integer
    pi = 1 : n = 1 : s = 1
    Do
      n = n + 2        ' 某项分母
      t = 1 / n        ' 某项绝对值值
      s = -1 * s       '考虑正负号
      pi = pi + s * t  ' 累加和
    Loop While (t > 0.0001) '
    MsgBox("π≈" & 4 * pi)
```

图 6-19　"求 π"的 VB 语言程序表

【例 6-12】求 100 的阶乘算法的 C 和 VB 编写，如图 6-20 和图 6-21 所示。虽然阶乘值是整数，但由于 100!的结果很大，只能用双精度型的浮点数来表示。C 语言程序中的"/*……

*/”，VB 语言程序中的“'……”都是程序中对语句或步骤的注释，机器不会执行，以便程序员更好地理解程序。

```
#include <stdio.h>          /*包含标准输入输出头文件*/
void main( )
{                        /*主程序开始*/
 int i ;                 /*定义当前运算数 i 为整型变量*/
double fact ;               /*定义当前阶乘 fact 为双精度型变量*/
fact = 1 ;               /* fact 和 i 各自赋初值为 1 */
i = 1 ;
while(i <= 100)             /*当 i 小于等于 100 时做循环 */
   {                     /*循环体开始*/
   fact = fact * i ;        /*计算到当前运算数为止的阶乘*/
   i++ ;                  /*当前运算数 i 加 1*/
   }                     /* 循环体结束*/
printf(" %E ", fact) ;      /*输出 100！ */
}                        /*主程序结束*/
```

图 6-20 “求 100!” C 语言表示

```
Private Sub Command1_Click()  ' 命令按钮 Command1 的 Click 事件过程开始
Dim fact As Double, i As Integer  ' 定义当前运算数 i 为整型变量
                              ' 定义当前阶乘 fact 为双精度型变量
fact = 1: i = 1                 ' fact 和 i 各自赋初值为 1
Do While i <= 100               ' 当 i 小于等于 100 时做循环
                              ' 循环体开始
    fact = fact * i             ' 计算到当前运算数为止的阶乘
    i = i + 1                   ' 当前运算数 i 加 1
                              ' 循环体结束
Loop
MsgBox (" 100! = " & fact)       ' 输出 100！
End Sub                         ' 命令按钮 Command1 的 Click 事件过程结束
```

图 6-21 “求 100!” VB 语言表示

【例 6-13】输入 10 个学生的某门课程的成绩（假设成绩大于等于零），求最高的成绩并输出，该算法 C 程序设计语言的表示如图 6-22 所示，VB 程序设计语言的表示如图 6-23 所示。

```
#include <stdio.h>          /*包含标准输入输出头文件*/
void main( )
{
int i, x, max ; /*定义 i、x、max 为整型变量*/
max = -1 ;      /*变量 max 代表当前最高成绩，赋初值为-1*/
/*变量 i 代表当前学生序号，值为 1 到 10 ，下面做十次循环操作*/
for(i=1; i<=10; i++){       /*循环体开始*/
/*从标准输入设备读取当前学生成绩并保存到变量 x 中*/
      scanf(" %d ", &x) ;
/*如果 x 的值大于 max 的值，说明有更高的成绩出现，那么把 x 的值赋值给 max*/
      if (x > max) max = x;
}                           /*循环体结束*/
printf("最高成绩是：%d ", max) ; /*向标准输出设备输出最高成绩*/
}
```

图 6-22 “求最高成绩” C 语言表示

```
Private Sub Command1_Click()
Dim max As Integer, i As Integer, x As Integer  定义 i、x、max 为整型变量
max = -1 变量 max 代表当前最高成绩，赋初值为-1
' 变量 i 代表当前学生序号，值为 1 到 10 ，下面做十次循环操作
For i = 1 To 10
    ' 循环体开始，每次读取当前学生成绩并保存到变量 x 中
    x = Val(InputBox("请输入第" & i & "个学生成绩："))
    ' 如果 x 的值大于 max 的值，说明有更高的成绩出现，那么把 x 的值赋值给 max
    If x > max Then
        max = x
    End If
    ' 循环体结束
Next i
MsgBox("最高成绩是：" & max)   ' 输出最高成绩
End Sub
```

图 6-23 “求最高成绩” VB 语言表示

6.6　面向对象程序设计

面向对象程序设计（Object-Oriented Programming，OOP），指一种程序设计范型，同时也是一种程序开发的方法论。它将对象作为程序的基本单元，将数据和操作封装在一起，以提高软件的重用性、灵活性和扩展性。它与面向过程的程序设计的主要区别有：① 面向过程的程序设计方法采用函数来描述对数据的操作，但又将函数与其操作的数据分离开来。数据与操作分离，对数据与操作的修改有困难，而面向对象程序设计方法将数据和对数据的操作封装在一起，作为一个整体来处理，即数据封装性（信息隐藏）；② 面向过程的程序控制流程由程序中的预定顺序来决定，不适合问题比较复杂或者需求经常变化的情况；③ 面向对象程序的控制流程由运行时各种事件的实际发生（消息）来触发，而不再由预定顺序来决定，更符合实际需要。下面简要介绍一些面向对象程序设计的基本概念。

1. 类

类表示了客观事物的抽象特点。通常来说，类定义了事物的特征和相应的行为，相应的称之为属性和方法。举例来说，客观世界中交通工具这个类至少会包含以下内容：具有一定的载运空间（特征属性）和移动的能力（行为方法）。

2. 对象

对象是类的实例。例如，交通工具这个类定义了该类应具有的属性和方法，但没有特指某个具体事物，而对象则是一件具体的交通工具，如我家的自行车或是你家的小轿车，抑或是航运公司的某架飞机或是某艘货船。类是抽象的，对象则是具体的。

3. 消息传递机制

消息是对象间传递的信息，程序的运行依赖对象的动作及相互的通信，一个对象通过接受消息、处理消息、传出消息或使用其他类的方法来实现一定功能，这称为消息传递机制。

4. 封装

面向对象程序设计把对象的特征属性和操作方法结合为一个独立的整体，尽可能地隐藏内部的细节，对外界只提供有限的接口，对象间通过消息传递机制传送消息给它。例如，交通工具类中的汽车会移动，至于它为什么会移动，对一般的使用者而言是无须考虑的，只要知道踩下油门（汽车类提供的接口）可以使它移动即可。

5. 继承

继承是指在已有类的基础上派生出“子类”。子类比原本的类（称为父类）要更加具体化。例如，交通工具类这个类会有它的子类“汽车类”和“飞机类”等，而“飞机类”又可以有它的子类“航空飞机”“航天飞机”“直升机”等。子类会继承父类的属性和行为，并且也可以有父类所没有的行为和属性。

6. 多态性

多态性指由继承而产生的相关的不同的类，其对象对同一消息会作出不同的响应。举例来说，有一个交通工具类这个类的移动方法被外部消息请求时，在它的子类“汽车类”和“飞机类”中实现方式不一样，而“飞机类”的移动方法即“飞”，在它的子类“航空飞机”“航天飞机”“直升机”中的表现形式也是不一样的。

习　题　六

一、判断题

1. 一个算法可以无止境地运算下去。(　　)
2. 结构化程序设计方法是采用自顶而下、逐步求精的设计思想。(　　)
3. 采用结构化程序设计时，在模块划分应当做到“耦合度尽量小，内聚度尽量大”。(　　)
4. 算法是程序设计的核心，是程序设计的灵魂。(　　)
5. 算法可以不输出任何结果。(　　)
6. 流程图也称为程序框图，是最常用的一种表示法。(　　)

二、选择题

1. 程序流程图中表示判断的是（　　）。

A. 矩形框　　B. 菱形框　　C. 圆形框　　D. 椭圆形框

2. 下面关于面向对象的程序设计说法中错误的是（　　）。

A. 对象是类的实例　　B. 将数据和操作封装起来

C. 对象间用消息进行通信　　D. 以算法处理过程为核心

3. 算法不具有的特性是（　　）。

A. 有穷性　　B. 多态性　　C. 可行性　　D. 确定性

4. 下面这段伪代码的功能是（ ）。

A. 统计 x_1 到 x_{10} 十个数据中负数的个数
B. 找出 x_1 到 x_{10} 十个数据中的负数
C. 判断 x_1 的符号
D. 求 x_1 到 x_{10} 十个数据中负数的和

```
n 赋值为 0
输入十个数分别存储到 x1，x2，…，x10 中
从 i=1 到 10 做下列操作：
如果 xi<0 那么 n 自增 1
循环操作结束
输出 n
```

5. 下面陈述中错误的是（ ）。

A. 一个算法必须要有一个以上的输入
B. 正确性和可读性都是算法设计所要求的
C. 继承是面向对象程序设计具有的特征
D. 同一算法可以用不同的描述方法来描述

6. 下列叙述中正确的是（ ）。

A. 设计算法只需要考虑数据结构的设计
B. 算法就是程序
C. 设计算法只需要考虑结果的可靠性
D. 以上三种说明都不对

三、填空题

1. 算法的特征包含__________、__________、__________、输入和输出。

2. 结构化程序设计中的三种基本控制结构是__________、__________和__________。

3. 程序中循环的两种类型分别是__________和__________。

4. 变量的实际含义是____________________。

5. 一般程序设计语言的基本类型有__________、__________、__________。

6. 用高级语言编写的源程序，必须由__________程序处理翻译成目标程序，才能被计算机执行。

7. 下面的伪代码输出结果是__________。

```
a←1
b←2
c←3
c←b
b←a
a←c
Print a,b,c
```

8. 下面伪代码运行后的输出结果是__________。

```
s←0
For I from 1 to 11 step 2
```

```
    s←2s+3
    if s>20 then s←s-20
End For
Print s
```

四、问答题

1. 请简述算法设计的主要要求。
2. 请简述算法描述的常用方法。
3. 请简述结构化程序设计方法的主要内容。
4. 计算机语言有几种，分别是什么？
5. 什么是语言处理程序？解释程序与编译程序有什么不同？
6. 简述将源程序编译成可执行程序的过程。
7. 简述程序设计的一般步骤。
8. 请用程序流程图描述判断素数的算法。
9. 请用N-S结构图描述计算 $1-\frac{1}{2}+\frac{1}{3}-\frac{1}{4}+\cdots+\frac{1}{19}-\frac{1}{20}$ 的算法。

10. 用100元买100本笔记本，大号每本10元，中号每本5元，小号每本0.5元，三种本每种至少买一本，用VB或C计算并输出各种组合。

第 7 章　信息检索

现代信息检索技术的发展大体经历了三个阶段：由人工管理的计算机化阶段，到文本信息阶段，最后进入网络化信息检索阶段。现代信息检索技术的主要内容包括：搜索引擎技术、超文本全文检索技术、多媒体信息检索技术和人工智能与信息检索技术。

7.1　信息检索的基本概念

广义上说，信息检索是指将信息按照一定的方式组织和存储起来，并能根据信息用户的需要找出其中相关信息的过程。

信息检索的全称是信息存储与检索，包含两个方面，存储的过程是信息的组织加工和记录的过程，即建立检索系统（编制检索工具）的过程——输入的过程；检索的过程是按一定方法从检索系统（检索工具）中查出信息用户需要的特定信息的过程——输出的过程。二者是相辅相成的，存储是为了检索，而检索又必须先进行存储。只有经过组织的有序信息集合才能提供检索，因此了解了一个信息系统（检索工具）的组织方式也就找到了检索该检索系统（检索工具）的根本方法。

检索的本质是信息用户的需求和信息集合的比较与选择，即匹配的过程。从用户需求出发，对一定的信息集合（系统）采用一定的技术手段，根据一定的线索与准则找出（命中）相关的信息的过程，这就是检索。

7.1.1　信息检索的意义

21 世纪是经济信息化、社会信息化的时代。终身教育、开放教育、能力导向学习成为教育理念的重要内涵。为满足知识创新和终身学习的需求，培养适应 21 世纪需要的新型人才，发达国家和地区纷纷将信息素养或信息能力作为人才能力的重要内容。目前，美国从小学、中学到大学都已全面将信息素养纳入正式的课程设置中，信息素养是一个带根本性的、重要的教育议题，是未来信息社会衡量国民素质和生产力的重要指标。在素质教育中，信息素质是一种综合的、在未来社会具有重要独特作用的基本素质，是当代大学生素质结构的基本内容之一。

通过信息检索知识的系统学习，学生应具有良好的信息意识素质，和对信息的查询、获取、分析和应用能力，对信息进行去伪存真、去粗取精、提炼、吸取符合自身需要的信息。

7.1.2 信息检索技术的发展

在古代，人类就开始对信息进行有意义的组织利用，典型例子就是图书目录的编制，使特定的信息能够以结构化的形式方便人们查阅。后来发展的索引（Index）进一步加速了信息的快速存取，通过索引可以从一个概念或一组词出发，找到其他与之相关联的信息。早期索引都是以手工方式产生的，一般是由编制人员凭借其知识和经验进行设计而形成的结构性的分类，这样产生的索引为人们的信息检索提供了方便，但也难免有分类上的局限性，另外，大型索引很难凭人力编制。随着计算机技术的发展，使大型索引的编制成为可能，索引技术的发展也为快速地检索信息提供了前提条件。

1990 年以前，网络信息检索的现状与发展没有任何人能够检索互联网上的信息。应该说，所有的网络信息检索工具都是从 1990 年的 Alan Emtage 等人发明的 Archie 开始的，虽然它当时只可以实现简单意义上的 FTP 文件检索。随着 World Wide Web 的出现和发展，基于网页的信息检索工具出现并迅速发展起来。1995 年基于网络信息检索工具本身的检索工具元搜索引擎由美国华盛顿大学的 EricSelberg 等发明。伴随着网络技术的发展，网络信息检索工具也取得了长足的发展。

网页是因特网的最主要的组成部分，也是人们获取网络信息的最主要的来源，为了方便人们在大量繁杂的网页中找寻自己需要的信息，这类检索工具发展得最快。一般认为，基于网页的信息检索工具主要有网页搜索引擎和网络分类目录两种。网页搜索引擎是通过“网络蜘蛛”等网页自动搜寻软件搜索到网页的，然后自动给网页上的某些或全部字符做上索引，形成目标摘要格式文件以及网络可访问的数据库，供人们检索网络信息的检索工具。网络目录则与搜索引擎完全不同，它不会将整个网络中每个网站的所有页面都放进去，而是由专业人员谨慎地选择网站的首页，将其放入相应的类目中。网络目录的信息量要比搜索引擎少得多，再加上不同的网络目录分类标准有些混乱，不便人们使用，因此虽然它标引质量比较高，利用它的人还是要比利用搜索引擎的人少得多。

但是由于网络信息的复杂性和网络检索技术的限制，这类检索工具也有着明显的不足。① 随着网页数量的迅猛增加，人工无法对其进行有效的分类、索引和利用。网络用户面对的是数量巨大的未组织信息，简单的关键词搜索，返回的信息数量之大，让用户无法承受。② 信息有用性评价困难。一些站点在网页中大量重复某些关键字，使其容易被某些著名的搜索引擎选中，以期借此提高站点的地位，但事实上却可能没有提供任何对用户有价值的信息。③ 网络信息日新月异的变更，人们总是期望挑出最新的信息。然而网络信息时刻在变，实时搜索几乎不可能，就是刚刚浏览过的网页，也随时都有更新、过期、删除的可能。

过去一般网络检索工具提供商只依靠自己建立的数据库来提供检索服务，检索范围有限，而现在某些著名的搜索引擎在购买其他公司的数据库或者技术内核，有的与其他搜索引擎建立伙伴关系，以便用户使用。比如，著名雅虎现在采用的是 Google 的搜索内核，网易也曾经使用 Google 的搜索内核技术来丰富自己的搜索引擎数据库，硅谷动力、广州视窗、新浪、搜狐、Chinaren、21cn、263、Tom 等搜索引擎使用和融合了百度的搜索内核技术等。

目前信息检索发展趋势之一是信息检索工具专业化及服务内容更加深化。一些检索工具已经不再盲目追求加大收录和标引量，而更加注重突出专业特色。在lycos搜索引擎目录中，我们可以看到商业搜索引擎、IT搜索引擎、人才搜索引擎、金融搜索引擎、医学搜索引擎等专业化的网络信息检索，信息检索工具的专业化已经成为一种不可逆转的趋势。信息检索服务商将服务更加深化：Google推出了网页引文查询服务，通过它可以查看自己所要查询的资料被其他网站引用的情况，从而使用户更好地把握网页信息的质量；2003年8月，第三代中文搜索引擎慧聪问世，它则集“广泛的地域搜索”“强大的行业搜索”“完美的MP3、Flash搜索”众多搜索功能为一体，还开发了“针对内容的相关性查询”和“符合汉语特性的模糊查询”，可以实现汉语拼音查询和同音词纠错。

信息检索发展趋势之二是网络信息工具智能化的发展趋势：①信息检索工具的智能化首先是网络蜘蛛的智能化。针对网络信息的动态更替性，网络蜘蛛通过启发式学习采取最有效的搜索策略，选择最佳时机获取从Internet上自动收集、整理的信息。网络蜘蛛能在网络的任何地方工作，能尽可能地挖掘和获得信息。网络蜘蛛还要有网页跟踪监测功能，如果网页出现更新、删除等情况要及时在数据库中更新。网络蜘蛛具有跨平台工作和处理多种混合文档结构的能力。②其次是检索软件的智能化。现在主要有智能搜索引擎、智能浏览器、智能代理。这些网络检索工具都非常重视开发实现基于自然语言形式的输入，检索者可以将自己的检索提问以所习惯的短语、词组甚至句子等自然语言的形式输入，智能化的检索软件将能够自动分析，而后形成检索策略进行检索。比如，现在的百度搜索可以在你输入关键词以后，不断提供一些相近的关键词供你选择，直至找到你所需要的结果。Google则借助于机器翻译技术，将一种自然语言转变成另外一种自然语言，使用户能够使用母语搜索非母语的网页，并以母语浏览搜索结果。尤里卡、问一问和国外的ASK Jeeves则通过语义技术和检索技术的结合，实现检索工具对搜索词在语义层次上的理解，为用户提供最准确地检索服务。

7.2 常用的信息检索技术

随着计算机技术、通信技术、多媒体技术和网络技术的发展，信息检索技术也得到了很大的发展，许多新颖、便捷、高效的理论和算法如人工智能、分布式挖掘、网格计算应用于现代信息检索技术，使现代检索技术更具效力和穿透性，并且，现代信息检索技术已经成为Internet最重要的业务之一，信息检索技术的应用已经深入到学习、工作和生活的各个领域。下面介绍一些目前常见的和比较前沿的信息检索技术。

7.2.1 搜索引擎技术

互联网信息检索技术的兴起始于20世纪90年代。随着知识经济的到来，Internet上Web资源的增多，互联网上的信息成爆炸式增长，人们用以往的信息查询方式（如基于超文本/超媒体的浏览方式或基于目录的信息查询）很难找到所需要的资源。为了能够解决海量Web信息的检索问题，搜索引擎成为一种最常见的Web信息检索系统，其基本工作方式是使用 robot（机器人）来遍历 Web。由于专门用于检索信息的 robot 程序像蜘蛛（Spider）一样在网络间爬来爬去，因此，搜索引擎的 robot 程序被称为 spider（spider FAQ）程序。世界上第一个 spider 程序，用于追踪互联网发展规模。开始时，它只用来统计互联网上的服务器数量，后来则发展为能够捕获网址（URL）。将 Web 上分布的信息下载到本地文档库，然后对文档内容进行自动分析并建立索引；对于用户提出的检索请求，搜索引擎通过检查索引找出匹配的文档（或链接）并返给用户。在查询时，用户不需要知道搜索引擎中索引的具体组织形式。目前互联网上的搜索引擎站点有成千上万个，各个搜索引擎在收录的范围、内容、检索方法上都各有不同。最为著名的英文搜索引擎有 Google、Yahoo、AltaVisa 等。以中文网页为主要检索内容的搜索引擎也越来越多，功能也越来越强大，目前检索中文网页的搜索引擎主要有百度、搜狐等。

目前，虽然各个搜索引擎为了在竞争中获胜而不断地增加其索引的 Web 页面数目，但是仍然赶不上 Web 的发展速度。Lawrence 等人 1999 年在 Nature 杂志上发表的一份研究报告表明，任何一个搜索引擎对 Web 的覆盖度都不超过 20%。因此，用户经常需要检索多个系统以提高检索的查准率。但是，各个搜索引擎的用户接口是异构的，有其特定且复杂的界面和查询语法，这给用户同时使用多个系统带来了不便。一些研究人员针对这种状况开发了元搜索引擎（也称为集成搜索引擎），如 MetaCrawler、SavvySearch、Inquirus 等。

元搜索引擎的基本工作方式是：① 对用户查询请求进行预处理，分别将其转换为若干个底层搜索引擎能处理的格式；② 向各个搜索引擎发送查询请求，并等待其返回检索结果。例如，MetaCrawler 同时检索 Yahoo、LookSmart、AltaVisa 等 9 个主要的搜索引擎；③对检索结果进行后处理，包括组合各个搜索引擎返回的检索结果，消除重复项，对结果进行排序等。有些搜索引擎在必要时还通过下载 Web 文档来实现一些搜索引擎不支持的查询，或者对文档作进一步的分析以提高信息检索的查准率；④向用户返回经过组合和处理后的检索结果。

7.2.2 超文本全文检索技术

超文本全文技术（Full Text Search for Hypertext）是基于互联网超文本网页的检索方式。超文本的特点是联想式的、非线性的，信息的组织方式是网状的，基本信息单元可以是单个字、句子、章节、文献甚至是图像、音乐或录像等多媒体资源。这种非结构化文档，一般仅适合于信息的浏览和导航，而无法像数据库那样实现基于主题、关键词、内容等的信息检索。另外，一张网页至少对应一个以上的文件，当信息规模较大时，不仅文件数量巨大，而且文件间存在的错综复杂的链接关系也难以维护。

为了使 Internet 上的资源得到更好的利用，人们将全文检索的概念应用于对超文本信息的检索。目前，可以从以下两种途径实现超文本信息的全文检索：① 采用 Web 服务器自带的索引服务器，但这种方法只能实现字符串匹配查询，无法实现按主题查询，效率低下，无法跨平台，也无移植性；② 通过将非结构化的超文本文件集中转换为结构化数据库，并对数据库中超文本记录的特征字段进行标引，形成完整的超文本数据库。在此基础上开发相应的基于Web的检索引擎，实现对超文本查询的目的。其关键技术涉及超文本关键词提取、查询条件构造、全文检索算法及查询结果处理等。

7.2.3　多媒体信息检索技术

随着多媒体信息资源的不断增多，查找和利用图形、图像、音频、视频等多媒体文档的需求也不断上升。由于传统的信息检索技术不适用于多媒体信息的检索，因此，多媒体信息检索技术便应运而生。

不同格式的多媒体文件应采用不同的处理技术。图形文件的检索主要是基于空间的约束关系进行的。图形检索有以下方法：① 点检索。检索某坐标处的目标。② 线检索。检索线状目标两侧的目标，例如，检索公路两侧的建筑。③ 区域检索。检索某区域内的图形目标。④ 关联检索。利用两个或多个图形对象之间的空间和拓扑关系来检索。空间约束关系可以为方向、邻接、包含等。⑤ 形状检索。形状是图形的唯一重要的特征，以用户提供的形状作为输入，匹配形状的特征有面积、周长、离心率、主轴方向以及由对象导出的其他特征。⑥ 轮廓检索。匹配图形中的主要边、线等。

对图像文件的检索处理需针对图像的具体特征进行匹配检索。目前主要运用的手段和方法有：① 特征描述法。可通过自然语言描述法和图像解释法为图像附上一组特征数据，用这种特征数据来表达媒体数据的信息内容，供检索时采用。② 基于内容的检索。它是目前多媒体技术研究中的热点课题，是指根据媒体对象的语义、特征进行检索，如图像中的颜色、纹理、形状，视频中的镜头、场景、镜头的运动，声音中的音调、响度、音色等。因此它又可以细分为基于颜色特征的检索、基于纹理特征的检索、基于形状特征的检索等。基于内容的检索系统一般由两个子系统构成，即数据库生成子系统和检索子系统。每个子系统由相应的功能模块和部件组成，数据库生成子系统包括媒体数据、目标标识、特征提取等部件，检索子系统包括用户、检索接口、检索引擎等部件，每个子系统通过知识辅助及媒体库、特征库、知识库连接起来。

视频检索技术的应用也比较广泛，可用于查找各类视频的片段，目前常用的技术手段有：① 框架检索法。“框架”是一个数据对象，类似于传统数据库中的记录。一个框架就是一个镜头的内容按层次结构安排。框架可按主题安排，也可按视频内容特点安排。② 浏览检索法。该方法针对视频的特点，使用层次化浏览方式，逐级筛选视频。③ 特征描述检索法。该方法针对视频的局部特征（如镜头的主色调、目标颜色、形状、纹理以及用户说明的摄像机运动或视频中目标的运动情况等）进行检索。基于主色调的检索是视频检索中频率最高的检索方式。

声音检索技术实现的方法主要有：① 基于内容的检索。通过赋值检索（用户指定某些声学特征的值或范围来说明检索）、示例匹配检索（用户提交或选择一个示例声音，针对某个或某些特征，检出所有与示例相似的声音）、浏览检索（把声音分类和分组，将内容分割为若干可独立利用的节点，通过节点的链接检索到所有相关的信息）得以实现查询。② 特征描述法。这种方法与图像检索的特征描述法相似，分为自然语言描述法和声音解释法。

自然语言描述法是用自然语言直接以文本形式描述（如标题、主题、发言人、时间等）辅助检索。声音解释法是通过对声音特征作适当的标引而采用的检索方法。③ 基于语音识别与合成技术的检索方法。该方法的基本思想是由语音识别装置将原始语音转化为计算机能理解的数据（如汉字编码）并存入语音数据库，从而将语音信息与文本信息统一起来，由数据库管理系统统一描述、编辑、存储与检索。检索时，让计算机能对检索要求（而非检索内容）进行语音识别，语音合成信息将播放所检索到的语音信息。不过这种语音是机器合成的语音。

7.2.4 人工智能与信息检索

人工智能是计算机科学的一个重要分支，它与空间技术、能源技术并列为当今世界三大尖端技术。人工智能是用机器模拟推理、学习和联想的能力。从 20 世纪 60 年代开始，人工智能技术有了很快的发展，在自然语言理解、图像识别、工业机器人等方面的研究有了很大的进步。人工智能在信息检索领域的应用主要是在自然语言理解、机器翻译、模式识别、专家系统等方面。

① 自然语言理解。长期以来，人们束缚于信息检索中繁杂的检索规则，渴望能使用自然语言进行人机对话。人工智能中的自然语言理解就是利用计算机来处理自然语言的，使计算机懂得人的语言。其实质就是一个“人机对话”系统，输入系统的是自然语言信息，系统“理解”后组织自然语言输出。这样用户就可以用日常语言来表达信息需求。

② 机器翻译。实质上是对两种语言的处理与转换，即把人们日常所表达的各种自然语言转化成计算机可以识别的语言模式，它能把不同用户提问需求转化成系统可以接受的内部形式，消除语种障碍，扩大用户使用面。

③ 模式识别。它是指用计算机来识别人类手写的各种符号以及人的声音，主要应用的是光学字符识别技术和语音识别技术。人工智能模式识别技术将使用户在信息检索中可以运用多种形式的输入方式，机器不仅能够阅读手写的字符、图形，还能“听懂”人类的自然语言。

④ 专家系统。它是基于知识的系统，主要由知识库、数据库、推理引擎（Inference Engine）、知识获取模块和解释接口组成。其核心就是整理和存储专家的知识，模拟人类专家完成某些特定的智能工作。当人们在寻求某一方面问题的解决途径时，专家系统可以模拟人在解决问题过程中使用的推理、演绎，作出判断和决策，起到专家的作用。专家系统的各组成部分相互配合缺一不可，其中解释接口是用户与专家系统交互、沟通的环节，具有解释功能是专家系统区别于其他计算机程序的标志。目前一些医疗诊断、辅助教学等专家系统作为第一代专家系统已经研制成功。

7.3 Internet 搜索技能

Internet 内容包罗万象，信息浩如烟海，不仅包含人类生活领域的方方面面，更涉及许多闻所未闻的领域。要快速、准确地找到需要的Internet网上资源已经变得不那么容易。在大部分时间里，在Internet上浏览依靠的是自己所知道的网页地址和一些链接来寻访目标。对于不知道的网址，可能就勉为其难了，大多数情况下，只有通过漫无目的浏览寻找可能出现的目标。但是当必须迅速查找某些资料，需要快速定位，直达目的地时，人们只能依赖搜索引擎。

7.3.1 搜索的概念

根据前面介绍的搜索引擎知识可以了解，搜索引擎并不是在查询的时候才去网上搜索想要的资料，实际上，它定期对World Wide Web上的信息进行探查，每当发现有新的信息，就对其进行搜集、分类、汇编，制成索引，并和一个基于地址（URL）的分类目录联系起来。当输入一个条目进行查询时，查询工具进入索引，找出所有与查询条目相匹配的项，并通过与其相连的地址目录，给出指向存放这些信息网页的链接清单。使用这种方法，使搜索引擎能快速、简洁地完成查询工作。

查询工具如knowbot，robot，web crawler，spider及infobot定期漫游Web，搜集、汇编长长的索引，它们的工作是自动化的，时时刻刻在进行。

1. 搜索中的常用概念

在使用搜索引擎时，会经常碰到下面一些常用的概念。

（1）关键词：即索引词，是用来检索某一类或某一个信息的提示词。它可以是信息的主题，也可以是作者，还可以是具有某种确定性意义的描述某一特征的词语。

（2）布尔逻辑：在Internet的搜索中主要运用and(与)、or(或)、not(非)三种运算，它们对快速、准确、有效地搜索信息起极大的作用。

（3）停止词：在输入查询条目时，查询工具不一定关注键入的所有词目。查询工具会忽略掉一些特定的通用词汇，称为“Stop Word”，即停止词。这些词包括计算机常用的名词如computer、Internet以及a、the、what等一类词，所以，当键入查询条目时，可以只输入一两个具有唯一意义的词汇。

（4）命中符：当查询工具查询其索引时，它对每一条目确定命中符的数目。一个命中符意味着查询工具在索引中找到一个能匹配查询条目内容之一的一个单词。在查询结果清单中，有最多命中符的条目放在最前列。所以当尝试决定用哪一个链接点时，应该从结果清单的开始处向下工作。

7.3.2 查询检索中的几个要点

当对搜索结果仍不满意，要么条目过多，要么条目太少的时候，可以使用以下基本策略，改进搜索结果。

（1）改变查询范围

改变查询范围包括缩小和拓宽查询范围。

● 缩小查询范围：如果选用格式化查询工具，应该要仔细地挑选查询条目。用一个诸如 car 这类普通条目来查询，会给出一份很长的链接点清单。尝试更专门化的条目，如 classic car 等，就可以进一步缩小查询范围。

另外，许多查询形式允许设置附加选项从而缩小查询的范围。有些查询工具，设置成找出满足任一查询条件的所有条目。如果输入 football game 的话，查询工具会找出一堆同 football 以及同 game 有关的文件。因此，要指定查询的是那些同时和 football 和 game 都相关的条目。

可以通过查询工具找出同查询条目准确匹配的文件。例如，如果为“basketball”进行一项非准确匹配查询，查询工具可能会列出一个清单，上面有诸如“basket weaving”“basket”等内容的东西。要准确地同 basketball 匹配，必须指明要准确匹配。

当查询结果太多或者不是想要的条目时，可以将必然相邻的词或词组用引号括起来。例如，用引号加于“space shuttle”，搜索关于 outer space 和 various spaces closer-to home 的页面，将只返回有关 space shuttle 的页面。

在关键词中应当尽量不用通用或一般性的词语，而用特定的词汇和那些使描述更细化的词。如 program 这一个词，可以指好多事情，如电视节目或者软件的应用程序，应该代之以更具体的词。

也可以从搜索结果中浏览，选择与想找的内容相近的条目，它的题目和摘要可能会给一些线索，进而深入挖掘。

● 拓宽查询范围：搜索结果太少或未找到需要的条目时，可以加入关键字的同义词或近义词来扩大查询结果。例如，搜索“足球 世界杯 住宿 在南非”相关内容太少时，可以试一下“足球 世界杯 住宿 旅馆 饭店 在南非”。

（2）使用逻辑符号

使用逻辑符号可以有效地缩小查询范围。

（3）使用多个搜索工具

当用一个搜索工具查询条目效果不太理想时，可以尝试更换别的搜索工具。这是因为各个搜索服务器虽然功能大体相同，但其检索方式、内容分类及其信息资源侧重点还是有所差别的，因此利用不同的搜索工具就可能会有不同的结果。

7.3.3 搜索引擎的高级搜索语法及应用举例

目前，搜索引擎是最常用的信息搜索工具，掌握搜索引擎的搜索语法和应用技巧是信息检索的基本能力。下面是 Google、百度搜索引擎的搜索语法及应用举例。

1. 百度搜索高级语法

（1）把搜索范围限定在网页标题中——intitle

网页标题通常是对网页内容提纲挈领式的归纳。把查询内容范围限定在网页标题中，有时能获得良好的效果。其使用的方式为，在查询内容中，特别关键的部分，用“intitle:”限定在网页标题中查询，如：视频检索 intitle:计算机。

（2）把搜索范围限定在特定站点中——site

有时候，如果知道某个站点中有自己需要找的东西，就可以把搜索范围限定在这个站点中，提高查询效率。使用的方式是，在查询内容的后面，加上“site：站点域名”。例如，视频 site: www.nbu.edu.cn。

（3）把搜索范围限定在URL链接中——inurl

网页URL中的某些信息，常常有某种有价值的含义。如果对搜索结果的URL做某种限定，就可以获得良好的效果。实现的方式是，用“inurl:”，后跟需要在URL中出现的关键词。如：视频 inurl: edu。

（4）精确匹配——双引号和书名号

如果输入的查询词很长，百度在经过分析后给出的搜索结果中的查询词，可能是拆分的。如果对这种情况不满意，可以尝试让百度不拆分查询词。给查询词加上双引号，就可以达到这种效果，如：“宁波大学视频服务”。

（5）要求搜索结果中不含特定查询词

如果发现搜索结果中，有某一类网页是不希望看见的，而且，这些网页都包含特定的关键词，那么用减号语法，就可以去除所有这些含有特定关键词的网页。如：宁波大学-视频服务。

2. Google高级搜索语法

①“site”表示搜索结果局限于某个具体网站或者网站频道，或者是某个域名，如“世界杯 site:www.163.com”。如果要排除某网站或者域名范围内的页面，只需用“－网站/域名”。如：“世界杯 -site:www.163.com”，检索结果中，所有关于世界杯的网页，唯独没有网易发布的。

②“link”语法返回所有链接到某个URL地址的网页。例如：搜索所有含指向翻译公司“www.seouh.com”链接的网页，搜索：“link：www.seouh.com”。

③“inurl”语法返回的网页链接中包含第一个关键字，后面的关键字则出现在链接中或者网页文档中。有很多网站把某一类具有相同属性的资源名称显示在目录名称或者网页名称中，比如“MP3”“GALLARY”等，于是，就可以用inurl语法找到这些相关资源链接，然后，用第二个关键词确定是否有某项具体资料。inurl语法和基本搜索语法的最大区别在于，前者通常能提供非常精确的专题资料。使用格式是：“inurl:xxx”“inurl:xxx 关键词”“关键词 inurl:xxx”。例如，搜索：“足球 inurl:mp3”，先找到含有“mp3”关键字的链接和网页，然后找到含有“足球”关键字的页面。

④“allinurl”语法返回的网页的链接中包含所有查询关键字。这个查询的对象只集中于网页的链接字符串。

7.4 中国期刊网数据库使用技能

7.4.1 中国期刊网（CNKI）数据库简介

中国期刊网是中国学术期刊电子杂志社编辑出版的以《中国学术期刊（光盘版）》全文数据库为核心的数据库，目前已经发展成为“CNKI 数字图书馆”。收录资源包括期刊、博硕士论文、会议论文、报纸等学术与专业资料；覆盖理工、社会科学、电子信息技术、农业、医学等广泛学科范围，数据每日更新，支持跨库检索。中国期刊网如图 7-1 所示。

中国期刊全文数据库（1997 年至今）：（部分回溯至创刊）收录 8000 多种期刊的全文文献，收全率超过 99%。截至 2007 年，全文达 2340 万篇，每年递增 150 万篇。

中国优秀硕士论文全文数据库（1999 年至今）：目前收录了 305 个机构 40 万篇硕士论文全文，机构包括中科院部分研究机构和高等院校。

中国博士论文全文数据库（1999 年至今）：目前收录了 305 个机构 6 万篇博士论文全文，机构包括中科院部分研究机构和高等院校。

图 7-1 中国期刊网（CNKI）

7.4.2 中国期刊网（CNKI）数据库的使用

1. 登录全文检索系统

登录后，系统默认的检索方式即为初级检索方式，在主页面左侧的导航栏中进行检索。

2. 选取检索范围

打开专辑查看下一层的目录，采用同样的步骤直到要找的范围。在要选择的范围前选择“√”，单击“检索”按钮。

3. 选取检索字段

在字段的下拉框中选取要进行检索的字段，这些字段有：篇名、作者、机构、关键词、中文摘要、英文摘要、基金、引文、全文、中文刊名。

4. 输入检索词

在“检索词”文本框中输入关键词。关键词为文章检索字段中出现的关键单词，当相关度排列时，其出现的词频越高，数据越靠前排列。

5.进行检索

单击“检索”按钮进行检索或单击“清除”按钮清除输入，在页面的右侧列出了检索结果。

6. 二次检索

在执行完第一次检索操作后，如果对检索结果不是很满意，觉得检索结果范围较大，可以在此基础之上多次执行二次检索，以此缩小检索范围，逐次逼进检索结果。

习　题　七

1. 信息检索对于现代经济社会有哪些重要的作用？
2. 信息检索发展有哪些趋势？
3. 中国有哪些著名的信息数据库？
4. 怎么理解搜索机器人？
5. 百度与 Google 有哪些不同？
6. 百度搜索高级语法和 Google 高级搜索语法有哪些异同？
7. 你喜欢参考哪些论文数据库网站？为什么？

参考文献

1. 江宝钏. 大学计算机基础［M］. 北京：科学出版社，2014.
2. 江宝钏. 大学计算机基础实践教程［M］. 北京：科学出版社，2014.
3. 何振林，罗奕. 大学计算机基础. 4 版［M］. 北京：中国水利水电出版社，2016.
4. 战德臣，聂兰顺等. 大学计算机［M］. 北京：电子工业出版社，2013.